普通高等学校
建筑环境与能源应用工程系列教材

建筑防火性能化设计
（第2版）

主　编／刘　方　翁庙成　廖曙江
主　审／吴　华　付祥钊

重庆大学出版社

内 容 提 要

本书以建筑防火设计的基本内容为基础,系统介绍了建筑被动防火对策与主动防火对策的相关技术,结合性能化设计介绍了建筑防火性能化设计的设计方法与相关基础理论。全书共分 7 章:第 1 章介绍建筑防火设计基本内容、性能化设计基本概念和设计方法;第 2 章介绍建筑被动防火系统;第 3 章介绍建筑主动防火系统;第 4 章介绍火灾荷载确定方法和火灾场景的设置;第 5 章介绍火灾烟气流动特性;第 6 章介绍规范式疏散设计、性能化疏散设计基础理论及人员行为特性等;第 7 章介绍建筑风险评估基本分析方法。

本书可作为高等学校安全工程(消防工程)及相关专业的研究生和高年级本科生教材,也适合建筑消防工程科研工作者,还可供从事建筑防火设计、消防管理等相关人员参考查阅。

图书在版编目(CIP)数据

建筑防火性能化设计 / 刘方,翁庙成,廖曙江主编. -- 2 版. -- 重庆:
重庆大学出版社,2020.1
普通高等学校建筑环境与能源应用工程系列教材
ISBN 978-7-5624-2912-8

Ⅰ.①建… Ⅱ.①刘… ②翁… ③廖… Ⅲ.①建筑物—防火系统—建筑设计—教材 Ⅳ.①TU892

中国版本图书馆 CIP 数据核字(2019)第 180771 号

普通高等学校建筑环境与能源应用工程系列教材

建筑防火性能化设计

(第 2 版)

主 编 刘 方 翁庙成 廖曙江
主 审 吴 华 付祥钊
策划编辑:张 婷
责任编辑:文 鹏 版式设计:张 婷
责任校对:王 倩 责任印制:张 策

*

重庆大学出版社出版发行
出版人:饶帮华
社址:重庆市沙坪坝区大学城西路 21 号
邮编:401331
电话:(023) 88617190 88617185(中小学)
传真:(023) 88617186 88617166
网址:http://www.cqup.com.cn
邮箱:fxk@cqup.com.cn(营销中心)
全国新华书店经销
重庆俊蒲印务有限公司印刷

*

开本:787mm×1092mm 1/16 印张:22.25 字数:544千
2007 年 1 月第 1 版 2020 年 1 月第 2 版 2020 年 1 月第 3 次印刷
印数:6 001—8 000
ISBN 978-7-5624-2912-8 定价:49.00 元

编审委员会

第 2 版前言

建筑物防火性能化设计是应用了消防安全工程学的原理和方法,根据建筑物的结构、用途和内部可燃物分布等具体情况,由设计者灵活选择为达到消防安全目标而应采取的各种防火措施,并将其有机地组合起来,构成该建筑物的总体防火安全设计方案,同时对建筑物的火灾危险性和风险性进行定量的预测和评估,从而得出最优化的防火设计方案。2006 年,在建筑环境与能源应用工程系列教材项目的支持下,尝试编写了本书的第一版。12 年过去了,建筑防火性能化设计方法在我国大型的体育场馆、机场航站楼、大型商场、会展建筑等大型复杂建筑物的工程实践上得到了越来越多的应用,建筑防火性能化设计相关的基础理论研究也取得了长足的进步和发展。建筑防火相关的规范也进行了修订:国家标准《建筑设计防火规范》(GB 50016—2014),由公安部天津消防研究所和公安部四川消防研究所会同有关单位编写,自 2015 年 5 月 1 日起实施;原《建筑设计防火规范》(GB 50016—2006)和《高层民用建筑设计防火规范》(GB 50045—95)同时废止;公安部发布行业标准《建筑物性能化防火设计通则》;国家标准《建筑防烟排烟系统技术标准》(GB 51251—2017)自 2018 年 8 月 1 日起实施。原《汽车库、修车库、停车场设计防火规范》(GB 50067—97)由《汽车库、修车库、停车场设计防火规范》(GB 50067—2014)替代,自 2015 年 8 月 1 日起实施。原《建筑内部装修设计防火规范》(GB 50222—95)由《建筑内部装修设计防火规范》(GB 50222—2017)替代,自 2018 年 4 月 1 日起实施。《地铁设计防火标准》(GB 51298—2018)自 2018 年 12 月 1 日起实施。这些年来,消防工程学科相关的基础研究和应用研究取得的新进展、相关设计规范的改编,让我们看到本书第一版的许多不足,也为本书的再版提供了有利的条件。

本书再版时,消防界逐渐接受了"建筑防火性能化设计"的思想,并广泛应用于建筑消防工程的设计与咨询。在工程的初步设计阶段,通常遵循规范设计,然后采用性能化设计程序,对消防设计方案进行计算分析,评估设计方案的风险,并对存在风险的设计方案进行优化,验证优化的设计方案是否与现行规范的规定等效,或确定达到与建筑相适应的消防安全水平,并将优化的设计方案用于建筑防火工程设计中。

本次再版,将第一版的第 7 章性能化设计案例略去,其中的烟气流动模拟分析和人员疏散模拟分析分别纳入烟气流动特性与人员疏散相关章节,并新增加了烟气流动 FDS 程序与人员疏散 Pathfinder 程序的介绍;根据现行相关规范对各章的内容进行了补充和整合,并将地铁建筑的消防设计内容纳入书中;此外,增加细化了风险评估基本方法的内容。

全书共有 7 章:第 1 章绪论,介绍建筑防火设计主要内容、性能化设计方法及步骤;第 2 章建筑物被动防火对策,介绍建筑物的耐火等级、防火分区及防烟分区,建筑材料的高温性能、耐火试验,钢结构耐火设计等被动防火系统;第 3 章建筑物主动防火对策,介绍火灾探测报警系统、自动喷淋系统和消火栓系统及防排烟系统等主动防火系统的基本原理,以及地铁建筑的主动消防系统设计要求;第 4 章火灾荷载,介绍火灾燃烧学基础、受限火灾、火灾荷载确定方法及火灾场景的设置,以及常用热释放速率模型和实验方法;第 5 章火灾烟气流动特性,主要介绍烟气危害及判定标准、烟气流动蔓延特性、烟气的计算机模拟模型、常用烟气流动的场模拟程序、FDS 软件,并以 PyroSim 软件为工具,介绍烟气流动模拟案例;第 6 章人员安全疏散,介绍安全疏散的规范设计、性能化安全疏散准则、安全疏散的基本参数及影响安全疏散的因素、火灾中人员特征与行为、人员疏散分析计算、人员疏散计算机仿真模型、Pathfinder 软件及建模等;第 7 章建筑火灾风险评估,主要介绍火灾风险评估的相关概念、危险源辨识理论、火灾风险分析的基本方法,定性与定量的火灾风险分析方法,以及模糊综合评价方法与结构熵权法。

本书第 2 章由重庆市公安消防总队廖曙江编写;第 3、4、5 章由重庆大学翁庙成编写;第 1、6、7 章由重庆大学刘方编写;余龙星博士参与书中第 5 章烟气流动案例分析和第 6 章人员疏散案例的编写;赵胜中博士参加了第 7 章结构熵权法案例编写;刘方负责全书统稿。

本书的修订过程,得到了重庆大学城市建设与环境工程学院研究生刘永强、卢欣伶、王飞、赵胜中和韩嘉强等的帮助,在此向他们表示感谢。

此书出版之时,也是我校建筑防火领域知名专家严治军教授逝世 20 周年之际。谨以此书献给曾经为建筑防火领域作出贡献的先辈们。

书中存在的疏漏之处,请读者批评指正。

编　者

2019 年 8 月

目　录

1 绪　论

1.1　建筑火灾及其危害

火在人类文明的历史进程中所起的作用是不可估量的。然而,它在给人类造福的同时,也给人类带来了灾害。人类在利用火的同时,也在不停地与火灾进行斗争。弄清火灾发生的条件,对于预防火灾、控制火灾和扑救火灾有着十分重要的意义。

1.1.1　火灾发生的条件与分类

火灾是指在时间上或空间上失去控制的灾害性燃烧现象。

1)火灾发生的条件

火灾发生条件:可燃物、氧化剂和点火源。

(1)可燃物

一般说来,凡是能在空气、氧气或其他氧化剂中发生燃烧反应的物质都称为可燃物。

可燃物按其组成可分为无机可燃物和有机可燃物两大类。从数量上讲,绝大部分可燃物为有机物,只有少部分为无机物。

(2)氧化剂

凡是能和可燃物发生反应并引起燃烧的物质,称为氧化剂。

氧化剂的种类很多。氧气是一种最常见的氧化剂,它存在于空气中,因此一般可燃物质在空气中均能燃烧。

(3)点火源

点火源是指具有一定能量、能够引起可燃物质燃烧的能源,有时也称火源。

点火源的种类很多,如明火、电火花、冲击与摩擦火花、高温表面等。

可燃物、氧化剂和点火源,通常称为发生火灾的三要素。要发生火灾,这三个条件缺一不可。

2）火灾的分类

根据火灾发生的场合，火灾主要分为建筑火灾、森林火灾、工矿火灾、交通运输工具火灾等类型。其中，建筑火灾对人类的危害最直接、最严重，这是由于各种类型的建筑物是人们生活和生产活动的主要场所。高层建筑具有楼层多、功能复杂、人员密集、装饰的可燃材料多、电气设备与配电线路密集等特点，因此高层建筑火灾具有以下特点：

①火灾隐患多，危险性大（烟头、线路事故）。

②由于风力作用，火势发展极为迅速。

③由于竖井管道"烟囱效应"，烟气运动快（1 min 烟气传播 200 m），烟气是火势蔓延和人员伤亡的重要原因。

④人员疏散、营救及灭火难度大。

⑤人员伤亡惨重。

根据《火灾分类》GB/T 4968—2008，按照物质的燃烧特性，火灾可分为以下六类：

A 类：固体物质火灾。这种物质通常具有有机物性质，一般在燃烧时能产生灼热的余烬，如木材、棉、麻、毛、纸张火灾等。

B 类：液体或可熔化的固体物质火灾，如汽油、煤油、柴油、原油、甲醇、乙醇、沥青、石蜡火灾等。

C 类：气体火灾，如煤气，天然气、甲烷、乙烷、丙烷、氢气火灾等。

D 类：金属火灾，如钾、钠、镁、钛、锆、锂、铝镁合金火灾等。

E 类：带电火灾。物体带电燃烧的火灾。

F 类：烹饪器具内的烹饪物（如动植物油脂）火灾。

根据火灾损失严重程度，火灾分为特别重大火灾、重大火灾、较大火灾和一般火灾。

特别重大火灾：

指造成 30 人以上死亡，或者 100 人以上重伤，或者 1 亿元以上直接财产损失的火灾。

重大火灾：

指造成 10 人以上 30 人以下死亡，或者 50 人以上 100 人以下重伤，或者 5 000 万元以上 1 亿元以下直接财产损失的火灾。

较大火灾：

指造成 3 人以上 10 人以下死亡，或者 10 人以上 50 人以下重伤，或者 1 000 万元以上 5 000万元以下直接财产损失的火灾。

一般火灾：

指造成 3 人以下死亡，或者 10 人以下重伤，或者 1 000 万元以下直接财产损失的火灾。

（注："以上"包括本数，"以下"不包括本数。）

1.1.2 建筑火灾原因

凡事皆有起因，火灾亦不例外。分析建筑火灾原因是为了在建筑防火设计时，更有针对性地采取防火技术措施，防止和减少火灾危害。

建筑火灾原因归纳起来大致可分为六类：

（1）生活用火不慎

①吸烟不慎：烟头和未熄灭的火柴梗虽是不大的火源，但它能引起许多可燃物质燃烧起火。如将没有熄灭的烟头和火柴梗扔在可燃物中引起火灾；躺在床上吸烟，烟头掉在被褥上引起火灾；在禁止一切火种的地方吸烟引起火灾等火灾案例很多。

②炊事用火不慎：炊事用火是人们最常见的生活用火，除了居民家庭外，单位的食堂、饮食行业都涉及炊事用火。炊事用火的主要器具是各种灶具，如煤、液化石油气、煤气、天然气、沼气、煤油等使用的灶具。如果灶具设置地点不当，安装不符合安全要求，或者没有较好的隔火、隔热措施，在使用灶具过程中违反防火安全要求或出现异常事故等，都可能引起火灾。

③取暖用火不慎：我国广大地区，特别是北方地区，冬季都要取暖。在农村，很多家庭仍然使用明火取暖。取暖用的火炉、火炕、火盆及用于排烟的烟囱设置、安装、使用不当，都可能引起火灾。

④灯光照明不慎：灯光照明是目前主要的照明方式，在使用高功率灯具时，如果使用不当，可能引燃邻近可燃物。同时，在供电发生故障、修理线路或婚丧嫁娶时，人们往往也会使用其他照明方式，如蜡烛、油灯等，使用不当也容易引起火灾事故。

⑤小孩玩火：虽不是正常生活用火，但小孩玩火却是生活中常见的火灾原因，尤其在农村，这种情况尤为突出，因此需要格外注意。

⑥燃放烟花爆竹不慎：每逢节日、庆典等，人们经常燃放烟花爆竹来增加欢乐气氛。但是在燃放烟花爆竹时，稍有不慎就会引发火灾事故，造成人员伤亡。

⑦宗教活动用火不慎：在进行宗教活动的寺庙、道观中，整日香火不断，烛光通明，如稍有不慎，就会引起火灾。寺庙、道观很多是古建筑，一旦发生火灾，将会造成重大损失。

（2）生产作业不当

由于生产作业不当引起火灾的情况很多。如在易燃易爆的车间内动用明火，引起爆炸起火；将性质相抵触的物品混存在一起，引起燃烧爆炸；在用电、气焊焊接和切割时，没有采取相应的防火措施而酿成火灾；在机器运转过程中，不按时加油润滑，或没有清除附在机器轴承上面的杂物、废物，而使机器这些部位摩擦发热，引起附着物燃烧起火；电熨斗放在台板上，没有切断电源就离去，导致电熨斗过热，将台板烤燃引起火灾；化工生产设备失修，可燃气体、易燃可燃液体跑、冒、滴、漏，遇到明火燃烧或爆炸。

（3）电气设备设计、安装、使用及维护不当

电气设备引起火灾的原因主要有：电气设备过负荷、电气线路接头接触不良、电气线路短路；照明灯具设置使用不当，如将功率较大的灯泡安装在木板、纸等可燃物附近；将荧光灯的镇流器安装在可燃基座上，以及用纸或布做灯罩紧贴在灯泡表面等；在易燃易爆的车间内使用非防爆型的电动机、灯具、开关等。

（4）自然现象引起

①自燃：所谓自燃，是指在没有任何明火的情况下，物质受空气氧化或外界温度、湿度的影响，经过较长时间的发热和蓄热，逐渐达到自燃点而发生燃烧的现象。如大量堆积在库房里的油布、油纸，因为通风不好，内部发热，以致积热不散发生自燃。

②雷击：雷电引起的火灾原因，大体上有三种。一是雷直接击在建筑物上发生的热效应、机械效应作用等；二是雷电产生的静电感应作用和电磁感应作用；三是高电位沿着电气线路

或金属管道系统侵入建筑物内部。在雷击较多的地区,建筑物上如果没有设置可靠的防雷保护设施,便有可能发生雷击起火。

③静电:静电通常是由摩擦、撞击而产生的。因静电放电引起的火灾屡见不鲜。如易燃、可燃液体在塑料管中流动,由于摩擦产生静电,引起易燃、可燃液体燃烧爆炸;输送易燃液体流速过大,无导除静电设施或者导除静电设施不良,致使大量静电荷积聚,产生火花引起爆炸起火;在大量爆炸性混合气体存在的地点,人体身上穿着的化纤织物摩擦、塑料鞋底与地面的摩擦产生的静电,引起爆炸性混合气体爆炸等。

④地震:发生地震时,人们急于疏散,往往来不及切断电源、熄灭炉火以及处理好易燃、易爆生产装备和危险物品等。因此伴随着地震,会有各种火灾发生。

(5)纵火

故意放火和恶意烧毁或企图烧毁任何属于别人的大楼、建筑物或财产(如房屋、教堂或船只),或烧毁自己财产(通常带有犯罪的或报复的意图)。例如杭州蓝色钱江纵火案,又称杭州保姆纵火案、6·22杭州小区纵火案,该案案发于2017年6月22日凌晨5时07分,保姆莫某在蓝色钱江小区2幢1单元1802室用打火机点燃客厅内物品纵火,造成4人死亡。

(6)建筑布局不合理,建筑材料选用不当

在建筑防火方面,防火间距不符合消防安全要求,没有考虑风向、地势等因素对火灾蔓延的影响等,往往会造成发生火灾时火烧连营,形成大面积火灾。在建筑构造、装修方面,大量采用可燃构件和可燃物、易燃装修材料,都大大增加了建筑火灾发生的可能性。

1.1.3 火灾的危害

建筑在为人们的生产生活、学习工作创造良好环境的同时,也潜伏着各种火灾隐患,稍有不慎,就可能引发火灾,给人类带来巨大的不幸和灾难。根据我国2010年的火灾统计,建筑火灾次数约占火灾总数的63%,所造成的人员死亡和直接财产损失分别约占火灾死亡总人数和直接财产总损失的96%和82%。建筑火灾具有空间上的广泛性、时间上的突发性、成因上的复杂性、防治上的局限性等特点,是在人类生产生活活动中,由自然因素、人为因素、社会因素综合作用而造成的非纯自然的灾害事故。随着经济社会的发展,科学技术的进步,建筑呈现向高层、地下发展的趋势,建筑功能日趋综合化,建筑规模日趋大型化,建筑材料日趋多样化,一旦发生火灾,容易造成严重危害。河北唐山林西百货大楼、辽宁阜新艺苑歌舞厅、新疆克拉玛依友谊馆、河南洛阳东都商厦、吉林中百商厦、上海胶州路高层公寓大楼等特大火灾,损失惨重,骇人听闻。

建筑火灾的危害主要表现在以下几个方面:

1)危害生命安全

建筑火灾会对人的生命安全构成严重威胁。一把大火,有时会吞噬几十人、几百人甚至上千人的生命。据统计,2015年,全国共发生火灾346 701起,造成1 899人死亡、1 213人受伤,其中,一次死亡10人以上的群死群伤火灾3起。2015年5月25日,河南省平顶山市鲁山县康乐园老年公寓发生火灾,造成39人死亡,6人受伤。2015年1月2日,位于黑龙江省哈尔滨市红日百货批发部库房发生火灾,造成5名消防官兵牺牲,13名消防官兵和1名保安受伤

（表 1.1 为我国 2005—2015 年火灾伤亡情况统计表）。建筑火灾对生命的威胁主要来自以下几个方面:首先,建筑采用的许多可燃性材料或高分子材料,在起火燃烧时会释放出一氧化碳、氰化物等有毒烟气,当人们吸入此类烟气后,将产生呼吸困难、头痛、恶心、神经系统紊乱等症状,甚至威胁生命安全。据统计,在所有火灾死亡的人中,约有 3/4 的人是吸入有毒有害烟气后直接致死的。其次,建筑火灾产生的高温高热对人员的肌体造成严重伤害,甚至使人休克、死亡。据统计,因燃烧热造成的人员死亡约占整人数的 1/4。同时,火灾产生的浓烟将阻挡人的视线,进而对建筑内人员的疏散和救援带来严重影响,这也是火灾时导致人员死亡的重要因素。此外,因火灾造成的肉体损伤和精神伤害,将导致受害人长期处于痛苦之中。

表 1.1　2005—2018 年我国火灾伤亡情况

年　度	火灾起数/次	死　亡	伤　人	火灾发生率/ （起/十万人）	火灾死亡率/ （人/百万人）	火灾伤人率/ （人/百万人）
2005	235 941	2500	2508	18.0	1.9	1.9
2006	231 881	1 720	1 565	17.6	1.3	1.2
2007	163 521	1 617	969	12.4	1.2	0.7
2008	136 835	1 521	743	10.3	1.1	0.6
2009	129 382	1 236	651	9.7	0.9	0.5
2010	132 497	1 205	624	9.9	0.9	0.5
2011	125 417	1 108	571	9.3	0.8	0.4
2012	152 157	1 028	575	11.2	0.8	0.4
2013	388 821	2113	1 637	28.6	1.6	1.2
2014	395 052	1 815	1 513	28.9	1.3	1.1
2015	346 701	1 899	1213	25.5	1.4	0.9
2016	312 000	1 582	1 065	22.6	1.1	0.8
2017	274 446	1 395	883	19.7	1.0	0.6
2018	237 000	1 407	798	17.0	1.0	0.6

2) 造成经济损失

据统计,在各类场所火灾造成的经济损失中,建筑火灾造成的经济损失居首位。2015 年,全国火灾造成的直接财产损失达 43.6 亿元(表 1.2 为 2005—2018 年我国火灾损失统计表,图 1.1 为 2005—2018 年我国火灾损失和人员死亡情况统计图)。建筑火灾造成经济损失的原因主要有以下几个方面:第一,建筑火灾使财物化为灰烬,甚至因火势蔓延而烧毁整幢建筑内的财物。如 2004 年 12 月 21 日,湖南省常德市鼎城区桥南市场发生特大火灾,过火建筑面积

83 276 m²,直接财产损失 1.876 亿元。第二,建筑火灾产生的高温高热,将造成建筑结构的破坏,甚至引起建筑物整体倒塌。如 2001 年 9 月 11 日美国纽约世贸大厦因飞机撞击后引发大火;2003 年 11 月 3 日湖南省衡阳市衡州大厦火灾等,最终都导致建筑整体或局部坍塌。第三,建筑火灾产生的流动烟气,将使远离火焰的财物特别是精密电器、纺织物等受到侵蚀,甚至无法再使用。第四,扑救建筑火灾所用的水、干粉、泡沫等灭火剂,不仅本身是一种资源损耗,而且将使建筑物内的财物遭受水渍、污染等损失。第五,建筑火灾发生后,因建筑修复重建、人员善后安置、生产经营停业等,会造成巨大的间接经济损失。

表 1.2 2005—2018 年我国火灾损失情况

年　度	火灾起数/次	直接损失/万元	次均损失/元	人均损失/元	火灾损失率/(元/万元 GDP)
2005	235 941	136 603.4	5 789.73	1.04	0.75
2006	231 881	86 044.0	3 710.70	0.65	0.41
2007	163 521	112 515.8	6 880.82	0.85	0.46
2008	136 835	182 202.5	13 315.49	1.29	0.69
2009	129 382	162 392.4	12 551.39	1.22	0.48
2010	132 497	195 945.2	14 788.65	1.46	0.69
2011	125 417	205 743.4	16 404.75	1.53	0.44
2012	152 157	217 716.3	14 308.66	1.61	0.42
2013	388 821	484 670.2	12 465.12	3.56	0.85
2014	395 052	470 234.4	11 903.10	3.44	0.74
2015	346 701	435 895.3	12 572.66	3.20	0.64
2016	312 000	372 000	11 923.08	2.69	0.50
2017	274 446	361 001	13 153.81	2.60	0.44
2018	237 000	367 500	15 506.33	2.63	0.41

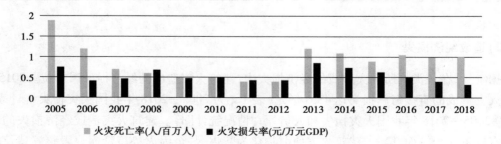

图 1.1 2005—2018 年我国火灾直接损失与人员死亡情况

3）破坏文明成果

历史保护建筑、文化遗址一旦发生火灾，除了会造成人员伤亡和财产损失外，还会烧毁大量文物、典籍、古建筑等诸多稀世瑰宝，对人类文明成果造成无法挽回的损失。1923 年 6 月 27 日，原北京紫禁城（现故宫博物院）内发生火灾，将建福宫一带清宫储藏珍宝最多的殿宇楼馆烧毁。据不完全统计，共烧毁金佛 2 665 尊、字画 1 157 件、古玩 435 件、古书 11 万册，损失难以估量。1994 年 11 月 15 日，吉林省吉林市银都夜总会发生火灾，火灾蔓延到紧邻的吉林市博物馆，使 7 000 万年前的恐龙化石、大批文物档案付之一炬。1997 年 6 月 7 日，印度南部泰米尔纳德邦坦贾武尔镇一座神庙发生火灾，使这座建于公元 11 世纪的人类历史遗产荡然无存。

4）影响社会稳定

当学校、医院、宾馆、办公楼等人员密集场所发生群死群伤恶性火灾，或涉及粮食、能源、资源等有关国计民生的重要工业建筑发生大火时，极可能在民众中造成心理恐慌。家庭是社会的细胞，家庭生活遭受火灾的危害，必将影响人们的安宁幸福，进而影响社会的稳定。

1.1.4　建筑火灾案例

下面筛选了一些火灾案例，以便大家了解建筑火灾发生发展过程，了解火灾造成的生命财产损失及应吸取的经验教训，从而提高对建筑防火重要性的认识。

1）吉林省吉林市商业大厦火灾

（1）基本情况

吉林市商业大厦位于吉林市船营区珲春街与河南街交汇处，1987 年经消防审核合格后开工建设，1990 年经消防审核合格后投入使用，并于 1993 年、1995 年两次扩建。大厦建筑高度 23.9 m，长 121.5 m，宽 99 m，为"L"形建筑，总建筑面积 4.2 万 m^2，共 5 层，每层分 3 个经营区，主要经营家电、服装、家具等。商厦设置火灾自动报警系统、自动喷水灭火系统、消火栓系统。

（2）起火经过及扑救情况

2010 年 11 月 5 日 9 时 8 分，吉林市商业大厦二层员工王某发现二层自动扶梯口处冒烟；一层二区业主弥某听见"嘭"的一声，看见一层一家精品店仓库棚顶冒烟并出现"大火球"。发现火情后，一层、二层业主及员工迅速使用灭火器灭火并拨打"119"火警电话。9 时 18 分，吉林市公安消防支队接到报警后，迅速调派特勤一中队和邻近的 5 个消防中队赶赴现场灭火。当天 17 时 30 分火灾被逐渐控制，21 时 30 分许，火灾被完全扑灭。此次火灾扑救共调集了吉林市区全部 11 个公安消防中队的 53 辆消防车、310 名消防官兵参加灭火战斗，长春市公安消防支队、吉化公司消防支队等增援力量共出动 27 辆消防车、111 名消防官兵前往增援。整个火场灭火用水约 13 000 t，火灾总共造成 19 人死亡，24 人受伤，过火面积 15 830 m^2，直接财产损失 1 560 万元（图 1.2、图 1.3）。

图 1.2　事故现场浓烟图

图 1.3　事故现场高喷车灭火

（3）事故原因

经调查,起火是由吉林市商业大厦一层二区精品店仓库电气线路短路所致。

（4）事故调查处理

吉林市商业大厦总经理、法人代表叶某,主管消防的副经理佟某,主管电力设备的副经理岳某,主管变电所的科长曲某,保卫科长马某,电工吴某、宗某等人因涉嫌重大责任事故罪被依法逮捕。

本次事故的教训是:①报警迟缓,贻误火灾扑救最佳时机。②单位员工和群众逃生自救意识差。此次火灾死亡的 19 人中,16 人是单位员工,3 人为顾客。据了解,火灾发生后有的员工已经疏散,但为了抢救自己的财产,又重新返回商厦,结果失去逃生机会。还有 2 人在没有受到火灾直接威胁的情况下跳楼逃生,导致死亡。③建筑消防设施未能发挥作用。火灾发生时,建筑自动消防设施已经正常启动,但由于单位电工切断了建筑内消防电源,导致建筑消防设施未能发挥作用。

2) 天津港"8·12"瑞海公司危险品仓库特别重大火灾

2015 年 8 月 12 日,位于天津市滨海新区天津港的瑞海国际物流有限公司(以下简称:"瑞海公司")危险品仓库发生特别重大火灾爆炸事故(图 1.4)。

图 1.4　天津港"8·12"瑞海公司危险品仓库特别重大火灾爆炸

（1）事故基本情况

2015 年 8 月 12 日 22 时 51 分 46 秒,位于天津市滨海新区吉运二道 95 号的瑞海公司危险品仓库(北纬 30°02′22.98″,东经 117°44′11.64″)运抵区("待申报装船出口货物运抵区"的简称,属于海关监管场所,用金属栅栏与外界隔离,由经营企业申请设立,海关批准,主要用于出口集装箱货物的运抵和报关监管)最先起火,23 时 34 分 06 秒发生第一次爆炸。23 时 34 分 37 秒发生第二次更剧烈的爆炸。事故现场形成 6 处大火点及数十个小火点,8 月 14 日 16 时 40 分,现场明火被扑灭。

事故造成 165 人遇难(参与救援处置的公安现役消防人员 24 人、天津港消防人员 75 人、公安民警 11 人,事故企业、周边企业员工和周边居民 55 人),8 人失踪(天津港消防人员 5 人,周边企业员工、天津港消防人员家属 3 人),798 人受伤住院治疗(伤情重及较重的伤员 58 人、轻伤员 740 人);304 幢建筑物(其中办公楼宇、厂房及仓库等单位建筑 73 幢,居民 1 类住宅 91 幢、2 类住宅 129 幢、居民公寓 11 幢)、12 428 辆商品汽车、7 533 个集装箱受损。

截至 12 月 10 日,事故调查组依据《企业职工伤亡事故经济损失统计标准》(GB 6721—1986)等标准和规定统计,核定直接经济损失达 68.66 亿元人民币。

通过分析事发时瑞海公司储存的 111 种危险货物的化学组分中,确定至少有 129 种化学物质发生爆炸燃烧或泄漏扩散,其中,氢氧化钠、硝酸钾、硝酸铵、氰化钠、金属镁和硫化钠这 6 种物质的质量占到总质量的 50%。同时,爆炸还引燃了周边建筑物以及大量汽车、焦炭等普通货物。本次事故残留的化学品与产生的二次污染物逾百种,对局部区域的大气环境、水环境和土壤环境造成了不同程度的污染。

（2）事故直接原因

①最初起火部位确定。

通过调查询问事发当晚现场作业员工、调取分析位于瑞海公司北侧的环发讯通公司的监控视频、提取并对比现场痕迹物证、分析集装箱毁坏和位移特征,认定事故最初起火部位为瑞海公司危险品仓库运抵区南侧集装箱区的中部。

②起火原因分析认定。

a.排除人为破坏因素、雷击因素和来自集装箱外部引火源。公安部派员指导天津市公安机关对全市重点人员和各种矛盾的情况以及瑞海公司员工、外协单位人员情况进行了全面排查,对事发时在现场的所有人员逐人定时定位,结合事故现场勘查和相关视频资料分析等工作,可以排除恐怖犯罪、刑事犯罪等人为破坏因素。

现场勘验表明,起火部位无电气设备,电缆为直埋敷设且完好,附近的灯塔、视频监控设施在起火时还正常工作,可以排除电气线路及设备因素引发火灾的可能。

同时,运抵区为物理隔离的封闭区域,起火当天气象资料显示无雷电天气,监控视频及证人证言证实起火时运抵区内无车辆作业,可以排除遗留火种、雷击、车辆起火等外部因素。

b.筛查最初着火物质。事故调查组通过调取天津海关 H2010 通关管理系统数据等,查明事发当日瑞海公司危险品仓库运抵区储存的危险货物包括第 2、3、4、5、6、8 类,及无危险性分类数据的物质,共 72 种。对上述物质采用理化性质分析、实验验证、视频比对、现场物证分析等方法,逐类逐种进行筛查:第 2 类气体 2 种,均为不燃气体;第 3 类易燃液体 10 种,均无自燃或自热特性,且其中着火可能性最高的一甲基三氯硅烷燃烧时火焰较小,与监控视频中猛烈燃烧的特征不符;第 5 类氧化性物质 5 种,均无自燃或自热特性;第 6 类毒性物质 12 种、第 8 类腐蚀性物质 8 种、无危险性分类数据物质 27 种,均无自燃或自热特性;第 4 类易燃固体、易于自燃的物质、遇水放出易燃气体的物质 8 种,除硝化棉外,均无自燃或自热特性。实验表明,在硝化棉燃烧过程中伴有固体颗粒燃烧物飘落,同时产生大量气体,形成向上的热浮力。经与事故现场监控视频比对,事故最初的燃烧火焰特征与硝化棉的燃烧火焰特征相吻合。同时查明事发当天运抵区内共有硝化棉及硝基漆片 32.97 t。因此,认定最初着火物质为硝化棉。

c.认定起火原因。硝化棉($C_{12}H_{16}N_4O_{18}$)为白色或微黄色棉絮状物,易燃且具有爆炸性,化学稳定性较差,常温下能缓慢分解并放热,超过 40 ℃时会加速分解,放出的热量如不能及时散失,会造成硝化棉温升加剧,达到 180 ℃时能发生自燃。硝化棉通常加乙醇或水作湿润剂,一旦湿润剂散失,极易引发火灾。

实验表明,去除湿润剂的干硝化棉在 40 ℃时发生放热反应,达到 174 ℃时发生剧烈失控反应及质量损失,自燃并释放大量热量。如果在绝热条件下进行试验,去除湿润剂的硝化棉在 35 ℃时即发生放热反应,达到 150 ℃时即发生剧烈的分解燃烧。

经对向瑞海公司供应硝化棉的河北三木纤维素有限公司、衡水新东方化工有限公司调查,企业采取的工艺为:先制成硝化棉水棉(含水 30%)作为半成品库存,再根据客户的需要,将湿润剂改为乙醇,制成硝化棉酒棉,之后采用人工包装的方式,将硝化棉装入塑料袋内,塑料袋不采用热塑封口,用包装绳扎口后装入纸筒内。据瑞海公司员工反映,在装卸作业中存在野蛮操作问题,在硝化棉装箱过程中曾出现包装破损、硝化棉散落的情况。

对样品硝化棉酒棉湿润剂挥发性进行的分析测试表明:如果包装密封性不好,在一定温度下湿润剂会挥发散失,且随着温度升高而加快;如果包装破损,在 50 ℃下 2 小时乙醇湿润剂会全部挥发散失。

事发当天最高气温达 36 ℃,实验证实,在气温为 35 ℃时集装箱内温度可达 65 ℃以上。

以上几种因素耦合作用引起硝化棉湿润剂散失,出现局部干燥,在高温环境作用下,加速分解反应,产生大量热量,由于集装箱散热条件差,致使热量不断积聚,硝化棉温度持续升高,达到其自燃温度,发生自燃。

(3)爆炸过程分析

集装箱内硝化棉局部自燃后,引起周围硝化棉燃烧,放出大量气体,箱内温度、压力升高,致使集装箱破损,大量硝化棉散落到箱外,形成大面积燃烧,其他集装箱(罐)内的精萘、硫化钠、糠醇、三氯氢硅、一甲基三氯硅烷、甲酸等多种危险化学品相继被引燃并介入燃烧,火焰蔓延到邻近的硝酸铵(在常温下稳定,但在高温、高压和有还原剂存在的情况下会发生爆炸;在 110 ℃开始分解,230 ℃以上时分解加速,400 ℃以上时剧烈分解、发生爆炸)集装箱。随着温度持续升高,硝酸铵分解速度不断加快,达到其爆炸温度(实验证明,硝化棉燃烧半小时后环境温度达到 1 000 ℃以上,大大超过硝酸铵的分解温度)。23 时 34 分 06 秒,发生了第一次爆炸。

距第一次爆炸点西北方向约 20 m 处,有多个装有硝酸铵、硝酸钾、硝酸钙、甲醇钠、金属镁、金属钙、硅钙、硫化钠等氧化剂、易燃固体和腐蚀品的集装箱。它们受到南侧集装箱火焰蔓延作用以及第一次爆炸冲击波影响,23 时 34 分 37 秒发生了第二次更剧烈的爆炸。

据爆炸和地震专家分析,在大火持续燃烧和两次剧烈爆炸的作用下,现场危险化学品爆炸的次数可能是多次,但造成现实危害后果的主要是两次大的爆炸。经爆炸科学与技术国家重点实验室模拟计算得出,第一次爆炸的能量约为 15 t TNT 当量,第二次爆炸的能量约为 430 t TNT当量。考虑期间还发生多次小规模的爆炸,确定本次事故中爆炸总能量约为 450 t TNT当量。

最终认定事故直接原因是:瑞海公司危险品仓库运抵区南侧集装箱内的硝化棉由于湿润剂散失出现局部干燥,在高温(天气)等因素的作用下加速分解放热,积热自燃,引起相邻集装箱内的硝化棉和其他危险化学品长时间大面积燃烧,导致堆放于运抵区的硝酸铵等危险化学品发生爆炸。

(4)事故应急救援处置情况

①爆炸前灭火救援处置情况。

8 月 12 日 22 时 52 分,天津市公安局 110 指挥中心接到瑞海公司火灾报警,立即转警给天津港公安局消防支队。与此同时,天津市公安消防总队 119 指挥中心也接到群众报警。接警后,天津港公安局消防支队立即调派与瑞海公司仅一路之隔的消防四大队紧急赶赴现场,天津市公安消防总队也快速调派开发区公安消防支队三大街中队赶赴增援。

22 时 56 分,天津港公安局消防四大队首先到场,指挥员侦查发现瑞海公司运抵区南侧一垛集装箱火势猛烈,且通道被集装箱堵塞,消防车无法靠近灭火。指挥员向瑞海公司现场工作人员询问具体起火物质,但现场工作人员均不知情。随后组织现场吊车清理被集装箱占用的消防通道,以便消防车靠近灭火,但未果。在这种情况下,为防止火势蔓延,消防员利用水枪、车载炮冷却,保护毗邻集装箱堆垛。后因现场火势猛烈,辐射太强,指挥员命令所有消防车和人员立即撤出运抵区,在外围利用车载炮射水控制火势蔓延,根据现场情况,指挥员又向天津港公安局消防支队请求增援,天津港公安局消防支队立即调派五大队、一大队赶赴现场。

与此同时,天津市公安消防总队 119 指挥中心根据报警量激增的情况,立即增派开发区公安消防支队全勤指挥部及其所属特勤队、八大街中队,保税区公安消防支队天保大道中队,滨海新区公安消防支队响螺湾中队、新北路中队前往增援。其间,连续 3 次向天津港公安局消防支队 119 指挥中心询问灾情,并告知力量增援情况。至此,天津港公安局消防支队和天津市公安消防总队共向现场调派了 3 个大队、6 个中队、36 辆消防车、200 人参与灭火救援。

23 时 8 分,天津市开发区公安消防支队八大街中队到场,指挥员立即开展火情侦察,并组织在瑞海公司东门外侧建立供水线路,利用车载炮对集装箱进行泡沫覆盖保护。23 时 13 分许,天津市开发区公安消防支队特勤中队、三大街中队等增援力量陆续到场,分别在跃进路、吉运二道建立供水线路,在运抵区外围利用车载炮对集装箱堆垛进行射水冷却和泡沫覆盖保护。同时组织疏散瑞海公司和相邻企业在场工作人员以及附近群众 100 余人。

②爆炸后现场救援处置情况。

这次事故涉及危险化学品种类多、数量大,现场散落大量氰化钠和多种易燃易爆危险化学品,不确定危险因素众多,加之现场道路全部阻断,有毒有害气体造成巨大威胁,救援处置工作面临巨大挑战。国务院工作组在郭声琨同志的带领下,不惧危险,靠前指挥,科学决策,始终坚持生命至上,千方百计搜救失踪人员,全面组织做好伤员救治、现场清理、环境监测、善后处理和调查处理等各项工作。一是认真贯彻落实党中央国务院决策部署,及时传达习近平总书记、李克强总理等中央领导同志重要指示批示精神,先后召开十余次会议,研究部署应对处置工作,协调解决困难和问题。二是协调集防化部队、医疗卫生、环境监测等专业救援力量,及时组织制订工作方案,明确各方职责,建立紧密高效的合作机制,完善协同高效的指挥系统。三是深入现场了解实际情况,及时调整优化救援处置方案,全力搜救、核查现场遇险失联人员,千方百计救治受伤人员,科学有序地进行现场清理,严密监测现场及周围环境,有效防范次生事故的发生。四是统筹做好善后安抚和舆论引导工作,及时协调有关方面,配合地方政府做好3万余名受影响群众的安抚工作,开展社会舆论引导工作。五是科学严谨地组织开展事故调查,本着实事求是的原则,深入细致开展现场勘验、调查取证、科学试验等工作,尽快查明事故原因,给党和人民一个负责任的交代。

天津市委、市政府迅速成立事故救援处置总指挥部,由市委代理书记、市长黄兴国任总指挥,确定"确保安全、先易后难、分区推进、科学处置、注重实效"的原则,把全力搜救人员作为首要任务,以灭火、防爆、防化、防疫、防污染为重点,统筹组织协调解放军、武警、公安以及安监、卫生、环保、气象等相关部门力量,积极稳妥推进救援处置工作。共动员现场救援处置的人员达1.6万多人,动用装备、车辆2 000多台,其中解放军2 207人、339台装备,武警部队2 368人、181台装备,公安消防部队1 728人、195辆消防车,公安其他警种2 307人,安全监管部门危险化学品处置专业人员243人,天津市和其他省区市防爆、防化、防疫、灭火、医疗、环保等方面专家938人,以及其他方面的救援力量和装备。公安部先后调集河北、北京、辽宁、山东、山西、江苏、湖北、上海等八省市公安消防部队的化工检验、核生化侦检等专业人员和特种设备参与救援处置。公安消防部队会同解放军(原北京军区卫戍区防化团、解放军舟桥部队、预备役力量)、武警部队等组成多个搜救小组,反复侦检、深入搜救,针对现场存放的各类危险化学品的不同理化性质,利用泡沫、干沙、干粉进行分类防控灭火。

事故现场指挥部组织各方面力量,有力有序、科学有效地推进现场清理工作。按照排查、检测、洗消、清运、登记、回炉等程序,科学慎重清理危险化学品,逐箱甄别确定危险化学品种类和数量,做到一品一策,安全处置,并对进出中心现场的人员、车辆进行全面洗消。对事故中心区的污水第一时间采取"前堵后封、中间处理"的措施,在事故中心区周围构筑1 m高围堰,围堵4处排海口、3处地表水沟渠和12处雨污排水管道,把污水封堵在事故中心区内。同时对事故中心区及周边大气、水、土壤、海洋环境实行24小时不间断监测,采取针对性防范处置措施,防止环境污染扩大。9月13日,现场处置清理任务全部完成,累计搜救出有生命迹象人员17人,搜寻出遇难者遗体157具,清运危险化学品1 176 t、汽车7 641辆、集装箱13 834个、货物14 000 t。

(5)事故企业相关情况及主要问题

①企业基本情况。

瑞海公司成立于2012年11月28日,为民营企业,事发前法定代表人、总经理为只某某,实际控制人为于某某和董某某,员工72人(含实习员工)。除董某某外,该公司人员的亲属中无担任领导职务的公务人员。

②瑞海公司危险品仓库存放危险货物情况。

瑞海公司危险品仓库,东至跃进路,西至中联建通物流公司,南至急运一道,北至吉运二道,占地面积46 226 m²,其中,运抵区面积5 838 m²,设在堆场的西北侧。

经调查,事故发生前,瑞海公司危险品仓库内共储存危险货物 7 大类、111 种,共计 11 383.79 t,包括硝酸铵 800 t,硝化棉、硝化棉溶液及硝基漆片 229.37 t。其中运抵区内共储存危险货物 72 种、4 840.42 t,包括硝基铵 800 t,氰化钠 360 t,硝化棉、硝化棉溶液及硝基漆片,48.17 t。

③存在的主要问题。

瑞海公司违法违规经营和储存危险货物,安全管理极其混乱,未履行安全生产主体责任,致使大量安全隐患长期存在。a.严重违反天津市城市总体规划和滨海新区控制性详细规划,未批先建、边建边经营危险货物堆场。b.无证违法经营。c.以不正当手段获得经营危险货物批复。d.违规存放硝酸铵。e.严重超负荷经营、超量存储。f.违规混存、超高堆码危险货物。g.违规开展拆箱、搬运、装卸等作业。h.未按要求进行重大危险源登记备案。i.安全生产教育培训严重缺失。j.未按规定制定应急预案并组织演练。且事故发生后没有立即通知周边企业采取安全撤离等应对措施,使得周边企业的员工不能第一时间疏散,导致人员伤亡情况加重。

(6)事故主要教训

①事故企业严重违法违规经营。瑞海公司无视安全生产主体责任,置国家法律法规、标准于不顾,只顾经济利益、不顾生命安全,不择手段变更及扩展经营范围,长期违法违规经营危险货物,安全管理混乱,安全责任不落实,安全教育培训流于形式,企业负责人、管理人员及操作工、装卸工都不知道运抵区储存的危险货物种类、数量及理化性质,冒险蛮干等问题十分突出,特别是违规储存大量硝酸铵等易爆危险品,直接造成此次特别重大火灾爆炸事故的发生。

②有关地方政府安全发展意识不强。瑞海公司长时间违法违规经营,有关政府部门在瑞海公司经营问题上一再违法违规审批、监管失职,最终导致天津港"8·12"案事故的发生,造成严重的生命财产损失和恶劣的社会影响。事故的发生,暴露出天津市及滨海新区政府贯彻国家安全生产法律法规和有关决策部署不到位,对安全生产工作重视不足、落实不够,对安全生产领导责任落实不力、抓得不实,存在着"重发展、轻安全"的问题,致使重大安全隐患以及政府部门职责失守的问题未能被及时发现、及时整改。

③有关地方部门违反法定城市规划。天津市政府和滨海新区政府严格执行城市规划法规意识不强,对违反规划的行为失察。天津市规划、国土资源管理部门和天津港(集团)有限公司严重不负责任、玩忽职守,违法通过瑞海公司危险品仓库和易燃易爆堆场的行政审批,致使瑞海公司与周边居民住宅小区、天津港公安局消防支队办公楼等重要公共建筑物以及高速公路和轻轨车站等交通设施的距离均不满足标准规定的安全距离,导致事故伤亡和财产损失扩大。

④有关职能部门有法不依、执法不严,有的人员甚至贪赃枉法。天津市涉及瑞海公司行政许可审批的交通运输等部门,没有严格执行国家和地方的法律法规、工作规定,没有严格履行职责,甚至与企业相互串通,以批复的形式代替许可,使行政许可形同虚设。一些职能部门的负责人和工作人员在人情、关系和利益诱惑面前,存在失职渎职、玩忽职守以及权钱交易、暗箱操作的腐败行为,为瑞海公司规避法定的审批、监管出主意,呼应配合,致使该公司长期违法违规经营。天津市交通运输委员会没有履行法律赋予的监管职责,没有落实"管行业必须管安全"的要求,对瑞海公司的日益监管严重缺失;天津市环保部门把关不严,违规审批瑞

海公司危险品仓库;天津港公安局消防支队平时对辖区疏于检查,对瑞海公司储存的危险货物情况不熟悉、不掌握,没有针对不同性质的危险货物制定相应的消防灭火预案、准备相应的灭火救援装备和物资;海关等部门对港口危险货物,尤其是瑞海公司的监管不到位;安全监管部门没有对瑞海公司进行监督检查;天津港物流园区安检站政企不分且未认真履行监管职责,对"眼皮底下"的瑞海公司严重违法行为未发现、未制止。上述有关部门不依法履行职责,致使相关法律法规形同虚设。

⑤港口管理机制不顺、安全管理不到位。天津港移交天津市管理,但是天津港公安局及消防支队仍以交通运输部公安局管理为主。同时,天津市交通运输委员会、天津市建设管理委员会、滨海新区规划和国土资源管理局违法将多项行政职能委托天津港集团公司行使,客观上造成交通运输部、天津市政府以及天津港集团公司对港区管理职责交叉、责任不明,天津港集团公司政企不分,安全监管工作同企业经营形成内在关系,难以发挥应有的监管作用。另外,港口海关监管区(运抵区)安全监管职责不明,致使瑞海公司违法违规行为长期得不到有效纠正。

⑥危险化学品安全监管体制不顺、机制不完善。目前,危险化学品生产、储存、使用、经营、运输和进出口等环节涉及部门多,地区之间、部门之间的相关行政审批、资质管理、行政处罚等未形成完整的监管"链条"。同时,全国缺乏统一的危险化学品信息管理平台,部门之间没有做到互联互通,信息不能共享,不能实时掌握危险化学品的去向和情况,难以实现对危险化学品全时段、全流程、全覆盖的安全监管。

⑦危险化学品安全管理法律法规标准不健全。国家缺乏统一的危险化学品安全管理、环境风险防控的专门法律;《危险化学品安全管理条例》对危险化学品流通、使用等环节要求不明确、不具体,特别是针对物流企业危险化学品安全管理的规定空白点更多;现行有关法规对危险化学品安全管理违法行为处罚偏轻,单位和个人违法成本很低,不足以起到惩戒和震慑作用。与欧美发达国家和部分发展中国家相比,我国危险化学品缺乏完备的准入、安全管理、风险评价制度。危险货物大多数涉及危险化学品,危险化学品安全管理涉及监管环节多、部门多、法规标准多,各管理部门立法出发点不同,对危险化学品安全要求不一致,造成危险化学品安全监管乏力以及企业安全管理要求模糊不清、标准不一、无所适从的现状。

⑧危险化学品事故应急处理能力不足。瑞海公司没有开展风险评估和危险源辨识评估工作,应急预案流于形式,应急处置力量、装备严重缺乏,不具备初期火灾的扑救能力。天津港公安局消防支队没有针对不同性质的危险化学品准备相应的预案、灭火救援装备和物资,消防队员缺乏专业训练演练,对危险化学品事故处置能力不强;天津市公安消防部队也缺乏处置重大危险化学品事故的预案以及相应的装备;天津市政府在应急处置中的信息发布工作一度安排不周、应对不妥。从全国范围来看,专业危险化学品应急救援队伍和装备不足,无法满足处置种类众多、危险特性各异的危险化学品事故的需要。

(7)事故防范措施和建议

①把安全生产工作摆在更加突出的位置。各级党委和政府要牢固树立科学发展、安全发展理念,坚决守住"发展决不能以牺牲人的生命为代价"的红线,进一步加强领导、落实责任、明确要求,建立健全与现代化大生产和社会主义市场经济体制相适应的安全监管体系;大力推进"党政同责"、一岗双责、失职追责的安全生产责任体系的建立健全与落实;积极推动安全

生产的文化建设、法治建设、制度建设、机制建设、技术建设和力量建设；对安全生产，特别是对公共安全存在潜在危害的危险品的生产、经营、储存、使用等环节实行严格规范的监管；切实加强源头治理，大力解决突出问题，努力提高我国安全生产工作的整体水平。

②推动生产经营单位落实安全生产主体责任。充分运用市场机制，建立完善生产经营单位强制保险和"黑名单"制度，将企业的违法违规信息与项目核准、用地审批、证券融资、银行贷款挂钩，促进企业提高安全生产的自觉性，建立"安全自查、隐患自除、责任自负"的企业自我管理机制，并通过调整税收、保险费用、信用等级等经济措施，引导经营单位自觉加大安全投入，加强安全措施，淘汰落后的生产工艺、设备，培养高素质高技能的产业工人队伍。严格落实属地政府核心行业主管部门的安全管理责任，深化企业安全生产标准化创建活动，推动企业建立完善风险管控、隐患排查机制，实行重大危险源信息向社会公布制度，并自觉接受社会舆论监督。

③进一步理顺港口安全管理体制。认真落实港口政企分离要求，明确港口行政管理职能机构和编制，进一步强化交通、海关、公安质检等部门安全监管职责，加强信息共享和部门联动配合；按照深化司法体制改革的要求，将港口公安、消防以及其他相关行政监管职能交由地方政府主管部门承担。在港口设置危险货物仓储物流功能区，根据危险货物的性质分类存储，严格限定危险货物周转总量。进一步明确港区海关运抵区安全监管职责，加强对港区海关运抵区安全监督，严防失控漏管。对其他领域存在的类似问题，尤其是行政区、功能区行业管理职责不明的问题，都应抓紧解决。

④着力提高危险化学品安全监管法制化水平。针对当前危险化学品生产经营活动快速发展及其对公共安全带来的诸多重大问题，要将相关立法、修法工作置于优先地位，切实增强相关法律法规的权威性、统一性、系统性、有效性。建议立法机关在已有相关条例的基础上，抓紧制定、修订危险化学品管理、安全生产应急管理、民用爆炸物品安全管理、危险货物安全管理等相关法律、行政法规；以法律的形式明确硝化棉等危险化学品的物流、包装、运输等安全管理要求，建立易燃易爆、剧毒危险化学品专营制度，限定生产规模，严禁个人经营硝酸铵、氰化钠等易燃易爆、剧毒物。国务院及相关部门抓紧制定配套规章标准，进一步完善国家强制性标准的制定程序和原则，提高标准的科学性、合理性、适用性和统一性，同时，进一步加强法律法规和国家强制性标准执行的监督检查和宣传培训工作，确保法律法规标准的有效执行。

⑤建立健全危险化学品安全监管体制机制。建议国务院明确一个部门及系统承担对危险化学品安全工作的综合监管职能，并进一步明确细化其他相关部门的职能，消除监管盲区。强化现行危险化学品安全生产监管部际联席会议制度，增补海关总署为成员单位，建立更有力的统筹协调机制，推动落实部门监管职责，全面加强涉及危险化学品的危险货物安全管理，强化口岸港政、海事、海关、商检等检验机构的联合监督，统一查验机制，综合保障外贸进出口危险货物的安全、便捷、高效运输。

⑥建立全国统一的危险化学品监管信息平台。利用大数据、物联网等信息技术手段，对危险化学品生产、经营、运输、存储、使用、废弃处置进行全过程、全链条的信息化管理，实现危险化学品来源可寻、去向可溯、状态可控，实现企业、监管部门、公安消防部队及专业应急救援队伍之间信息共享。升级改造面向全国的化学品安全公共咨询服务电话，为社会公众、各单位和各级政府提供化学品安全咨询以及应急处置技术支持服务。

⑦科学规划合理布局,严格安全准入条件。修订《城乡规划法》,建立城乡总体规划、控制性详细规划编制的安全评价制度,提高城市本质安全水平;进一步细化编制、调整总体规划、控制性详细规划的规范和要求,切实提高总体规划、控制性详细规划的稳定性、科学性和执行性。建立完善高危行业建设项目安全与环境风险评估制度、推行环境影响评价、安全生产评价、职业卫生评价与消防安全评价联合评审制度,提高产业规划与城市安全的协调性。对涉及危险化学品的建设项目实施住建、规划、发改、国土、工信、公安消防、环保、卫生、安监等部门联合审批制度,严把安全许可审批关,严格落实规划区域功能。科学规范危险化学品区,严格控制与人口密集区、公共建筑物、交通干线和饮用水源地等环境敏感点之间的距离。

⑧加强生产安全事故应急处置能力建设。合理布局、大力加强生产安全事故应急救援力量建设,推动高危行业企业建立专兼职应急救援队伍,整合共享全国应急救援资源,提高应急协调指挥的信息化水平。危险化学品集中区的地方政府,可依托公安消防部队组建专业队伍,加强特殊装备器材的研发与配备,强化应急处置技战术训练演练,满足复杂化学品,事故应急处置需要。各级政府要切实汲取天津港"8·12"事故的教训,对应急处置危险化学品事故的预案开展一次检查清理,该修订的修订,该细化的细化,该补充的补充,进一步明确处置、指挥的程序、战术以及舆论引导、善后维稳等工作要求,切实提高应急处置能力,最大限度地减少应急处置中的人员伤亡。采取多种形式和渠道,向群众大力普及危险化学品应急处置知识和技能,提高自救互救能力。

⑨加强对安全评价、环境影响评价等中介机构的监管,相关行业部门要加强相关中介机构的资质审查审批、日常监管,提高准入门槛,严格规范其从事安全评价、环境影响评价、工程设计、施工管理、工程质量监理等行为。切断中介服务利益关联,杜绝"红顶中介"现象,审批部门所属事业单位、主管的社会组织及其所办的企业,不得开展与本部门行政审批相关的中介服务。相关部门每年要对相关中介机构开展专项检查,对发现的问题严肃处理。建立"黑名单"制度和举报制度,完善中介机构信用体系和考核评价机制。

⑩集中开展危险化学品安全专项整治行动。在全国范围内对涉及危险化学品生产、储存、经营、使用等的单位、场所普及开展一次彻底的摸底清查,切实掌握危险化学品经营单位重大危险源和安全隐患情况,对发现掌握的重大危险源和安全隐患情况,分地区逐一登记并明确整治的责任单位和时限;对严重威胁人民群众生命安全的问题,采取改造、搬迁、停产、停用等措施,坚决整改;对违反规划未批先建、批小建大、擅自扩大许可经营范围等违法行为,坚决依法纠正,从严从重查处。

1.2　建筑分类

1.2.1　按建筑用途分类

由于不同类型的建筑火灾危险性不同,故所采取的防火措施也有不同的要求。建筑物按照使用性质不同,通常可分为生产性建筑和非生产性建筑。

1）生产性建筑

生产性建筑又可分为工业建筑和农业建筑。工业建筑，是指为工业生产服务的各类建筑，也可以叫厂房类建筑，如生产车间、辅助车间、动力用房、仓储建筑等。厂房类建筑又可以分为单层厂房和多层厂房两大类。农业建筑，是指用于农业、畜牧业生产和加工用的建筑，如温室、畜禽饲养场、粮食与饲料加工站、农机修理站等。

2）非生产性建筑

非生产性建筑即民用建筑。按照使用功能，民用建筑可分为居住建筑与公共建筑。

（1）居住建筑

住宅建筑：如住宅、公寓、老年人照料设施、商用住宅等；

宿舍建筑：如单身宿舍或公寓、学生宿舍或公寓等。

（2）公共建筑

办公建筑：如各级立法、司法、党委、政府办公楼，商务、企业、事业办公楼等；

科研建筑：如实验楼、科研楼、设计楼等；

文化建筑：如剧院、电影院、图书馆、博物馆、档案馆、展览馆、音乐厅、礼堂等；

商业建筑：如百货公司、超级市场、菜市场、旅馆、饮食店、步行街等；

体育建筑：如体育场、体育馆、游泳馆、健身房等；

医疗建筑：如综合医院、专科医院、康复中心、急救中心、疗养院等；

交通建筑：如汽车客运站、港口客运站、铁路旅客站、空港航站楼、地铁站等；

司法建筑：如法院、看守所、监狱等；

纪念建筑：如纪念碑、纪念馆、纪念塔、故居等；

园林建筑：如动物园、植物园、游乐场、旅游景点建筑、城市建筑小品等；

综合建筑：如多功能综合大楼、商务中心、商业中心等。

1.2.2 按建筑高度分类

民用建筑根据建筑高度和层数可分为单层民用建筑、多层民用建筑和高层民用建筑。高层民用建筑根据其建筑高度、使用功能、火灾危险性、安全疏散及施救难度以及楼层的建筑面积等可分为一类和二类，见表1.3。

表 1.3 民用建筑分类

名 称	高层民用建筑		单、多层民用建筑
	一类	二类	
住宅建筑	建筑高度大于 54 m 的住宅建筑（包括设置商业服务网点的住宅建筑）	建筑高度大于 27 m，但不大于 54 m 的住宅建筑（包括设置商业服务网点的住宅建筑）	建筑高度不大于 27 m 的住宅建筑（包括设置商业服务网点的住宅建筑）

续表

名　称	高层民用建筑		单、多层民用建筑
	一类	二类	
公共建筑	1.建筑高度大于 50 m 的公共建筑 2.建筑高度 24 m 以上部分任一楼层建筑面积大于 1 000 m² 的商店、展览、电信、邮政、财贸金融建筑和其他多种功能组合的建筑 3.医疗建筑、重要公共建筑、独立建造的老年人照料设施 4.省级及以上的广播电视和防灾指挥调度建筑、网局级和省级电力调度建筑 5.藏书超过 100 万册的图书馆、书库	除一类高层公共建筑外的其他高层公共建筑	1.建筑高度大于 24 m 的单层公共建筑 2.建筑高度不大于 24 m 的其他公共建筑

1.3　现代建筑火灾特点及防火基本概念

1.3.1　现代建筑火灾特点

1) 可燃结构的建筑火灾

可燃结构,是指建筑上所用的梁、柱、屋盖等建筑构件是用可燃材料制作的,这样的建筑通常是一些单层或低层建筑,例如木结构房屋等。

可燃结构的房屋的火灾完整发展过程是有一定规律的。可燃结构的房屋火灾大体可以分为初起、发展和倒塌熄灭三个阶段。

（1）火灾初起阶段

该阶段是指火灾在起火部位燃烧的阶段。这时,由室外可以看到从窗缝、墙缝、瓦缝等缝隙处向外冒白烟,不久变为黑烟。随后,黑烟逐渐减少,出现猛烈火焰。

开始燃烧时,因为室内的空气充足能满足完全燃烧的氧气需求,构件分解反应完全,所以放出白烟。当燃烧面积扩大、氧气消耗量增加,而室内的氧气已经供给不足时,燃烧的速度开始降低,甚至由猛烈燃烧转变为阴燃或熄灭,但室内仍能维持较长时间的无焰燃烧,放出大量可燃气体(不完全燃烧产物)、黑烟和热量。

这一阶段影响火势发展的主要因素是房间密闭的程度。如果房间开阔,室内外空气流通,供氧充足,火源能量较大,则火势发展快。

在密闭的建筑物内,若室内温度上升至约 250 ℃时,窗玻璃会破碎,室内外空气就会有通道对流,冷空气骤增,所以这时建筑物内部黑烟又会变为猛烈燃烧的火焰。

（2）火灾发展阶段

该阶段指在整个房间被全部点燃,发展到燃烧十分凶猛,室内温度达到最高峰以前的时间。这时火势的发展与火源无关,即无论火源是何种类型,都不影响火势发展的势头。

进入火灾发展阶段以后,火焰逐渐将屋顶烧穿,烧穿后室内外形成良好的空气对流。此时室内供氧充足,燃烧更加强烈,室内温度达到最高峰。大量黑烟和火焰的混合体,伴随着气流和飞散物,由屋顶和窗口窜出,笼罩整个建筑物的屋顶,放出强烈的辐射热,对周围建筑物构成巨大的威胁。

（3）倒塌熄灭

该阶段是指从火势发展到最高温时算起,直到房屋的支撑结构倒塌,火焰熄灭时为止的最后阶段。此时内部的可燃物已经基本燃尽,温度不断下降,燃烧向着自行熄灭的方向发展。

2) 不燃结构的建筑火灾

不燃结构建筑,是指建筑物的主要结构为非燃材料组成的混合结构,如砖墙和钢筋混凝土楼板、梁、柱、屋顶等构成的建筑物。但其中的家具用品大多仍是可燃的,很多建筑物中涉及的保暖、装修、通风管道等材料也是可燃烧的。因此,在不燃结构建筑物内发生火灾的可能性仍然较大。

不燃结构建筑火灾,初起阶段持续时间的长短,取决于起火的原因、房间内可燃物的数量和分布,以及门窗紧闭程度。而其中以门窗紧闭程度的影响为最大。因为它决定了是否能从室外源源不断地获得新鲜空气,以满足持续燃烧的需要。

火灾由初起阶段发展到猛烈燃烧的时间,取决于房间通风的条件。一般需要 5~20 分钟,此时的燃烧是局部的,火势发展不稳定,室内的平均温度不高。根据这一特点,应在火灾初期及早发现,及时控制住火源,消灭起火点。

当各种条件都对火灾的发展有利时,燃烧便由最初的起火点蔓延至室内其他的可燃物,这时室内可燃物体不再猛烈燃烧,随着燃烧面积不断扩大,燃烧逐渐猛烈,火焰的热辐射强度迅速增长。热辐射和热对流（烟气蔓延）的加热使物质自燃,是燃烧向四周扩大蔓延的主要方式。

火灾在发展阶段内,火场温度不断上升,直到可燃材料被烧尽,温度达到最高点。在此阶段火灾难以扑救。

火灾发展到衰减熄灭阶段时,室内可燃物减少,温度开始下降,火场温度又逐渐下降至正常室温。

3) 不同用途建筑的火灾

建筑物按用途可分为民用建筑和工业建筑两类。一般地讲,民用建筑因为建筑内存放的物品大多数是有机可燃物品,发生火灾时,易产生浓烈烟气,继而燃烧面积不断扩大,较快进入火灾的发展阶段,直至建筑物倒塌或火焰衰减熄灭。

工业建筑火灾因建筑的使用目的多样,表现出多样的火灾特点。生产用建筑的火灾特点,主要取决于生产过程中所使用的原材料、加工产品的火灾危险性大小以及生产的工艺流程。如石油化工生产,大多涉及在高温高压下进行的各种物理化学反应,在发生火灾时,通常是先爆炸、后着火,有时则是先着火、后爆炸,甚至发生多次爆炸。因此,此类工业建筑火灾表现出燃烧伴随爆炸的特点,这种火灾特征是因为生产中使用的原料和产品大部分都具有易燃、易爆的特性,使得这类建筑火灾的发展速度快,同时爆炸易使建筑结构遭到破坏。仓库建筑火灾的特点主要取决于仓库内储存物品的数量和性质。一般来说,若仓库内存放一般的可燃材料,且数量较大,当各种条件对火灾的发展有利(如通风较好)时,燃烧强度会急剧增大,火势会迅速蔓延。若仓库内存放化学危险物品,那么建筑火灾则表现出燃烧与爆炸同时进行的特点,使得建筑物在很短的时间内便遭到结构性的破坏甚至倒塌。

4)不同形式建筑的火灾

建筑物的结构形式和存在形式的不同,在发生火灾时表现出的特点是不相同的。高层建筑因其垂直高度大、竖井管道多等,当发生火灾时,如果在初期阶段不能将火灾扑灭,那么当火灾处于发展阶段时,在竖井管道等的"烟囱效应"作用下,火势会迅速蔓延。据测定,烟气在楼梯间等竖井中扩散速度为 3~4 m/s。同时,由于建筑层数多,垂直距离长,也会造成人员疏散和火灾扑救的难度增大。地下建筑,由于没有直通室外的出口、门窗,通风和对流条件差,火灾时难以排烟、排热,人员疏散困难、扑救难度大。造成地下建筑火灾危害大的主要原因:一是地下建筑内的各种可燃物燃烧时产生的大量烟气和有毒气体难以排出,不仅严重遮挡视线,还会使人中毒;二是排热差,温度升高快,对人体危害大;三是疏散距离长,有的地下建筑长数百米甚至上千米,如城市地铁、隧道、人防工程等,出入口少,对人员疏散和火灾扑救都极为不利。

大跨度建筑(如歌剧院、礼堂、体育馆、大型工业厂房、大型火车站、飞机航站楼等),一般采用钢结构承重,在发生火灾时,燃烧产生的热量导致钢材强度下降,进而使结构发生形变。因此,大跨度建筑在发生火灾时通常表现出建筑物倒塌破坏的特点。

1.3.2　现代建筑防火的基本概念

火灾的发生并不可怕,其发生、发展蔓延本身具有一定的内在规律。根据火灾本身的规律,制定科学的防火灭火措施,完全可以将火灾损失减低到最小。为此,不同国家根据各自国情,围绕着城市规划、建筑设计、施工、运营管理等制定了相应的法律法规,同时建立了专业的灭火救援消防队伍。根据我国的法律,任何建筑的设计施工都必须采取相应的防火救援措施,设置相关的防火救援设备。

1.4　现行建筑防火设计及其规范

为了预防建筑火灾,人们研究制定了多种防治对策,主要包括以下几个方面:建立消防队伍和机构;研制各种防火灭火设备;制定有关防火、灭火法规;研究火灾的机理和规律等。其中做好建筑的防火设计,是防止火灾发生、减少火灾损失的关键环节。

建筑防火设计是结合建筑物的火灾防治要求,采用一定的方法、按照一定的步骤确定建筑物防火措施的工程行为。建筑防火设计规范是以国家或者法令、法规的形式发布的,用于指导、管理建筑防火设计工作的法规或规定。

我国的建筑防火设计规范主要有《建筑设计防火规范》[GB 50016—2014(2018 年版)]《人民防空工程设计防火规范》(GB 50098—2009)等,这些规范中对建筑设计的各个环节的防火要求,从技术指标到具体做法都作了具体的规定。

建筑防火设计的主要内容包括以下 6 个方面:

(1)编制消防设计说明

内容包括设计项目执行的有关消防规范,总平面布局,建筑单体设计执行的消防规范的情况,设置消防栓的情况。

(2)总平面布局

总平面布局包括防火间距、消防车道、消防登高操作场地设置情况。

(3)建筑单体消防设计

①防火分区的设置,分区之间采用的防火分隔形式。

②安全疏散的设计,包括楼梯的形式、数量、宽度,疏散的距离,消防电梯的数量等。

③特殊场所(锅炉房、变压器室等)的消防设计等。

(4)消防给水、消火栓系统、固定灭火系统

①消防水源、室外消火栓管网的布置。

②室内消火栓系统的设置,包括消防水泵的选用、系统分区情况、水泵接合器、水箱的设置等。

③自动喷水灭火系统,包括喷淋泵的选用、系统分区情况、湿式报警阀、水泵接合器、水箱设置。

④其他固定灭火系统(设置部位及选型)。

(5)防排烟系统及通风、空气调节

①自然排烟。确定自然排烟可开启外窗的面积。

②机械排烟系统。确定机械排烟系统设置的部位、采用的形式,排烟分区的设置、风量、风机的选用情况。

③机械加压送风系统。确定系统设置的部位、风口、风量和风机。

④通风空调系统。确定空调系统采用的形式,空调系统的风管和防火阀的设置。

(6)消防电气

①设计项目的供电要求及消防电源的选择。

②火灾自动报警系统:

a.确定系统采用的形式。

b.火灾探测器的选用及其设置的部位。

c.有关联动控制要求。详细说明消防控制设备对消防水泵、防排烟系统、固定灭火系统、消防电梯、应急照明和疏散指示、应急广播、防火卷帘、防火门的联动控制。

d.消防控制中心设置的位置。

③确定对电气线路的敷设要求。

④确定火灾应急照明、疏散指示标志的设置。

现行建筑防火设计规范以条文的形式对上述设计内容进行了规定。

传统的建筑防火设计方法是根据建筑物的使用类型、高度、层数、面积、平面布置等情况，对照有关设计规范的条文中给定的消防设施的设置要求及设计参数和指标进行设计。这种设计方法称为"处方式"方法。对应地，传统的建筑防火规范称为"处方式"规范。"处方式"规范的特点是：在规范的条文中对消防设施的设置及其具体的设计参数指标进行详细规定，设计人员必须严格按照规范条文给出的消防设施设置要求和参数指标制订设计方案。

1.5 建筑防火性能化设计

1.5.1 建筑性能化防火设计方法的概念及其特点

建筑防火设计目前有两种设计方法，一种是传统的"处方式"设计方法，另一种是"性能化"设计方法。"性能化"设计方法是以某些安全目标为设计目标，基于综合安全性能分析和评估的一种工程方法。性能化防火设计方法是建立在火灾科学和消防工程（消防安全科学）基础上的一种新的建筑防火方法，它运用消防安全工程学的原理和方法，根据建筑物的结构、用途和内部可燃物等方面的具体情况，对建筑物的火灾危险性和危害性进行定量的预测和评估，从而得出最优化的设计方案，为建筑物提供最合理的防火保护。

传统规范的技术要求建立在部分火灾案例的经验和火灾模拟实验等研究基础之上。历史上防火规范的出现和发展有着相关的社会背景。当时人们掌握的科学技术水平尚无法透彻、系统地认识所处的客观社会，因此人类的技术行为难免呈现出多样性和不确定性。而为了保证工程最基本的安全度，有关的社会组织便通过一些成功的经验和理论描述，制订出一些规范条文去约束相应人员的技术行为。

传统的规范对设计过程的各个方面做了具体规定，但难以定量确定设计方案所能达到的安全水平。传统规范具体有以下特点：

①没有细化的设计目标；

②所使用的方法是确定的；

③不需要再对设计的结果进行评估确认。

应该说，传统的防火设计规范为社会的发展和进步做出了巨大的贡献，但从社会进步角度看，也存在着以下不足之处：

①无法给出一个统一、清晰的整体安全度水准。现行规范适用于各类建筑，但各种建筑因风格、类型和适用功能的差异，无法在现行规范中给予明确的区别。因此，现行规范给出的设计结果无法告诉人们各建筑所达到的安全水准是否一致，当然也无法回答一幢建筑内各种安全设施之间是否能协调工作以及其综合作用的安全程度如何。

②以往经验及科研技术的总结，难以跟上新技术、新工艺和新材料的发展。规范严格的定量规定，会妨碍设计人员使用新的研究成果进行设计，尽管应用新成果的设计可能使系统

安全程度提高和投入减少,但很可能会与规范不符。大多数的规范条款来源于对历次火灾经验教训的总结,这种经验总结不可能涵盖所有的影响因素,尤其是随着建筑形式的发展而出现的新问题,其所面临的因素更不可能是规范编写者在几年,甚至十几年前编写规范时就能全部考虑到的。

③限制了设计人员主观创造力的发展。非灵活的、太过具体的规范条文,常常会成为设计人员想象力的桎梏,无形中僵化了人们的思维。与此同时,设计者对规范中未规定或规定不具体的地方,也会因理解上的盲目性而导致设计结果的失误。例如,可以这样认为,符合规范条文要求的设计就是合格的;而对于规范没有规定的因素,设计人员就无从着手了。因此对任何小的细节考虑不周,都可能导致系统失效,甚至使整个设计完全背离设计的宗旨。

④无法充分体现人的因素对整体安全度的影响。建筑是为人类的生产和生活服务的,人的素质无疑在很大程度上影响着建筑防火安全的水平。如人的生产、生活习惯,楼宇物业管理水平,人在火灾中的心理状态等,都在事实上成为安全设计的主要考虑因素。然而,现行规范中却无法充分体现该类因素的作用。

当前,建筑防火相关领域新成果的不断涌现和现代信息处理技术成果不断更新,这些在不断充实现行的规范体系。与传统的处方式防火设计方法相对比,性能化的防火设计方法具有以下特点:

①加速技术革新。性能化的规范体系,对设计方案不做具体规定,只要能够达到性能目标,任何方法都可以使用,这样就加快了新技术在实际设计中的应用,不必考虑应用新设计方法可能导致的与规范的冲突。性能化的规范给防火领域的新思想、新技术提供了广阔的应用空间。

②提高设计的经济性。性能化设计的灵活性、技术的多样化,给设计人员提供更多的选择,在保证安全性能的前提下,通过设计方案的选择可以采用投入效益比更优化的系统。

③加强设计人员的责任感。性能设计以系统的实际工作效果为目标,要求设计人员全盘考虑系统的各个环节,减小对规范的依赖,不能以规范规定不足为理由而忽视一些重要因素。这对于提高建筑防火系统的可靠性和提高设计人员技术水平都是很重要的。

由于这是一种新的设计方法,工程应用范围并不广泛,许多性能化防火设计案例尚缺乏火灾验证。目前使用的性能化方法还存在以下一些技术问题:

①性能评判标准尚未得到一致认可;

②设计火灾的选择过程确定性不够;

③对火灾中人员的行为假设的成分过多;

④预测性火灾模型中存在未得到很好的证明或者没有被广泛理解的局限性;

⑤火灾模型的结果是点值,没有将不确定性因素考虑进去;

⑥设计过程常常要求工程师在超出他们专业之外的领域工作。

需要注意的是,传统的处方式设计方法与性能化防火设计方法并不是对立的关系。恰恰相反,建筑设计既可以完全按照性能化消防规范进行并与现行规格式规范一起使用。在实际工程设计中,并不是所有的建筑物都应该或有必要按照性能化的工程方法进行设计的。事实上,目前在一些性能化设计工作开展较早的国家也只有1%~5%的建筑项目需要采用性能化的方式进行设计,如:美国,约1%;新西兰和澳大利亚,3%~5%;德国,约1.5%。在我国,部分地区可能达到3%~5%,但总体应不会超过0.5%。

建筑物的消防设计必须依据国家现行的防火规范及相关的工程建设规范进行。只有现行规范中未明确规定、按照现行规范比照施行有困难或虽有明确规定但执行该规定确实困难的问题,才采用性能化防火设计方法。即使如此,所设计的建筑物的消防安全性能仍不应低于现行规范规定的安全水平。

任何建筑的消防安全都是一个复杂的系统工程,要使其消防安全性能能够达到一定安全水平,必须从整体设计进行系统分析研究。即使这样,也只能通过改善建筑环境来控制和降低其发生火灾的可能性及减小火灾危害,而无法完全消除其火灾危险。不同功能的建筑物,需要采用系统化方式进行设计的问题略有差异,但从整体上看,主要有人员安全疏散设施、防火分区面积、钢结构耐火保护以及建筑防排烟等几个方面的问题。设计者提出需要进行性能化防火设计的问题,还必须由省级公安机关消防机构批准。必要时,如对某些重大或较复杂的工程建设项目,还应组织相关国家标准管理机构共同复审确定。

1.5.2 建筑性能化防火设计的消防安全目标

根据业主的需要,不同工程的消防安全总目标可能互不相同,其表达方式也不尽相同。建筑防火设计的总目标应在进行性能化设计开始之前就作为设计的重点内容,由设计单位、建设单位、公安消防部门、消防安全技术咨询机构等共同研究确定。建筑物的消防安全总目标,一般包括以下内容:

①减小火灾发生的可能性;

②在火灾条件下,保证建筑物内使用人员以及救援人员的人身安全;

③建筑物的结构不会因火灾作用而受到严重破坏或发生垮塌,或虽有局部垮塌,但不会发生连续垮塌而影响建筑物结构的整体稳定性;

④减少由于火灾造成商业运营、生产过程的中断;

⑤保证建筑物内财产的安全或减少火灾造成的财产损失;

⑥建筑物发生火灾后,不会引燃其相邻建筑;

⑦尽可能减少火灾对周围环境的污染。

建筑物的消防安全总目标视其使用功能、性质及建筑高度而有所区别,设计师应根据实际情况,在上述目标中确定一个或者多个目标作为主要目标,并列出其他目标的先后次序。例如,人员聚集场所或旅馆等公共建筑,其主要目标是保护人员的生命安全;仓库则更注重于保护财产和建筑结构安全。建筑火灾具有确定性和随机性的双重特性,无论采取什么措施,一座建筑物的消防安全总是相对的。因此,上述安全目标所反映的是与将要发生的消防投入水平相一致的相对安全水平。这实际上反映了投资方以及社会公众的安全期望和建设投资的关系。

确定建筑物的消防安全性能目标时,应首先将消防安全总目标转化为相应的性能目标,并应在此基础上确定相应的性能判定标准。

性能目标应至少包括以下内容:

①火灾后果的影响;

②人员伤亡和财产损失;

③温度以及燃烧产物的扩散等。

设计目标的性能判定标准应能够体现由火灾或消防措施造成的人员伤亡、建筑及其内部财产的损害、生产或经营被中断、风险等级等的最大可接受限度。

常见的性能判定标准包括：

①生命安全标准：热效应、毒性和能见度等；

②非生命安全标准：热效应、火灾蔓延、烟气损害、防火分隔物受损和结构的完整性和对暴露于火灾中的财产所造成的危害等。

性能判定标准是一系列在设计前把各个明确的性能目标转化成用确定性工程数值或概率表示的参数。这些参数包括构件和材料的温度、气体温度、碳氧血红蛋白（COHb）含量、能见度以及热暴露水平等。人的反应，如决策、反应和运动次数在一定的数值范围内变动。当评估某疏散系统设计是否可行时，需要为计算选择或假设合适的数值以考虑人员暴露于火灾的判定标准。

一项设计目标可能需要多个性能判定标准来验证，而一个性能判定标准也可能需要多个参数值予以支持，但并不是每一个性能目标都能采用这种方式表达，因此，在量化时应主次有别、把握关键性参数。

1.5.3 建筑性能化防火设计的基本步骤

建筑物消防性能化设计的基本步骤应符合下列要求：

①确定建筑物的使用功能和用途、建筑设计的适用标准。

②确定需要采用性能化设计方法进行设计的问题。

③确定建筑物的消防安全总体目标或消防安全水平、子目标及其性能化分析目标。

④进行性能化防火试设计和评估验证，并宜包含下述内容或步骤：

a.确定需要分析的具体问题及其性能判定标准；

b.确定火灾场景、合理设定火灾；

c.确定合理的火灾分析方法；

d.分析和评价建筑物的结构特征、性能；

e.分析和评价人员的特征、特性以及建筑物和人员的安全疏散性能；

f.计算预测火灾的蔓延特性；

g.计算预测烟气的流动特性；

h.分析和验证结构的耐火性能；

i.分析和评价火灾探测与报警系统、自动灭火系统、防排烟系统等消防系统的可行性与可靠性；

j.评估建筑物的火灾风险，综合分析性能化设计过程中的不确定性因素及其处理。

⑤修改、完善设计并进一步评估验证确定其是否满足所确定的消防安全目标，选择和确定最终性能化设计方案。

⑥编制设计说明与分析报告。

建筑性能化防火设计可按如图1.5所示的基本步骤框图进行。

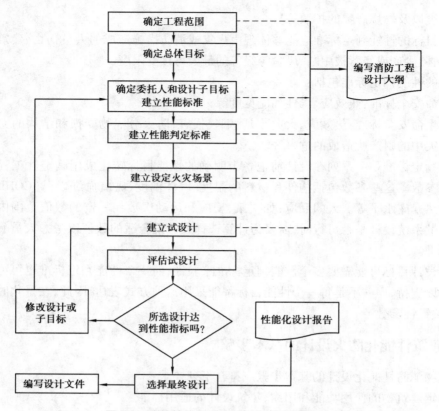

图 1.5　建筑性能化防火设计基本步骤框图

在对性能化初步设计进行评估时,不能为了确保初步设计达标而随意改变性能判定标准,并应验证以下主要设计参数:

①所确定的设定火灾场景及其设定火灾的合理性与典型性;

②所设定的性能判定标准是否合适;

③所选择的分析方法和工具是否适用、有效;

④火灾风险分析和不确定性分析是否科学、完整、可靠。

火灾风险分析可采用故障树分析、事件树分析和可靠性分析等方法。

性能化防火设计完成后应编制相应报告书。设计报告书应包括下列内容:

①设计单位介绍、设计人员签字等;

②分析的目的;

③建筑基本情况描述;

④消防安全的目标;

⑤性能判定标准;

⑥设定火灾场景;

⑦所采用的分析模型、方法及其所基于的假设;

⑧分析模型和方法的选择与依据,关键参数及假定条件的选择与依据;

⑨分析结果与性能判定标准的比较;

⑩防火要求、管理要求、使用中的限制条件;

⑪参考文献。

在报告书中,应明确表述设计的消防安全目标,充分解释如何来满足目标,提出基础设计标准,明确描述设定火灾场景,并证明设定火灾场景选择的正确性等。等效性验证应以我国国家标准的规定为基础进行。

1.5.4 建筑防火性能化设计使用范围

具有下列情形之一的工程项目可采用性能化设计评估方法:

①超出现行国家消防技术标准适用范围的;

②按照现行国家消防技术标准进行防火分隔、防烟排烟、安全疏散、建筑构件耐火等设计时,难以满足工程项目特殊使用功能的。

下列情况不应采用性能化设计评估方法:

①国家法律法规和现行国家消防技术标准有严禁规定的;

②现行国家消防技术标准已有明确规定,且工程项目无特殊使用功能的。

1.5.5 其他要求

①在确定采用性能化防火设计方法进行设计的问题时,应考虑以下因素:

a.建筑的周围环境条件,如规划的建筑场地、相邻建筑的相对关系、周围的消防道路与消防给水、城市规划要求、市政设施情况等条件;

b.所设计建筑的规模与平面形状、建筑高度、建筑师的构想(或改建的方式及范围)建筑内部平面布置等;

c.所设计建筑的功能和用途(或改建后的用途)、预计使用人员的特性与数量以及建筑的重要程度等;

d.业主或投资方的要求、建筑(改造)预计投资大小、计划工程进度;

e.建筑设计所遵循的标准与法规等;

f.当地公安消防部门的消防装备、人员素质、应急响应时间和能够在第一时间出动的消防力量等。

②在性能化初步设计时,应完整、等效地将消防安全总目标转化为设计目标及其性能判定标准,并确保分析过程中所选用方法的有效性,明确其限制条件和在设计中如何消除这些限制条件所带来的影响。

③在比较和选择性能化初步设计方案时,应综合考虑火灾场景的合理性、防火分隔措施的有效性和可靠性、消防设施的安装维护和方便使用、消防安全管理要求的可操作性、消防的投资效益等因素,经过有关部门按照国家规定的程序组织的评审最后确定。

④在性能化初步设计过程中所采用的假设和可能的限制条件,均必须能够通过一定途径保证其有效和可实现,并应在最终设计文件中给以明确说明。此外,还应明确指出如改变设计使用功能或用途以及建筑设计可能带来的危害。

⑤建筑物性能化防火设计中采用模拟模型进行分析计算时,应明确指出各模型的适用条件、假设和边界条件。

⑥在性能化防火设计中,在分析人员疏散时,应分析火灾发展、烟气运动等;在评价建筑构件的耐火性能时,应分析羽流质量流量、烟气层高度和温度等。

习 题

1.简述火灾发生的条件和建筑防火规范的起源。

2.按照物质的燃烧特性,火灾的分类有哪些? 根据火灾损失严重程度,火灾的分类有哪几类?

3.建筑火灾的原因主要有哪些?

4.高层民用建筑划分的依据是什么? 一类高层民用建筑的消防特点是什么?

5.某16层民用建筑,一至三层为商场,每层建筑面积为1 200 m²,建筑首层室内地坪标高为±0.000 m,室外地坪高为−0.300 m,商场平层面面层标高为14.6 m,住宅平屋面面层标高为49.7 m,女儿墙顶部标高为50.9 m。根据《建筑设计防火规范》(GB 50016—2014)规定的建筑分类,该建筑的属于什么类别的建筑?

6.什么是性能化防火设计? 简述性能化防火设计的内容、步骤与优缺点。

7.简述建筑性能化防火设计的消防安全目标。

8.哪些情况可以采用性能化设计评估方法? 哪些情况不应采用性能化设计评估方法?

2

建筑被动防火对策

建筑防火主要考虑三个原则:①保证将建筑内的火灾隐患降到最低点;②最快的知晓火情和最及时的依靠固定的消防设施自动灭火;③保证建筑结构具有规定的耐火强度,以利于建筑内的居住者在相应的时间内有效地安全撤离。

基于以上的原则,通常将建筑防火对策分为两大部分:被动防火对策和主动防火对策。被动防火对策是指采用合理的建筑设计,达到有效防火分隔,提高或增强建筑构件或材料承受火灾破坏能力来限制火势扩大和保证人员财产安全。主动防火对策是指采用火灾探测报警技术、喷水灭火或其他灭火技术、烟气控制技术等限制火灾发生和发展。本章主要讲述建筑防火被动对策的基本原理。

2.1 建筑物耐火等级

2.1.1 建筑分类及危险等级

1) 高层建筑的概念

高层建筑的起始高度,各国的标准不相同,主要是根据经济条件和消防技术装备等情况来划分,见表 2.1。

表 2.1 高层建筑起始高度划分界限

国 别	起始高度
中国	住宅:>27 m,其他建筑:>24 m 的非单层建筑
德国	>22 m(至底层室内地板)
法国	住宅:>50 m,其他建筑:>28 m

续表

国　别	起始高度
日本	31 m 或 11 层及以上
比利时	25 m(至室外地面)
英国	≥24.3 m
苏联	住宅:10 层及以上,其他建筑:7 层及以上
美国	22~25 m 或 7 层以上

综合国外对高层建筑起始高度的划分,考虑我国经济条件与消防装备等现实情况,《建筑设计防火规范》[GB 50016—2014(2018 年版)]将高层建筑定义为:建筑高度大于 27 m 的住宅建筑和建筑高度大于 24 m 的非单层厂房、仓库和其他民用建筑。也就是说,单层主体高度在 24 m 以上的体育馆、剧院、会堂、工业厂房等,均不属于高层建筑。

建筑高度为建筑室外设计地面至其檐口与屋脊的平均高度或屋面面层的高度;屋顶上的水箱间、电梯机房、排烟机房和楼梯出口小间等辅助用房占屋面面积不大于 1/4 者,可不计入建筑高度。

2)民用建筑的分类

根据使用性质、火灾危险性、疏散和扑救难度,《建筑设计防火规范》[GB 50016—2014(2018 年版)]将民用建筑根据其建筑高度和层数分为单、多层民用建筑和高层民用建筑。高层民用建筑根据其建筑高度、使用功能和楼层的建筑面积可分为一类和二类。民用建筑的分类应符合表 2.2 的规定。

《建筑设计防火规范》对民用建筑按照其建筑高度、功能、火灾危险性和扑救难易程度等进行了分类。以该分类为基础,规范分别在耐火等级、防火间距、防火分区、安全疏散、灭火设施等方面对民用建筑的防火设计提出了不同的要求,以实现保障建筑消防安全与保证工程建设、提高投资效益的统一。

对民用建筑进行分类是一个较为复杂的问题,现行国家标准《民用建筑设计统一标准》(GB 50352—2019)将民用建筑分为居住建筑和公共建筑两大类,其中居住建筑包括住宅建筑、宿舍建筑等。在防火方面,除住宅建筑外,其他类型居住建筑的火灾危险性与公共建筑接近,其防火要求绝大部分需按公共建筑的有关规定执行。

对于住宅建筑,规范以建筑高度 27 m 作为区分多层和高层住宅建筑的高度,高层住宅建筑又以 54 m 划分为一类和二类。该划分方式主要为保持与原国家标准《建筑设计防火规范》(GB 50016—2006)和《高层民用建筑设计防火规范》(GB 50045—1995)中按 9 层及 18 层的划分标准对应。

表 2.2　民用建筑的分类

名　称	高层民用建筑		单、多层民用建筑
	一　类	二　类	
住宅建筑	建筑高度大于 54 m 的住宅建筑(包括设置商业服务网点的住宅建筑)	建筑高度大于 27 m,但不大于 54 m 的住宅建筑(包括设置商业服务网点的住宅建筑)	建筑高度不大于 27 m 的住宅建筑(包括设置商业服务网点的住宅建筑)
公共建筑	1.建筑高度大于 50 m 的公共建筑 2.建筑高度 24 m 以上,部分任一楼层建筑面积大于 1 000 m² 的商店、展览、电信、邮政、财贸金融建筑和其他多种功能组合的建筑 3.医疗建筑、重要公共建筑、独立建造的老年人照料设施 4.省级及以上的广播电视和防灾指挥调度建筑、网局级和省级电力调度建筑 5.藏书超过 100 万册的图书馆、书库	除一类高层公共建筑外的其他高层公共建筑	1.建筑高度大于 24 m 的单层公共建筑 2.建筑高度不大于24 m 的其他公共建筑

注:1.表中未列入的建筑,其类别应根据本表类比确定。

　2.除本规范另有规定外,宿舍、公寓等非住宅类居住建筑的防火要求,应符合本规范有关公共建筑的规定;裙房的防火要求应符合本规范有关高层民用建筑的规定。

　　对于公共建筑,规范以建筑高度 24 m 作为区分多层和高层公共建筑的高度。在高层建筑中将性质重要、火灾危险性大、疏散和扑救难度大的建筑定为一类。这类高层建筑有的同时具备上述几方面的因素,有的则具有较为突出的一两个方面的因素。例如将医疗建筑划为一类,主要考虑了建筑中有不少人员行动不便、疏散困难,建筑内发生火灾易致人员伤亡。表中"一类"第 2 项中的"其他多种功能组合",指公共建筑中具有两种和两种以上的公共使用功能,不包括住宅建筑。例如,住宅建筑的下部设置商业服务网点时,该建筑仍为住宅建筑;住宅建筑下部设置有商业或其他功能的裙房时,该建筑不同部分的防火设计可按相关规定进行。

　　建筑高度大于 24 m 的单层公共建筑,在实际工程中情况往往比较复杂,在确定是高层建筑还是单层建筑时,主要根据建筑的主要使用功能部分的层数和建筑高度来确定。当难以区分建筑的主要功能,并且单层部分与多层或高层部分又没有采用防火墙分开时,则要按照多层或高层建筑的标准确定其防火要求。

　　由于实际建筑的功能和用途千差万别,称呼也多种多样,在实际工作中,对于未明确列入表 2.2 中的建筑,可以比照其功能和火灾危险性进行分类。

　　由于裙房与高层建筑是一个整体,为保证安全,除裙房与相邻建筑的防火间距外,裙房的其他防火设计要求应与高层主体一致,如高层主体的耐火等级为一级时,裙房的耐火等级也不应低于一级,防火分区划分、消防设施设置等也要与高层建筑的主体一致等。当裙房与高层建筑的主体之间采用防火墙分隔时,可以按《建筑设计防火规范》相关规定确定裙房的防火设计要求。

对于各地比较常见的小型商业建筑群或数个小型商业服务设施组合在同一座建筑中的情况,要根据实际情况区别对待。对于单层或2层的此类建筑,当每个独立分隔的商业服务设施的建筑面积小于300 m²,各商业服务设施相互间采用耐火极限不低于2.00 h的防火隔墙作了分隔时,其设计可以按照本规范有关商业服务网点的相关要求确定,但室内外消防用水量仍需根据该建筑的总体积按照商店的相关要求确定。对于层数大于2层或未作分隔或分隔不符合上述情况的此类建筑,仍需按照本规范有关商店等建筑的要求进行设计。

3) 建筑物、构筑物危险等级划分

建筑物、构筑物危险等级的划分主要依据是火灾荷载、室内空间条件、人员密集程度、火灾蔓延速度以及扑救难易程度等因素。《自动喷水灭火系统设计规范》(GB 50084—2017)将建筑物、构筑物危险等级划分为以下三级:

①轻危险级:可燃物品较少可燃性低和火灾发热量较低、外部增援和疏散人员较容易的场所。

②中危险级:内部可燃物数量为中等,可燃性也为中等,火灾初期不会引起剧烈燃烧的场所。

③严重危险级:火灾危险性大、可燃物品数量多、火灾时容易引起猛烈燃烧并可能迅速蔓延的场所。

以上分类方法用于自动喷水灭火系统设置场所的界定,危险等级举例见表2.3。

表2.3　火灾危险等级举例

火灾危险等级		设置场所举例
轻危险级		住宅建筑、幼儿园、老年人照料设施、建筑高度为24 m及以下的旅馆、办公楼;仅在走道设置闭式系统的建筑等
中危险级	Ⅰ级	1.高层民用建筑:旅馆、办公楼、综合楼、邮政楼、金融电信楼、指挥调度楼、广播电视楼(塔)等 2.公共建筑(含单多高层):医院、疗养院、图书馆(书库除外)、档案馆、展览馆(厅)、影剧院、音乐厅和礼堂(舞台除外)及其他娱乐场所;火车站和飞机场及码头的建筑;总建筑面积小于5 000 m²的商场、总建筑面积小于1 000 m²的地下商场等 3.文化遗产建筑:木结构古建筑、国家文物保护单位等 4.工业建筑:食品、家用电器、玻璃制品等工厂的备料与生产车间等;冷藏库、钢屋架等建筑构件
	Ⅱ级	1.民用建筑:书库,舞台(葡萄架除外),汽车停车场,总建筑面积5 000 m²及以上的商场,总建筑面积1 000 m²及以上的地下商场,净空高度不超过8 m、物品高度不超过3.5 m的超级市场等 2.工业建筑:棉毛麻丝及化纤的纺织、织物及制品、木材木器及胶合板、谷物加工、烟草及制品、饮用酒(啤酒除外)、皮革及制品、造纸及纸制品、制药等工厂的备料与生产车间

火灾危险等级		设置场所举例
严重危险级	Ⅰ级	印刷厂、酒精制品、可燃液体制品等工厂的备料与车间,净空高度不超过 8 m、物品高度超过 3.5 m 的超级市场等
	Ⅱ级	易燃液体喷雾操作区域、固体易燃物品、可燃的气溶胶制品、溶剂清洗、喷涂油漆、沥青制品等工厂的备料及生产车间、摄影棚、舞台葡萄架下部等
仓库危险级	Ⅰ级	食品、烟酒;木箱包装的不燃、难燃物品的仓库等
	Ⅱ级	木材、纸、皮革、谷物及制品;棉毛麻丝化纤及制品;家用电器、电缆;B 组塑料与橡胶及其制品;钢塑混合材料制品;各种塑料瓶盒包装的不燃物品及各类物品混杂储存的仓库等
	Ⅲ级	A 组塑料与橡胶及其制品;沥青制品等

注:表中的 A 级、B 级塑料橡胶的举例见《自动喷水灭火系统设计规范》附录 B。

2.1.2　建筑物耐火等级的确定

1) 建筑构件的燃烧性能与耐火极限

建筑物无论用途如何,都是由墙、柱、梁、楼板、屋架、吊顶、屋面、门窗、楼梯等基本构件组成的。这些构件通常称为建筑构件。建筑物的耐火性能是由其组成构件的燃烧性能和耐火极限决定的。根据建筑构件在明火作用下的变化,可将其分为非燃烧体、难燃烧体、燃烧体三类。

非燃烧体是指用非燃烧材料做成的构件。非燃烧材料指在空气中受到火烧或高温作用时不起火、不燃烧、不炭化的材料,如建筑中采用的金属材料和天然或人工的无机矿物材料。

难燃烧体是指用难燃烧材料做成的构件,或用燃烧材料做成而用非燃烧材料做保护层的材料。难燃烧材料系指在空气中受到火燃烧或高温作用时难起火、难微燃、难炭化,当火源移走后,燃烧或微燃立即停止的材料。例如,沥青混凝土,经过防火处理的木材,用有机物填充的混凝土和水泥刨花板等属难燃烧体。

燃烧体是指用燃烧材料做成的构件。燃烧材料系指在空气中受到火烧或高温作用时立即起火或燃烧,且火源移走后仍继续燃烧或微燃的材料,如木材等。

建筑火灾的发生、发展及其熄灭,是受到建筑物的通风口大小、火灾荷载多少、建筑物规模等多种因素影响的,而火灾对建筑物的破坏作用,除了与建筑构件的燃烧性能有关之外,还与建筑构件的最大耐火时间有关。在实际建筑火灾中,由于建筑物及其容纳的可燃物的燃烧性能的不同,每次火灾的实际时间-温度曲线是各不相同的,即便在同一房间发生两起火灾,其燃烧状况也不尽完全相同。因此,为了对建筑构件的极限耐火时间有一个统一的检验标

准,国际标准化组织制订了标准火灾温升曲线。图 2.1 所示为时间-温度标准曲线。相应的标准火灾温升速率表达式为:

$$T - T_0 = 345 \lg(8t + 1) \tag{2.1}$$

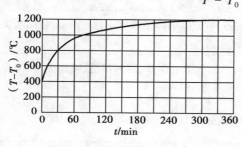

图 2.1 时间-温度标准曲线

式中 t——试验时间,一般用分钟表示,min。

T_0——试验开始时刻的温度,℃。T_0 应在 5~40 ℃ 的范围内。

T——t 时刻的温度,℃。

耐火极限,是指任一建筑构件按时间-温度标准曲线进行耐火试验,从受到火的作用时起,到失去支持能力或完整性被破坏或失去隔火作用时为止的这段时间,用小时(h)表示。

建筑构件的耐火极限与材料的燃烧性能是截然不同的两个概念。材料不燃或难燃,并不等于其耐火极限就高,如钢材,它是不燃的,可其耐火极限,在没有被保护时仅有 15 min。在选用构件时,不仅要看材料的燃烧性能,还要看其耐火极限。

2)建筑物耐火等级

耐火等级是衡量建筑物耐火程度的标准。规定建筑物的耐火等级是建筑设计防火技术措施中最基本的措施之一。

建筑物具有较高的耐火等级,可以起到以下作用:在建筑物发生火灾时,确保其在一定的时间内不破坏,不传播火灾,延缓或阻止火势的蔓延,为人们安全疏散提供必要的疏散时间,保证建筑物内的人员安全脱险,并为消防人员扑救火灾创造条件,以及为建筑物火灾后修复重新使用提供可能。

划分建筑物耐火等级的目的在于,根据建筑物不同用途提出不同的耐火等级要求,做到既有利于安全,又节约基本建设投资。火灾实例说明,耐火等级高的建筑,火灾时烧坏、倒塌的很少;耐火等级低的建筑,火灾时不耐火,燃烧快,损失大。

建筑物耐火等级是由组成建筑物的墙、柱、梁、楼板、屋顶承重构建和吊顶等主要构件的燃烧性能和耐火极限决定的。在建筑构件中,楼板直接承受着人和物品等的压力,并将之传给梁、墙、柱等构件,它是最基本的承重构件。因此,在划分建筑物耐火等级时,是选择楼板的耐火极限作基础的。将各耐火等级建筑物中楼板的耐火极限确定以后,其他建筑构件的耐火极限则根据其在建筑结构中的地位,与楼板相比较而确定。在建筑构件中所占的地位比楼板重要者,如梁、柱、承重墙等,其耐火极限高于楼板;比楼板次要者,如隔墙、吊顶等,其耐火极限低于楼板。

3)民用建筑耐火等级的分级标准

民用建筑的耐火等级可分为一、二、三、四级。除规范另有规定外,不同耐火等级建筑相应构件的燃烧性能和耐火极限不应低于表 2.4 的规定。

表 2.4 不同耐火等级建筑相应构件的燃烧性能和耐火极限(h)

构件名称		耐火等级			
		一 级	二 级	三 级	四 级
墙	防火墙	不燃性 3.00	不燃性 3.00	不燃性 3.00	不燃性 3.00
	承重墙	不燃性 3.00	不燃桂 2.50	不燃性 2.00	难燃性 0.50
	非承重外墙	不燃性 1.00	不燃性 1.00	不燃性 0.50	可燃性
	楼梯间和前室的墙;电梯井的墙;住宅建筑单元之间的墙和分户墙	不燃性 2.00	不燃性 2.00	不燃性 1.50	难燃性 0.50
	疏散走道两侧的隔墙	不燃性 1.00	不燃性 1.00	不燃性 0.50	难燃性 0.25
	房间隔墙	不燃性 0.75	不燃性 0.50	难燃性 0.50	难燃性 0.25
柱		不燃性 3.00	不燃性 2.50	不燃性 2.00	难燃性 0.50
梁		不燃性 2.00	不燃性 1.50	不燃性 1.00	难燃性 0.50
楼板		不燃性 1.50	不燃性 1.00	不燃性 0.50	可燃性
屋顶承重构件		不燃性 1.50	不燃性 1.00	不燃性 0.50	可燃性
疏散楼梯		不燃性 1.50	不燃性 1.00	不燃性 0.50	可燃性
吊顶(包括吊顶搁栅)		不燃性 0.25	难燃性 0.25	难燃性 0.15	可燃性

注:1.除规范另有规定外,以木柱承重且墙体采用不燃材料的建筑,其耐火等级应按四级确定。

2.住宅建筑构件的耐火极限和燃烧性能可按现行国家标准《住宅建筑规范》(GB 50368)的规定执行。

根据《建筑设计防火规范》规定[GB 50016—2014(2018 年版)],在划分建筑物耐火等级时应注意以下特殊情况:

①民用建筑的耐火等级应根据其建筑高度、使用功能、重要性和火灾扑救难度等确定并应符合下列规定:

a.地下或半地下建筑(室)和一类高层建筑的耐火等级不应低于一级;

b.单、多层重要公共建筑和二类高层建筑的耐火等级不应低于二级;

c.除木结构建筑外,老年人照料设施的耐火等级不应低于三级。

②建筑高度大于 100 m 的民用建筑,其楼板的耐火极限不应低于 2.00 h。

一、二级耐火等级建筑的上人平屋顶,其屋面板的耐火极限分别不应低于 1.50 h 和 1.00 h。

③一、二级耐火等级建筑的屋面板应采用不燃材料,但屋面防水层可采用可燃材料。

④二级耐火等级建筑内采用难燃性墙体的房间隔墙,其耐火极限不应低于 0.75 h;当房间的建筑面积不大于 100 m²时,房间隔墙可采用耐火极限不低于 0.50 h 的难燃性墙体或耐火极限不低于 0.30 h 的不燃性墙体。

二级耐火等级多层住宅建筑内采用预应力钢筋混凝土的楼板,其耐火极限不应低于 0.75 h。

⑤二级耐火等级建筑内采用不燃材料的吊顶,其耐火极限不限。

三级耐火等级的医疗建筑、中小学校的教学建筑、老年人照料设施及托儿所、幼儿园的儿童用房和儿童游乐厅等儿童活动场所的吊顶,应采用不燃材料;当采用难燃材料时,其耐火极限不应低于 0.25 h。

二、三级耐火等级建筑内门厅、走道的吊顶应采用不燃材料。

⑥建筑内预制钢筋混凝土构件的节点外露部位,应采取防火保护措施,且节点的耐火极限不应低于相应构件的耐火极限。

2.2 混凝土构件的耐火性能

混凝土是由水泥、水和骨料(如卵石、碎石、砂子)等原材料经搅拌后入模浇筑,经养护硬化后形成的人工石材。

2.2.1 混凝土的力学性能

1)混凝土在高温下的抗压强度

混凝土抗压强度与温度的关系如图 2.2 所示。在低于 300 ℃ 的情况下,混凝土抗压强度基本没有降低;但是在高于 300 ℃ 时,随温度升高,其强度降低;当温度为 600 ℃ 时,其强度降低 50% 以上;当温度上升到 1 000 ℃ 时,其强度值变为零。

2)混凝土的抗拉强度

在防火设计中,混凝土的抗拉强度更为重要。混凝土抗拉强度随温度变化的实验曲线如图 2.3 所示。图中纵坐标为高温抗拉强度与常温抗拉强度的比值(高温抗拉强度 $f_n(t)$,常温抗拉强度 f_n),横坐标为温度值。混凝土抗拉强度在 50 ~ 600 ℃ 的变化规律基本上可用一直线表示,当温度达到 600 ℃ 时,混凝土的抗拉强度为 0。与抗压强度相比,抗拉强度对温度的敏感度更高。

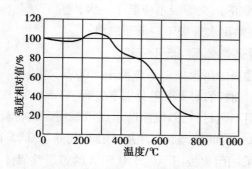

图 2.2　高温下混凝土抗压强度变化

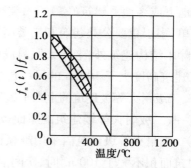

图 2.3　混凝土抗拉强度随温度的变化

2.2.2 钢筋混凝土的爆裂

在火灾初期,混凝土构件受热表面层发生的块状爆炸性脱落现象,称为混凝土的爆裂。

混凝土的爆裂会导致构件截面减小和钢筋直接暴露于火中,造成构件承载力迅速降低,甚至失去支持能力,发生倒塌破坏。

影响爆裂的因素有混凝土的含水率、密实性、骨料的性质、加热的速度、构件施加顶应力的情况以及约束条件等。

根据耐火试验,发现混凝土在下列情况容易发生爆裂:在耐火试验初期;急剧加热时;混凝土含水率大;为顶应力混凝土构件;为周边约束的钢筋混凝土板;为厚度小的构件;处于梁和柱的棱角处以及工字型梁的腹板部位等。

2.2.3 钢筋混凝土构件保护层

钢筋混凝土构件最基本的耐火要求是钢筋保护层厚度以及构件最小截面尺寸。目前,我国规范中无钢筋保护层厚度以及构件最小截面尺寸的要求,在规范的附表中列出了不同截面尺寸的构件以及不同钢筋保护层厚度的梁、柱等的耐火极限。国外已有许多国家在规范中对钢筋保护层以及构件最小截面尺寸进行了要求或作为补充要求。表 2.5 为英国标准(BS 8110—21985)中给出的部分边界条件下简支构件的截面尺寸及钢筋保护层厚度的要求。

表 2.5 简支构件的截面尺寸及钢筋保护层厚度的要求

耐火时间/h	尺寸/mm	梁		柱	板		墙
		普 通	预应力		普 通	预应力	
0.5	宽度 保护层厚度	80 20	100 25	150 20	75 15	75 20	75 15
1.0	宽度	120 30	120 40	200 25	95 20	95 20	75 15
1.5	保护层厚度	150 40	150 55	250 30	110 25	110 30	100 25
2.0	宽度	200 50	200 70	300 35	125 35	125 40	150 25
3.0	保护层厚度	240 70	240 80	400 35	150 45	150 55	150 25
4.0	宽度	280 80	280 90	450 35	170 55	170 65	180 25

2.3 钢结构耐火设计

建筑用钢材可分为钢结构用钢材(各种型材、钢板)和钢筋混凝土结构用钢材两类。钢结构具有强度大、塑性和韧性好、品质均匀、可焊可铆、质量轻等优点。钢材属于不燃烧材料,但是在火灾条件下,裸露的钢结构会在十几分钟内发生倒塌破坏。

在设计计算分析时,应选择处于最低位置且尺寸较小的钢结构作为最不利构件进行分析。

基于单一钢构件的计算设计,应积极考虑其内部应力重分布现象。

2.3.1　常用建筑钢材

1)普通碳素钢

普通碳素钢分为 5 种:Q195,Q215,Q235,Q255,Q275。其中,Q 是屈服点的汉语拼音首位字母,数字代表钢材厚度(直径)≤16 mm 时的屈服点下限,单位为 N/mm^2。数字较低的钢材,碳含量和强度较低,而塑性、韧性、焊接性较好。

普通碳素钢塑性好,适宜于各种加工,并能保证在焊接、超载、冲击、温度应力等不利条件下的安全;其力学性能稳定,对轧制、一般加热、剧烈冷却的敏感性较小;但与低合金钢相比,其强度较低。普通碳素钢中的 Q235(其碳含量为 0.12%～0.22%)的力学及加工等综合方面的性能较好,而且冶炼成本低,因此在建筑工程中得到普遍使用。

2)低合金结构钢

低合金结构钢是一种含有少量合金元素的合金钢种。低合金结构钢具有较高的强度、良好的塑性和冲击韧性,并具有耐锈蚀、耐低温的性能,是一种高效能钢种,较多地用于大型结构和荷载较大的结构。

2.3.2　钢材在高温下的力学性能

1)钢材在高温下的强度

在高温下,钢材强度随温度升高而降低,降低的幅度因钢材温度的高低和钢材种类而不同。在建筑结构中广泛使用的普通低碳钢力学性质随温度升高的变化特性如图 2.4 所示。由图可见:当钢材温度在 350 ℃以下时,由于兰脆现象,极限强度比常温时略有提高;温度超过 350 ℃,强度开始下降;温度达到 500 ℃时,强度降低约 50%,600 ℃时降低约 70%。此外,钢材的屈服点随温度升高也逐渐降低,在 500 ℃时约为常温的 50%。

钢材在高温下的屈服点是决定钢结构和钢筋混凝土结构耐火性能的最重要因素。表 2.6 列出了常用建筑钢材 16Mn、25MnSi 在高温下屈服强度降低系数(表中数据为高温与常温 20 ℃的比值)。

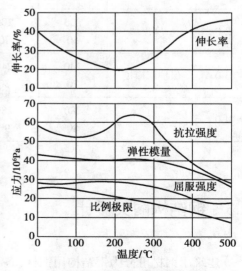

图 2.4　普通低碳钢高温力学性质

表 2.6　16Mn、25MnSi 在高温下屈服强度降低系数

温度/℃ 钢材	100	200	250	300	350	400	450	500
16Mn	0.90	0.84	0.82	0.77	0.64	(0.64)	(0.54)	(0.43)
25MnSi	0.93	0.88	0.84	0.82	0.71	0.66	(0.56)	(0.44)

注:1.本表引自冶金研究院资料。

　　2.钢材加热至 400 ℃时,屈服平台消失,表中括号内的数字根据计算所得。

2) 弹性模量

普通低碳钢弹性模量随温度的变化情况如图 2.4 所示。由图可见,钢材弹性模量随温度升高而降低,但降低的幅度比强度降低的小。

表 2.7 列出了常用建筑钢材 16Mn、25MnSi 在高温下弹性模量的降低系数(表中数据为高温与常温 20 ℃的比值)。

表 2.7　16Mn、25MnSi 在高温下弹性模量降低系数

温度/℃ 钢材	100	200	300	400	500
16Mn	1.00	0.94	0.95	0.83	0.65
25MnSi	0.97	0.93	0.93	0.83	0.68

注:本表引自冶金研究院资料。

3) 变形性能

钢材的伸长率和截面收缩率随着温度升高总的趋势是增大的,表明高温下钢材塑性性能增大,易于产生变形。

钢材在一定温度和应力作用下,随时间的推移,会发生缓慢塑性变形,即蠕变。蠕变在较低温度时就会产生,在温度高于一定值时比较明显。对于普通低碳钢,产生明显蠕变的临界温度为 300~350 ℃;对于合金钢,产生明显蠕变的临界温度为 400~450 ℃。温度越高,蠕变现象越明显。蠕变不仅受温度的影响,而且也受应力的影响,若应力超过了钢材在某一温度下屈服强度时,蠕变会明显增大。

4) 应力-应变曲线

根据试验资料,结构用钢当温度低于 300 ℃时,其强度略有增加而塑性降低;当温度高于 300 ℃时,强度降低而塑性增加,同时屈服平台消失。在设计计算中,一般假定钢材应力-应变曲线与常温下的简化曲线相似,如图 2.5 所示。

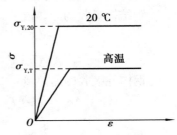

图 2.5　钢材高温时 σ-ε 曲线

5)有效屈服强度 $\sigma_{Y,T}$

在进行高温承载力计算时,取钢材的有效屈服强度 $\sigma_{Y,T}$ 作为材料强度指标。有效屈服强度是指钢材在某一温度水平 T_s 时的实际屈服强度或条件屈服强度。苏联和日本采用的计算公式:

$$\frac{\sigma_{Y,T}}{\sigma_{Y,20}} = \begin{cases} 1.0 & (T_s \leqslant 300\ ℃) \\ \dfrac{750 - T_s}{450} & (300\ ℃ < T_s < 750\ ℃) \\ 0 & (T_s \geqslant 750\ ℃) \end{cases} \qquad (2.2)$$

式中 $\sigma_{Y,T}$——钢材有效屈服强度,即在温度 T_s 时的屈服强度;

$\sigma_{Y,20}$——钢材在 20 ℃即室温时的屈服强度;

T_s——钢材温度,℃。

6)钢材的截面温度分布

钢材表面受到火烧时,其表面温度高,内部温度低。钢材的导热系数 λ 约为 58 W/(m·℃),是混凝土的 40 倍。根据傅立叶定律,热流强度 q 与温度梯度成正比,即 $q = -\lambda dT/dx$。因此,当构件表面受热时(假设热流强度 q 为常数),由于 λ 较大,因此温度梯度 dT/dx 很小。此外,构件截面多为薄壁状,表面温度和内部温度近似相同。所以,钢结构耐火计算,不考虑温度梯度影响,认为构件内部温度均匀分布。

7)构件的截面系数

钢构件受火达到某一指定温度所需要的时间与构件截面形状有关。构件直接受火表面积越大,热量交换越多,所需时间越短;构件截面面积越大,达到指定温度吸收的热量越多,则所经历的时间越长。所以,可以用构件的截面系数即构件单位长度内受火面积 F 与其体积 V 之比来表示构件的吸热能力。截面系数 F/V 越大,构件越不耐火。

2.3.3 钢结构临界温度计算

1)钢结构温度

钢构件在火灾中的温度计算可根据钢构件的净热流、净热量按下列方法计算确定:

①钢结构吸收的净热流:

$$q_n = q_c + q_r - q_e$$
$$q_n = h_c(T_c - T_{st}) + \alpha_{st}Q/(12\pi z^2) - \varepsilon_r\sigma(T_{st}^4 - T_m^4)$$

②钢构件吸收的净热量:

$$\Delta q_n = [h_c(T_c - T_{st}) + \alpha_{st}Q/(12\pi z^2) - \varepsilon_r\sigma(T_{st}^4 - T_m^4)]\Delta t$$
$$\Delta q_n = m_{st}Cp_{st}\Delta T$$

③钢的比热 Cp_{st}：

$$Cp_{st} = 0.47 + 2 \times 10^{-4} T_{st} + 38 \times 10^{-8} T_{st}^2$$

④钢构件的温升：

$$\Delta T = \frac{h_c(T_c - T_{st}) + \alpha_{st} Q/(12\pi z^2) - \varepsilon_r \sigma(T_{st}^4 - T_m^4)}{\rho_{st} V_{st} Cp_{st}} \Delta t$$

式中　q_n——钢结构的净得热流,kJ；

q_c——烟气对钢结构的对流传热,kJ；

q_r——地面火焰对钢结构的辐射传热,kJ；

q_e——钢结构的辐射散热,kJ；

α_{st}——钢吸收率；

T_m——烟气温度,℃；

T_c——烟羽流温度,℃；

T_{st}——钢结构的温度,℃；

h_c——对流传热系数；

z——钢构件高度,m；

ε_r——钢结构和热烟之间的发射率；

ρ_{st}——钢的密度,取 7 850 kg/m³；

m_{st}——单位长度钢构件质量,$m_{st} = \rho_{st} V_{st}$,kg；

V_{st}——单位长度钢构件体积,m³。

2) 钢结构临界温度

钢结构临界温度是指当构件在火灾有效荷载作用下,遭受火烧达到极限状态时的温度。临界温度与构件承受的有效荷载的大小、形式、作用位置和构件的截面形式、受力状态、约束条件等有关。临界温度的计算涉及复杂的钢结构设计知识。本节给出简单的估算公式。

有效荷载是指构件在火灾时实际承受的重力荷载,应由统计确定。可按下式取值：

$$P_F = 1.1G + \sum \varphi_i Q_i \tag{2.3}$$

式中　P_F——构件有效荷载,kN/m²；

G——构件承受的永久荷载标准值,kN/m²；

Q_i——构件承受的可变荷载标准值,kN/m²；

φ_i——可变荷载准永久值系数,按《建筑结构荷载规范》取值,但对风载取1.0。

应当说明,当屋面用作暂时避难或专门设计的避难层、避难间时,φ_i取1.0。由于火灾是偶然的短期作用,其安全度可适当降低,所以永久荷载取标准值的1.1倍。可变荷载取其准永久值主要考虑火灾时人群将主动疏散,可变荷载满载和火灾同时发生的概率较小等有利因素。

设钢构件在常温设计时的荷载为 P,则荷载系数定义为：

$$\theta_1 = P_F/P \tag{2.4}$$

根据临界温度的定义,构件承受有效荷载 P_F 而遭受火烧,当材料有效屈服强度 $\sigma_{Y,T}$ 下降

到 P_F 作用下的强度 σ_0 时,构件截面破坏。此时构件的温度即临界温度 T_c。所以,式(2.2)中,$\sigma_{Y,T} = \sigma_0$,$T_s = T_c$,可解得临界温度:

$$T_c = 750 - 450\frac{\sigma_0}{\sigma_{Y,20}} \tag{2.5}$$

用钢材设计强度 f 代替屈服强度 σ_{Y20},则上式化为:

$$T_c = 750 - 450\frac{\sigma_0}{f} \tag{2.6}$$

由于钢构件的荷载与屈服强度成正比,所以有 $\sigma_0/f = P_F/P = \theta_1$。引入构件内力重分布系数 θ_2,则临界温度计算式为:

$$T_c = 750 - 450\theta_1\theta_2 \tag{2.7}$$

式中 θ_2——考虑构件内力重分布时对临界温度的影响系数。

θ_2 取值按下述规则:

当一端固定,一端铰支梁时,$\theta_2 = \dfrac{2}{3}$;当两端固定梁或连续梁内跨时,$\theta_2 = \dfrac{1}{2}$;其余所有构件:$\theta_2 = 1.0$。

由于钢材温度大于 550 ℃后强度很小,所以当求出的临界温度 T_c 大于 550 ℃时取 $T_c = 550$ ℃。

钢结构失效的判定条件宜符合下列规定:

①在整个火灾过程中,钢结构梁、柱无防护保护部分的内部温度超过 450 ℃;

②在整个火灾过程中,钢屋架中钢构件的内部温度超过 300 ℃。

2.3.4 钢结构耐火保护方法

火灾条件下,当满足以下条件之一时,可认为钢结构构件达到耐火承载力极限状态:

①轴心受力构件的截面屈服;

②受弯构件产生足够的塑性铰而成为结构;

③构件丧失整体稳定性。

由于钢结构耐火性能差,在火灾的高温作用下将很快失效倒塌,耐火极限仅 15 min。若对钢结构取保护措施,使其在火灾时温度不超过临界温度,结构在火灾中就能保持稳定性。

目前,世界各国对钢结构采用多种方法进行保护。这些方法从原理上来说可划分为截流法和疏导法两种。

1)截流法

截流法的原理是截断或阻滞火灾产生的热流量向构件的传输,从而使构件在规定的时间内温升不超过其临界温度。其做法是在构件表面设置一层保护材料,火灾产生的高温首先传给这些保护材料,再由保护材料传给构件。由于要求所选材料的导热系数较小,而热容又较大,所以能很好地阻滞热流向构件的传输,从而起到保护作用。截流法又分为喷涂法、包封法、屏蔽法和水喷淋法。

（1）喷涂法

喷涂法是用喷涂机具将防火涂料直接喷涂在构件表面,形成保护层。喷涂的涂料厚度必须达到设计值,节点部位宜适当加厚。喷涂场地要求、构件表面处理、接缝填补、涂料配制、喷涂次数、质量控制及验收等均应符合《钢结构防火涂料应用技术规程》的规定。

当遇有下列情况之一时,涂层内应设置与钢构件相连的钢丝网,以确保涂层牢固。

①承受冲击振动的梁;

②设计涂层厚度大于 40 mm 时;

③黏结强度小于 0.05 MPa 的涂料;

④腹板高度大于 1.5 m 的梁。

喷涂法适用范围最为广泛,可用于任何一种钢构件的耐火保护。

（2）包封法

包封法是用耐火材料把构件包裹起来。包封材料有防火板材,混凝土或砖,钢丝网外抹耐火砂浆等。

当采用石膏板、蛭石板、硅酸钙板、珍珠岩板等硬质防火板材包封时,板材可用黏结剂或钢件固定。构件的粘贴面应作除锈去污处理,非粘贴面应涂刷防锈漆。当包封层不小于 2 层时,各层板应分别固定,板缝应相互错开,其距离不宜小于 400 mm。

当用岩棉、矿棉等软质板材包封时,应用薄金属板或其他不燃性板材包裹起来。

图 2.6 为梁的板梁包封示意图。图 2.7 为压型钢板楼板包封示意图。

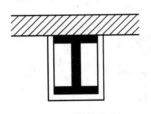

图 2.6　梁的包封

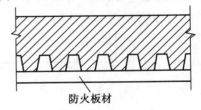

防火板材

图 2.7　楼板的包封

对于柱,也可用混凝土包封(图 2.8)或砖包封。当采用混凝土作保护层时,混凝土中应布置一定量细钢筋或钢网片以防爆裂。

对于梁和柱,也可采用钢丝网外抹耐火砂浆的方法进行保护(图 2.9)。耐火砂浆是在砂浆中掺加一定量的石棉或蛭石。

板材包封法适于梁、柱、压型钢板楼板的保护。

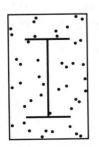

图 2.8　混凝土包封

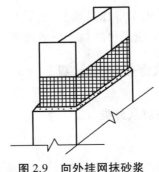

图 2.9　向外挂网抹砂浆

（3）屏蔽法

屏蔽法是把钢构件包藏在耐火材料组成的墙体或吊顶内，主要适于屋盖系统的保护。吊顶的接缝、孔洞处应严密，防止窜火。

（4）水喷淋法

水喷淋法是在结构顶部设置喷淋供水管网，火灾时，自动启动（或手动）开始喷水，表面形成一层连续流动的水膜，从而起到保护作用。

上述这些方法的共同特点是设法减小传到构件上的热流量，故称为截流法。

2）疏导法

与截流法不同，疏导法允许热流量传到构件上，然后设法把热量导走或消耗掉，同样可使构件温度不致升高到临界温度，从而起到保护作用。

目前，疏导法仅有柱充水冷却保护这一种方法。该方法是在空心封闭截面中（主要为柱）充满水，火灾时构件把从火场中吸收的热量传给水，依靠水的蒸发消耗热量或通过循环把热量导走，构件温度便可维持在 100 ℃左右。从理论上讲，这是钢结构保护最有效的方法。该系统工作时，构件相当于被加热的容器盛满水。只要补充水源，维持足够水位，而水的比热和气化热又较大，构件吸收的热量将源源不断地被耗掉或导走。

水冷却保护法如图 2.10 所示。冷却水可由高位水箱或供水管网或消防车来补充。蒸气由排气口排出。当柱高度过大时，可分为几个循环系统，以防止柱底水压过大。为防止锈蚀或水的结冰，水中应掺加阻锈剂和防冻剂。

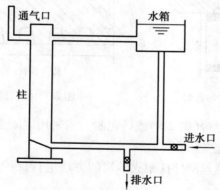

图 2.10　柱充水保护示意图

水冷却法既可采用单根柱自成系统，又可采用多根柱连通。前者仅依靠水的蒸发耗热，后者既能蒸发耗热，又能借水的温差形成循环，把热量导向非火灾区温度较低的柱。

2.3.5　钢结构耐火保护厚度计算

1）保护材料的性质及分类

（1）热物理性质

防火保护材料的热物理参数应通过试验确定。这些参数一般都随温度变化而变化，在选定温度范围内,可取其平均值来计算。在火灾条件下,常用保护材料的热物理参数的近似值列于表 2.8 中。

表 2.8 各种防火保护材料在明火或高温条件下的热物理性质

材 料	密度 ρ/ ($kg \cdot m^{-3}$)	导热系数 λ/ ($W \cdot m^{-1} \cdot \text{℃}^{-1}$)	比热容 c/ ($kJ \cdot kg^{-1} \cdot \text{℃}^{-1}$)
薄涂型钢结构防火涂料	600~1 000		
厚涂型钢结构防火涂料	250~500	0.09~0.12	
石膏板	800	0.20	1.7
硅酸钙板	500~1 000	0.10~0.25	
矿(岩)棉板	80~250	0.10~0.20	1.22
黏土砖、灰砂砖	1 000~2 000	0.40~1.20	1.0
加气混凝土	400~800	0.20~0.40	1.0~1.2
轻骨料混凝土	800~1 800	0.30~0.90	1.0~1.2
普通混凝土	2 200~2 400	1.30~1.7	1.20

(2)平衡含水率

常用保护材料的平衡含水率可按表 2.9 采用。

表 2.9 各种防火保护材料的平衡含水率

材 料	密度 ρ/($kg \cdot m^{-3}$)	吸湿平衡含水率 β/质量%
喷涂矿物纤维	250~350	1.0
石膏板	800	20.0
硅酸钙板	450~900	3.0~5.0
矿棉板	120~150	2.0
珍珠岩或蛭石板	300~800	15.0
加气混凝土	400~800	2.5
轻骨料混凝土	1 600	2.5
黏土砖、灰砂砖	2 000	0.2
普通混凝土	2 200~2 400	1.5

(3)保护材料的分类

保护材料按其吸热能力分为轻型材料和重型材料。当下式成立时,保护材料则为轻型材料:

$$\xi = \frac{c\rho FD}{2c_s \rho_s V} \leqslant \frac{1}{4} \qquad (2.8)$$

式中　ξ——吸热系数；

c_s——钢材的比热容，取 520 J/(kg·℃)；

ρ_s——钢材的密度，取 7 850 kg/m³；

V——构件单位长度的体积，m³；

c——保护材料的比热容，J/(kg·℃)；

ρ——保护材料的密度，kg/m³；

D——保护材料的厚度，m，

F——单位长度构件上保护层的内表面面积，m²。

当保护材料吸热系数不满足式(2.8)时，称为重型材料，其吸热能力较强，计算构件温度时应考虑保护层的吸热。

保护材料按其含水率的相对大小，分为干保护材料和含水保护材料。当下式成立时，保护材料为干保护材料，可不计含水量对构件温度的影响：

$$\frac{\beta\rho D^2}{\lambda} \leqslant 25 \qquad (2.9)$$

式中　β——保护材料的平衡含水率，质量百分比。

当式(2.9)不成立时，保护材料为含水保护材料，计算构件保护层厚度时应考虑含水量的影响。

2)导热微分方程

引入假定：

①保护材料外表面的温度等于试验炉内平均温度，由式(2.1)确定；

②由外部传输的热量全部消耗于提高构件和保护材料的温度，不计其他热损失。

构件的受热是连续非稳态传热，在微小时间增量 dt 内，可认为构件温度和炉内温度保持不变，在时刻 t，构件温度为 $T_s(t)$，炉温度为：

$$T(t) = 345\lg\left(\frac{8t}{60} + 1\right) + 20 \qquad (2.10)$$

式中　t——升温时间，s。

取初始温度为 20 ℃。

由于保护材料厚度较小，在短小时间增量 dt 时间内，可看作均质平板的稳态传热。其热流强度 $q(w/m^2)$ 可表达为：

$$q = \frac{\lambda}{D}(T - T_s) \qquad (2.11)$$

式中　λ——保护材料的导热系数，W/(m·℃)；

T——保护材料外表面的温度，即炉温，由式(2.10)给出，℃。

在时间间隔 dt 内，由保护材料传入构件的单位长度内的总热量 ΔQ 为：

$$\Delta Q = qF\mathrm{d}t = \frac{\lambda}{D}(T - T_s)F\mathrm{d}t$$

式中　F——单位长度构件的保护材料内表面面积，m^2/m。

另一方面，设在 $\mathrm{d}t$ 时间内，构件温度上升为 $\mathrm{d}T_s$，炉温上升为 ΔT，则单位长度构件吸收的热量 ΔQ_1 表示为：

$$\Delta Q_1 = c_s \rho_s V \mathrm{d}T_s \qquad (2.12)$$

式中　c_s——钢材的比热容，$\mathrm{J}/(\mathrm{kg} \cdot \mathrm{℃})$；

　　　ρ_s——钢材的密度，kg/m^3；

　　　V——构件单位长度的体积，m^3/m。

由于按稳态考虑，保护材料内温度为线性分布，在 $\mathrm{d}t$ 时间内材料吸收的热量 ΔQ_2 表示为：

$$\Delta Q_2 = \frac{\Delta T + \mathrm{d}T_s}{2}FD\rho c \qquad (2.13)$$

式中　c——保护材料的比热容，$\mathrm{J}/(\mathrm{kg} \cdot \mathrm{℃})$；

　　　ρ——保护材料的密度，kg/m^3。

由假定（2）得：$\Delta Q = \Delta Q_1 + \Delta Q_2$

将式（2.11）、（2.12）、（2.13）代入上式，并引入式（2.8）得：

$$\mathrm{d}T = \frac{\frac{\lambda}{D}}{c_s \rho_s} \frac{1}{1 + \xi} \frac{F}{V}(T - T_s)\,\mathrm{d}t - \Delta T \frac{\xi}{1 + \xi} \qquad (2.14)$$

由于 $\Delta T \approx T'\mathrm{d}t = \frac{345}{\ln 10} \frac{8}{8t+60}\mathrm{d}t$，取 $\mathrm{d}t = 60\ \mathrm{s}$，当 $t = 60\ \mathrm{s}$ 时，$\Delta T = 15\ \mathrm{℃}$；当 $t = 600\ \mathrm{s}$ 时，$\Delta T = 5\ \mathrm{℃}$，可见随 t 增大，ΔT 很快衰减。为方便且偏于安全，将式（2.14）中右端第二项略去，则：

$$\mathrm{d}T = \frac{\frac{\lambda}{D}}{c_s \rho_s} \frac{1}{1 + \xi} \frac{F}{V}(T - T_s)\,\mathrm{d}t \qquad (2.15)$$

式（2.15）即为重型材料做保护层时的导热微分方程。式中 ξ 反映了保护材料的吸热影响。当为轻型材料时，即有 $\xi \leqslant \frac{1}{4}$，吸热能力较小，对构件温度影响不大，忽略保温层吸收的热量（偏于安全），即令 $\xi = 0$，则轻型材料作保护层时导热微分方程为：

$$\mathrm{d}T = \frac{\frac{\lambda}{D}}{c_s \rho_s} \frac{F}{V}(T - T_s)\,\mathrm{d}t \qquad (2.16)$$

3）轻型干保护材料层厚度计算

如果微分方程式（2.16）的解可表达为简单形式：

$$T_s = f\left(t, \frac{\lambda}{D}, \frac{F}{V}\right) \qquad (2.17)$$

在式（2.17）中令 T_s 为构件的临界温度，t 为规定的耐火时间，即可求出所需保护层厚度 D。但是，式（2.17）并不能表达成简单的函数，所以保护层厚度 D 的计算采用差分法。将微分方程式(2.17)转化为差分方程：

$$T_s(t + \Delta t) = \frac{1}{c_s \rho_s} \frac{\lambda}{D} \frac{F}{V} \Delta t \left[345 \lg\left(\frac{8t}{60} + 1\right) + 20 \right] + \left(1 - \frac{1}{c_s \rho_s} \frac{\lambda}{D} \frac{F}{V} \Delta t\right) T_s(t) \quad (2.18)$$

令

$$\alpha_t = \frac{\lambda}{D} \frac{F}{V} \quad (2.19)$$

式中 α_t 为截面-材料综合系数。式(2.18)化简为：

$$T_s(t + \Delta t) = \frac{\alpha_t}{c_s \rho_s} \Delta t \left[345 \lg\left(\frac{8t}{60} + 1\right) + 20 \right] + \left(1 - \frac{\alpha_t}{c_s \rho_s} \Delta t\right) T_s(t) \quad (2.20)$$

给定耐火时间 t 和构件的临界温度 T_s，通过计算机迭代可解出综合系数 α_t，选定保护材料后（λ 确定后），根据构件的截面系数 F/V，由式(2.19)即可求出所需保护层厚度。

应当注意，在用迭代法求解式(2.20)时，建议 Δt 不超过 60 s。

为便于使用，表 2.10 列出了对应于耐火时间 t 和临界温度 T_s 的综合系数 α_t 的计算值，设计计算中可直接查用。由表 2.10 及式(2.19)知，临界温度升高，α_t 增大，所需保护层厚度减小，随耐火时间 t 增大，α_t 降低，保护层厚度增大；随 F/V 值增大，保护层厚度增大。

表 2.10　截面-材料综合系数 α_t 值[W/(m³·℃)]（表中单位 t/s，T_s/℃）

t ＼ T_s	350	355	360	365	370	375	380	385	390	395	400	405	410	415	420
60	599	610	622	634	646	658	670	682	695	707	720	733	746	795	772
65	543	553	564	575	586	596	607	618	630	641	653	664	676	687	699
70	496	505	515	525	535	545	555	565	575	585	596	606	617	627	638
75	456	465	474	483	492	501	510	519	528	538	547	557	567	576	586
80	421	430	438	446	454	453	471	480	488	497	506	514	523	532	541
85	392	399	407	414	422	430	438	446	454	462	470	478	486	494	503
90	365	372	379	387	394	401	408	416	423	430	438	445	453	461	469
95	342	349	355	362	369	375	382	389	396	403	410	417	424	432	439
100	322	328	334	340	346	353	359	366	372	379	385	392	399	405	412
105	303	309	315	321	327	333	339	345	351	357	363	369	376	382	388
110	287	292	298	303	309	314	320	326	332	337	343	349	355	361	367
115	272	277	282	287	293	298	303	309	314	320	325	331	337	342	348
120	258	263	268	273	278	283	288	293	298	304	309	314	320	325	330
125	246	251	255	260	265	270	275	279	284	289	294	299	304	309	314
130	235	239	244	248	253	257	262	266	271	276	280	285	290	295	300
135	224	229	233	237	241	246	250	255	259	263	268	273	277	282	286
140	215	219	223	227	231	235	239	244	248	252	257	261	265	270	274
145	206	210	214	218	222	226	230	234	238	242	246	250	254	259	263
150	198	201	205	209	213	217	220	225	228	232	236	240	244	248	252

T_s / t	425	430	435	440	445	450	455	460	465	470	475	480	485	490	495
60	785	799	813	826	840	854	868	883	897	912	927	942	957	973	988
65	711	723	735	748	761	773	786	799	812	826	839	852	866	880	894
70	649	660	671	682	694	705	717	729	741	752	765	777	789	802	815
75	596	606	616	627	637	647	658	669	680	691	702	713	724	735	747
80	551	560	569	579	588	598	607	617	627	638	648	658	668	679	689
85	511	520	528	537	546	555	564	573	582	592	601	610	620	630	639
90	476	484	492	501	509	517	526	534	542	551	559	568	578	587	596
95	446	454	461	469	476	484	492	500	508	515	523	532	540	549	557
100	419	426	433	440	447	454	462	469	476	484	492	499	507	515	523
105	395	401	408	415	421	428	435	442	449	456	463	470	477	485	492
110	373	379	386	392	398	404	411	418	424	431	437	444	451	458	465
115	354	359	365	371	377	383	389	395	402	408	414	421	427	434	440
120	336	341	347	352	358	364	370	375	381	387	393	399	405	411	418
125	320	325	330	335	341	346	352	357	363	368	374	380	386	391	397
130	305	310	315	320	325	330	335	341	346	351	357	362	368	373	379
135	291	296	301	306	310	315	320	325	330	335	341	346	351	356	362
140	279	283	288	292	297	302	306	311	313	321	326	331	366	314	346
145	267	272	276	280	285	289	294	298	303	308	312	317	322	327	331
150	257	261	256	269	273	278	282	286	291	295	300	304	309	313	318

T_s / t	500	505	510	515	520	525	530	535	540	545	550	555	560	565	570
60	1 004	1 020	1 036	1 053	1 069	1 086	1 103	1 121	1 138	1 156	1 174	1 193	1 211	1 230	1 249
65	908	922	937	951	966	982	997	1 012	1 028	1 044	1 060	1 077	1 093	1 110	1 127
70	827	840	853	867	880	894	908	922	936	950	964	979	994	1 009	1 025
75	759	771	783	795	807	819	832	845	857	870	884	897	911	924	938
80	700	711	722	733	744	756	767	779	790	802	815	827	839	852	865
85	649	659	669	680	690	700	711	722	732	743	754	766	777	788	800
90	605	614	623	633	642	652	662	672	682	692	700	713	723	734	745
95	565	574	583	592	600	609	619	628	637	647	656	666	676	685	695
100	530	538	547	555	563	572	580	589	598	606	615	624	633	642	652
105	500	507	515	523	530	538	546	554	565	571	579	587	596	604	613
110	472	479	486	493	501	508	516	523	531	539	547	554	562	570	579

续表

T_s t	500	505	510	515	520	525	530	535	540	545	550	555	560	565	570
115	447	453	460	467	474	481	488	495	502	510	517	524	532	540	547
120	424	430	437	443	550	456	463	470	477	483	490	497	505	512	519
125	403	409	415	421	482	434	440	447	453	460	466	473	480	486	493
130	384	390	396	402	408	413	419	425	432	438	444	450	457	463	470
135	367	372	378	383	389	395	401	406	412	418	424	430	436	442	448
140	351	356	362	367	372	378	383	388	394	400	405	411	417	423	429
145	336	341	346	351	357	362	367	372	377	383	388	394	399	405	410
150	323	327	332	337	342	347	352	357	362	367	372	378	383	388	394

4)重型或含水材料保护层厚度计算

(1)重型材料保护层厚度计算

当选用重型保护材料时,其吸热能力较大,不能忽略。可先按轻型干保护材料求出初定厚度 D',再按下式求出 ξ:

$$\xi = \frac{c\rho F D'}{2c_s \rho_s V} \tag{2.21}$$

当 $\xi \leqslant \frac{1}{4}$ 时, D' 即为所求;当 $\xi > \frac{1}{4}$ 时,属重型材料,应进行吸热修正,令

$$\alpha_t = \frac{\lambda}{D} \frac{F}{V} \frac{1}{1+\xi} \tag{2.22}$$

解得

$$D = \frac{-1 + \sqrt{1 + 4K\left(\frac{F}{V}\right)^2 \lambda/\alpha_t}}{2KF/V} \tag{2.23}$$

式中, $K = \frac{c\rho}{2c_s \rho_s}$ 。

(2)含水材料保护层厚度计算

当选用含水材料作保护层时,温度上升到 100 ℃,水分蒸发,吸收的热量大部分用于蒸发水分,而材料温度基本不升高。水分蒸发完后,材料温度重新上升。此后,升温曲线与干材料相似,滞后时间以 t_v 表示。滞后时间 t_v 即水分蒸发所占时间。根据国外试验研究结果, t_v 可按下式估算:

$$t_v = \frac{\beta\rho D'^2}{5\lambda}(\text{min}) \tag{2.24}$$

式中　β——保护材料的平衡含水率,质量百分比;

　　　D'——初定厚度,m。

含水材料厚度计算步骤如下：

①按轻型干材确定初定厚度；

②当 $\dfrac{\beta\rho D'^2}{5\lambda}\le 25$ 时，为干材，D' 即为所求；

③当 $\dfrac{\beta\rho D'^2}{5\lambda}>25$ 时，对 D' 进行修正；

④按式(2.24)求滞后时间 t_v；

⑤对原定耐火时间进行修正，即用 $(t-t_v)$ 代替 t，重查表 2.11 求 α_t；

⑥以修正的 α_t 代入式(2.19)求厚度 D(轻型材料)或代入式(2.23)求厚度 D(重型材料)。

(3)重型含水材料保护层厚度计算

有些材料是重型、含水材料，其厚度计算步骤如下：

①按轻型干材求初定厚度 D'；

②对 D' 进行吸热修正，求出厚度 D''；

③对 D'' 进行含水修正，求最后的使用厚度。

5)构件截面系数

当所用保护材料构造方式不同时，即有时采用周边包封，有时用周边喷涂；有时构件三面受火(如梁、柱一边靠墙)，有时构件四面受火。这时，即使同一构件截面系数 F/V 也不同。

表 2.11 给出常用截面的 F/V，设计时可直接查用。

表 2.11 截面系数 F/V 值

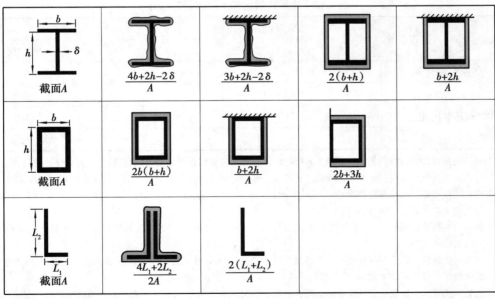

2.4 建筑防火设计

2.4.1 总平面布局

1)防火间距

建筑物起火后,火势在建筑物的内部,在热对流和热辐射作用下迅速蔓延扩大;在建筑物外部,则因强烈的热辐射作用对周围建筑物构成威胁。火场辐射热的强度取决于火灾规模的大小、火灾持续时间、与邻近建筑物的距离及风速、风向等因素。火势越大,持续时间越长;距离越近,建筑物又处于下风位置时,所受辐射热越强。当一座建筑物着火后,为防止火灾蔓延到相邻建筑物,建筑物之间应有一定的安全距离。这个安全距离就叫防火间距,也就是指一个建筑物起火,其相邻建筑物在热辐射的作用下,在一定时间内且没有任何保护措施的情况下也不会起火的最小安全距离。

影响防火间距的因素很多,如热辐射、热对流、风向、风速、外墙材料的燃烧性能及其开口面积大小、室内堆放的可燃物种类及数量、相邻建筑物的高度、室内消防设施情况、着火时的气温及湿度、消防车到达的时间及扑救情况等,对防火间距的设置都有一定影响。

根据《建筑设计防火规范》[GB 50016—2014(2018 年版)],民用建筑之间的防火间距不应小于表 2.12 的规定。高层建筑的防火间距如图 2.11 所示。

表 2.12 民用建筑之间的防火间距(m)

建筑类别		高层民用建筑	裙房和其他民用建筑		
		一、二级	一、二级	三 级	四 级
高层民用建筑	一、二级	13	9	11	14
裙房和其他民用建筑	一、二级	9	6	7	9
	三 级	11	7	8	10
	四 级	14	9	10	12

注:1.相邻两座单、多层建筑,当相邻外墙为不燃性墙体且无外露的可燃性屋檐,每面外墙上无防火保护的门、窗、洞口不正对开设且该门、窗、洞口的面积之和不大于外墙面积的 5%时,其防火间距可按本表的规定减少 25%。

2.两座建筑相邻较高一面外墙为防火墙,或高出相邻较低一座一、二级耐火等级建筑的屋面 15 m 及以下范围内的外墙为防火墙时,其防火间距不限。

3.相邻两座高度相同的一、二级耐火等级建筑中相邻任一侧外墙为防火墙,屋面板的耐火极限不低于 1.00 h 时,其防火间距不限。

4.相邻两座建筑中较低一座建筑的耐火等级不低于二级,相邻较低一面外墙为防火墙且屋顶无天窗,屋面板的耐火极限不低于 1.00 h 时,其防火间距不应小于 3.5 m;对于高层建筑,不应小于 4 m。

5.相邻两座建筑中较低一座建筑的耐火等级不低于二级且屋顶无天窗,相邻较高一面外墙高出较低一座建筑的屋面 15 m 及以下范围内的开口部位设置甲级防火门、窗,或设置符合现行国家标准《自动喷水灭火系统设计规范》(GB 50084)规定的防火分隔水幕或《建筑设计防火规范》[GB 50016—2014(2018 年版)]第 6.5.3 条规定的防火卷帘时,其防火间距不应小于 3.5 m;对于高层建筑,不应小于 4 m。

6.相邻建筑物通过连廊、天桥或底部的建组物等连接时,其间距不应小于本表的规定。

7.耐火等级低于四级的既有建筑,其耐火等级可按四级确定。

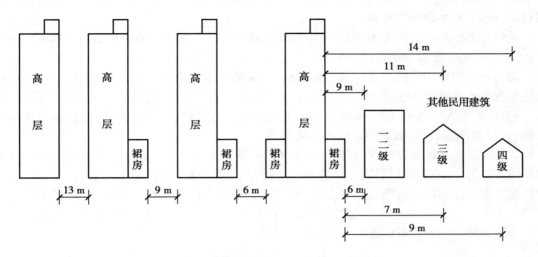

图 2.11　高层民用建筑防火间距示意图

2) 消防车道

（1）环形车道

高层建筑的平面布置、空间造型和使用功能往往复杂多样，给消防扑救带来不便。如大多数高层建筑的底部建有相连的裙房等，设计中如果对消防车道考虑不周，火灾时消防车无法靠近建筑主体，往往延误灭火时机，造成重大损失。为了使消防车辆能迅速靠近高层建筑，展开有效扑救，高层建筑周围应设置环形消防车道。沿街的高层建筑，其街道的交通道路可作为环形车道的一部分。

高层民用建筑，超过 3 000 个座位的体育馆，超过 2 000 个座位的会堂，占地面积大于 3 000 m^2 的商店建筑、展览建筑等单、多层公共建筑应设置环形消防车道，确有困难时，可沿建筑的两个长边设置消防车道。对于住宅建筑和山坡地或河道边临空建造的高层建筑，可沿建筑的一个长边设置消防车道，但该长边所在建筑立面应为消防车登高操作面。

①消防通道。对于一些使用功能多、面积大、建筑长度大的建筑，如 U 形、L 形、口形建筑，当其沿街长度超过 150 m 或总长度超过 220 m 时，应在适当位置设置穿过高层建筑、进入后院的消防车道。穿越建筑物的消防车道其净高与净宽不应小于 4 m，门垛之间的净宽不应小于 3.5 m，如图 2.12 所示。

此外，为了日常使用方便和消防人员快速便捷地进入建筑内院救火，应设连通街道和内院的人行通道，通道之间的距离不宜超过 80 m。

为满足通风与采光、庭院绿化等需要，高层建筑常常设有面积较大的内院或天井。这种内院或天井一旦发生火灾，如果消防车进不去，就难于扑救。所以，为了

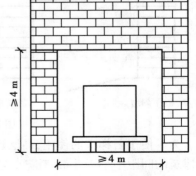

图 2.12　穿过建筑的过街楼洞口尺寸

使消防车进入内院或天井扑救火灾,且消防车辆在内院有回旋余地,当内院或天井短边长度超过 24 m 时,宜加设消防车道。

规模较大的封闭式商业街、购物中心、游乐场所等,进入院内的消防车道出入口不应少于 2 个,且院内道路宽度不应小于 6 m。

②消防水涌地的消防车道。发生火灾时,高层建筑高位消防水箱的水只够供水 10 min,消防车内的水也维持不了多长时间。许多工业与民用建筑可燃物多,火灾持续时间长。所以,一旦火灾进入旺盛期,就要考虑持续供水的问题。对于设在高层建筑附近的消防水池或天然水源(如江、河、湖、水渠等),应设消防车道。

③尽头式回车场。目前,在我国经济发展较快的大中城市,超高层建筑(高度>100 m)也发展较快。为此,消防部门引进了一些大型消防车。对需要大型消防车救火的区域,应从实际情况出发设计消防车道路,还应注意设置尽头式消防车回车场。一般情况下,回车场的面积应不小于 15 m×15 m;对于大型消防车,回车场不宜小于 18 m×18 m,如图 2.13 所示。

消防车道下的管沟等应能承受消防车的压力。

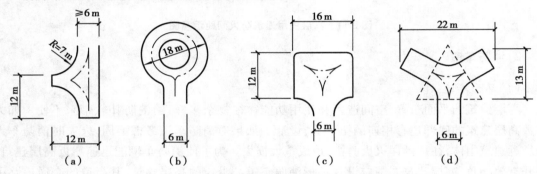

图 2.13　消防车回车场示意图

(2)消防车工作空间

云梯车等登高车辆,灭火时要靠近建筑物。城市规划及建筑设计时,应考虑云梯车作业用的空间,使云梯车能够接近建筑主体。为此,高层建筑的主体周围,最少要求有一长边或周边长度的 1/4 且不小于一个长边长度的距离内,不应布置高度大于 5 m、进深大于 4 m 的裙房建筑;建筑物的正面广场不应设成坡地,也不应设架空电线等;建筑物的底层不应设很长的凸出物,如图 2.14 所示。

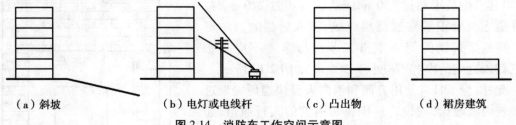

(a)斜坡　　　　(b)电灯或电线杆　　　　(c)凸出物　　　　(d)裙房建筑

图 2.14　消防车工作空间示意图

为了便于云梯车的使用,高层建筑与其邻近建筑物之间应保持一定距离。消防车道与高层建筑的间距不小于 5 m,消防车与建筑物之间的宽度如图 2.15 所示,其中 B 值可根据配备的消防车参数来确定。

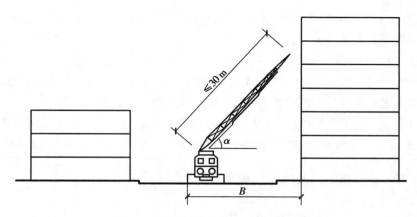

图 2.15　消防车与建筑物之间的宽度

2.4.2　防火分区与层数

当建筑物内的某一个房间失火时,燃烧产生的对流热、辐射热和传导热能把火灾向周围区域传播,最终导致整个建筑物全部起火。所以,有效地阻止火灾在建筑物的水平及垂直方向蔓延,将火灾限制在一定范围之内是十分必要的。

从广义上讲,防火分区就是用其有较高耐火极限的墙和楼板等构件(作为一个区域的边界构件)划分出的,能在一定时间内阻止火势向同一建筑的其他区域蔓延的防火单元。防火分区既是控制火灾蔓延的区域,也是人员安全疏散的区域,因为对起火区域来讲,未起火区域(防火分区)也是相对安全的区域。

划分防火分区除必须满足防火规范中规定的面积及构造要求外,还应满足下列要求:

①作避难通道使用的楼梯间、前室和某些有避难功能的走廊,必须受到安全保护,保证其不受火灾的侵害,并时刻保持畅通无阻。

②在同一个建筑物内,各危险区域之间、不同用户之间、办公用房和生产车间之间,应该进行防火分隔处理。

③高层建筑中的各种竖向井道,如电缆井、管道井、垃圾井等,其本身应是独立的防火单元,保证井道外部火灾不得传入井道内部,井道内部火灾也不得传到井道外部。

④有特殊防火要求的建筑,如医院等,在防火分区之内尚应设置更小的防火区域。

⑤高层建筑在垂直方向应以每个楼层为单元划分防火分区。

⑥所有建筑的地下室,在垂直方向应以每个楼层为单元划分防火分区。

⑦为扑救火灾而设置的消防通道,其本身应受到良好的防火保护。

⑧设有自动喷水灭火设备的防火分区,其允许面积可以适当扩大。

1)水平防火分区

水平防火分区是指在建筑物内用防火墙、防火门等防火分隔物在建筑物水平方向所划分出的防火空间。划分防火分区的面积(或相应长度)主要依据两个方面,即消防队控制火灾的能力及使用建筑物的人员疏散要求。划分水平防火分区时还必须结合建筑物的平面形状、使用功能及人流、货流情况妥善确定防火分隔物的具体位置。

对防火分区的最大面积严加控制,主要是为了在允许的时间内把火扑灭(一般不超过20 min),确保建筑物及人员疏散安全。

水平防火分区的面积不允许超过有关规定。不同耐火等级建筑的允许建筑高度或层数、防火分区最大允许建筑面积应符合表 2.13 的规定。"防火分区的最大允许建筑面积",为每个楼层上采用防火墙和楼板分隔的建筑面积,当有未封闭的开口连接多个楼层时,防火分区的建筑面积需将这些相连通的面积叠加计算。防火分区的建筑面积包括各类楼梯间的建筑面积。

表 2.13　不同耐火等级建筑的允许建筑高度或层数、防火分区最大允许建筑面积

名　称	耐火等级	允许建筑高度或层数	防火分区的最大允许建筑面积/m²	备　注
高层民用建筑	一、二级	符合表2.2民用建筑分类要求	1 500	对于体育馆、剧场的观众厅,防火分区的最大允许建筑面积可适当增加
单、多层民用建筑	一、二级	符合表2.2民用建筑分类要求	2 500	
	三级	5 层	1 200	—
	四级	2 层	600	—
地下或半地下建筑(室)	一级	—	500	设备用房的防火分区最大允许建筑面积不应大于1 000 m²

注:1.表中规定的防火分区最大允许建筑面积,当建筑内设置自动灭火系统时,可按本表的规定增加1.0倍;局部设置时,防火分区的增加面积可按该局部面积的1.0倍计算。

2.裙房与高层建筑主体之间设置防火墙时,裙房的防火分区可按单、多层建筑的要求确定。

民用建筑划分防火分区时还应遵守《建筑设计防火规范》[GB 50016—2014(2018 年版)]的相关规定:

①建筑内设置自动扶梯、敞开楼梯等上、下层相连通的开口时,其防火分区的建筑面积应按上、下层相连通的建筑面积叠加计算;当叠加计算后的建筑面积大于表 2.15 的规定时,应划分防火分区。

建筑内设置中庭时,其防火分区的建筑面积应按上、下层相连通的建筑面积叠加计算;当叠加计算后的建筑面积大于表 2.15 的规定时,应符合下列规定:

a.与周围连通空间应进行防火分隔:采用防火隔墙时,其耐火极限不应低于 1.00 h;采用防火玻璃墙时,其耐火隔热性和耐火完整性不应低于 1.00 h,采用耐火完整性不低于 1.00 h的非隔热性防火玻璃墙时,应设置自动喷水灭火系统进行保护;采用防火卷帘时,其耐火极限不应低于 3.00 h,并应符合相关规定;与中庭相连通的门、窗,应采用火灾时能自行关闭的甲级防火门、窗。

b.高层建筑内的中庭回廊应设置自动喷水灭火系统和火灾自动报警系统。

c.中庭应设置排烟设施。

d.中庭内不应布置可燃物。

②防火分区之间应采用防火墙分隔,确有困难时,可采用防火卷帘等防火分隔设施分隔。采用防火卷帘分隔时,应符合防火分隔部位设置防火卷帘的相关规定。

③一、二级耐火等级建筑内的营业厅、展览厅,当设置自动灭火系统和火灾自动报警系统并采用不燃或难燃装修材料时,其每个防火分区的最大允许建筑面积应符合下列规定:

a.设置在高层建筑内时,不应大于 4 000 m²。

b.设置在单层建筑或仅设置在多层建筑的首层内时,不应大于 10 000 m²。

c.设置在地下或半地下时,不应大于 2 000 m²。

④总建筑面积大于 20 000 m² 的地下或半地下商店,应采用无门、窗、洞口的防火墙和耐火极限不低于 1.00 h 的楼板分隔为多个建筑面积不大于 20 000 m² 的区域。相邻区域确需局部连通时,应采用下沉式广场等室外开敞空间、防火隔间、避难走道、防烟楼梯间等方式进行连通,并应符合下列规定:

a.下沉式广场等室外开敞空间应能防止相邻区域的火灾蔓延和便于安全疏散,并应符合规范相关规定。

b.防火隔间的墙应为耐火极限不低于 3.00 h 的防火隔墙,并应符合规范相关规定。

c.避难走道应符合规范相关规定。

d.防烟楼梯间的门应采用甲级防火门。

⑤餐饮、商店等商业设施通过有顶棚的步行街连接,且步行街两侧的建筑需利用步行街进行安全疏散时,应符合下列规定:

a.步行街两侧建筑的耐火等级不应低于二级。

b.步行街两侧建筑相对的最近距离均不应小于本规范对相应高度建筑的防火间距要求且不应小于 9 m。步行街的端部在各层均不宜封闭,确需封闭时,应在外墙上设置可开启的门窗,且可开启门窗的面积不应小于该部位外墙面积的一半。步行街的长度不宜大于 300 m。

c.步行街两侧建筑的商铺之间应设置耐火极限不低于 2.00 h 的防火隔墙,每间商铺的建筑面积不宜大于 300 m²。

d.步行街两侧建筑的商铺,其面向步行街一侧的围护构件的耐火极限不应低于 1.00 h,并宜采用实体墙,其门、窗应采用乙级防火门、窗;当采用防火玻璃墙(包括门、窗)时,其耐火隔热性和耐火完整性不应低于 1.00 h;采用耐火完整性不低于 1.00 h 的非耐火隔热性防火玻璃墙(包括门、窗)时,应设置闭式自动喷水灭火系统进行保护。相邻商铺之间面向步行街一侧应设置宽度不小于 1.0 m、耐火极限不低于 1.00 h 的实体墙。

当步行街两侧的建筑为多层时,每层面向步行街一侧的商铺均应设置防止火灾竖向蔓延的设施,并应符合规范相关规定;设置回廊或挑檐时,其出挑宽度不应小于 1.2 m;步行街两侧的商铺在上部各层需设置回廊和连接天桥时,应保证步行街上部各层的开口面积不应小于步行街地面面积的 37%,且开口宜均匀布置。

e.步行街两侧建筑内的疏散楼梯应靠外墙设置并宜直通室外,确有困难时,可在首层直接通至步行街;首层商铺的疏散门可直接通至步行街,步行街内任一点到达最近室外安全地点的步行距离不应大于 60 m。步行街两侧建筑二层及以上各层商铺的疏散门至该层最近疏散楼梯口或其他安全出口的直线距离不应大于 37.5 m。

f.步行街的顶棚材料应采用不燃或难燃材料,其承重结构的耐火极限不应低于 1.00 h。步行街内不应布置可燃物,相邻商铺的招牌或广告牌之间的距离不宜小于 1.0 m。

g.步行街的顶棚下檐距地面的高度不应小于 6.0 m,顶棚应设置自然排烟设施并宜采用常开式排烟口,且自然排烟口的有效面积不应小于步行街地面面积的 25%。常闭式自然排烟设施应能在火灾时手动和自动开启。

h.步行街两侧建筑的商铺外应每隔 30 m 设置 DN65 的消火栓,并应配备消防软管卷盘或消防水龙,商铺内应设置自动喷水灭火系统和火灾自动报警系统;每层回廊均应设置自动喷水灭火系统。步行街内宜设置自动跟踪定位射流灭火系统。

i.步行街两侧建筑的商铺内外均应设置疏散照明、灯光疏散指示标志和消防应急广播系统。

2) 竖向防火分区

竖向防火分区是指在建筑物的垂直方向,用耐火性能比较好的楼板及墙壁(含上下连通的竖向井道的井壁及外墙壁)等防火分隔物划分出的防火空间。

火灾不仅能在起火楼层水平蔓延,而且还能沿着建筑物的外墙洞口及室内各种竖向井道(包括敞开式楼梯间)向上层蔓延。为了把火灾控制在一个特定垂直高度范围内,对建筑物,尤其是高层建筑,应划分竖向防火分区。建筑物内如设有上、下层相互连通的走廊、敞开楼梯、自动扶梯、传送带、跨层窗等开口部位时,应按上下连通层作为一个防火分区对待。

在普通高层建筑中,虽然规定在每个楼层内都设置防火分区,但对火灾通过外墙窗口向上层蔓延的危险性并没有作出明确规定,而这一部位恰恰又是火灾向上层蔓延的最危险的部位。火场经验表明,两个楼层之间窗槛墙的高度(即上下窗间墙的高度)如果不足 1 m,则很难起到防火作用。为了确保火灾不通过外墙窗口向上层蔓延,还可以设置防火挑檐,檐板挑出墙面的宽度不宜小于 0.5 m,檐板的长度应大于窗宽外加 1.5 m,防火挑檐可视具体情况灵活设置。

3) 防火分隔物

为了保证建筑物的防火安全,防止火势由外部向内部,或由内部向外部,或在内部之间蔓延,就要用防火墙、防火门、楼板等构件,把建筑空间分隔成若干较小的防火空间,以此控制火势,给扑救火灾创造良好条件。这种具有阻止火势蔓延,能把整个建筑空间划分成若干较小防火空间的建筑构件称为防火分隔物。

防火分隔物可以分为两类,一是固定式的,如普通的砖墙、楼板、防火墙、防火悬墙、防火墙带等;二是可以开启和关闭式的,如防火门、防火窗、防火卷帘、防火吊顶、防火幕等。防火分区之间应采用防火墙进行分隔,如设置防火墙有困难时,可采用防火水幕带或防火卷帘加水幕进行分隔。

(1)防火墙

防火墙是具有不少于 4.00 h(高层民用建筑为 3.00 h)耐火极限的非燃烧体墙壁。防火墙应满足下列防火要求:

①防火墙应直接设置在建筑的基础或框架、梁等承重结构上,框架、梁等承重结构的耐火

极限不应低于防火墙的耐火极限。

防火墙应从楼地面基层隔断至梁、楼板或屋面板的底面基层。当高层厂房(仓库)屋顶承重结构和屋面板的耐火极限低于 1.00 h,其他建筑屋顶承重结构和屋面板的耐火极限低于 0.50 h 时,防火墙应高出屋面 0.5 m 以上。

②防火墙横截面中心线水平距离天窗端面小于 4.0 m,且天窗端面为可燃性墙体时,应采取防止火势蔓延的措施。

③建筑外墙为难燃性或可燃性墙体时,防火墙应凸出墙的外表面 0.4 m 以上,且防火墙两侧的外墙均应为宽度均不小于 2.0 m 的不燃性墙体,其耐火极限不应低于外墙的耐火极限。

建筑外墙为不燃性墙体时,防火墙可不凸出墙的外表面,紧靠防火墙两侧的门、窗、洞口之间最近边缘的水平距离不应小于 2.0 m;采取设置乙级防火窗等防止火灾水平蔓延的措施时,该距离不限。

④建筑内的防火墙不宜设置在转角处,确需设置时,内转角两侧墙上的门、窗、洞口之间最近边缘的水平距离不应小于 4.0 m;采取设置乙级防火窗等防止火灾水平蔓延的措施时,该距离不限。

⑤防火墙上不应开设门、窗、洞口,确需开设时,应设置不可开启或火灾时能自动关闭的甲级防火门、窗。

可燃气体和甲、乙、丙类液体的管道严禁穿过防火墙。防火墙内不应设置排气道。

⑥除第⑤条规定外的其他管道不宜穿过防火墙,确需穿过时,应采用防火封堵材料将墙与管道之间的空隙紧密填实。穿过防火墙处的管道保温材料,应采用不燃材料;当管道为难燃及可燃材料时,应在防火墙两侧的管道上采取防火措施。

⑦防火墙的构造应能在防火墙任意一侧的屋架、梁、楼板等受到火灾的影响而破坏时,不会导致防火墙倒塌。

(2)防火门

防火门是具有一定耐火极限,且在发生火灾时能自行关闭的门。防火门也是一种防火分隔物,按照耐火极限不同,可以分为甲、乙、丙三级,其耐火极限分别是 1.2 h、0.9 h、0.6 h;按照燃烧性能不同,可以分为非燃烧体防火门和难燃烧体防火门。

①非燃烧体防火门。非燃烧体防火门采用薄壁型钢材作骨架,在骨架两面钉 1~1.2 mm 厚的薄钢板,内填 55~60 mm 厚的矿棉或玻璃棉,耐火极限可达 1.50 h;若用同样规格的薄壁型钢骨架和薄钢板,内填 30~35 mm 厚的矿棉或玻璃棉,耐火极限可达 0.90 h 以上;若用同样规格的薄壁型骨架和薄钢板,空气层厚度为 50~60 mm,其耐火极限可达 0.60 h。

②难燃烧体防火门。难燃烧体防火门采用一、二层木板交替排列钉在一起,用 5~7 mm 厚的石棉板或厚度为 15 mm 以上浸过泥浆的毛毡做夹层,从一面或两面把木板包严,然后在表面钉上镀锌铁皮。经过耐火试验测定,双层木板外包镀锌铁皮,总厚度为 41 mm 的防火门,其耐火极限为 1.20 h;双层木板,中间夹石棉板,外包镀锌铁皮,总厚度为 45 mm 的防火门,其耐火极限为 1.50 h;双层木板,双层石棉板,外包镀锌铁皮,总厚度为 51 mm 的防火门,其耐火极限为 2.10 h;仅用双层木板,外包镀锌铁皮,总厚度为 36 mm 的防火门,其耐火极限为 0.90 h。

在火烧或高温作用下,以木板为主体的上述难燃烧体防火门,因木板受热碳化会分解出可燃气体,这些气体急剧膨胀会将铁皮撕裂,使防火门过早地失去隔火作用。因此,在防火门的上半部或下半部的中间必须开设泄气孔,以便将这些气体迅速排出,避免防火门过早破坏。

（3）防火窗

防火窗是采用钢窗框、钢窗扇及防火玻璃制成的窗,能起到隔离和防止火势蔓延的作用。

按照安装方法,防火窗可分固定窗扇与活动窗扇两种。固定窗扇防火窗,不能开启,平时可以采光,遮挡风雨,发生火灾时可以阻止火势蔓延;活动窗扇防火窗,能够开启和关闭,起火时可以自动关闭,阻止火热蔓延,开启后可以排除烟气,平时还可以采光和遮挡风雨。为了使防火窗的窗扇能够开启和关闭,需要安装自动或手动开关装置。

（4）防火卷帘

防火卷帘也是一种防火分隔物。一般是用钢板、铝合金板等金属板材,用扣环或铰接的方法组成可以卷绕的链状平面,平时卷起放在门窗上口的转轴箱中,起火时将其放下展开,用以防止火势从门窗洞口蔓延。

防火卷帘有轻型、重型之分。轻型卷帘钢板的厚度为 0.5~0.6 mm,重型卷帘钢板的厚度为 1.5~1.6 mm。厚度为 1.5 mm 以上的卷帘适用于防火墙或防火分隔墙上;厚度为 0.8~1.5 mm 的卷帘适用于楼梯间或电动扶梯的隔墙。

卷帘的卷起方法,有电动式和手动式两种。手动式经常采用拉链控制。如在转轴处安装电动机则是电动式卷帘,电动机由按钮控制,1 个按钮可以控制 1 个或几个卷帘门,也可以对所有卷帘进行远距离控制。

2.4.3　防烟分区

防烟分区指采用挡烟垂壁、结构梁及隔墙等划分的防烟空间。设置防烟分区主要是保证在一定时间内使火场上产生的高温烟气不会随意扩散,并能加以排除,从而达到控制火势蔓延和减少火灾损失的目的。

防烟分区的设置原则:

①防烟分区不应跨越防火分区。

②挡烟垂壁等挡烟分隔设施的深度不应小于下述第③条规定的储烟仓厚度。对于有吊顶的空间,当吊顶开孔不均匀或开孔率≤25%时,吊顶内空间高度不得计入储烟仓厚度。

③当采用自然排烟方式时,储烟仓的厚度不应小于空间净高的 20%,且不应小于 500 mm;当采用机械排烟方式时,不应小于空间净高的 10%,且不应小于 500 mm。同时储烟仓底部距地面的高度应大于安全疏散所需的最小清晰高度,最小清晰高度应按下述规定计算确定。

走道、室内空间净高不大于 3m 的区域,其最小清晰高度不应小于其净高的 1/2,其他区域的最小清晰高度应按下式计算:

$$H_q = 1.6 + 0.1 \times H$$

式中　H_q——最小清晰高度,m;

H——对于单层空间,取排烟空间的建筑净高度,m;对于多层空间,取最高疏散楼层的层高,m。

④设置排烟设施的建筑内,敞开楼梯和自动扶梯穿越楼板的开口部应设置挡烟垂壁等设施。

⑤公共建筑、工业建筑防烟分区的最大允许面积及其长边最大允许长度应符合表2.14的规定,当工业建筑采用自然排烟系统时,其防烟分区的长边长度尚不应大于建筑内空间净高的8倍。

表2.14　公共建筑、工业建筑防烟分区的最大允许面积及其长边最大允许长度

空间净高 H/m	最大允许面积/m²	长边最大允许长度/m
$H \leqslant 3.0$	500	24
$3.0 < H \leqslant 6.0$	1 000	36
$H > 6.0$	2 000	60 m;具有自然对流条件时,不应大于75 m

注:1.公共建筑、工业建筑中的走道宽度不大于2.5 m时,其防烟分区的长边长度不应大于60 cm;

2.当空间净高大于9 m时,防烟分区之间可不设置挡烟设施;

3.汽车库防烟分区的划分及其排烟量应符合现行国家规范《汽车库、修车库停车场防火规范》(GB 50067)的规定。

2.5　室内装修防火

2.5.1　装修材料的分类和分级

1)装修材料的分类

装修材料按其使用部位和功能,可划分为顶棚装修材料、墙面装修材料、地面装修材料、隔断装修材料、固定家具、装饰织物、其他装饰材料7类。其中,装饰织物指窗帘、帷幕、床罩、家具包布等;其他装饰材料指楼梯扶手、挂镜线、踢脚板、窗帘盒、暖气罩等。

2)装修材料的分级

根据《建筑内部装修设计防火规范》(GB 50222—2017)规定,装修材料按其燃烧性能划分为四级,见表2.15。

表2.15　装修材料燃烧性能等级

等　级	A	B_1	B_2	B_3
装修材料燃烧性能	不燃性	难燃性	可燃性	易燃性

不同等级的装修材料其燃烧特性是不相同的,一般而言,不燃性装修材料是在空气中受到火烧或高温作用时不起火、不微燃、不碳化的材料,如金属材料、水泥砂浆等。难燃装修材料在空气受到火烧或高温作用时难起火、难微燃、难碳化,当火源移走后燃烧或微燃立即停

止,如经防火处理过的木材、水泥刨花板。可燃装修材料在空气中受到火烧或高温作用时立即起火或微燃,且火源移走后仍继续燃烧或微燃,如木材。易燃材料在空气中受到火烧或高温作用时极易起火,而且火焰传播速度很快,如有机玻璃、聚氨酯泡沫塑料、未阻燃处理的布匹等。

2.5.2　内部装修设计防火要求

1)一般要求

①当顶棚或墙面表面局部采用多孔或泡沫状塑料时,其厚度不应大于 15 mm,且面积不得超过该房间顶棚或墙面积的 10%。

②除地下建筑外,无窗房间的内部装修材料的燃烧性能等级,除 A 级外,应在有关规定的基础上提高一级。

③图书室、资料室、档案室和存放文物的房间,其顶棚、墙面应采用 A 级装修材料,地面应采用不低于 B_1 级的装修材料。

④大中型电子计算机房、中央控制室、电话总机房等放置特殊贵重设备的房间,其顶棚和墙面应采用 A 级装修材料,地面及其他装修应采用不低于 B_1 级的装修材料。

⑤消防水泵房、排烟机房、固定灭火系统钢瓶间、配电室、变压器室、通风和空调机房等,其内部所有装修均应采用 A 级装修材料。

⑥无自然采光楼梯间、封闭楼梯间、防烟楼梯间及其前室的顶棚、墙面和地面均应采用 A 级装修材料。

⑦建筑物内设有上下层相连通的中庭、走马廊、开敞楼梯、自动扶梯时,其连通部位的顶棚、墙面应采用 A 级装修材料,其他部位应采用不低于 B_1 级的装修材料。

⑧防烟分区的挡烟垂壁,其装修材料应采用 A 级装修材料。

⑨建筑内部的变形缝(包括沉降缝、伸缩缝、抗震缝等)两侧的基层应采用 A 级材料,表面装修应采用不低于 B_1 级的装修材料。

⑩建筑内部的配电箱不应直接安装在低于 B_1 级的装修材料上。

⑪照明灯具的高温部位,当靠近非 A 级装修材料时,应采取隔热、散热等防火保护措施。灯饰所用材料的燃烧性能等级不应低于 B_1 级。

⑫公共建筑内部不宜设置采用 B_3 级装饰材料制成的壁挂、雕塑、模型、标本,当需要设置时,不应靠近火源或热源。

⑬地上建筑的水平疏散走道和安全出口的门厅,其顶棚装饰材料应采用 A 级装修材料,其他部位应采用不低于 B_1 级的装修材料。

⑭建筑内部消火栓的门不应被装饰物遮掩,消火栓门四周的装修材料颜色应与消火栓门的颜色有明显区别。

⑮建筑内部装修不应遮挡消防设施、疏散指示标志及安全出口,并不应妨碍消防设施和疏散走道的正常使用。因特殊要求做改动时,应符合国家有关消防规范和法规的规定。

建筑内部装修不应减少安全出口、疏散出口和疏散走道的设计所需的净宽度和数量。

⑯建筑物内的厨房,其顶棚、墙面、地面均应采用 A 级装修材料。

⑰经常使用明火器具的餐厅、科研试验室,装修材料的燃烧性能等级,除 A 级外,应在本章规定的基础上提高一级。

⑱当歌舞厅、卡拉 OK 厅(含具有卡拉 OK 功能的餐厅)、夜总会、录像厅、放映厅、桑拿浴室(除洗浴部分外)、游艺厅(含电子游艺厅)、网吧等娱乐场所设置在一、二级耐火等级建筑的 4 层及 4 层以上时,室内装修的顶棚材料应采用 A 级装修材料,其他部位应采用不低于 B₁级的装修材料;当其设置在地下 1 层时,室内装修的顶棚、墙面材料应采用 A 级装修材料,其他部位应采用不低于 B₁级的装修材料。

2)单层、多层民用建筑

根据《建筑内部装修设计防火规范》GB 50222—2017 规定,单层、多层民用建筑内部各部位装修材料的燃烧性能等级,不应低于表 2.16 中的规定。

除上述一般要求规定的场所和表 2.16 中序号为 11—13 规定的部位外,单层、多层民用建筑内面积小于 100 m² 的房间,当采用防火墙和甲级防火门窗与其他部位分隔时,其装修材料的燃烧性能等级可在表 2.16 的基础上降低一级。

除上述一般要求规定的场所和表 2.16 中序号为 11—13 规定的部位外,当单层、多层民用建筑需做内部装修的空间内装有自动灭火系统时,除顶棚外,其内部装修材料的燃烧性能等级可在表 2.16 规定的基础上降低一级;当同时装有火灾自动报警装置和自动灭火系统时,其装修材料的燃烧性能等级可在表 2.16 规定的基础上降低一级。

表 2.16　单层、多层民用建筑内部各部位装修材料的燃烧性能等级

序号	建筑物及场所	建筑规模、性质	装修材料燃烧性能等级							
			顶棚	墙面	地面	隔断	固定家具	装饰织物		其他装饰装修材料
								窗帘	帷幕	
1	候机楼的候机大厅、商店、餐厅、贵宾候机室、售票厅等		A	A	B₁	B₁	B₁	B₁	—	B₁
2	汽车站、火车站、轮船客运站的候车(船)室、餐厅、商店等	建筑面积> 10 000 m²	A	A	B₁	B₁	B₁	B₁	—	B₂
		建筑面积≤ 10 000 m²	A	B₁	B₁	B₁	B₁	B₁	—	B₂

续表

序号	建筑物及场所	建筑规模、性质	装修材料燃烧性能等级							
			顶棚	墙面	地面	隔断	固定家具	装饰织物		其他装修装饰材料
								窗帘	帷幕	
3	观众厅、会议厅、多功能厅、等候厅等	每个厅建筑面积 >400 m²	A	A	B₁	B₁	B₁	B₁	B₁	B₁
		每个厅建筑面积 ≤400 m²	A	B₁	B₁	B₁	B₂	B₁	B₁	B₂
4	体育馆	>3 000 座位	A	A	B₁	B₁	B₁	B₁	B₁	B₂
		≤3 000 座位	A	B₁	B₁	B₁	B₂	B₂	B₂	B₂
5	商场营业厅	每层建筑面积 >1 500 m² 或总建筑面积>3 000 m² 的营业厅	A	B₁	B₁	B₁	B₁	B₁	—	B₂
		每层建筑面积 ≤1 500 m² 或总建筑面积≤3 000 m²	A	B₁	B₁	B₁	B₂	B₁	—	—
6	饭店、宾馆的客房及公共活动用房等	设置送回风道(管)的集中空气调节系统	A	B₁	B₁	B₁	B₂	B₂	—	B₂
		其他	B₁	B₁	B₂	B₂	B₂	B₂	—	—
7	幼儿园、托儿所、养老院的居住及活动场所	—	A	A	B₁	B₁	B₂	B₁	—	B₂
8	医院的病房区、诊疗区、手术区	—	A	A	B₁	B₁	B₂	B₁	—	B₂
9	教学场所、教学实验场所	—	A	B₁	B₂	B₂	B₂	B₂	B₂	B₂
10	纪念馆、展览馆、博物馆、图书馆、档案馆、资料馆等的公众活动场所	—	A	B₁	B₁	B₁	B₂	B₁	—	B₂

序号	建筑物及场所	建筑规模、性质	装修材料燃烧性能等级							
			顶棚	墙面	地面	隔断	固定家具	装饰织物		其他装修装饰材料
								窗帘	帷幕	
11	存放文物、纪念展览物品、重要图书、档案、资料的场所	—	A	A	B_1	B_1	B_2	B_1	—	B_2
12	歌舞娱乐游艺场所		A	B_1	B_1	B_1	B_1	B_1	B_1	B_1
13	A、B级电子信息系统机房及装有重要机器、仪器的房间	—	A	A	B_1	B_1	B_1	B_1		B_1
14	餐饮场所	营业面积>100 m²	A	B_1	B_1	B_1	B_1	B_1	—	B_2
		营业面积≤100 m²	B_1	B_1	B_1	B_2	B_2	B_2	—	B_2
15	办公场所	设置送回风道（管）的集中空气调节系统	A	B_1	B_1	B_1	B_2	B_2		B_2
		其他	B_1	B_1	B_2	B_2	B_2			
16	其他公共场所	—	B_1	B_1	B_2	B_2	B_2			
17	住宅	普通住宅	B_1	B_1	B_1	B_1	B_2	B_2	—	B_2

3) 高层民用建筑

根据《建筑内部装修设计防火规范》（GB 50222—2017）规定,高层民用建筑内部各部位装修材料的燃烧性能等级,不应低于表 2.17 的规定。

除上述一般要求规定的场所和表 2.17 中序号为 10—12 规定的部位外,高层民用建筑的裙房内面积小于 500 m² 的房间,当设有自动灭火系统并且采用耐火等级不低于 2 h 的防火隔墙和甲级防火门、窗与其他部位分隔时,顶棚、墙面、地面的装修材料的燃烧性能等级可在表 2.17 中规定的基础上降低一级。

除上述一般要求规定的场所和表 2.17 中序号为 10—12 规定的部位外,以及大于 400 m² 的观众厅、会议厅和 100 m 以上的高层民用建筑外,当设有火灾自动报警装置和自动灭火系统时,除顶棚外,其内部装修材料的燃烧性能等级可在表 2.17 中规定的基础上降低一级。

电视塔等特殊高层建筑的内部装修,装饰织物应采用不低于 B_1 级的材料,其他均应采用 A 级装修材料。

表 2.17　高层民用建筑内部各部位装修材料的燃烧性能等级

序号	建筑物及场所	建筑规模、性质	顶棚	墙面	地面	隔断	固定家具	窗帘	帷幕	床罩	家具包布	其他装修装饰材料
1	候机楼的候机大厅、商店、餐厅、贵宾候机室、售票厅等	—	A	A	B_1	B_1	B_1	B_1	—	—	—	B_1
2	汽车站、火车站、轮船客运站的候车(船)室、餐厅、商店等	建筑面积>10 000 m²	A	A	B_1	B_1	B_1	B_1	—	—	—	B_2
		建筑面积≤10 000 m²	A	B_1	B_1	B_1	B_1	B_1	—	—	—	B_2
3	观众厅、会议厅、多功能厅、等候厅等	每个厅建筑面积>400 m²	A	A	B_1	B_1	B_1	B_1	B_1	—	B_1	B_1
		每个厅建筑面积≤400 m²	A	B_1	B_1	B_1	B_2	B_1	B_1	—	B_1	B_1
4	商店的营业厅	每层建筑面积>1 500 m²或总建筑面积>3 000 m²的营业厅	A	B_1	B_1	B_1	B_1	B_1	B_1	—	B_2	B_1
		每层建筑面积≤1 500 m²或总建筑面积≤3 000 m²	A	B_1	B_1	B_1	B_1	B_1	B_2	—	B_2	B_2
5	饭店、宾馆的客房及公共活动用房等	一类建筑	A	B_1	B_1	B_1	B_2	B_1	—	B_1	B_2	B_1
		二类建筑	A	B_1	B_1	B_1	B_2	B_2	—	B_2	B_2	B_2
6	幼儿园、托儿所、养老院的居住及活动场所	—	A	A	B_1	B_1	B_2	—	—	—	B_2	B_1
7	医院的病房区、诊疗区、手术区	—	A	A	B_1	B_1	B_2	B_1	—	—	B_2	B_1
8	教学场所、教学实验场所	—	A	B_1	B_2	B_2	B_2	B_1	B_1	—	B_1	B_2

续表

序号	建筑物及场所	建筑规模、性质	顶棚	墙面	地面	隔断	固定家具	窗帘	帷幕	床罩	家具包布	其他装修装饰材料
								装饰织物				
9	纪念馆、展览馆、博物馆、图书馆、档案馆、资料馆等的公众活动场所	一类建筑	A	B₁	B₁	B₁	B₂	B₁	B₁	—	B₁	B₁
		二类建筑	A	B₁	B₁	B₁	B₂	B₁	B₂	—	B₂	B₂
10	存放文物、纪念展览物品、重要图书、档案、资料的场所	—	A	A	B₁	B₁	B₂	B₁	—	—	B₁	B₂
11	歌舞娱乐游艺场所	—	A	B₁	B₁	B₁	B₁	B₁	B₁	B₁	B₁	B₁
12	A、B级电子信息系统机房及装有重要机器、仪器的房间	—	A	A	B₁	B₁	B₁	B₁	—	—	B₁	B₁
13	餐饮场所	—	A	B₁	B₁	B₁	B₂	B₁	—	—	B₁	B₂
14	办公场所	一类建筑	A	B₁	B₁	B₁	B₂	B₁	B₁	—	B₁	B₁
		二类建筑	A	B₁	B₁	B₁	B₂	B₁	B₂	—	B₂	B₂
15	电信楼、财贸金融楼、邮政楼、广播电视楼、电力调度楼、防灾指挥调度楼	一类建筑	A	A	B₁	B₁	B₁	B₁	—	—	B₂	B₁
		二类建筑	A	B₁	B₂	B₂	B₂	B₁	B₂	—	B₂	B₂
16	其他公共场所	—	A	B₁	B₁	B₁	B₁	B₁	B₂	—	B₂	B₂
17	住宅	—	A	B₁	B₁	B₁	B₂	B₁	—	B₁	B₂	B₁

2.6 建筑材料燃烧性能的试验方法

2.6.1 建筑材料不燃性试验方法

建筑材料不燃性试验方法（GB/T 5464—2010）是判定建筑材料是否具有不燃性的一种试验方法。

1)试验设备

建筑材料不燃性试验的主要设备是电加热试验炉,如图 2.16 所示,它由耐火管、电热带、保温层、空气稳流器、通风罩及试样插入装置等部分组成。

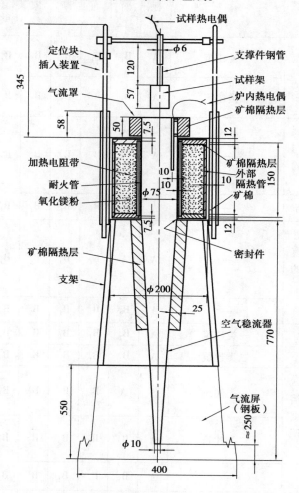

图 2.16　典型的试验装置图(单位:mm)

2)试样

该项试验要求的试样数量为 5 个,尺寸为:直径(45±2)mm,高(50±2)mm。试验前应将试样放在温度为(60±5)℃的通风干爆箱内干燥 20～24 h,然后放入干燥皿内冷却至环境温度。

3)试验程序

试样经称重和确定尺寸后,放入吊篮内,并迅速置于温度稳定在(750±5)℃的电加热试验炉中,持续加热 30 min。当某个热电偶未达到终温平衡时,应延长试验时间,当试件的最长持续燃烧时间达 20 s 以上时,试验可提前结束。终温平衡是指试验结束时在 10 min 内温度变化不超过 2 ℃的温度稳定状态;持续燃烧是指试样产生 5 s 或更长时间的持续火焰。试验中应记录温度变化和持续燃烧时间,观察和记载试样的变形、熔化、发烟、释放气体、色变等现象。试验结束后,将试样及其剥落物收集后置于干燥皿中冷却至室温再称重。

4)试验结果计算

①炉内平均温升:该值为 5 次试验的炉内最高温度与炉内终平衡温度之差的平均值。

②试样表面平均温升:该值为 5 次试验的试样表面最高温度与试样表面终平衡温度之差的平均值。

③试样中心平均温升:该值为 5 次试验的试样中心最高温度与试样中心终平衡温度之差的平均值。

④试件平均持续燃烧时间:该值以 5 次试验的平均值计算。

⑤试件平均失重率:该值以 5 次试验的平均值计算。

5)判定条件

试验结果全部符合下列要求,则判定为不燃性材料:

①炉内平均温升不超过 50 ℃;

②试样表面平均温升不越过 50 ℃;

③试样中心平均温升不超过 50 ℃;

④试样平均持续燃烧时间不超过 20 s;

⑤试样平均失重率不超过 50%。

属于不燃性材料的建筑材料有钢材、混凝土、钢筋混凝土、黏土砖瓦、石膏板、玻璃、陶瓷石材以及含有少量有机黏结剂的陶瓷棉毡、板等。不燃性材料无潜在的火灾危险,因此《建筑设计防火规范》要求:耐火等级为一级的建筑物的建筑构件必须采用不燃性材料制作;耐火等级为二级的建筑物除吊顶以外的其他建筑构件均必须采用不燃性材料制作。从消防角度考虑,不燃性材料是室内装修的最理想使用材料。

2.6.2 建筑材料难燃性试验方法

建筑材料难燃性试验方法(GB/T 8625—2005)是在规定试验条件下,判定建筑材料是否具有难燃性的一种试验方法。

1)试验装置

本方法的试验装置主要包括燃烧竖炉及测试设备两部分。

(1)燃烧竖炉

燃烧紧炉主要由燃烧室、燃烧器、试件支架、空气稳流器及烟道等部分组成,如图 2.17 所示。

(2)测试设备

燃烧竖炉的控制仪表包括流量计、热电偶、温度记录仪及温度显示仪表等。

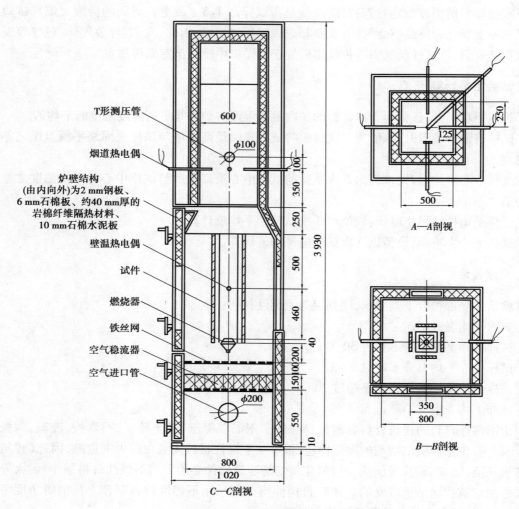

T形测压管

烟道热电偶

炉壁结构
(由内向外)为2 mm钢板、
6 mm石棉板、约40 mm厚的
岩棉纤维隔热材料、
10 mm石棉水泥板

壁温热电偶

试件

燃烧器

铁丝网

空气稳流器

空气进口管

600

φ100

100

350

250

500

3 930

460

40

200

150 100 200

550

10

800

1 020

C—C剖视

250

125

500

A—A剖视

350

800

B—B剖视

图 2.17　燃烧竖炉剖视(单位:mm)

2)试件制备

每次试验需用 4 个试件,每个试件均以材料实际使用厚度制作,当材料实际使用厚度超过 80 mm 时,试件制作厚度应取(80±5)mm。试件表面规格为 1 000 mm×190 mm。

对于竖炉试验,一般需要 3 组试件,在试验薄膜、织物及非均向材料时,应制作 4 组试件。在试验进行之前,必须将试件置于温度(23±2)℃,相对湿度 50%±5% 的条件下调节至质量恒定。

3)试验程序

将 4 个试件垂直固定在试件支架上,组成垂直方形烟道。然后放入燃烧室内规定位置,关闭炉门,点燃燃烧器在试件底部烧试件,持续燃烧 10 min。试验过程中,炉内应维持

（10±1）m³/min、温度为（23±2）℃的空气流。燃烧器所用燃气为甲烷和空气的混合气。当试件上的可见燃烧确已结束，或烟气平均温度最大值超过 200 ℃时，试验可提前结束。

4）试件燃烧剩余长度的判断

试件燃烧后剩余长度为试件既不在表面燃烧，也不在内部燃烧或碳化部分的长度。试件在试验过程中产生变色、熏黑及外观结构产生弯曲、起皱、鼓泡、熔化、烧结等变化均不作为燃烧判断依据。采用防火涂层保护的构件，如木材及其制品，其表面涂层的碳化可不考虑。在确定被保护建材的燃烧后剩余长度时，应除去保护层。

5）试验结果判定

①凡是经过燃烧竖炉试验（难燃性试验）合格，并能通过建筑材料可燃性试验（GB 8626）的材料均可定为难燃性建筑材料。

②按照规定试验程序，符合下列条件可认定为燃烧竖炉试验合格：试件燃烧的剩余长度平均值应大于 150 mm，其中没有一个试件的燃烧剩余长度为零；没有一组试验的平均烟气温度超过 200 ℃。

2.6.3 建筑材料可燃性试验方法

建筑材料可燃性试验方法（GB/T 8626—2007）是在规定的条件下判定建筑材料是否具有可燃性的试验方法。

1）试验装置

试验装置由燃烧试验箱、燃烧器及试件支架等组成。

（1）燃烧试验箱

用厚度为 1.5 mm 的不锈钢板制成，其外形尺寸为 700 mm×400 mm×810 mm，箱体顶端设有一个 φ150 mm 的排烟口，前侧和右侧各设有一个玻璃观察窗，底部为不锈钢网格，如图2.18 所示。

（2）燃烧器

由孔径为 φ0.17 mm 的喷嘴和调节阀组成，并设有 4 个 φ4 mm 的空气吸入孔。

（3）试件支架

试件支架由基座、立柱及试件夹组成。

2）试件制备

每组试验需要 5 个试件，试件规格为：80 mm×190 mm（采用边缘点火）；190 mm×230 mm（采用表面点火）。试件的厚度应符合材料的实际使用情况，当材料的实际厚度超过 80 mm时，试件制作厚度应取 80 mm。对采用边缘点火的试件，在试件高度 150 mm 处（从最低沿算起）划一全宽度刻度线；对采用表面点火的试件，在试件高度 40 mm 及 190 mm 处（均从最低沿算起）各划一全宽度刻度线。试验前，要调节试件至质量恒定。

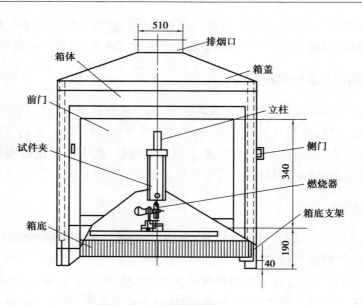

图 2.18　燃烧试验箱

3)试验程序

将试件装在试件夹上垂直固定于燃烧试验箱中,用燃烧器在试件下边缘(对边缘点火)或试件表向一定处(对表面点火)烧试件。火焰长度为(20±2)mm,燃烧气体为丙烷气。试件点火 15 s 后,移开燃烧器,计量从点火开始至火焰到达刻度线或试件表面燃烧熄灭的时间。

4)材料可燃性的判断

经过试验符合下列规定的建筑材料,均可确定为可燃性建筑材料:

①对下边缘未加保护的试件,在底边缘点火开始后的 20 s 内,4 个试件火焰尖头均未到达刻度线。

②对下边缘加以保护的试件,除符合上述规定外,应附加一组表面点火试验,在点火开始后的 20 s 内,4 个试件火焰尖头均未到达上刻度线。

可燃性材料受到火烧或高温作用能立即起火燃烧,当火源移走后,仍能继续燃烧。有机材料多属于可燃性材料,如木材、纤维板、聚氯乙烯塑料板、橡胶地毯等。可燃性材料火灾危险性大,在建筑中要严格限制使用。

达不到可燃性材料级别的均属于易燃性材料。易燃性材料主要为薄型、多孔的有机高分子材料,如普通墙纸、聚苯乙烯泡沫板、厚度小于 1.3 mm 的木板等。

2.7　地铁建筑防火设计

地铁是在城市中修建的快速、大运量、列车用电力牵引的轨道交通。列车在全封闭的线路上运行,位于城区的线路基本设在地下隧道内,城区以外的线路一般设在高架桥或地面上。

地铁建筑结构特殊,不同于其他普通建筑,应根据其建筑特性和火灾特点采取相应的防火措施。

2.7.1 地铁建筑防火

1)耐火等级

①地下的车站、区间、变电站等主体工程及出入口、风道的耐火等级应为一级。

②地面出入口、风亭等附属建筑,地面车站、高架车站及高架区间的建、构筑物,耐火等级不得低于二级。

③控制中心建筑耐火等级应为一级。

④车辆基地内建筑的耐火等级应根据其使用功能确定,并应符合现行国家标准《建筑设计防火规范》(GB 50016—2014)(2018 年版)的有关规定。

2)防火分区

①地下车站站台和站厅公共区应划为一个防火分区,设备与管理用房区每个防火分区的最大允许使用面积不应大于 1 500 m^2。

②地下换乘车站当共用一个站厅时,站厅公共区面积不应大于 5 000 m^2。

③地上的车站站厅公共区采用机械排烟时,防火分区的最大允许建筑面积不应大于 5 000 m^2,其他部位每个防火分区的最大允许建筑面积不应大于 2 500 m^2。

④车辆基地、控制中心的防火分区划分,应符合现行国家标准《建筑设计防火规范》(GB 50016—2014)(2018 年版)的有关规定。

3)防火隔离措施

①两个防火分区之间应采用耐火极限不低于 3.00 h 的防火墙和甲级防火门分隔。当防火墙设有观察窗时,应采用甲级防火窗;防火分区的楼板应采用耐火极限不低于 1.50 h 的楼板。

②重要设备用房应以耐火极限不低于 2.00 h 的隔墙和耐火极限不低于 1.50 h 的楼板与其他部位隔开。

③防火卷帘与建筑物之间的缝隙,以及管道、电缆、风管等穿过防火墙、楼板及防火分隔物时,应采用防火封堵材料将空隙填塞密实。

4)装修材料要求

①地下车站公共区和设备与管理用房的顶棚、墙面、地面装修材料及垃圾箱,应采用燃烧性能等级为 A 级不燃材料。

②地上车站公共区的墙面、顶棚的装修材料及垃圾箱,应采用 A 级不燃材料,地面应采用不低于 B_1 级难燃材料。设备与管理用房区内的装修材料,应符合现行国家标准《建筑内部装修设计防火规范》(GB 5022—2017)的有关规定。

③地上、地下车站公共区的广告灯箱、导向标志、休息椅、电话亭、售检票机等固定服务设施的材料,应采用不低于B₁级难燃材料。

④装修材料不得采用石棉、玻璃纤维、塑料类等制品。

5)防烟分区

①地下车站的公共区,以及设备与管理用房,应划分防烟分区,且防烟分区不得跨越防火分区。

②站厅与站台的公共区每个防烟分区的建筑面积不宜超过 2 000 m²,设备管理用房每个防烟分区的建筑面积不宜大于 750 m²。

③防烟分区可采取挡烟垂壁等措施。挡烟垂壁的设施的下垂高度不应小于 500 mm。

2.7.2 地铁安全疏散

1)一般规定

车站站台公共区的楼梯、自动扶梯、出入口通道,应满足在发生火灾时,在 6 min 内将远期或客流控制期超高峰小时一列进站列车所载乘客及站台上的候车人员全部撤离站台到达安全区的要求。

2)安全出口

①车站每个站厅公共区安全出口的数量应经计算确定,且应设置不少于两个直通地面的安全出口。

②地下单层侧式站台车站,每侧站台安全出口数量应经计算确定,且不应少于两个直通地面的安全出口。

③地下车站的设备与管理用房区域安全出口的数量不应少于两个,其中有人值守的防火分区应有 1 个安全出口直通地面。

④安全出口应分散设置,当同方向设置时,两个安全出口通道口部之间的净距不应小于 10 m。

⑤竖井、爬楼、电梯、消防专用通道,以及设在两侧式站台之间的过轨地道、地下换乘车站的换乘通道不应作为安全出口。

3)疏散宽度和距离

①当设备与管理用房区的房间单面布置时,疏散通道宽度不得小于 1.2 m,双面布置时不得小于 1.5 m。

②设备与管理用房直接通向疏散走道的疏散门至安全出口的距离,当房间疏散门位于两个安全出口之间时,疏散门与最近安全出口的距离不应大于 40 m;当房间位于袋形走道两侧或尽端时,其疏散门与最近安全出口的距离不应大于 22 m。

③地下出入口通道的长度不宜超过 100 m,超过时应采取满足人员消防疏散要求的措施。

4) 疏散应急照明和疏散指示标志

下列位置应设置应急疏散照明和疏散指示标志：

①车站站厅、站台、自动扶梯、自动人行道及楼梯；

②车站附属用房内走道等疏散通道；

③区间隧道；

④车辆基地内的单位建筑及控制中心大楼的疏散楼梯间、疏散通道、消防电梯间（含前室）。

疏散指示标志的设置应符合下列要求：

①疏散通道拐弯处、交叉口及沿通道长向设置间距不应大于 10 m，距离地面应小于 1 m；

②疏散门、安全出口处应设置灯光疏散指示标志，且宜设置在门洞正上方；

③车站公共区的站台、站厅乘客疏散路线和疏散通道等人员密集部位的地面上，以及疏散楼梯台阶侧立面，应设蓄光疏散指示标志，且应保持视觉连续。

习 题

1.什么是被动防火对策？

2.高层与多层民用建筑按建筑高度是如何分类的？

3.建筑构件的燃烧性能与耐火极限分别是什么？不燃或难燃材料的耐火极限一定高吗？

4.建筑物的耐火等级是如何规定的？

5.高层建筑的防火间距有何要求？防火间距不足时可采取哪些技术措施？

6.消防车道的设置有哪些要求？

7.什么是防火分区与防烟分区？简述防火分区与防烟分区的作用与设置原则。

8.简述防烟分区不能跨越防火分区的原因。

9.高层民用建筑的防火分区的最大允许建筑面积是多少？设置有自动灭火系统的高层民用建筑防火分区的最大允许建筑面积是多少？

10.什么是防火分隔物？常用的防火分隔物有哪些？

11.防火墙的防火要求是什么？

12.防火门有什么作用？其分类与构造要求是什么？防火门的适用范围是什么？

13.什么是防火卷帘？有哪些类型？对防火卷帘的一般要求是什么？防火卷帘可以代替防火墙吗？

14.简述钢结构的保护措施及其原理。

15.室内装修防火设计的要点是什么？

16.简述地铁建筑防火分区和防烟分区的划分要求。

17.简述地铁建筑的防火设计要求。

3

建筑主动防火对策

主动防火对策是采用预防起火、早期发现(如设火灾探测报警系统)、初期灭火(如设自动喷水灭火系统)等措施,尽可能做到不失火成灾。采用这类防火对策可以有效地降低火灾发生的概率,减少火灾发生的期数。

本章将介绍火灾自动报警系统、灭火系统、自动喷水灭火系统、消火栓系统、防排烟系统等主动防火系统的基本原理。

3.1 火灾自动报警系统

火灾探测与报警技术是利用自动装置发现和通报火灾的一种现代消防技术,这种自动装置称为火灾自动报警系统,用以早期发现和通报火灾并警示人们采取有效措施,控制和扑灭火灾。

火灾的早期发现和扑救具有极其重要的意义,它能将损失限制在最小范围,且防止造成灾害。基于这种思想,我国标准对火灾自动报警系统及其系列产品提出了以下基本要求:①确保火灾探测和报警功能,保证不漏报;②减小环境因素影响,减少系统误报率;③确保系统工作稳定,信号传输准确可靠;④系统的灵活性、兼容性强,产品成系列;⑤系统的工程适应性强,布线简单、灵活、方便;⑥系统应变能力强,调试、管理、维护方便;⑦系统性能价格比高;⑧系统联动控制方式有效、多样。

为了达到上述基本要求,火灾自动报警系统通常由火灾探测器、区域火灾报警控制器、集中火灾报警控制器以及联动模块与控制模块、控制装置等组成。火灾探测器是对火灾进行有效探测的基础与核心;它的选用及与控制器的配合,是整个系统设计的关键。火灾报警控制器是火灾信息处理和报警识别与控制的核心,因此,其功能与结构以及系统设计构思的不同,使得火灾自动报警系统具有不同的应用形式。

3.1.1 报警区域和探测区域的划分

1) 系统保护对象的分级

火灾自动报警系统的基本保护对象是工业与民用建筑。按照国家标准《火灾自动报警系统设计规范》的规定,火灾自动报警系统的保护对象根据其使用性质、火灾危险性、疏散和扑救难度分为特级、一级和二级,见表3.1。

表 3.1 火灾自动报警系统保护对象分级

等级	保护对象	
特级	建筑高度超过 100 m 的高层民用建筑	
一级	建筑高度不超过 100 m 的高层民用建筑	一类建筑
	建筑高度不超过 24 m 的民用建筑及建筑高度超过 24 m 的单层公共建筑	1.200 床及以上的病房楼,每层建筑面积 1 000 m^2 及以上的门诊楼 2.每层建筑面积超过 3 000 m^2 的百货楼、商场、展览楼、高级旅馆、财贸金融楼、电信楼、高级办公楼 3.藏书超过 100 万册的图书馆、书库 4.超过 3 000 座位的体育馆 5.重要的科研楼、资料档案楼 6.省级(含计划单列市)的邮政楼、广播电视楼、电力调度楼、防灾指挥调度楼 7.重点文物保护场所 8.大型以上的影剧院、会堂、礼堂
	工业建筑	1.甲、乙类生产厂商 2.甲、乙类物品库房 3.占地面积或总建筑面积超过 1 000 m^2 的丙类物品库房 4.总建筑面积超过 1 000 m^2 的地下丙、丁类生产车间及物品库房
	地下民用建筑	1.地下铁道、车站 2.地下电影院、礼堂 3.使用面积超过 1 000 m^2 的地下商场、医院、旅馆、展览厅及其他商业或公共活动场所 4.重要的实验室、图书室、资料室、档案库

续表

等级	保护对象	
二级	建筑高度不超过100 m的高层民用建筑	二类建筑
	建筑高度不超过24 m的民用建筑	1.设有空气调节系统或每层建筑面积超过2 000 m²但不超过3 000 m²的商业楼、财贸金融楼、电信楼、展览楼、旅馆、办公楼,车站、海河客运站、航海客运站、航空港等公共建筑及其他商业或公共活动场所 2.市、县级的邮政楼、广播电视楼、电力调度楼、防灾指挥调度楼 3.中型以下的影剧院 4.高级住宅 5.图书馆、书库、档案楼
	工业建筑	1.丙类生产厂房 2.建筑面积大于50 m²,但不超过1 000 m²的丙类物品库房 3.总建筑面积大于50 m²,但不超过1 000 m²的地下丙、丁类生产车间及地下物品库房
	地下民用建筑	1.长度超过500 m的城市隧道 2.使用面积不超过1 000 m²的地下商场、医院、旅馆、展览厅及其他商业或公共活动场所

民用建筑物的火灾自动报警系统的设置,应该按照国家现行有关建筑设计防火规范的规定执行。应按照建筑物的使用性质、火灾危险性划分的保护等级选用不同的火灾自动报警系统。一般情况下,一级保护对象采用控制中心报警系统,并设有专用消防控制室。二级保护对象采用集中报警系统,消防控制室可兼用。三级保护对象宜用区域报警系统,可将其设在消防值班室或有人值班的场所。

2)火灾探测器的设置部位

火灾探测器的设置部位应与保护对象的分级相适应,不同级别的保护对象,探测器设置部位有所区别。总的来说,特级保护对象是全面重点保护,探测器基本上是全面设置。一级保护对象是局部重点保护,探测器在大部分部位设置。一级保护对象是局部普通保护,探测器在部分部位设置。

3)报警区域和探测区域的划分

报警区域与探测区域是两个不同概念。报警区域是将火灾自动报警系统所警戒的范围按照防火分区或楼层划分的报警单元。探测区域是将火灾自动报警区域按照探测火灾的部位划分的探测单元,是以一个或多个火灾探测器并联组成的一个有效报警单元,可以占有区域火灾报警控制器的一个部位号。而火灾报警区域是由多个火灾探测器组成的火灾警戒区域范围。

火灾自动报警系统的保护对象多种多样,建筑规模大小不一,小的面积只有几十或几百平方米,大的面积可达几千或几万,甚至十几万平方米。为了便于系统早期发现和通报火灾,也便于对系统的日常管理和维护,一般都将火灾自动报警系统保护对象的整个范围划分为若干个分区,即报警区域,并将每个报警区域再划分为若干个单元,即探测区域。这样划分的目的是在火灾发生时能迅速、准确地确定着火部位,以便有关人员及时采取有效措施。

(1)报警区域的划分

火灾报警区域一般应按照防火分区或楼层来划分。一个火灾报警区域宜由一个防火分区或同一楼层的几个防火分区组成。同一火灾报警区域的同一警戒分路不应跨越防火分区。当不同楼层划分为同一个火灾报警区域时,应该在未装设火灾报警控制器的各个楼层的各主要楼梯口,或消防电梯前室明显部位设置灯光及音响警报装置。

(2)探测区域的划分

探测区域的划分应符合下列规定:

①探测区域应按独立房(套)间划分。一个探测区域的面积不宜超过 500 m^2,从主要入口能看清其内部且面积不超过 1 000 m^2 的房间,也可划为一个探测区域。

②红外光束线型感烟火灾探测器的探测区域长度不宜超过 100 m,缆式感温火灾探测器的探测区域的长度不宜超过 100 m;空气管差温火灾探测器的探测区域长度宜为 20~100 m。

符合下列条件之一的二级保护对象,可将几个房间划为一个探测区域:

①相邻房间不超过 5 间,总面积不超过 400 m^2,并在门口设有灯光显示装置;

②相邻房间不超过 10 间,总面积不超过 1 000 m^2,在每个房间门口均能看清其内部,并在门口设有灯光显示装置。

下列场所应分别单独划分探测区域:

①敞开或封闭楼梯间、防烟楼梯间;

②防烟楼梯间前室、消防电梯前室、消防电梯与防烟楼梯间合用的前室;

③走道、坡道、电气管道井、通信管道井、电缆隧道;

④建筑物闷顶、夹层。

3.1.2 火灾自动报警系统

1)基本概念

火灾自动报警系统一般由触发装置、火灾报警装置、火灾警报装置和电源系统四部分组成,如图 3.1 所示。

在该系统中,自动或手动产生火灾报警信号的器件称为触发器件,主要包括火灾探测器和手动火灾报警按钮。火灾探测器能对火灾参数(表征火灾基本特征的各种物理量,如烟、温、光、火焰辐射、气体浓度等)响应,并自动产生火灾报警信号。火灾报警控制器可为火灾探测器供电,并接收、显示和传递火灾报警信号,还可对联动的消防设备发出控制信号,它是系统中的核心部分。

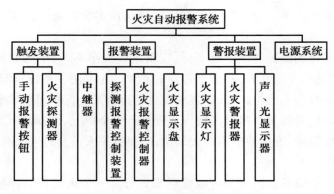

图 3.1　火灾自动报警系统结构图

系统中用以发出区别于环境声、光等的警报信号,警示人们采取安全疏散、灭火救灾措施的装置称为火灾警报装置。

为了保证火灾探测报警系统随时处于警备和工作状态,除主电源外,还要为系统提供备用电源。

2) 系统基本形式

根据系统的功能,火灾自动报警系统有三种基本形式,即区域、集中和控制中心报警系统。

区域报警系统由通用报警控制器(区域报警控制器)及火灾探测器、手动报警按钮、警报装置组成,如图 3.2 所示。区域报警器是接收探测防火区域内的各个探测器送来的火警信号,集中控制和发出警报的控制器。

区域报警系统结构简单,使用广泛,主要用于建筑高度不超过 50 m 的二类高层民用建筑和建筑高度不超过 24 m、每层建筑面积为 2 000~3 000 m² 的商业楼、财贸金融楼、电信楼、展览楼、旅馆、办公楼;建筑高度不超过 24 m 的市县级邮政楼、广播电视楼、电力调度室、防灾指挥楼、中型以下的影剧院、高级住宅、图书馆、书库、档案楼等民用建筑。

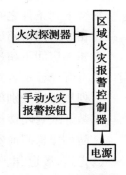

图 3.2　区域报警系统原理

集中报警系统是由火灾探测器、区域火灾报警控制器和集中火灾报警控制器等组成的火灾报警系统,如图 3.3 所示。集中火灾报警控制器一般设置在一个建筑物的消防控制中心室内,接收来自各区域报警器送来的火警信号,并发出声、光警报信号,启动消防设备。

集中报警系统适用范围广泛,主要用于建筑高度不超过 100 m 的一类高层民用建筑和建筑高度不超过 24 m、每层建筑面积在 3 000 m² 以上的商业建筑、财贸金融楼、电信楼、展览楼、高级宾馆、高级办公楼;省级邮政楼、广播电视楼、防灾指挥楼、大型以上影剧院、会堂、礼堂;藏书超过 100 万册的图书馆、书库;200 床及以上的病房楼、每层建筑面积在 1 000 m² 及以上的门诊楼;超过 3 000 座的体育馆等民用建筑。

控制中心报警系统由设置在消防控制室的集中报警控制器、消防联动控制设备和火灾探测器、手动火灾探测报警按钮等组成,其原理如图 3.4 所示。该系统至少应有一台集中报警控制器和若干台区域报警控制器,还应联动必要的消防设备,由联动控制信号启动,进行自动灭火工作。该系统由火灾自动报警系统联动控制自动消防灭火系统。控制中心报警系统主要用于大型宾馆、饭店、商场、办公楼等。

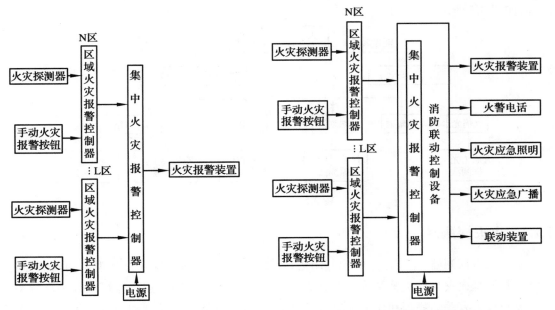

图 3.3　集中报警控制系统　　　　图 3.4　控制中心报警系统原理

3) 系统设计的一般要求和系统形式的选择

（1）系统设计的一般要求

必须针对保护对象的特点,做到安全适用、技术先进、经济合理。同时,应当符合以下要求:

①火灾自动报警系统应设置自动和手动两种触发装置,即火灾探测器和手动火灾报警按钮。

②火灾报警控制器容量和每一总线回路所连接的火灾探测器和控制模块或信号模块地址编码总数应根据保护对象留有一定余量,所留余量一般可控制在15%~20%。

（2）系统形式的选择

火灾自动报警系统的三种基本形式的选择,是根据保护对象的保护等级而确定的。区域报警系统一般用于一级保护对象;集中报警系统一般用于一级、二级保护对象;控制中心报警系统用于特级、一级保护对象。

3.1.3　火灾探测方法

火灾探测是以物质燃烧过程中产生的各种现象为依据,以实现早期发现火灾为前提,采用不同的火灾探测方法和探测器来实现对火灾参数的有效探测。在火灾的初期阶段,会有发热、发光、发声及散发出烟尘、可燃气体、特殊气味等特殊现象或征兆出现,这些特性是物质燃烧过程中物质转换和能量转换的结果。

根据物质燃烧过程发生的能量和物质转换所产生的不同火灾现象与特征,可将探测方法分为空气离子化探测法、光电感烟探测法、热(温度)探测法、火焰(光)探测法、可燃气体探测法等,如图 3.5 所示。

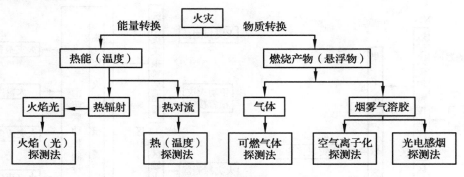

图 3.5 火灾探测方法

3.1.4 火灾探测器

所谓火灾探测器,是指用来响应其附近区域由火灾产生的物理和化学现象的探测器件。火灾探测器是火灾自动报警系统的组成部分,它至少含有一个能够连续监视或以一定频率周期监视与火灾有关的物理和化学现象的传感器,并且至少能够向控制和指示设备提供一个适合的信号,由探测器或控制和指示设备判断是否报火警或操作自动消防设备。

火灾探测器的基本功能是:对火灾参数——气、烟、热、光等作出有效响应,通过敏感元件将表征火灾特点的物理量转化为计算机可接受的电信号,并送到火灾报警控制器进行处理。目前世界各国生产的火灾探测器的种类很多,但是,从探测方法和构造原理上来分,主要可分为空气离化法、热(温度)检测法、火焰(光)检测法、可燃气体检测法几种。根据以上原理,目前世界各国生产的火灾探测器主要有感温式探测器、感烟式探测器、感光式探测器、可燃性气体探测器和复合式探测器等类型,每种类型中又可分为不同的形式。

火灾探测器一般由敏感元件(传感器)、处理单元和判断及指示电路组成,其中敏感元件(传感器)可以对一个或多个火灾参数起监视作用并作出有效响应。

根据感应元件的结构不同,探测器可划分为点型火灾探测器和线型火灾探测器。警戒范围为空间某点周围,对探测器所在位置范围附近火灾参数作出响应的即为点型火灾探测器。警戒范围为空间某一连续线路周围,对空间某一连续线路周围的火灾参数作出响应的即为线型火灾探测器。

根据操作后是否复位,火灾探测器可分为可复位火灾探测器和不可复位火灾探测器。

根据探测元件与探测对象之间的关系,火灾探测器可分为接触式和非接触式两种基本形式。

在火灾的初期阶段,烟气是表示火灾特征的主要参数。接触式探测是利用某种探测装置直接接触烟气来实现火灾探测。若某种探测装置接触到烟气,则可以对它的某种特征信息发生反应,进而给出火灾报警。只有当烟气到达该装置所安装的位置时,其感受元件方可发生响应。烟气的浓度、温度、特殊产物的含量等都是探测火灾的重要参数。接触式火灾探测器应当安装在容易接触到烟气的位置。由于烟气温度较高,密度较低,因而它总是由下而上流动,形成火羽流、顶棚射流和烟气层,故这类探测器主要安装在建筑物的上部,其中的小型点式探测器则经常直接安装在顶棚上。

非接触式火灾探测器主要是根据火灾现象的光学效果进行探测的。由于不必触及烟气,其探测速度较快,适用于发展较快、强度较大的火灾场合。

火灾探测器的分类如图3.6所示。下面简要介绍一些典型火灾探测器的工作原理。

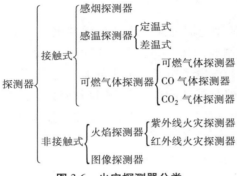

图3.6　火灾探测器分类

1) 感烟探测器

感烟探测器用于探测物质初期燃烧所产生的气溶胶或烟粒子浓度。感烟探测器可分为点型探测器和线型探测器。其中,点型探测器有离子感烟探测器、光电感烟探测器、电容式感烟探测器和半导体式感烟探测器;线型探测器有红外光束感烟探测器和激光型感烟探测器。离子感烟探测器是根据烟雾粒子的电离效应进行的。在高能辐射场的作用下,空气中分子可离解成导电的离子,若对离解空间施加一定的电场,则在构成的电路中便可产生电流。当烟气进入该离解空间后,将引起导电状况发生变化,其变化的程度又与烟气浓度有一定的函数关系,离子感烟探测器则是利用此信息的变化特征来识别火灾的。

光电感烟探测器是根据烟雾粒子的光电效应进行探测的。烟雾中的微粒对通过的光线具有减光效应和散射效应。将某种发光元件和受光元件配套安装在有烟气通过的场合中,并将受光元件连到光电转换装置上,则光强的变化便转换为电信号的变化,经过再处理便成为火灾报警信号。

线型探测器由两部分组成,其中一个为发光器,另一个为接收器,中间形成光束区。当有烟雾进入光束区时,接收的光束减弱,从而发出报警信号。红外探测器用于无遮挡的大空间或有特殊要求的场所。

2) 感温探测器

感温探测器主要由温度传感器和电子线路构成,根据其温度传感器可分为定温探测器、差温探测器、差定温探测器。

（1）定温探测器

定温探测器有点型和线型两种结构形式。

①点型定温探测器。阈值比较型点型定温探测器一般利用双金属片、易熔合金、热电偶、热敏电阻等元件为温度传感器。双金属片定温探测器主体结构示意图如图3.7所示，其主体由外壳、双金属片、触头和电极组成。探测器的温度敏感元件一般是一只金属片。当发生火灾的时候，探测器周围的环境温度升高，双金属片受热会变形而发生弯曲。当温度升高到某一特定值时，双金属片向下弯曲推动触头，于是两个电极被接通，相关电子线路发送出火警信号。

②线型定温探测器。线型定温探测器由2根弹性钢丝分别包敷热敏绝缘材料，绞对成型，绕包带再加外保护套而制成，如图3.8所示。在正常监视状态下，2根钢丝间阻值接近无穷大。由于有终端电阻的存在，电缆中通过细小的监视电流，当电缆周围温度上升到额定动作温度时，其钢丝间热敏绝缘材料性能被破坏，绝缘材料发生跃变，几近短路，火灾报警控制器检测到这一变化后报出火灾信号。当线型火灾探测器发生断线时，监视电流变为零，控制器据此可发出故障报警信号。

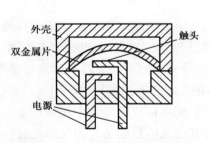

图3.7　定温探测器主体结构示意图

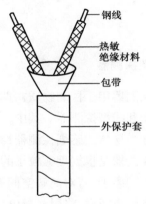

图3.8　热敏电阻结构示意图

（2）差温探测器

差温探测器通常可分为点型和线型两种。膜盒式差温探测器是点型差温探测器中的一种，空气管式差温探测器是线型差温探测器。

①膜盒式差温探测器，其结构如图3.9所示，主要由感热室、波纹膜片、气塞螺钉及触点等构成。壳体、衬板、波纹膜片和气塞螺钉共同形成一个密闭的气室，该气室只有气塞螺钉的一个很小的泄气孔与外面的大气相通。在环境温度缓慢变化时，气室内外的空气由于有泄气孔的调节作用，因此气室内外的压力仍然能保持平衡。但是，当发生火灾，环境温度迅速升高时，气室内的空气由于急剧受热膨胀而来不及从泄气孔外逸，致使气室内的压力增大将波纹膜片鼓起。而被鼓起的波纹膜片与触点碰接，从而接通了电触点，于是送出火警信号到报警控制器。

②空气管式差温探测器，其敏感元件空气管为$\Phi 3 \times 0.5$的紫铜管，置于要保护的现场中。传感元件膜盒和电路部分可装在保护现场内或现场外，如图3.10所示。

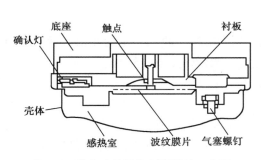

图 3.9　膜盒式差温探测器结构示意图

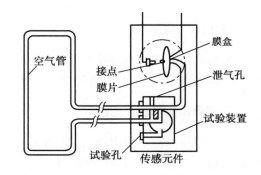

图 3.10　空气管式差温探测器

当气温正常变化时,受热膨胀的气体能从传感元件泄气孔排出,因此不能推动膜片,动、静点不会闭合。一旦警戒场发生火灾,现场温度急剧上升,使空气管内的空气突然受热膨胀,泄气孔不能立即排出,膜盒内的压力增加推动膜片,使之产生位移,动、静结点闭合,接通电路,输出火警信号。

膜盒式差温探测器具有工作可靠、抗干扰能力强等特点。但是,由于它是靠膜盒内气体热胀冷缩而产生盒内外压力差来工作的,因此其灵敏度受到环境气压的影响。例如,在我国东部沿海标定适用的膜盒式差温探测器拿到西部高原地区使用,其灵敏度有所降低。

(3)差定温探测器

不论是双金属片定温探测器,还是膜盒式差温探测器,它们都是开关量的探测器,很难做成模拟量探测器。通过采用一致性及线性度很好、精度很高的可作测温用的半导体热敏元件,可以用硬件电路实现定温及差温火灾探测器,也可以通过软件编程实现模拟量感温探测器。

差定温探测器是兼有差温探测和定温探测复合功能的探测器。若其中的某一功能失效,另一功能仍起作用,因此大大提高了工作的可靠性。电子差定温探测器的工作原理如图 3.11 所示。

电子差定温探测器一般采用 2 只同型号的热敏元件,其中一只热敏元件位于监测区域的空气环境中,使其能直接感受到周围环境的气流温度,另一只

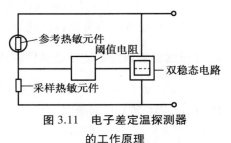

图 3.11　电子差定温探测器的工作原理

热敏元件密封在探测器内部,以防止其与气流直接接触。当外界温度缓慢上升时,两只热敏元件均有响应,此时探测器表现为定温特性。当外界温度急剧上升时,位于监测区域的热敏元件阻值迅速下降,而在探测器内部的热敏元件阻值变化缓慢,此时探测器表现为差温特性。

3) 可燃气体探测器

火灾中烟气的组分与完全燃烧时的产物以及与洁净空气存在着较大差别。由于在火灾中物质热分解和不完全燃烧,造成烟气中的一氧化碳、氢气、碳氢化合物、酮类化合物、醛类化合物含量较大。监测这些组分的含量变化可实现较早地预报火灾。

目前,可燃气体探测器主要是以一氧化碳为探测对象。

4)火焰式探测器

火焰式探测器是利用光电效应来探测火灾的。当光电管接收到一定的光信号后,便可转化为一定的电信号,从而发出警报。火焰探测器主要探测紫外光或红外光。

5)图像型探测器

图像型探测器是利用摄像法来发现火灾的,目前主要采取红外摄像原理,一旦发生火灾,火源及相关区必然发出一定的红外辐射。摄像机发现这种信号后,便输入计算机进行综合分析,若判断是火灾信号则发出警报,并将该区显示在屏幕上。由于它所给出的是图形信号,因此具有极强的可视功能,有助于减少误报,现在这种系统往往与安全监控系统结合使用。

3.1.5 火灾探测器的选择

火灾探测器种类很多,各有优缺点。为了充分发挥作用,必须根据具体应用场合的火灾特征选择适用的探测方法。

1)根据火灾的特点选择探测器

①火灾初期有阴燃阶段,产生大量的烟和少量热,很少有或没有火焰辐射的场所,应选用感烟探测器。

②火灾发展迅速,产生大量的热、烟和火焰辐射的场所,可选用感烟探测器、感温控测器、火焰探测器或其组合。

③火灾发展迅速,有强烈的火焰辐射和少量烟与热的场所,应选用火焰探测器。

④对使用、生产或聚集可燃气体或可燃液体蒸气的场所,应选择可燃气体探测器。

⑤火灾形成特点不可预料,可进行模拟试验,根据试验结果选择探测器。

2)根据安装场所环境特征选择探测器

①相对湿度长期大于95%,气流速度大于5 m/s,有大量粉尘、水雾滞留,又能产生腐蚀性气体,在正常情况下有烟滞留,产生醇、醚类、酮类等有机物质的场所,不宜选用点型离子感烟探测器。

②可能产生阴燃或者发生火灾不及早报警将造成重大损失的场所,不宜选用点型感温探测器;温度在0 ℃以下的场所,不宜选用定温探测器;正常情况下温度变化大的场所,不宜选用差温探测器。

③有下列情形的场所,不宜选用火焰火灾探测器:

a.可能发生无焰火灾;

b.在火焰出现前有浓烟扩散;

c.探测器的镜头易被污染;

d.探测器的"视线"易被遮挡;

e.探测器易被阳光或其他光源直接或间接照射;

f.在正常情况下,有明火作业及 X 射线、弧光等影响。

高层民用建筑及其相关部位火灾探测器类型的选择见表3.2。

表 3.2   高层民用建筑及其有关部位火灾探测器类型选择表

项目	设置场所	火灾探测器的类型											
		差温式			差定温式			定温式			感烟式		
		Ⅰ级	Ⅱ级	Ⅲ级	Ⅰ级	Ⅱ级	Ⅲ级	Ⅰ级	Ⅱ级	Ⅲ级	Ⅰ级	Ⅱ级	Ⅲ级
1	剧院、电影院、礼堂、会场、百货公司、商场、旅馆、饭店、集体宿舍、公寓、住宅、医院、图书馆、博物馆	△	○	○	△	○	○	○	△	△	×	○	○
2	厨房、锅炉房、开水间、消毒室等	×	×	×	×	×	×	△	○	○	×	×	×
3	进行干燥烘干的场所	×	×	×	×	×	×	△	○	○	×	×	×
4	有可能产生大量蒸汽的场所	×	×	×	×	×	×	△	○	○	×	×	×
5	发电机房、立体停车场、飞机库等	×	○	○	×	○	○	○	×	×	×	△	○
6	电视演播室、电影放映室	×	△	△	×	○	○	○	○	○	○	○	○
7	发生火灾时,温度变化缓慢的小间	×	×	×	○	○	○	○	○	○	△	○	○
8	楼梯及通道	×	×	×	○	○	○	○	○	○	△	○	○
9	走道及通道	×	×	×	○	○	○	○	○	○	△	○	○
10	电缆竖井、管道井	×	×	×	○	○	○	○	○	○	△	○	○
11	电子计算机房、通信机房	△	○	○	△	○	○	○	×	×	○	○	○
12	车库、地下仓库	△	○	○		○	○	○	×	×	△	○	○
13	吸烟室、小会议室	×	×	○	○	○	○	○	○	○	×	×	×

注:1.○表示适合使用;

2.△表示根据安装场所等状况,限于能够有效地探测火灾发生的场所使用;

3.×表示不适合使用。

3) 根据房间高度选择探测器

对不同高度的房间,可按表3.3选择火灾探测器。

表 3.3   不同高度房间火灾探测器的选择

房间高度 h/m	感烟探测器	感温探测器			火焰探测器
		一级	二级	三级	
$12<h≤20$	不适合	不适合	不适合	不适合	适合
$8<h≤12$	适合	不适合	不适合	不适合	适合
$6<h≤8$	适合	适合	不适合	不适合	适合
$4<h≤6$	适合	适合	适合	不适合	适合
$h≤4$	适合	适合	适合	适合	适合

4) 火灾探测器数量的确定

探测区域内的每个房间应至少设置一只火灾探测器。一个探测区域内所需设置的探测器数量,按公式(3.1)计算:

$$N \geqslant \frac{S}{KA} \qquad (3.1)$$

式中　N——1个探测区域内所需设置的探测器数量(只),N取整数;

　　　S——1个探测区域的面积,m^2;

　　　A——1个探测器的保护面积,m^2;

　　　K——修正系数,重点保护的建筑取0.7~0.9、非重点保护的建筑取1.0。

探测区域是指有热气流或烟雾充满的区域。就屋内顶棚表面和顶棚内部而言,被墙及突出安装面0.6 m及以上的梁等分隔开的部分就是一个探测区域,如图3.12所示。

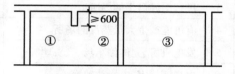

图3.12　探测区域的划分

常用感烟探测器、感温探测器的保护面积和保护半径,应按表3.4确定。

表3.4　感烟探测器、感温探测器的保护面积和保护半径

火灾探测器的种类	地面面积 S/m^2	房间高度 h/m	一只探测器的保护面积 A 和保护半径 R					
			屋顶坡度 θ					
			$\theta \leqslant 15°$		$15° < \theta \leqslant 30°$		$\theta > 30°$	
			A/m^2	R/m	A/m^2	R/m	A/m^2	R/m
感烟探测器	$S \leqslant 80$	$h \leqslant 12$	80	6.7	80	7.2	80	8.0
	$S > 80$	$6 < h \leqslant 12$	80	6.7	100	8.0	120	9.9
		$h \leqslant 6$	60	5.8	80	7.2	100	9.0
感温探测器	$S \leqslant 30$	$h \leqslant 8$	30	4.4	30	4.9	30	5.5
	$S > 30$	$h \leqslant 8$	20	3.6	30	4.9	40	6.3

5) 火灾探测器的设置要求

火灾探测器的设置位置可以按照下列基本原则确定:

①设置位置应该是火灾发生时烟、热最易到达之处,并且能够在短时间内聚积的地方;

②易于消防管理人员检查、维修,而一般人员应不易触及;

③不易受环境干扰,布线方便,安装美观。

对于常用的感烟和感温探测器来讲,其安装时还应符合下列要求:

①探测器距离通风口边缘不小于0.5 m,如果顶棚上设有回风口时,可以靠近回风口安装;

②顶棚距离地面高度小于2.2 m的房间、狭小的房间(面积不大于10 m^2),火灾探测器宜

安装在入口附近；

③在顶棚和房间坡度大于45°斜面上安装火灾探测器时,应该采取措施使安装面成水平；

④在楼梯间、走廊等处安装火灾探测器时,应该安装在不直接受外部风吹的位置；

⑤在与厨房、开水间、浴室等房间相连的走廊安装火灾探测器时,应该避开入口边缘1.5 m内；

⑥建筑物无防排烟要求的楼梯间,可以每隔三层装设一个火灾探测器,倾斜通道安装火灾探测器的垂直距离不应大于15 m；

⑦安装在顶棚上的火灾探测器边缘与照明灯具的水平间距不小于0.2 m,距离电风扇不小于1.5 m,距嵌入式扬声器罩间距不小于0.1 m,与各种水灭火喷头间距不小于0.3 m,与防火门、防火卷帘门的距离一般为1~2 m,感温火灾探测器距离高温光源不小于0.5 m。

必须指出,在下列场所可以不安装感烟、感温火灾探测器：

①火灾探测器安装位置与地面间的高度大于12 m的场所；

②因受气流影响,火灾探测器不能有效检测到烟、热的场所；

③顶棚与上层楼板间距、地板与楼板间距小于0.5 m的场所；

④闷顶及相关的吊顶内的构筑物及装饰材料为难燃型,并且已安装有自动喷淋灭火系统的闷顶及吊顶的场所。

3.1.6 火灾报警控制器

火灾报警控制器(亦称火灾报警器)是一种由电子电路组成的火灾自动报警和监视装置,用来接收火灾探测器发出的火警电信号,将此火警信号转化为声、光报警信号,并显示其着火部位或报警区域。在结构上火灾报警控制器,一般都由与火灾报警控制器功能相对应的电路单元组合成一个有机整体,并且多数应用微机控制,实现基本功能。

火灾报警控制器一般具有以下基本功能：

①火灾报警功能：能直接或间接地接收来自火灾探测器及其他火灾报警触发器件送来的火灾报警信号,发出声、光报警信号,指示火灾发生部位。

②故障报警功能：当火灾报警控制器内部、火灾报警控制器与火灾探测器、火灾报警控制器与起传输火灾报警信号作用的部件间发生断线、短路、接地,以及主电源欠压或由备用电源单独供电而其电压不足等故障时,能在100 s内发出声、光故障信号,且故障期间应有火警优先功能。

③火灾报警控制器还应有自检、计时、显示、操作分级限制、延时响应、总线隔离、测器供电及主、备用电源自动转换等功能。

火灾自动报警控制器可分为区域报警控制器、集中报警控制器和智能型火灾报警控制器。

区域报警控制器装设于建筑物中防火分区内的火灾报警区域,接收该区域的火灾探测器手动报警按钮发出的火灾信号。当区域报警器与探测器之间有接触不良或断线时,报警器发出开路或短路的故障报警信号。各类报警信号至区域报警器,经信号选择电路处理后,进行火灾、短路、开路判断,报警器首先发出火灾报警信号,指示具体着火部位,发出火警音响,记忆火警信号、开路、短路故障信号。

集中报警控制器接收各区域报警控制器发送来的火灾报警信号,还可巡回检测与集中报警控制器相连的各区域报警控制器有无火警信号、故障信号,并能显示出火灾区和部位以及故障区域,同时发出声、光警报信号。整个报警控制器由部位号指示、区域号指示、巡检、自检、火警音响、时钟、充电、故障报警、稳压电源等电路单元组成。

智能型火灾报警控制系统采用模拟量探测器,能对外界非火灾因素,如温度、湿度和灰尘等影响实施自动补偿,从而在各种不同使用条件下为解决无灾误报和准确报警奠定了技术基础。这种报警控制器采用全总线计算机通信技术,实现总线报警和总线联动控制,减少了控制输出与执行机构之间的长距离管线;采用大容量的控制矩阵和交叉查寻程序软件包,以软件编程代替硬件组合,提高了消防联动的灵活性和可修改性。

3.1.7 消防控制室和消防联动控制

1)消防控制室

根据防火的要求,凡需要考虑防火设施的高层建筑(例如旅馆、酒店和其他公共活动场所)及其他重要工业、民用建筑,都应该设消防控制室,负责整座大楼或一个建筑群的火灾监测与消防工作的指挥。消防控制室是火灾自动报警系统的控制和信息中心,也是火灾时灭火作战的通信指挥中心,具有十分重要的地位和作用。

国家有关标准对消防控制室的设置范围、位置、建筑耐火性能及其主要功能都有明确规定和原则的要求。而《火灾自动报警系统设计规范》则进一步对消防控制室的设备组成、安全要求、设备功能、设备布置、联动控制要求等作了具体规定。

(1)消防控制室的设备组成

消防控制设备应由下列部分或全部控制装置组成:

①火灾报警控制器;

②自动灭火系统的控制装置;

③室内消火栓系统的控制装置;

④防烟、排烟系统及空调通风系统的控制装置;

⑤常开防火门、防火卷帘的控制装置;

⑥电梯回降控制装置;

⑦火灾应急广播控制装置;

⑧火灾警报装置的控制装置;

⑨火灾应急照明与疏散指示标志的控制装置。

(2)消防控制室设备布置要求

消防控制室的大小,应根据消防控制设备的多少来确定,其大小应满足消防值班人员的实际工作需要,保证消防值班人员有一个工作场所,还要便于值班人员休息和维修活动的正常进行。

一般消防控制设备的布置应符合下列要求:

①盘前操作距离:单列布置时不应小于 1.5 m,双列布置时不应小于 2 m。

②在值班人员经常工作的一面,控制盘距墙的距离不小于 3 m,盘后维修距离不应小于 1 m。

③控制盘的排列长度大于 4 m 时,控制盘两端应设置宽度不小于 1 m 的通道。

④集中火灾报警控制器或火灾报警控制器安装在墙上时,其底边距地面高度宜为 1～1.5 m。其靠近门轴的侧面距墙不应小于 0.5 m,正面操作距离不应小于 1.2 m。

2) 消防联动控制

消防控制设备一般都集中在消防控制室。消防控制设备具有对各种相关的自动消防设施的控制和显示功能,当火灾报警系统接收到来自触发器件的报警信号后,能自动或手动启动有关消防设备,并显示其状态的控制装置。这些控制设备应集中设在消防控制中心,或设在被控制消防设备的现场,但其动作信号一般都在消防控制室集中显示,以便于消防行动的统一调度指挥。

火灾自动报警系统的主要作用是自动探测火灾,自动实现火灾报警,有时还要实现对各种自动消防设备的联动控制。这种联动控制是利用专用消防联动控制设备或者通过带有联动功能的火灾报警控制器(即联动型火灾报警控制器)来实现的。

另外,消防控制中心一般还有控制和显示其他消防设备的功能。被控制和显示的设备一般包括日常和备用电源、防烟排烟系统、通风空调系统、常开防火门、防火卷帘、电梯、疏散指示标志与火灾应急照明等。

3.2 自动喷水灭火系统

3.2.1 概述

火灾燃烧是一种快速化学反应,燃烧的维持需要有可燃物、助燃物及足够的热量供应,消除或限制其中的任一条件均可使燃烧反应中断。隔离法、冷却法、窒息法和抑制法等是扑灭火灾的基本方法。

隔离法通过限制或减少燃烧区的可燃物而使火灾熄灭。即把未燃物与已燃物隔开,从而中断可燃物向燃烧区的供应,如关闭可燃气体和液体阀门,将可燃、易燃物搬走等。

冷却法通过降低温度来控制或使火灾熄灭。即将温度低的物质喷洒到燃烧物上,使温度降低到该可燃物的燃点以下,或是喷洒到火源附近的物体上,使其不受火焰辐射的影响,避免形成新火源。

窒息法通过限制氧气供应而使火灾熄灭。即用不燃或难燃的物质盖住燃烧物,断绝空气向燃烧区的供应,或稀释燃烧区内的空气,使其氧气含量降到维持燃烧所需的最低浓度以下,一般认为这一最低氧浓度约为 25%。

抑制法通过使用某些可干扰火焰化学反应的物质而使火灾熄灭。即将有抑制链反应作用的物质喷洒到燃烧区,用以清除燃烧过程中产生的活性基,从而使燃烧反应终止。

可燃物的种类很多,其燃烧特性亦差别很大。对于不同类型的火灾应采取不同的灭火方法,这样才能取得最好的灭火效果。

喷到火区内用来扑灭火灾的物质称为灭火剂。灭火剂的种类很多,根据灭火机理不同,灭火剂大体可分为两大类:物理灭火剂和化学灭火剂。

物理灭火剂不参与燃烧反应,它在灭火过程中起到窒息、冷却和隔离火焰的作用,在降低燃烧混合物温度的同时稀释氧气,隔离可燃物,从而达到灭火的效果。物理灭火剂包括水、泡沫、二氧化碳、氮气、氩气及其他惰性气体。化学灭火剂在燃烧过程中是通过抑制火焰中的自由基连锁反应而抑制燃烧的。化学灭火剂主要有卤代烷灭火剂、干粉灭火剂等多种,按照它们的物理状态,也可分为气体灭火剂(卤代烷、二氧化碳等),液体灭火剂(水、泡沫、7150 等)和固体灭火剂(干粉、烟雾等)。

1) 水灭火剂

水是最常用的灭火剂,大多数火灾都可用水扑灭。水具有冷却作用,可使燃烧区的温度降低,燃烧强度减弱。水喷到燃烧物表面上将其温度降低,从而使其减少或停止析出可燃挥发分。水在高温环境中会迅速蒸发,这也可以吸收大量的热量。1 g 的水在 100 ℃时变成同温度的水蒸气需要吸收 225.7 J 的热量,因此可以有效地减少可燃物挥发成分的析出,并使燃烧强度减弱。水的灭火作用机理主要有三个方面:

①冷却作用。水的热容量和汽化热很大。水喷洒到火源处,使水温升高并汽化,就会大量吸收燃烧物的热量,降低火区温度,使燃烧反应速度减低,最终停止燃烧。一般情况下,冷却作用是水的主要灭火作用。

②对氧气的稀释作用。水在火区汽化,会产生大量水蒸气,降低了火区的氧气浓度。当空气中的水蒸气体积浓度达到35%时,燃烧就会停止。

③水流冲击作用。从水枪喷射出的水流具有速度快、冲击力大的特点,可以冲散燃烧物、使可燃物相互分离,使火势减弱。快速的水流会带动空气扰动,使火焰不稳定,或者冲断火焰,使之熄灭。

此外,在扑灭水溶性可燃液体火灾时,水与可燃液体混合后,可燃液体的浓度下降,液体的蒸发速度降低,液面上可燃蒸汽的浓度下降,火势减弱,直至停止。

灭火水一般是通过某种喷头喷出,以较小的水滴喷到火区。为了有效扑灭火焰,水滴必须能够穿透火羽流而到达燃烧物体的表面。促使水滴下落有两种因素,一是喷出的动量,二是重力。喷出初期,第一种因素起主导作用,但由于空气阻力,其影响逐渐减弱,而重力影响则逐渐加强。水滴在重力作用下的速度至少等于羽流的最大向上速度才可穿透火羽流。实验表明:在重力作用下直径小于 2 mm 的水滴将无法穿透 4 MW 火焰上方的烟羽流,可以通过增加液滴动量来使小水滴穿过羽流,这需要很高的水压,并且这种水滴只能起到冷却烟气的作用,不能有效降低可燃物的温度。而使用较大直径的水滴将使得蒸发不充分,灭火效果不好,造成的水渍损失也较大。

用水灭火应当注意使用场合,例如水的导电性较强,因此对电气火灾,使人用水龙扑救就有可能造成电击伤。但当水滴很小(如喷雾状),形不成连续的水流柱,电击伤便不会发生了。又如水的密度比油大,因此用水灭油火时应控制水滴大小,使其能够到达液面又不至于大量沉到油面之下。

2) 气体灭火剂

常用的气体灭火有二氧化碳和氮气,它们主要依靠窒息作用灭火。二氧化碳在常温下为气体,但容易液化,通过加压装在钢瓶内;氮气也可通过加压获得液化。当液化气体从灭火器喷嘴喷出时,其压力降低,并迅速气化。1 kg 二氧化碳在常温常压下可生成 500 L 左右的气态二氧化碳,可使燃烧区域的氧气浓度降低到不能维持燃烧的程度。二氧化碳对火场的设备影响小,不留残余物,因此常用来扑灭价格昂贵的电气仪器火灾。

但气体灭火也有较大的局限性,由于气体容易流动,因此不宜用它扑灭对流很强区域的火。如果起火室的壁面上有较大的开口,这可造成二氧化碳的大量流失,减弱其灭火效果。另外,二氧化碳不像水那样对固体可燃物有浸渍作用,故不能扑灭深层火。对于钠、钾、镁、钛等活性金属或氢化金属火灾,也不能用二氧化碳灭火,因为它们可使二氧化碳分解。二氧化碳也不适宜灭硝酸纤维之类的含氧物质火灾。

使用二氧化碳灭火还应当特别注意人身保护。通常大气中含有 3% 的二氧化碳便会使人呼吸加快;含 9% 时,大多数人只能坚持几分钟就会晕倒。且喷注二氧化碳灭火的区域内,二氧化碳的浓度可达 30% 以上,只有当确认人员全部撤离后才可喷射二氧化碳。

3) 泡沫灭火剂

泡沫灭火剂是按某些专门配方配制的发泡剂浓缩液。将其与水掺混并充气搅拌,可以生成大量气泡结构。这种泡沫很轻,容易浮在可燃物的上方,形成连续的泡沫覆盖层,从而隔断氧气向燃烧区的供应。因此它们也主要是靠窒息作用灭火的。泡沫中含有较多的水,对燃烧区还有一定的冷却作用。

泡沫灭火剂最终生成的泡沫体积与没有掺混前的液体体积之比称为发泡倍率。根据发泡倍率的大小,泡沫灭火剂分为三类:低倍率泡沫,发泡倍率小于 20;中倍率泡沫,发泡倍率为 20~200;高倍率泡沫,发泡倍率为 200~1 000。低倍率泡沫容易形成冷却的黏附的覆盖层,适宜扑灭可燃和易燃液体的流淌火灾和油罐火灾。高、中倍率泡沫主要用于扑灭油、气火灾,还常用来充填某些封闭空间以扑灭其中的火灾,例如地下室、船舱、电气设备室等。为了取得最好的灭火效果,应当注意不同泡沫灭火剂所适用的火灾场合。

常用的泡沫灭火剂主要有蛋白、氟蛋白、水成膜和抗溶泡沫等几类。蛋白泡沫灭火剂含有高分子的天然蛋白聚合物,其泡沫密集而黏稠,稳定性好,没有毒性,且在稀释后能生物降解。氟蛋白泡沫的结构和蛋白泡沫相似,只是其中还含有氟化表面活性剂。含有氟化表面活性剂使得灭火泡沫有脱离可燃物而上升的特性,当将其投放到着火油品中时,它可很快升到液体表面形成泡沫层,因此灭火效果较好;此外,这种泡沫与干粉灭火剂的相容性比普通泡沫好。水成膜泡沫是氟蛋白泡沫的另一类型,其氟化表面活性剂能使泡沫迅速在燃油表面上形成水溶液薄膜,对于扑灭具有水溶性或水混合性的可燃物的火灾(如醇类、酮类、胺类等物质的火灾)效果更好。而使用普通泡沫灭火时,泡沫很容易破裂,灭火效果受影响。

使用泡沫灭火剂灭火后,将会残留很多泡沫液,当它渗透到设施中或者物品内部的间隙里就很难清除,有的还会影响到设施的使用功能。因此,泡沫灭火剂主要适用于扑灭室外油品火灾。

4) 干粉灭火剂

干粉灭火剂是一种易流动的粉状固体混合物。干粉灭火剂的类型很多,目前常用的干粉灭火剂是以磷酸氢铵、碳酸氢钠、碳酸氢钾和磷酸二氧铵等为基料制成的,其中混入多种添加剂,以改善其流动、储存和斥水性。

干粉灭火剂喷洒到燃烧区中就会受热分解,生成 CO_2 和 H_2O 及一些活性物质。CO_2、H_2O 具有窒息灭火作用,而活性物质则能消除燃烧反应产生的活性基,具有抑制灭火作用。

干粉在扑灭液体火灾时非常有效,还常用于扑灭电气设备火灾。但干粉对燃烧区没有冷却作用,当用普通干粉扑灭某些易燃物火灾时,有时会发生复燃现象。为了克服这一缺点,干粉灭火剂常与水灭火剂联合使用。

干粉灭火剂的应用有固定系统、手提软管系统和灭火器三种。干粉灭火剂本身是无毒的,但使用不当时也可能对人的健康产生不良影响。例如,人吸进了干粉颗粒会引起呼吸系统发炎症。在常温下,干粉是稳定的,当温度较高时,其中的活性成分会分解。一般规定干粉灭火剂的储存温度不超过 49 ℃。另外,不加区别地将不同类型的干粉混在一起是有危险的,它们可以发生反应生产二氧化碳,发生结块,并可能引起爆炸。

5) 二氧化碳灭火剂

二氧化碳在常温常压下是一种无色、略带酸味的气体,相对密度为 1.529,重于空气,不燃烧也不助燃。经过压缩液化的二氧化碳被灌入钢瓶内,从钢瓶里喷射出来的固体二氧化碳(干冰)温度可达-78.5 ℃。干冰气化后,二氧化碳气体覆盖在燃烧区内,除了有窒息作用之外,还有一定的冷却作用。

窒息作用是主要作用。随着二氧化碳释放量的增加,着火区的氧气浓度必然下降,当氧气的含量低于 12% 或二氧化碳的浓度达到 30%~35% 时,绝大多数的燃烧都会熄灭。1 kg 的液体二氧化碳在常温下能生成 0.5 m³ 左右的二氧化碳气体,这些气体足以使 1 m³ 空间范围内的火焰熄灭。

二氧化碳是以液态形式加压充装于灭火器中的。当其从灭火器中喷出时,突然减压,一部分二氧化碳绝热膨胀、汽化会吸收大量的热量,使另一部分二氧化碳冷却形成固体雪花状二氧化碳(干冰)。干冰喷向着火处时,立即汽化,在吸热的同时起到稀释氧气的作用。

6) 卤代烷灭火剂

卤代烷灭火剂还常称为"哈龙"灭火剂。碳氢化合物中的氢原子部分或完全被卤族元素取代而生成的化合物称为卤代烷。只含 1 或 2 个碳原子的碳氢化合物生成的卤代烷具有一定的灭火作用。这种灭火剂使用的卤族元素只有氟、氯和溴。表 3.5 给出了一些常见卤代烷的分子式与习惯编号,编号中的数字顺序分别表示该分子中合的碳、氟、氯、溴的数目。如果未含某种元素,则用零代替。比如,1301 表明含 1 个碳原子,3 个氟原子,1 个溴原子,不含氯原子。现在我国使用较多的卤代烷灭火剂是 1301 和 1211。

表 3.5　卤代烷灭火的编号

化学名称	分子式	编　号	化学名称	分子式	编　号
二氟二氯甲烷	CF_2Cl_2	1220	氯溴甲烷	CH_2ClBr	1011
三氟一溴甲烷	CF_3Br	1330	四氟二氯乙烷	$C_2F_4Cl_2$	2420
二氟一氯一溴甲烷	CF_2ClBr	1211	四氟二溴乙烷	$C_2F_4Br_2$	2402

卤代烷具有一定毒性。不同卤代烷的毒性很不相同。据研究,1301 的毒性最小,1211 次之,因此它们较广泛地用作灭火剂。测试表明,1301 在空气中的浓度低于 10% 时,人在其中待上 10 min 对健康没有影响。但是卤代烷热解产物的毒性会显著增大,因此用卤代烷包括 1301 等灭火后,应当及时通风以清除残留的灭火剂及其分解产物。

使用卤代烷灭火以后,残余的灭火剂及其分解产物将全部进入大气。它会对大气臭氧层造成破坏。根据保护大气臭氧层的公约,应当逐步停止生产并最终禁止使用卤代烷灭火剂。

7) 新型灭火剂

高效、清洁、低污染的新型灭火剂研制取得了很大进展,例如烟络尽灭火剂、气溶胶灭火剂、超细水雾、FM200 等。

烟络尽是一种气体灭火剂,大体上由 52% 的 N_2,40% Ar 和 8% 的 CO_2 组成,主要是通过降低起火区域的氧气浓度来灭火。烟络尽的成分都是大气中的基本气体,对大气臭氧层没有耗损,灭火没有残留物,不污染环境,还具有良好的绝缘性。但是这种气体灭火剂的灭火浓度较高,在应用中需要较长的喷放时间。当其浓度过高时,可导致氧浓度过低,与使用二氧化碳灭火剂一样,使用烟络尽时,应当注意防止系统的误操作。此外,和其他灭火系统相比,这种灭火系统的成本较高。

气溶胶气体灭火剂是气溶胶气体介质与一些细微的液滴或固体颗粒组成的溶胶状混合物,可以通过窒息、气相化学抑制、固体颗粒对燃烧反应的抑制等作用而灭火。气溶胶灭火剂可以分为冷气溶胶和热气溶胶两类。冷气溶胶灭火剂是用惰性气体将超细的磷胺干粉喷射出后再经过聚冷而形成的溶胶;热气溶胶则是通过某些固体的快速反应而生成的溶胶,这种气溶胶中含有大量很细的钾盐颗粒,具有一定量的二氧化碳和水蒸气。

气溶胶灭火剂的灭火效率很高,用量少,毒性小,并可实现全方位灭火,但是灭火时形成的大量烟雾,使室内的能见度大大降低。这种烟雾对人的呼吸系统也有较强的刺激作用。在使用气溶胶灭火剂时,还应当防止热气喷出后可能造成的伤害。

超细水雾是指平均滴径为 0.02~0.3 mm 的细水雾,由于其滴径很小,喷射后可长时间悬浮空气中,靠火焰上升的气流的卷吸作用进入火焰锋面,通过冷却和稀释达到控火和灭火目的。采用超细水雾灭火,用水量极少且没有水渍损失,灭火过程中对环境没有污染,能够降低火灾中烟气的毒害,有利于人员安全疏散,且灭火效果好。超细水雾灭火比较适合 B 类火灾的灭火和控火;对于 A 类火灾,只能控制火灾的蔓延或扑灭明火,难以扑灭阴燃火。

3.2.2 系统分类

自动喷水灭火系统是一种能自动启动喷水灭火,并能同时发出火警信号的灭火系统,它具有工作性能稳定、适应范围广、安全可靠、控火灭火成功率高、维修简便等优点,可用于各种建筑物中允许用水灭火的保护对象和场所。

根据被保护建筑物的性质和火灾发生、发展特性的不同,自动喷水灭火系统可以有许多不同的系统形式,通常根据系统中所使用的喷头形式的不同,分为闭式自动喷水灭火系统和开式自动喷水灭火系统两大类,如图 3.13 所示。

闭式自动喷水灭火系统采用闭式喷头,是一种常闭喷头,喷头的感温闭锁装置只有在预定的温度环境下才会脱落,从而开启喷头。因此,在发生火灾时,这种喷头灭火系统只有处于火焰之中或临近火源的喷头才会开启灭火。闭式系统包括湿式系统、干式系统、预作用系统、重复启闭灭火系统等。

开式自动喷水灭火系统采用开式喷头,它不带感温闭锁装置,处于常开状态。发生火灾时,火灾所处的系统保护区域内的所有开式喷头一起喷水灭火。开式系统包括雨淋系统、水幕系统。

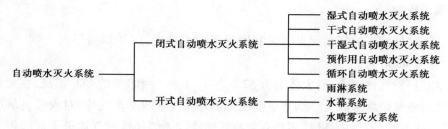

图 3.13 自动喷水灭火系统分类

此外,还有自动喷水-泡沫联用系统。系统分类及不同自动喷水灭火系统适用场所及特殊技术要求详见表 3.6。

表 3.6 自动喷水灭火系统适用场所及特殊技术要求

系统分类		适用场所	特殊技术要求
闭式系统	湿式系统	环境温度不低于 4 ℃且不高于 70 ℃建筑物及场所	当一只喷头启动时,应自动控制启动系统
	干式系统	环境温度低于 4 ℃或高于 70 ℃建筑物及场所,如敞开的避难层、技术层、汽车库等	灭火系统管网容积不宜超过 1 500 L,当设有排气装置时不宜超过 3 000 L
	预作用系统	系统处于准工作状态时,严禁滴漏及误动作,不允许有水渍损失的场所。目前多用于保护档案,计算机房,贵重纸张和票证等场所	1.应设火灾探测装置,火灾时探测器动作应先于喷头动作 2.系统充水时间不宜大于 2 min
	重复启闭预作用系统	灭火后必须及时停止喷水,复燃时再喷水灭火或需要减少水渍损失的场所,如计算机房、棉花仓库以及烟草仓库等	应设火灾探测装置、启闭控制阀或采用启闭式喷头

续表

系统分类		适用场所	特殊技术要求
闭式系统	雨淋系统	1.燃烧猛烈、蔓延迅速、闭式喷头开放不能及时使喷水有效覆盖着火区域的严重危险级的场所,如摄影棚、舞台葡萄架下部、有易燃材料的景观展厅等; 2.因净空超高,闭式喷头不能及时动作的场所	1.应设置相应的火灾探测装置或传动管系统; 2.喷水区域喷水布置应能有效扑灭分界区的火灾
	水幕系统	1.作为防火分隔措施,适用于建筑中开口尺寸等于或小于 15 m(宽)×8 m(高)的孔洞和舞台 2.水幕用于防火卷帘的冷却	1.应设独立的雨淋阀和水幕喷头或开式喷头; 2.应设置相应的火灾探测装置或传动管系统
水和泡沫联用系统	自动喷水—泡沫联用系统	1.轻、中危险级闭式自动喷水灭火系统采用泡沫灭火剂强化性能的场所; 2.前期喷水能有效控火、后期喷泡沫强化效能的场所; 3.前期喷泡沫灭火、后期喷水冷却防止复燃的场所; 4.适用于汽车库、锅炉房、柴油机房、油库等场所	1.湿式系统自喷水至喷泡沫的转换时间,按 4 L/s 流量计算,不应大于 3 min; 2.闭式系统采用泡沫比例混合器,应在大于或等于 4 L/s 流量时,符合水与泡沫液的混合比规定; 3.持续喷泡沫的时间不应小于10 min

3.2.3 湿式自动喷水灭火系统

　　湿式自动喷水灭火系统是世界上使用时间最长、应用最广泛、控火灭火率最高的一种闭式自动喷水灭火系统。目前世界上已安装的自动喷水灭火系统中有 70% 以上采用了湿式自动喷水灭火系统,其在国内外安装使用已有 100 多年的历史,具有较丰富的设计安装和管理经验,系统可靠性好。

　　湿式自动喷水灭火系统主要由闭式喷头、管道系统、湿式报警阀、报警装置、水流指示器等组成,如图 3.14 所示。由于该系统在报警阀的前后管道内始终充满着压力水,所以称为湿式喷水灭火系统。

　　系统工作原理如图 3.15 所示,当火灾发生时,火源周围环境温度上升,当水源附近的闭式喷头的感温元件温升达到预定的动作温度范围时,喷头开启、出水,管网压力下降,报警阀阀后压力下降致使阀板开启,接通和管网水源,供水灭火。同时,部分水由报警阀阀座上的凹形槽经报警阀的信号管,带动水力警铃发出报警信号。如果管网中设有水流指示器则有水流带动产生并发出电信号;如果管网中设有压力开关,当管网水压下降到一定值时,也可发出电信号,并可直接启动消防水泵供水。

　　湿式喷水灭火系统具有结构简单、施工和管理维护方便、使用可靠、灭火速度快、控火效率高等优点。但由于其管路在喷头中始终充满水,所以其应用受到环境温度的限制,适合安装在室内温度不低于 4 ℃ 且不高于 70 ℃、能用水灭火的建筑物内。

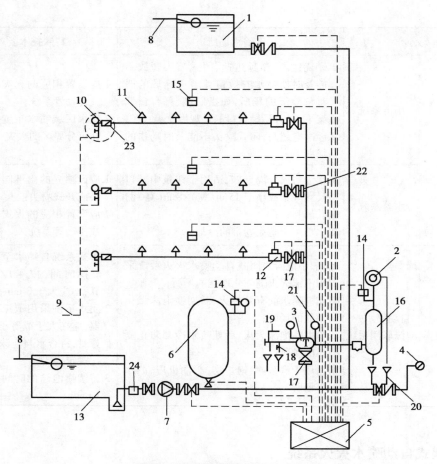

图 3.14 湿式自动喷水灭火系统

1—高位水箱;2—水力警铃;3—湿式报警阀;4—消防水泵接合器;5—控制箱;6—压力罐;7—消防水泵;
8—供水管;9—排水管;10—末端试水装置;11—闭式喷头;12—水流指示器;13—水池;14—压力开关;
15—感烟探测器;16—延迟器;17—消防安全指示阀;18—放水阀;19—放水阀;20—排水漏斗(或管);
21—压力表;22—节流孔板;23—水表;24—过滤器

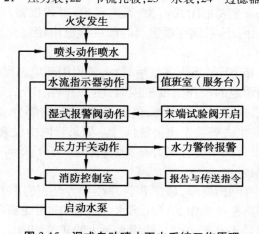

图 3.15 湿式自动喷水灭火系统工作原理

3.2.4 干式自动喷水灭火系统

　　干式喷水灭火系统,是指在准工作状态时配水管道内充满用于启动系统的有压气体的闭式系统。干式喷水灭火系统一般由闭式喷头、管道系统、干式报警阀、报警装置、充气设备、排气设备和供水设备等组成,该系统的组成与湿式自动喷水灭火系统的不同之处在于采用了干式报警阀组和保持管道内气压的补气装置。干式报警阀组一般不配置延时器,而是在报警阀附近增设加速器,以便快速驱动干式报警阀。干式系统是为了满足寒冷和高温场所安装自动灭火系统的需要,在湿式系统的基础上发展起来的,如图 3.16 所示。

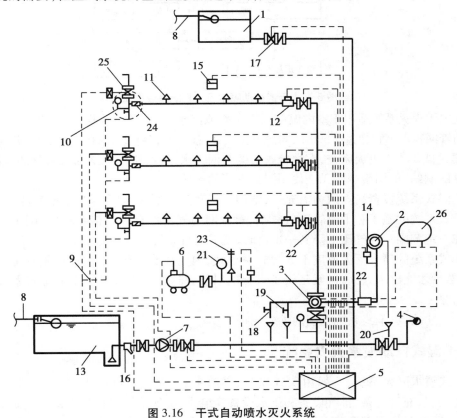

图 3.16　干式自动喷水灭火系统

1—高位水箱;2—水力警铃;3—干式报警阀;4—消防水泵接合器;5—控制箱;6—空压机;7—消防水泵;
8—进水管;9—排水管;10—末端试水装置;11—闭式喷头;12—水流指示器;13—水池;14—压力开关;
15—火灾探测器;16—过滤器;17—消防安全指示阀;18—截止阀;19—放空阀;20—排水漏斗;21—压力表;
22—节流孔板;23—安全阀;24—水表;25—排气阀;26—加速器

　　系统工作原理如图 3.17 所示。平时,干式报警阀前与水源相连并充满水,干式报警阀后的管路充以压缩空气,报警阀处于关闭状态。发生火灾时,闭式喷头热敏元件动作,喷头首先喷出压缩空气,管网内的气压逐渐下降,当降到某一气压值时,干式报警阀的下部水压力大于上部气压力,干式报警阀打开,压力水进入供水管网,将剩余压缩空气从已打开的喷头处推赶出去,然后再喷水灭火;干式报警阀处的另一路水进入信号管,推动水力警铃和压力开关报警,并启动水泵加压供水。干式系统的主要工作过程与湿式喷水灭火系统没有本质区别,只是在喷头动作后有一个排气过程,这将降低灭火的速度和效果。对较大的干式喷水灭火系统,常在干式报警阀出口管道上附加一个"排气加速器"装置,以加快报警阀的启动过程,使压力水迅速进入充气管网,缩短排气时间,及早喷水灭火。

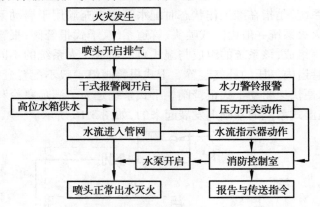

图 3.17 干式自动喷水灭火系统原理框图

干式喷水灭火系统适用于室内温度低于 4 ℃或高于 70 ℃的建筑物、构筑物。干式喷水灭火系统的管网容积不宜超过 1 500 L,当设有排气装置时,不宜超过 3 000 L。它具有以下特点:

①干式自动喷水灭火系统,在报警阀后的管网无水,故可避免冻结和水汽化的危险,不受环境温度的制约,可用于一些无法使用湿式系统的场所。

②比湿式系统投资高。因为需充气,增加了一套充气设备,因而提高了系统造价。

③干式系统的施工和平时管理较复杂,对管网的气密性有较严格要求,管网平时的气压应保持在一定范围。当气压下降到一定值时,就需进行充气。

④干式系统的喷水灭火速度不如湿式系统快,因为喷头受热开启后,首先要排除管道中的气体,然后才能出水灭火,这就延误了灭火的时机。这也是干式系统不如湿式系统灭火率高的原因之一。

由于上述缺点,干式系统在国内外应用得不多。

3.2.5　干湿式自动喷水灭火系统

干湿式喷水灭火系统,一般由闭式喷头、管道系统、充气双重作用阀(又称干湿式报警阀)、报警装置、充气设备、排气设备和供水设备等组成,这种系统具有湿式和干式喷水灭火系统的性能,安装在冬季采暖期不长的建筑内,寒冷季节为干式系统,温暖季节为湿式系统,系统形式基本与干式系统相同,主要区别是采用了干湿式报警阀。

干湿式系统的特点:

①干湿式自动喷水灭火系统在报警阀后的管网无水,故可避免冻结和水汽化的危险,不受环境温度的制约,可用于一些无法使用湿式系统的场所。

②干湿式自动喷水灭火系统的报警阀由干式报警阀和湿式报警阀串联而成,也可采用干湿两用报警阀,系统可以交替作为干式系统和湿式系统使用,可以部分克服干式系统灭火效率低的问题。

③由于干湿式系统管网内交替使用水和空气,管道易受腐蚀,所以系统每年都需随季节变化来变换系统形式,管理上比其他系统要烦琐些,但当气候条件允许时,可以常年改为湿式系统使用。

④尾端干式和干湿式自动喷水灭火系统。对于环境温度低于 4 ℃或高于 70 ℃的小型区域,如建筑物中的局部小型冷藏室、温度超 70 ℃的烘房、蒸汽管道等部位,当建筑物的其他部位采用了湿式自动喷水灭火系统时,在这种特殊小区域可以在湿式系统上接设尾端干式系统或干湿式系统。采用小型尾端干湿式系统或干式系统时,可以采用电磁阀代替干湿式报警阀和干式阀,同时还要设置可行的放空管道积水的措施。

3.2.6 预作用自动喷水灭火系统

预作用系统将火灾自动探测报警技术和自动喷水灭火系统有机地结合起来,对保护对象起了双重保护作用。预作用系统一般由闭式喷头、管道系统预作用阀、火灾探测器、报警控制装置、充气设备、控制系统和供水设施部件组成,如图 3.18 所示。

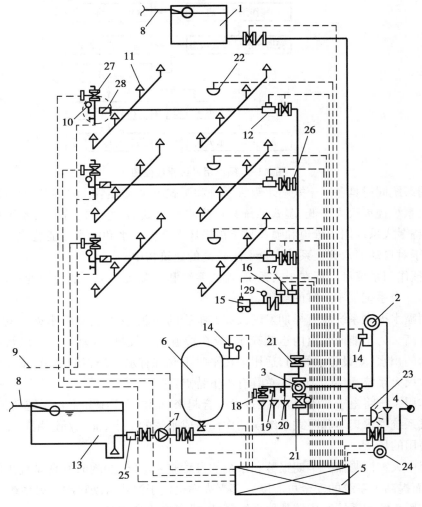

图 3.18 预作用自动喷水灭火系统

1—高位水箱;2—水力警铃;3—预作用阀;4—消防水泵接合器;5—控制箱;6—压力罐;7—消防水泵;8—进水管;9—排水管;10—末端试水装置;11—闭式喷头;12—水流指示器;13—水池;14—压力开关;15—空压机;16—压力开关;17—压力开关;18—电磁阀;19—截止阀;20—截止阀;21—消防安全指示阀;22—探测器;23—电铃;24—紧急按钮;25—过滤器;26—节流孔板;27—排气阀;28—水表;29—压力表

系统工作原理如图 3.19 所示。预作用系统在预作用阀后的管道中,平时不充水而充以压缩空气或氮气,或为空管,闭式喷头和火灾探测器同时布置在保护区域内。火灾发生时,探测器动作,发出火警信号,报警器核实信号无误后,发出动作指令,打开预作用阀,并开启排气阀使管网充水待命,管网充水时间不应超过 3 min。随着火势的继续扩大,闭式喷头上的热敏元件熔化或炸裂,喷头自动喷水灭火,系统中的控制装置根据管道内水压的降低自动开启消防泵进行灭火。

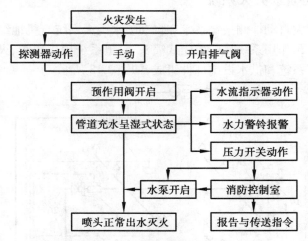

图 3.19 预作用系统原理框图

预作用系统同时具备了干式喷水灭火系统和湿式喷水灭火系统的特点,而且还克服了干式喷水灭火系统控火灭火率低,湿式系统易产生水渍的缺陷,可以代替干式系统提高灭火速度,也可代替湿式系统用于管道和喷头易于被损坏而产生喷水和漏水可能造成严重水渍的场所,还可用于对自动喷水灭火系统安全要求较高的建筑物中。

因此,预作用系统可以用在干式系统、湿式系统和干湿式系统所能使用的任何场所,而且还能用于这三个系统都不适宜的场所。

预作用喷水灭火系统既有早期发现火灾并报警的功能,又有自动喷水灭火的性能,因此,安全可靠性高。为了能向管道内迅速充水,应在管道末端设排气阀门。灭火后,为了能及时排除管道内的积水,应设排水阀门,适用于在平时不允许有水渍损害的高级、重要的建筑物内或干式喷水灭火系统适用的场所。它具有以下特点:

①预作用系统将电子技术、自动化技术结合起来,集湿式系统和干式系统的优点于一体,克服了干式系统喷水迟缓和湿式系统误动作而造成水渍的缺点,能广泛适用于在干式系统和湿式系统使用的场所。

②系统中火灾探测器的早期报警和系统的自动监测功能,能随时发现系统中的渗漏和损坏情况,从而提高了系统的安全可靠度。其灭火率也优于湿式自动喷水灭火系统。

③预作用系统的系统组成较其他系统复杂,投资也要高于其他系统,因此,预作用系统通常用于不能使用干式系统或湿式系统的场所,或对系统安全程度要求较高的一些场所。这也是预作用系统没能得到广泛应用的原因。

3.2.7 循环自动喷水灭火系统

循环自动喷水灭火系统是由预作用自动喷水灭火系统发展而形成的。这种系统不但像预作用系统一样能自动喷水灭火,而且火被扑灭后能自动关闭,火复燃后还能再次开启喷水灭火。其结构如图 3.20 所示。

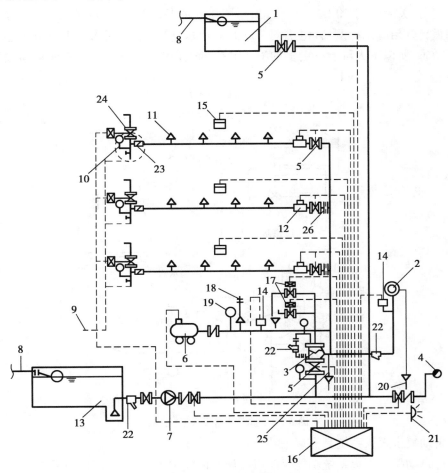

图 3.20 循环自动喷水灭火系统
1—高位水箱;2—水力警铃;3—水流控制阀;4—消防水泵接合器;5—消防安全指示阀;
6—空压机;7—消防水泵;8—进水管;9—排水管;10—末端试水装置;11—闭式喷头;
12—水流指示器;13—水池;14—压力开关;15—探测器;16—控制箱;17—电磁阀;
18—安全阀;19—压力表;20—排水漏斗;21—电铃;22—过滤器;23—水表;
24—排气阀;25—排气阀;26—节流孔板

循环喷水灭火系统的核心部分是一个水流控制阀,如图 3.21 所示。阀板是一个与橡皮隔膜圈相连的圆形阀,可以垂直上下移动,橡皮隔膜圈将供水与上室隔开。阀板下部的供水端和上空由一压力平衡相连。当阀关闭时,上、下阀室板闭合,只有当阀板上部水压降至下部水压的 1/3 时,阀板才会开启。当接在阀上部的排水阀开启排水,压力平衡管上由于装有限流孔板,补水有限,已不能维持两侧的压力平衡,此时阀板上升,供水进入喷水管网,一旦喷头开启便能迅速出水灭火。水流控制阀上部接出的排水管上装有两个电磁阀,电磁阀的开启放水控制了水流控制阀的动作。电磁阀是由设在被保护区域上方的、可重复使用的感温探测器控制的。当喷头开启控制扑灭了火灾以后,使环境温度下降到 60 ℃时,感温探测器复原,电磁阀关闭。于是随着压力平衡的不断补水,水流控制阀上室的水压与供水侧达到平衡,阀板又回落到阀座上,关闭阀门。出于安全考虑,系统在电磁阀关闭后 5 min 才关闭。如果火灾复燃并增大到重新开启感温探测器,电磁阀重新开启放水,喷头重新喷水灭火。由于感温探测器比喷头更敏感,所以不大可能有更多的喷头开启,而且在火灾增大之前就能重新提供足够的流量。

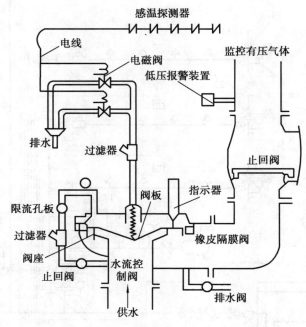

图 3.21　循环喷水灭火系统控制

循环自动喷水灭火系统具有以下特点:

①循环自动喷水灭火系统功能优于以往所有的喷水灭火系统,应用范围广泛。

②系统在灭火后能自动关闭,节省消防用水,最重要的是能将灭火造成的水渍损失减轻到最低限度。

③火灾后喷头的替换,可以在不关闭系统、系统仍处于工作状态下进行。平时喷头或管网的损坏也不会造成水渍破坏。

④系统断电时,能自动切换备用电池,如果电池在恢复供电前用完,电磁阀开启,系统转为湿式系统形式工作。

⑤循环自动喷水灭火系统造价较高,一般只用在特殊场合。

3.3　消火栓给水系统

消火栓系统是建筑物的主要灭火设备。在发生火灾时,消防队员或其他现场人员可利用消火栓箱内的水带、水枪进行灭火。

消火栓系统以建筑外墙为界,可分为室外消火栓系统和室内消火栓系统,又称为室外消火栓给水系统和室内消火栓给水系统。

3.3.1　室外消火栓系统

室外消火栓系统的任务是通过室外消火栓为消防车等消防设备提供消防用水,或通过进户管为室内消防给水设备提供消防用水。室外消防给水系统应满足扑救火灾时各种消防用水设备对水量、水压和水质的基本要求。

1) 系统组成

室外消火栓给水系统通常是指室外消防给水系统,是设置在建筑物外墙外的消防给水系统,主要承担城市、集镇、居住区或工矿企业等室外部分的消防给水任务。

室外消火栓给水系统由消防水源、消防供水设备、室外消防给水管网和室外消火栓灭火设施组成。室外消防给水管网包括进水管、干管和相应的配件、附件;室外消火栓灭火设施包括室外消火栓、水带、水枪等。

2) 系统工作原理

①常高压消防给水系统。

常高压消防给水系统管网内应经常保持足够的压力和消防用水量。当水灾发生后,现场人员可从设置在附近的消火栓箱内取出水带和水枪,将水带与消火栓栓口连接,接上水枪,打开消火栓的阀门,直接出水灭火。

②临时高压消防给水系统。

临时高压消防给水系统中设有消防泵,平时管网内压力较低。当火灾发生后,现场人员可从设置在附近的消火栓箱内取出水带和水枪,将水带与消火栓栓口连接,接上水枪,打开消火栓的阀门,通知泵房启动消防泵,使管网内的压力达到高压给水系统的水压要求,消火栓即可投入使用。

③低压消防给水系统。

低压消防给水系统管网内的压力较低,当火灾发生后,消防队员打开最近的室外消火栓,将消防车与室外消火栓连接,从室外管网内吸水加入消防车内,然后利用消防车直接加压灭火,或者由消防车通过水泵接合器向室外管网内加压供水。

3）系统设置要求

（1）设置范围

①在城市、居住区、工厂、仓库等的规划和建筑设计中，必须同时设计消防给水系统；城市、居住区应设市政消火栓。

②民用建筑、厂房（仓库）、储藏（区）、场堆应设室外消火栓。

③耐火等级不低于二级且建筑物体积小于 3 000 m² 的戊类厂房，或居住区人数不超过500 人且建筑物层数不超过两层的居住区，可不设置室外消防给水系统。

（2）设置要求

①室外消火栓应沿道路设置，当道路宽度大于 60 m 时，宜在道路两边设置消火栓，并宜靠近十字路口。

②甲、乙、丙类液体储罐区和液化石油气储罐区的消火栓应设置在防火堤或防护墙外，距罐壁 15 m 范围内的消火栓不应计算在该罐可使用的数量内。

③室外消火栓的间距不应大于 120 m。

④室外消火栓的保护半径不应大于 150 m，在市政消火栓保护半径以内；当室外消防用水量小于或等于 15 L/s 时，可不设置室外消火栓。

⑤室外消火栓的数量应按其保护半径和室外消防用水量等综合计算确定，每个室外消火栓的用水量应按 10~15 L/s 计算；与保护对象之间的距离在 5~40 m 范围内的市政消火栓，可计入室外消火栓的数量内。

⑥室外消火栓宜采用地上式消火栓。地上式消火栓应有一个 DN150 或 DN100 的栓口和两个 DN65 的栓口。采用室外地下式消火栓时，应有 DN100 和 DN65 的栓口各一个。寒冷地区设置的室外消火栓应有防冻措施。

⑦消火栓距离路边不应大于 2 m，距房屋外墙不宜小于 5 m。

⑧工艺装置区内的消火栓应设置在工艺装置的周围，其距离不宜大于 60 m。当工艺装置区的宽度大于 120 m 时，宜在该装置区内的道路边设置消火栓。

⑨建筑的室外消火栓、阀门消防水泵接合器等设置地点应设置相应的永久性固定标识。

⑩寒冷地区设置市政消火栓、室外消火栓确有困难的，可设置为消防车加水的设施，其保护范围可根据需要确定。

3.3.2　室内消火栓系统

室内消火栓给水系统是建筑物应用最广泛的一种消防设施。它既可以给火灾现场人员提供消防水喉、水枪扑救初期火灾，也可供消防队员扑救建筑物的大火。室内消火栓实际上是室内消防给水管网向火场供水的带有专用接口的阀门，其进水端与消防管道相连，出水端与水带相连。

1）系统组成

室内消火栓给水系统由消防给水基础设施、消防给水管网、室内消火栓设备、报警控制设备及系统附件等组成，如图 3.22 所示。

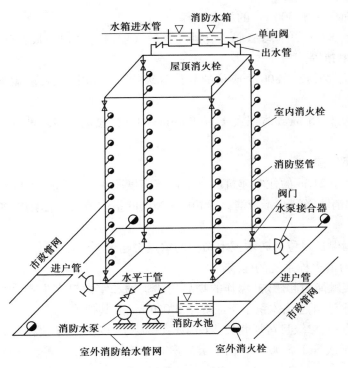

图 3.22 消火栓给水系统组成示意图

其中,消防给水基础设施包括市政管网、室外消防给水管网、室外消火栓、消防水池、消防水泵、消防水箱、增(稳)压设备、水泵接合器等,该设施的主要任务是为系统储存并提供灭火用水。消防给水管网包括进水管、水平干管、消防竖管等,其任务是向室内消火栓设备输送灭火用水。室内消火栓设备包括水带、水枪、水喉等,是供人员灭火使用的主要工具。系统附件包括各种阀门、屋顶消火栓等。报警控制设备用于启动消防水泵。

2) 系统工作原理

室内消火栓给水系统的工作原理与系统采用的给水方式有关,通常针对建筑消防给水系统采用的是临时高压消防给水系统。

在临时高压消防给水系统中,系统设有消防泵和高位消防水箱。当火灾发生后,现场人员可以打开消火栓箱,将水带与消火栓栓口连接,打开消火栓的阀门,按下消火栓箱内的启动按钮,消火栓即可投入使用。消火栓箱内的按钮直接启动消火栓泵,并向消防控制中心报警。供水初期,由于消火栓泵的启动需要一定的时间,其初期供水由高位消防水箱来供给(储存10 min 的消防水量)。对于消火栓泵的启动,还可由消防泵现场、消防控制中心控制,消火栓泵一旦启动便不得自动停泵,其停泵只能由现场手动控制。

3) 系统设置场所

(1)底层和多层建筑
①应设室内消火栓系统的建筑:

a.建筑占地面积大于 300 m² 的厂房(仓库)。

b.体积大于 5 000 m³ 的车站、码头、机场的候车(船、机)楼以及展览建筑、商店、旅馆、病房楼、门诊楼、图书馆等。

c.特等、甲等剧场,超过 800 个座位的其他等级的剧场和电影院等,超多 1 200 个座位的礼堂、体育馆等。

d.建筑高度大于 15 m 或体积大于 10 000 m³ 的办公楼、教学楼、非住宅类居住建筑等其他民用建筑。

e.其他高层民用建筑。

f.建筑高度大于 21 m 的住宅建筑。对于建筑高度不大于 27 m 的住宅建筑,当确有困难时,可只设置干式消防竖管和不带消火栓箱的 DN65 的室内消火栓,消防竖管的直径不应小于 65 mm。

g.国家级文物保护单位的砖木或木结构的重点古建筑。

②可不设室内消火栓系统的建筑:

a.存有与水接触能引起燃烧、爆炸的物品的建筑物和室内没有生产、生活给水管道,室外消防用水取自储水池且建筑体积小于或等于 5 000 m³ 的其他建筑。

b.耐火等级为一、二级且可燃物较少的单层、多层丁、戊类厂房(仓库),耐火等级为三、四级且建筑体积小于或等于 3 000 m³ 的丁类厂房和建筑体积小于或等于 5 000 m³ 的戊类厂房(仓库)。

c.粮食仓库、金库以及远离城镇且无人值班的独立建筑。

在一座一、二级耐火等级的厂房内,当有生产性质不同的部位时,可根据部位的特点确定设置或不设置室内消火栓系统。

(2)高层建筑

高层民用建筑应均应设置室内消火栓系统。

4)系统类型和设置要求

(1)系统类型

室内消火栓系统按建筑类型不同,可分为低层建筑室内消火栓给水系统和高层建筑室内消火栓给水系统。同时,根据低层建筑和高层建筑给水方式的不同,又可再进行细分。给水方式是指建筑物消火栓给水系统的供水方案。

①低层建筑室内消火栓给水系统及其给水方式。

低层建筑室内消火栓给水系统是指设置在低层建筑物内的消火栓给水系统。低层建筑发生火灾时,既可利用其室内消火栓设备接上水带、水枪灭火,又可利用消防车从室外水源抽水直接灭火,使其得到有效外援。

低层建筑室内消火栓给水系统的给水方式分为以下 3 种类型。

a.直接给水方式。直接给水方式无加压水泵和水箱,室内消防用水直接由室外消防给水管网提供,如图 3.23 所示。其构造简单、投资少,可充分利用外网水压,节省能源。但由于其内部无储存水量,外网一旦停水,则内部立即断水,可靠性差。当室外给水管网所供水量和水压在全天任何时候均能满足系统最不利点消火栓设备所需水量和水压时,可采用这种供水方式。采用这种给水方式,当生产、生活、消防合用管网时,其进水管上设置的水表应考虑消防流量。当只有一条进水管时,可在水表节点处设置旁通管。

b.设有消防水箱的给水方式。如图3.24所示,该室内给水管网与室外管网直接相接,利用外网压力供水,同时设有高位消防水箱调节流量和压力,其供水较可靠,可充分利用外网压力,但须设置高位水箱,从而增加了建筑的荷载。大部分时间,室外管网的压力能够满足要求,在用水高峰时室外管网的压力较低,满足不了室内消火栓的压力要求时,可采用此种给水方式。

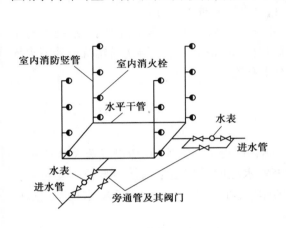

图 3.23 直接给水方式

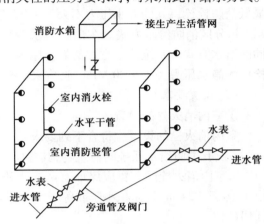

图 3.24 设有消防水箱的给水方式

c.设有消防水泵和消防水箱的给水方式。这种给水方式同时设有消防水泵和消防水箱,是最常用的给水方式,如图3.25所示。系统中的消防用水平时由屋顶水箱提供,生产生活水泵定时向水箱补水,火灾发生时可启动消防水泵向系统供水。当室外消防给水管网的水压经常不能满足室内消火栓给水系统所需水压时,宜采用这种给水方式。当室外管网不允许消防水泵直接吸水时,应设消防水池。屋顶水箱应储存10 min的消防用水量,其设置高度应满足室内最不利点消火栓的水压要求。水泵启动后,消防用水不应进入消防水箱。

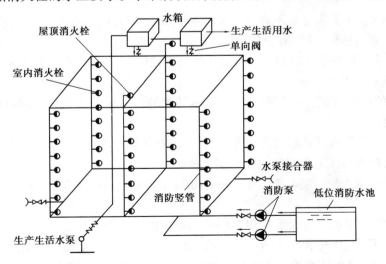

图 3.25 设有消防水泵和消防水箱的给水方式

②高层建筑室内消火栓给水系统及其给水方式。

设置在高层建筑物内的消火栓给水系统称为高层建筑室内消火栓给水系统。高层建筑一旦发生火灾,其火势猛、蔓延快,救援及疏散困难,极易造成人员伤亡和重大经济损失。因此,高层建筑发生火灾时必须依靠建筑物内设置的消防设施进行自救。高层建筑的室内消火栓给水系统应采用独立的消防给水系统。

a.不分区消防给水方式。即整栋大楼采用一个区供水,系统简单、设备少。当高层建筑最低消防栓栓口处的静水压力不大于 1.0 MPa 时,可采用此种给水方式。

b.分区消防给水方式。在消防给水系统中,由于配水管道的工作压力要求,系统可有不同的给水方式。系统给水方式的划分原则可根据管材、设备等确定。当高层建筑最低消火栓栓口的静水压力大于 1.00 MPa 时,应采用分区给水系统。

（2）设置要求

①室内消火栓的设置。

室内消火栓的设置应符合下列要求:

a.设有消防给水系统的建筑物,其各层(无可燃物的设备层除外)均应设置消火栓。

b.室内消火栓的布置应保证有两支水枪的充实水柱同时到达室内任何部位。建筑高度小于或等于 24 m,且体积小于或等于 5 000 m³ 的库房,可采用一支水枪的充实水柱到达室内任何部位。

c.室内消火栓应设在明显、易于取用的地点。栓口离地面的高度为 1.1 m,其出水方向宜向下或与设置消火栓的墙面成 90°。

d.冷库的室内消火栓应设在常温穿堂或楼梯间内。

e.设有室内消火栓的建筑,如为平屋顶,宜在平屋顶上设置试验和检查用的消火栓。

f.消防电梯前室应设室内消火栓。

g.室内消火栓的间距应由计算确定。单层和多层建筑室内消火栓的间距不应超过 50 m;高层民用建筑、高层厂房(仓库)、高架仓库和甲、乙类厂房中,室内消火栓的间距不应大于30 m。

h.高位消防水箱不能满足最不利点消火栓水压要求的建筑,应在每个室内消火栓处设置直接启动消防水泵的按钮,并应有保护设施。

i.消火栓应采用同一型号规格。消火栓的栓口直径应为 65 mm,水带长度不应超过 25 m,水枪喷嘴口径不应小于 19 mm。

j.高层建筑的屋顶应设有一个装有压力显示装置的检查用消火栓,采暖地区可设在顶层出口处或水箱间内。

k.屋顶直升飞机停机坪和超高层建筑避难层、避难区应设置室内消火栓。

②室内消火栓栓口压力和消防水枪充实水柱。

充实水柱是指由水枪喷嘴起至射流 90% 的水柱水量穿过直径为 380 mm 圆孔处的一段射流长度。

a.消火栓栓口的出水压力大于 0.50 MPa 时,应采取减压措施。

b.高层建筑、厂房、库房和室内净空高度超过 8 m 的民用建筑等场所,其消火栓栓口动压不应小于 0.35 MPa,且消防水枪充实水柱应达到 13 m;其他场所的消火栓栓口动压不应小于0.25 MPa,且消防水枪充实水柱应达到 10 m。

③消防软管卷盘的设置。

消防软管卷盘由小口径消火栓、输水缠绕软管、小口径水枪等组成。与室内消火栓相比，消防软管卷盘具有操作简便、机动灵活等优点。

消防软管卷盘的设置应符合下列要求：

a.栓口直径应为 25 mm，配备的胶带内径不应小于 19 mm，长度不应超过 40 m，水喉喷嘴口径不应小于 6 mm。

b.旅馆、办公楼、商业楼、综合楼内等的消防软管卷盘应设在走道内，且布置时应保证有一股水柱能达到室内任何部位。

c.剧院、会堂闷顶内的消防软管卷盘应设在马道入口处，以方便工作人员使用。

3.4 建筑防排烟系统

设计防排烟系统的目的是将火灾时产生的大量烟气及时予以排除，以及阻止烟气从着火区向非着火区蔓延扩散，特别是防止烟气侵入作为疏散通道的走廊、楼梯间及其前室，以确保建筑物内人员顺利疏散、安全避难和为消防队员扑救创造有利条件。防排烟系统设计的指导思想是当一幢建筑物内部某个房间或部位发生火灾时，迅速采取必要的防排烟措施，对火灾区域实行排烟控制，使火灾产生的烟气和热量能迅速排除，以利人员的疏散和扑救；对非火灾区域及疏散通道等迅速采用机械加压送风的防烟措施，使该区域的空气压力高于火灾区域的空气压力，阻止烟气侵入，控制火势蔓延。

防烟排烟系统按照其控烟机理分为防烟系统和排烟系统，通常称为防烟设施和排烟设施。防烟系统采用自然通风方式或机械加压送风方式，防止烟气流向非火灾区进入疏散通道的系统。排烟系统采用自然通风方式或机械排烟方式，将火灾产生的烟或流入的烟排至建筑物外、稀释，防止烟气浓度上升。

依据国家标准《建筑防烟排烟系统技术标准》（GB 51251—2017），防烟系统是指通过采用自然通风方式，防止火灾烟气在楼梯间、前室、避难层（间）等空间内积聚，或通过采用机械加压送风方式阻止火灾烟气侵入楼梯间、前室、避难层（间）等空间的系统。防烟系统分为自然通风系统和机械加压送风系统。

排烟系统是指采用自然排烟或机械排烟的方式，将房间、走道等空间的火灾烟气排至建筑物外的系统，分为自然排烟系统和机械排烟系统。

3.4.1 概述

1）防烟方式

防烟方式归纳起来，有非燃化防烟、密闭防烟和机械加压防烟等几种。

（1）非燃化防烟方式

防烟的基本做法首先是非燃化。非燃化防烟是从根本上杜绝烟源的一种防烟方式。

关于非燃化的问题，各国都制定了专门的法规或规范，对包括建筑材料、室内家具材料以及各种管道及其保温绝热材料在内的各种材料的燃化都作了明确的规定，特别是那些特殊建筑、大型建筑、地下建筑以及使用明火的场所(如厨房等)应严格执行有关规范,不得使用易燃的、可产生大量有毒烟气的材料做室内装修。非燃烧材料的特点是不容易发烟,即不燃烧且发烟量很少,所以非燃材料可使火灾时产生的烟气量化大大减少,烟气光学浓度大大降低。高度大于 100 m 的超高层建筑、地下建筑等,应优先采用不燃化防烟方式。

（2）密闭防烟方式

对发生火灾的房间实行密闭防烟是防烟的一种基本方式,其原理是采用密封性能很好的墙壁等将房间封闭起来,并对进出房间的气流加以控制。当房间起火时,一般可杜绝新鲜的空气流入,使着火房间内的燃烧因缺氧而自行熄灭,从而达到防烟灭火的目的。

这种方式一般适用于防火分区分得很细的住宅、公寓、旅馆等,并优先用于容易发生火灾的房间,如厨房等。这种方式的优点是不需要动力,而且效果很好。缺点是门窗等经常处于关闭状态,使用不方便,而且发生火灾时,如果房间内的人需要疏散,仍会引起漏烟。

（3）阻碍防烟方式

在烟气扩散流动的路线上设置各种阻碍以防止烟气继续扩散的方式称为阻碍防烟方式。这种方式常常用在烟气控制区域的交界处,有时在同一区域内也采用。防烟卷帘、防火门、防火阀、防烟垂壁等都是这种阻碍结构。

（4）加压防烟方式

在建筑物发生火灾时,对着火区以外的区域进行加压送风,使其保持一定的正压,以防止烟气侵入的防烟方式称为加压防烟。因为加压区域和非加压区域之间有若干常规的挡烟物,如墙壁、楼板及门窗等,挡烟物两侧的压力差可有效防止烟气通过门窗周围的缝隙和围护结构缝隙渗漏过来,如图 3.26 所示。发生火灾时,由于疏散和扑救的需要,加压区域之间的门总是要打开,或是在疏散期间打开,或是在整个火灾期间打开。如果敞开门洞处的气流速度方向与烟气流向相反,因达到一定值时,仍能有效阻止烟气,即阻止烟气由非加压的着火区流动。

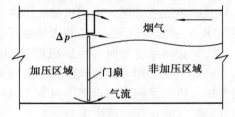

图 3.26　加压防烟示意图

加压防烟方式的优点是能有效地防止烟气侵入所控制的区域,而且由于送入大量的新鲜空气,特别适合于作为疏散通道的楼梯间、电梯间及前室的防烟。

加压防烟方式根据通风形式分为自然通风系统和机械加压送风系统。

2）自然通风系统和机械加压送风系统

自然通风系统通过采用自然通风方式,防止火灾烟气在楼梯间、前室、避难层(间)等空间内积聚。机械加压送风系统通过采用机械加压送风方式阻止火灾烟气侵入楼梯间、前室、避难层(间)等空间的系统。

3）排烟方式

排烟方式可分为自然排烟方式和机械排烟方式。

（1）自然排烟方式

自然排烟是利用火灾热烟气流的浮力和外部风压作用,通过建筑开口将建筑内的烟气直接排至室外的排烟方式。这种排烟方式实质上是热烟气与室外冷空气的对流运动,其动力是火灾加热室内空气产生的热压和室外的风压。在自然排烟设计中,必须有冷空气的进口和热烟气的排烟口。排烟口可以是建筑物的外窗,也可以是专门设置在侧墙上部或屋顶上的排烟口,如图 3.27 所示。

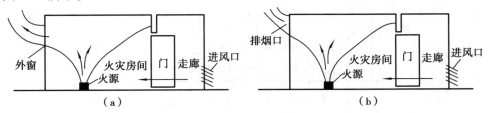

图 3.27　自然排烟方式

自然排烟的优点是:构造简单、经济,不需要专门的排烟设备及动力设施;运行维修费用低;排烟口可以兼作平时通风换气用。对于顶棚高大的房间(中庭),若在顶棚上开设排烟口,自然排烟效果好。

自然排烟也还存在着一些问题,主要是:排烟效果不稳定;对建筑设计有一定的制约;存在火灾通过排烟口向上层蔓延的危险性。

(2)机械排烟方式

机械排烟方式是用机械设备强制送风(或排烟)的手段来排除烟气的方式。机械排烟系统由排烟口、管道、风机组成。机械排烟方式排烟效果好,不受建筑因素的影响,可人为进行控制;但设备费用较高,占用空间较多,控制复杂,管理工作量大。

三种常用的机械排烟方式如下:

①全面通风排烟方式。对着火房间进行机械排烟,同时对走廊、楼梯(电梯)前室和楼梯间进行机械送风,控制送风量略小于排烟量,使着火房间保持负压,以防止烟气从着火房间漏出的排烟方式称为全面通风排烟方式,如图 3.28 所示。全面通风排烟方式能有效地防止烟从着火房间漏到走廊,从而确保走廊和楼梯间等重要疏散通道的安全。其优点是防烟效果好,不受自然风向的影响;缺点是需要机械设备,投资较高,维护保养复杂。此外,还要有良好的调节装置,以控制送风和排烟的平衡,并保持火灾房间的微负压和疏散通道的微正压,要求排烟系统(排烟机械、管道、阀门等)的材料和结构能够耐高温。

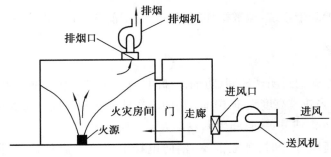

图 3.28　全面通风排烟方式

②机械送风正压防烟方式。用送风机给防烟前室和楼梯间等送新鲜空气,使这些部位的压力比着火房间相对高些,着火房间的烟气经专设的排烟口或外窗以自然排烟的方式排出,

这种排烟方式称为机械送风正压防烟方式,如图 3.29 所示。因走廊、防烟前室和楼梯间等处的压力较着火房间高,所以新鲜室气会漏入着火房间,将助长火灾的发展,而且两者间的压力相差越大,漏入的空气量越多。因此,严格控制加压区域的压力,是保障排烟效果的关键。

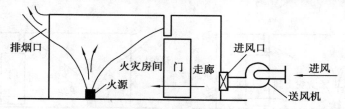

图 3.29　机械排烟正压防烟方式

③机械负压排烟方式。用排烟风机把着火房间内的烟气通过排烟口排至室外的方式称为机械负压排烟方式,如图 3.30 所示。这种排烟方式在火灾初期,能使着火房间内的压力下降,造成负压、烟气不会向其他区域扩散。在火灾猛烈阶段,由于烟气量大、温度高,当温度超过排烟系统耐高温的能力时,防火阀门自动关闭,排烟系统停止排烟,这种排烟设施的设备投资和维护管理费用也比较高。

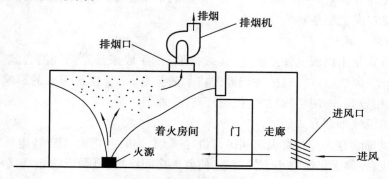

图 3.30　机械排烟负压防烟方式

3.4.2　防烟系统设计

建筑防烟系统的设计应根据建筑高度、使用性质等因素,采用自然通风系统或机械加压送风系统。

以下部位应设置防烟系统:疏散楼梯间;前室、合用前室;避难层(间)。

1)自然通风系统

采用自然通风方式的封闭楼梯间、防烟楼梯间,应在最高部位设置面积不小于 1.0 m² 的可开启外窗或开口;当建筑高度大于 10 m 时,尚应在楼梯间的外墙上每 5 层内设置总面积不小于 2.0 m² 可开启外窗或开口,且布置间隔不大于 3 层。

前室采用自然通风方式时,独立前室、消防电梯前室可开启外窗或开口面积不应小于 2.0 m²,合用前室、共用前室不应小于 3.0 m²。

采用自然通风方式的避难层(间)应设有不同朝向的可开启外窗,其有效面积不应小于该避难层(间)地面面积的 2%,且每个朝向的面积不应小于 2.0 m²。

可开启外窗应方便直接开启;设置在高处不便于直接开启的可开启外窗应在距地面高度为 1.3~1.5 m 的位置设置手动开启装置。

2)机械加压送风系统

（1）机械加压送风系统的工作原理

机械加压送风方式是通过送风机所产生的气体流动和压力差来控制烟气的流动,即在建筑内发生火灾时,对着火区以外的有关区域进行送风加压,使其保持一定正压,以防止烟气侵入的防烟方式,如图 3.31 所示。

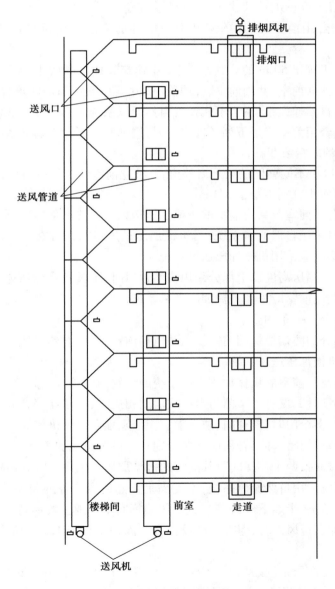

图 3.31 机械加压送风系统

为保证疏散通道不受烟气侵害使人员安全疏散,发生火灾时,从安全性的角度出发,高层建筑内可分为四个安全区:第一类安全区为防烟楼梯间、避难层;第二类安全区为防烟楼梯间前室、消防电梯间前室或合用前室;第三类安全区为走道;第四类安全区为房间。依据上述原则,加压送风时应使防烟楼梯间压力>前室压力>走道压力>房间压力,同时还要保证各部分之间的压差不要过大,以免造成开门困难,从而影响人员疏散。当火灾发生时,机械加压送风系统应能够及时开启,防止烟气侵入作为疏散通道的走廊、楼梯间及其前室,以确保有一个安全可靠、畅通无阻的疏散通道和环境,为安全疏散提供足够的时间。

（2）机械加压送风系统的选择

①建筑高度大于 50 m 的公共建筑、工业建筑和建筑高度大于 100 m 的住宅建筑,其防烟楼梯间、独立前室、合用前室、共用前室及消防电梯前室应采用机械加压送风方式的防烟系统。

②建筑高度小于等于 50 m 的公共建筑、工业建筑和建筑高度小于等于 100 m 的住宅建筑,其防烟楼梯间、独立前室、共用前室、合用前室(除共用前室与消防电梯前室合用外)及消防电梯前室应采用自然通风系统;当不能设置自然通风系统时,应采用机械加压送风系统。

当独立前室或合用前室满足下列条件之一时,楼梯间可不设置防烟系统:

a.采用全敞开的阳台或凹廊;

b.设有两个及以上不同朝向的可开启外窗,且独立前室两个外窗面积分别不小于 2.0 m^2,合用前室两个外窗面积分别不小于 3.0 m^2。

当独立前室、合用前室及共用前室的机械加压送风口设置在前室的顶部或正对前室入口的墙面时,楼梯间可采用自然通风系统;当机械加压送风口未设置在前室的顶部或正对前室入口的墙面时,楼梯间应采用机械加压送风系统。

当防烟楼梯间在裙房高度以上部分采用自然通风时,不具备自然通风条件的裙房的独立前室、合用前室及共用前室应采用机械加压送风系统,且独立前室、合用前室及共用前室送风口的设置方式应符合上一条的要求。

③建筑地下部分的防烟楼梯间前室及消防电梯前室,当无自然通风条件或自然通风不符合要求时,应采用机械加压送风系统。

④防烟楼梯间及其前室的机械加压送风系统的设置尚应符合下列要求:

当采用独立前室且其仅有一个门与走道或房间相通时,可仅在楼梯间设置机械加压送风系统;当独立前室有多个门时,楼梯间、独立前室应分别独立设置机械加压送风系统。

当采用合用前室时,楼梯间、合用前室应分别独立设置机械加压送风系统。

当采用剪刀楼梯时,两个楼梯间及其前室的机械加压送风系统应分别独立设置。

⑤封闭楼梯间应采用自然通风系统,不能满足自然通风条件的封闭楼梯间,应设置机械加压送风系统。当地下、半地下建筑(室)的封闭楼梯间不与地上楼梯间共用且地下仅为一层时,可不设置机械加压送风系统,但首层应设置有效面积不小于 1.2 m^2 的可开启外窗或直通室外的疏散门。

⑥设置机械加压送风系统的场所,楼梯间应设置常开风口,前室应设置常闭风口;火灾时其联动开启方式应符合规范《建筑防烟排烟系统技术标准》(GB 51251—2017)中相关规定。即当防火分区内火灾确认后,应能在 15 s 内联动开启常闭加压送风口和加压送风机,并应满

足下列要求:应开启该防火分区楼梯间的全部加压送风机;应开启该防火分区内着火层及其相邻上下两层前室及合用前室的常闭送风口,同时开启加压送风机。

⑦避难层的防烟系统可根据建筑构造、设备布置等因素选择自然通风系统或机械加压送风系统。

⑧避难走道应在其前室及避难走道分别设置机械加压送风系统,但下列情况可仅在前室设置机械加压送风系统:避难走道一端设置安全出口,且总长度小于30 m;避难走道两端设置安全出口,且总长度小于60 m。

⑨建筑高度大于100 m的高层建筑,其送风系统应竖向分段设计,且每段高度不应超过100 m。

⑩建筑高度小于等于50 m的建筑,当楼梯间设置加压送风井(管)道确有困难时,楼梯间可采用直灌式加压送风系统,并应符合下列规定:

建筑高度大于32 m的高层建筑,应采用楼梯间两点部位送风的方式,送风口之间距离不宜小于建筑高度的1/2。

直灌式加压送风系统的送风量应按计算值或推荐的送风量增加20%取值。

加压送风口不宜设在影响人员疏散的部位。

(3)机械加压送风设施

①高度大于100 m的建筑,其机械加压送风系统应竖向分段独立设置,且每段高度不应超过100 m。

②除规范《建筑防烟排烟系统技术标准》(GB 51251—2017)另有规定外,采用机械加压送风系统的防烟楼梯间及其前室应分别设置送风井(管)道,送风口(阀)和送风机。

③高度小于等于50 m的建筑,当楼梯间设置加压送风井(管)道确有困难时,楼梯间可采用直灌式加压送风系统,并应符合下列规定:

a.高度大于32 m的高层建筑,应采用楼梯间两点部位送风的方式,送风口之间距离不宜小于建筑高度的1/2;

b.送风量应按计算值或规范规定规定的送风量增加20%;

c.加压送风口不宜设在影响人员疏散的部位。

④设置机械加压送风系统的楼梯间的地上部分与地下部分,其机械加压送风系统应分别独立设置。当受建筑条件限制,且地下部分为汽车库或设备用房时,可共用机械加压送风系统,并应符合下列要求:

a.应按规范《建筑防烟排烟系统技术标准》(GB 51251—2017)相关要求分别计算地上、地下部分的加压送风量,相加后作为共用加压送风系统风量;

b.应采取有效措施分别满足地上、地下部分的送风量的要求。

⑤机械加压送风风机宜采用轴流风机或中、低压离心风机,其设置应符合下列要求:

a.送风机的进风口应直通室外,且应采取防止烟气被吸入的措施;

b.送风机的进风口宜设在机械加压送风系统的下部;

c.送风机的进风口不应与排烟风机的出风口设在同一面上。当确有困难时,送风机的进风口与排烟风机的出风口应分开布置,且竖向布置时,送风机的进风口应设置在排烟出口的

下方,其两者边缘最小垂直距离不应小于 6.0 m;水平布置时,两者边缘最小水平距离不应小于 20.0 m;

d.送风机宜设置在系统的下部,且应采取保证各层送风量均匀性的措施;

e.送风机应设置在专用机房内,送风机房并应符合现行国家标准《建筑设计防火规范》GB 50016 的规定;

f.当送风机出风管或进风管上安装单向风阀或电动风阀时,应采取火灾时自动开启阀门的措施。

⑥加压送风口的设置应符合下列要求:

a.除直灌式加压送风方式外,楼梯间宜每隔 2~3 层设一个常开式百叶送风口;

b.前室应每层设一个常闭式加压送风口,并应设手动开启装置;

c.送风口的风速不宜大于 7 m/s;

d.送风口不宜设置在被门挡住的部位。

⑦机械加压送风系统应采用管道送风,且不应采用土建风道。送风管道应采用不燃材料制作且内壁应光滑。当送风管道内壁为金属时,设计风速不应大于 20 m/s;当送风管道内壁为非金属时,设计风速不应大于 15 m/s;送风管道的厚度应符合现行国家标准《通风与空调工程施工质量验收规范》GB 50243 的规定。

⑧机械加压送风管道的设置和耐火极限应符合下列要求:

a.竖向设置的送风管道应独立设置在管道井内,当确有困难时,未设置在管道井内或与其他管道合用管道井的送风管道,其耐火极限不应低于 1.0 h;

b.水平设置的送风管道,当设置在吊顶内时,其耐火极限不应低于 0.5 h;当未设置在吊顶内时,其耐火极限不应低于 1.0 h。

⑨机械加压送风系统的管道井应采用耐火极限不低于 1.0 h 的隔墙与相邻部位分隔,当墙上必须设置检修门时应采用乙级防火门。

⑩采用机械加压送风的场所不应设置百叶窗,且不宜设置可开启外窗。

设置机械加压送风系统的封闭楼梯间、防烟楼梯间,尚应在其顶部设置不小于 1 m² 的固定窗。靠外墙的防烟楼梯间,尚应在其外墙上每 5 层内设置总面积不小于 2 m² 的固定窗。

⑪设置机械加压送风系统的避难层(间),尚应在外墙设置可开启外窗,其有效面积不应小于该避难层(间)地面面积的 1%。有效面积的计算应符合规范《建筑防烟排烟系统技术标准》(GB 51251—2017)的相关规定。自然排烟窗(口)开启的有效面积应符合相关要求。

3.4.3　加压送风防烟系统计算

加压送风方式防烟设计一般包括以下内容:加压风机的风压确定;加压送风风量的确定;加压送风系统与消防中心联动控制选择;加压送风道断面尺寸和其送风口断面尺寸确定。

1)加压送风系统的方式

加压送风系统的设置方式,见表 3.7。

表 3.7　加压送风系统的设置方式

组合关系	加压送风系统方式
不具备自然排烟条件的楼梯间与其前室	仅对楼梯间加压
采用自然排烟的前室或合用前室与不具备自然排烟条件的楼梯间	仅对楼梯间加压
采用自然排烟的楼梯间与不具备自然排烟条件的前室或合用前室	对前室或合用前室加压
不具备自然排烟条件的楼梯间与合用前室	对楼梯间、合用前室加压
不具备自然排烟条件的消防电梯间前室	对前室加压
封闭避难层(间)	对封闭避难层(间)加压

对不具备自然排烟条件的防烟楼梯间进行加压送风,其前室可以不送风的主要理由是:从防烟楼梯间加压送风后的排泄途径来分析,防烟楼梯间与前室除中间各开一道门外,其加压送风的防烟楼梯间的风量只能通过前室与走廊的门排泄,因此对防烟楼梯间加压送风的同时,也可以说是对其前室进行间接的加压送风。两者可视为同一密封体,其不同之处是前室受到门的阻力影响,使其压力、风量受节流。

2)机械加压送风系统风量计算

楼梯间或前室的机械加压送风量应按以下公式计算:

$$L_j = L_1 + L_2 \tag{3.2}$$

$$L_s = L_1 + L_3 \tag{3.3}$$

式中　L_j——楼梯间的机械加压送风量,m^3/s;

L_s——前室的机械加压送风量,m^3/s;

L_1——开启门时,达到规定风速值所需的送风量,m^3/s;

L_2——门开启时,规定风速值下,其他门缝漏风总量,m^3/s;

L_3——未开启的常闭送风阀的漏风总量,m^3/s。

开启门时,达到规定风速值所需的送风量按下式计算:

$$L_1 = A_k v N_1 \tag{3.4}$$

式中　A_k——一层内开启门的截面面积,m^2;

v——门洞断面风速,m/s;

N_1——设计疏散门开启的楼层数量。

(1)门洞断面风速

①当楼梯间和独立前室、合用前室均机械加压送风时,通向楼梯间和独立前室、合用前室疏散门的门洞断面风速均不应小于 0.7 m/s;

②当楼梯间机械加压送风、只有一个开启门的独立前室不送风时,通向楼梯间疏散门的门洞断面风速不应小于 1.0 m/s;

③当消防电梯前室机械加压送风时,通向消防电梯前室门的门洞断面风速不应小于 1.0 m/s;

④当独立前室、合用前室或共用前室机械加压送风且楼梯间采用可开启外窗的自然通风系统时,通向独立前室、合用前室或共用前室疏散门的门洞风速不应小于 $0.6(A_1/A_g+1)$ m/s。A_1 为楼梯间疏散门的总面积,m^2;A_g 为前室疏散门的总面积,m^2。

（2）疏散门开启的楼层数量

①楼梯间:采用常开风口,当地上楼梯间为 24 m 以下时,设计 2 层内的疏散门开启,取 $N_1=2$;当地上楼梯间为 24 m 及以上时,设计 3 层内的疏散门开启,取 $N_1=3$;当地下楼梯间时,设计 1 层内的疏散门开启,取 $N_1=1$;

②前室:采用常闭风口,计算风量时取 $N_1=3$。

门开启时,规定风速值下的其他门漏风总量应按下式计算:

$$L_2 = 0.827A\Delta P^{1/n} \times 1.25 \times N_2 \tag{3.5}$$

式中　A——每个疏散门的有效漏风面积,m^2;疏散门的门缝宽度取 0.002~0.004 m;

ΔP——计算漏风量的平均压力差,Pa;当开启门洞处风速为 0.7 m/s 时,取 $\Delta P=6.0$ Pa;当开启门洞处风速为 1.0 m/s 时,取 $\Delta P=12.0$ Pa;当开启门洞处风速为 1.2 m/s 时,取 $\Delta P=17.0$ Pa。

n——指数(一般取 $n=2$);

1.25——不严密处附加系数;

N_2——漏风疏散门的数量:楼梯间采用常开风口,取 $N_2=$ 加压楼梯间的总门数$-N_1$ 楼层数上的总门数。

未开启的常闭送风阀的漏风总量应按下式计算:

$$L_3 = 0.083A_fLN_3 \tag{3.6}$$

式中　A_f——单个送风阀门的面积,m^2;

0.083——阀门单位面积的漏风量,$m^3/s \cdot m^2$;

N_3——漏风阀门的数量:前室采用常闭风口取 $N_3=$ 楼层数-3。

3）加压送风量的选取

机械加压送风系统的设计风量应充分考虑管道沿程损耗和漏风量,且不应小于计算风量的 1.2 倍。防烟楼梯间、前室的机械加压送风的风量应由式(3.2)—式(3.6)规定的计算方法确定,当系统负担建筑高度大于 24 m 时加压送风防烟系统设计要求,应按计算值与表 3.8 至表 3.11 的值中的较大值确定。

表 3.8　消防电梯前室的加压送风的计算风量

系统负担高度 h/m	加压送风量/($m^3 \cdot h^{-1}$)
$24<h\leqslant50$	35 400~36 900
$50<h\leqslant100$	37 100~40 200

表 3.9　独立前室、合用前室(楼梯间采用自然通风)的加压送风的计算风量

系统负担高度 h/m	加压送风量/(m³·h⁻¹)
24<h≤50	42 400~44 700
50<h≤100	45 000~48 600

表 3.10　前室不送风,封闭楼梯间、防烟楼梯间的加压送风的计算风量

系统负担高度 h/m	加压送风量/(m³·h⁻¹)
24<h≤50	36 100~39 200
50<h≤100	39 600~45 800

表 3.11　防烟楼梯间及独立前室、合用前室分别加压送风的计算风量

系统负担高度 h/m	送风部位	加压送风量/(m³·h⁻¹)
24<h≤50	楼梯间	25 300~27 500
	独立前室、合用前室	24 800~25 800
50<h≤100	楼梯间	27 800~32 200
	独立前室、合用前室	26 000~28 100

注:1.表 3.8 至表 3.11 的风量按开启 1 个 2.0 m×1.6 m 的双扇门确定。当采用单扇门时,其风量可乘以系数 0.75 计算;

2.表中风量按开启着火层及其上下两层,共开启三层的风量计算;

3.表中风量的选取应按建筑高度或层数、风道材料、防火门漏风量等因素综合确定;

4.对于有多个门的独立前室,其送风量应按前室门的个数计算确定。

封闭避难层(间)的机械加压送风量应按避难层(间)净面积每平方米不少于 30 m³/h 计算。避难走道前室的送风量应按直接开向前室的疏散门的总断面积乘以 1.00 m/s 门洞断面风速计算。

人民防空工程的防烟楼梯间的机械加压送风量不应小于 25 000 m³/h。当防烟楼梯间与前室或合用前室分别送风时,防烟楼梯间的送风量不应小于 16 000 m³/h,前室或合用前室的送风量不应小于 13 000 m³/h。

4)风压的有关规定及计算方法

机械加压送风机的全压,除计算最不利管道压头损失外,尚应有余压。机械加压送风量应满足走廊至前室至楼梯间的压力呈递增分布,余压值应符合下列要求:

①前室、合用前室、消防电梯前室、封闭避难层(间)与走道之间的压差应为 25~30 Pa。

②防烟楼梯间、封闭楼梯间与走道之间的压差应为 40~50 Pa。

③当系统余压值超过最大允许压力差时应采取泄压措施。疏散门的最大允许压力差应按以下公式计算:

$$P = \frac{2(F' - F_{dc})(W_m - d_m)}{W_m \times A_m} \tag{3.7}$$

$$F_{dc} = \frac{M}{W_m - d_m} \tag{3.8}$$

式中 P——疏散门的最大允许压力差,Pa;

     A_m——门的面积,m^2;

     d_m——门的把手到门闩的距离,m;

     M——闭门器的开启力矩,N·m;

     F'——门的总推力,N,一般取 110 N;

     F_{dc}——门把手处克服闭门器所需的力,N;

     W_m——单扇门的宽度,m。

为了促使防烟楼梯间内的加压空气向走道流动,发挥对着火层烟气的阻挡作用,因此要求在加压送风时,防烟楼梯间的空气压力大于前室的空气压力,而前室的空气压力大于走道的空气压力。根据相关研究成果,规定了防烟楼梯间和前室、合用前室、消防电梯前室、避难层的正压值。给正压值规定一个范围是为了符合工程设计的实际情况,更易于掌握与检测。对于楼梯间及前室等空间,由于加压送风作用力的方向与疏散门开启方向相反,因此如果压力过高,造成疏散门开启困难,则影响人员安全疏散;另一方面,疏散门开启所克服的最大压力差应大于前室或楼梯间的设计压力值,否则不能满足防烟的需要。

门开启时,规定风速值下的其他门漏风总量应按下式计算:

$$L_y = 0.827 \times A \times \Delta P^{\frac{1}{n}} \times 1.25 \times N_2 \tag{3.9}$$

式中   A——每个疏散门的有效漏风面积,m^2;疏散门的门缝宽度取 0.002~0.004 m。

     ΔP——计算漏风量的平均压力差,Pa;当开启门洞处风速为 0.7 m/s 时,取 $\Delta P = $ 6.0 Pa;当开启门洞处风速为 1.0 m/s 时,取 $\Delta P = 12.0$ Pa;当开启门洞处风速为 1.2 m/s 时,取 $\Delta P = 17.0$ Pa。

     n——指数(一般取 $n = 2$)。

     1.25——不严密处附加系数。

     N_2——漏风疏散门的数量,楼梯间采用常开风口,取 $N_2 = $ 加压楼梯间的总门数;

     N_1——楼层数上的总门数。

5)加压空间漏风有效流通面积的计算

(1)并联流动

如图 3.32 所示的加压空间有 3 个并联出口,每个出口的压差 ΔP 都相等,总流量 Q_T 为三个出口的流量之和:

$$Q_T = Q_1 + Q_2 + Q_3 \tag{3.10}$$

假设这种情况下的加压有效流通面积为 A_e,则有:

$$Q_T = CA_e \left(\frac{2\Delta P}{\rho}\right)^{1/2} \tag{3.11}$$

式中 C——流通系数;

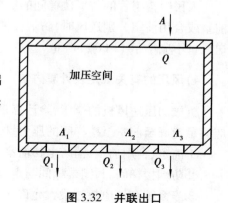

图 3.32   并联出口

A_e——有效流通面积，m^2；

ΔP——出口两侧的压差，Pa；

ρ——流动介质的密度，kg/m^3。

通过 A_1 的流量为：

$$Q_1 = CA_1\left(\frac{2\Delta P}{\rho}\right)^{1/2} \tag{3.12}$$

同理可以得到 Q_2、Q_3 的表达式。将 Q_1、Q_2、Q_3 的表达式代入式（3.10），可得：

$$A_e = A_1 + A_2 + A_3 \tag{3.13}$$

若独立的并联出口有 n 个，则有效流通面积是所有出口流通面积之和，即：

$$A_e = \sum_{i=1}^{n} A_i \tag{3.14}$$

（2）串联流动

如图 3.33 所示的加压空间有 3 个串联出口。通过每个出口的体积流量 Q 是相同的，加压空间到外界的总压差 ΔP_T 是 3 个出口的压差 ΔP_1，ΔP_2，ΔP_3 之和：

$$\Delta P_T = \Delta P_1 + \Delta P_2 + \Delta P_3 \tag{3.15}$$

串联流动的有效流通面积是基于流量 Q 和总压差 ΔP_T 的流通面积，因此 Q 可以写为：

$$Q_T = CA_e\left(\frac{2\Delta P}{\rho}\right)^{1/2} \tag{3.16}$$

可以得到：

$$\Delta P_T = \frac{\rho}{2}\left[\frac{Q}{CA_e}\right]^2 \tag{3.17}$$

流过 A_1 时的压差可表示为：

$$\Delta P_1 = \frac{\rho}{2}\left[\frac{Q}{CA_1}\right]^2 \tag{3.18}$$

同理可以得到 ΔP_2、ΔP_3 的表达式。将它们代入式（3.15），可得：

$$A_e = \left(\frac{1}{A_1^2} + \frac{1}{A_2^2} + \frac{1}{A_3^2}\right)^{-1/2} \tag{3.19}$$

若串联出口有 n 个，则有效流通面积为：

$$A_e = \left[\sum_{i=1}^{n}\left(\frac{1}{A_i^2}\right)\right]^{-1/2} \tag{3.20}$$

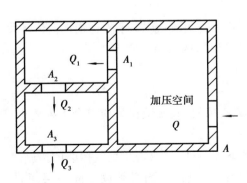

图 3.33　串联出口

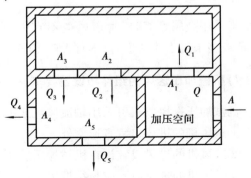

图 3.34　混联出口

（3）混联流动

如图 3.34 所示为串混联系统，由图可以看出 A_2 与 A_3 并联，A_4 与 A_5 并联，其有效流通面积分别为：

$$A_{23e} = A_2 + A_3 \tag{3.21}$$

$$A_{45e} = A_4 + A_5 \tag{3.22}$$

这两个有效面积又与 A_1 串联，所以系统的总有效面积为：

$$A_e = \frac{1}{A_1^2} + \frac{1}{A_{23e}^2} + \frac{1}{A_{45e}^2} \tag{3.23}$$

根据对实际建筑物门的安装尺寸测量，常用的 4 种类型门的实际漏风面积见表 3.12。

表 3.12　4 种类型标准门的漏风面积

门的类型	高(m)×宽(m)	缝隙长/m	漏风面积/m²
开向正压间的单扇门	2×0.8	5.6	0.01
从正压间向外开启的单扇门	2×0.8	5.6	0.02
双扇门	2×1.6	9.2	0.03
电梯门	2×2.0	8	0.06

注：1.对于大于表中尺寸的门，漏风面积按实际计算。

　　2.门缝宽度：疏散门 0.002~0.004 m，电梯门 0.005~0.006 m。

如防烟楼梯间有外窗，仍采用正压送风时，其单位长度可开启窗缝的最大漏风量根据窗户类型直接确定：

单层木窗	15.3	$m^3/(m \cdot h)$
双层木窗	10.3	$m^3/(m \cdot h)$
单层钢窗	10.9	$m^3/(m \cdot h)$
双层钢窗	7.6	$m^3/(m \cdot h)$

6）送风风速

当采用金属管道时，管道风速不宜大于 20 m/s；当采用非金属材料管道时，不宜大于 15 m/s；当采用土建井道时，不宜大于 10 m/s。加压送风口的风速不宜大于 7 m/s。

7）机械加压送风的组件与设置要求

机械加压送风风机可采用轴流风机或中、低压离心风机，其安装位置应符合下列要求：

①送风机的进风口宜直通室外。

②送风机的进风口宜设在机械加压送风系统的下部，且应采取防止烟气侵袭的措施。

③送风机的进风口不应与排烟风机的出风口设在同一层面，当必须设在同一层面时，送风机的进风口与排烟风机的出风口应分开布置。竖向布置时，送风机的进风口应设置在排烟

机出风口的下方,其两者边缘最小垂直距离不应小于 6 m;水平布置时,两者边缘最小水平距离不应小于 20 m。

④送风机应设置在专用机房内,该房间应采用耐火极限不低于 2.00 h 的隔墙、1.50 h 的楼板及甲级防火门与其他部位隔开。

⑤当送风机出风管或进风管上安装单向风阀或电动风阀时,应采取火灾时阀门自动开启的措施。

加压送风口用作机械加压送风系统的风口,具有赶烟、防烟的作用。加压送风口分常开和常闭两种形式。常闭型风口靠感烟(温)信号控制开启,也可手动(或远距离缆绳)开启,风口可输出动作信号,联动送风机开启。风口可设 280 ℃重新关闭装置。

a.除直灌式送风方式外,楼梯间宜每隔 2~3 层设一个常开式百叶送风口;井道的剪刀楼梯的两个楼梯间应分别每隔一层设一个常开式百叶送风口。

b.前室、合用前室应每层设一个常闭式加压送风口,并应设手动开启装置。

c.送风口的风速不宜大于 7 m/s。

d.送风口不宜设置在被门挡住的部位。

需要注意的是,采用机械加压送风的场所不应设置百叶窗、不宜设置可开启外窗。

8)送风管道设置要求

①送风井(管)道应采用不燃烧材料制作,且宜优先采用光滑井(管)道,不宜采用土建井道。

②送风管道应独立设置在管道井内,当必须与排烟管道布置在同一管道井内时,排烟管道的耐火极限不应小于 1.00 h。

③管道井应采用耐火极限不小于 1.00 h 的隔墙与相邻部位分隔,当墙上必须设置检修门时,应采用乙级防火门。

④未设置在管道井内的加压送风管,其耐火极限不应小于 1.50 h。

⑤为便于工程设计,加压送风管道断面积可以根据加压风量和控制风速符合相关规定。

3.4.4　排烟系统设计

1)一般规定

建筑排烟系统的设计应根据建筑的使用性质、平面布局等因素,优先采用自然排烟系统。同一个防烟分区应采用同一种排烟方式。

建筑的中庭、与中庭相连通的回廊及周围场所的排烟系统的设计应符合下列要求:

①中庭应设置排烟设施。

②周围场所应按现行国家标准《建筑设计防火规范》GB 50016 要求设置排烟设施。

③回廊排烟设施的设置应符合下列要求:

a.当周围场所各房间均设置排烟设施时,回廊可不设,但商店建筑的回廊应设置排烟设施;

b.当周围场所任一房间未设置排烟设施时,回廊应设置排烟设施。

④当中庭与周围场所未采用防火隔墙、防火玻璃隔墙、防火卷帘时,中庭与周围场所之间应设置挡烟垂壁。

⑤中庭及其周围场所和回廊的排烟设计计算应符合《建筑防烟排烟系统技术标准》(GB 51251—2017)的相关规定。

⑥中庭及其周围场所和回廊应根据建筑构造及《建筑防烟排烟系统技术标准》(GB 51251—2017)的相关规定,选择设置自然排烟系统或机械排烟系统。

下列地上建筑或部位,当设置机械排烟系统时,应按规范要求在外墙或屋顶设置固定窗:

①任一层建筑面积大于 2 500 m² 的丙类厂房(仓库);

②任一层建筑面积大于 3 000 m² 的商店建筑、展览建筑及类似功能的公共建筑;

③总建筑面积大于 1 000 m² 的歌舞娱乐放映游艺场所;

④商店建筑、展览建筑及类似功能的公共建筑中长度大于 60 m 的走道;

⑤靠外墙或贯通至建筑屋顶的中庭。

固定窗的布置应符合下列要求:

①非顶层区域的固定窗应布置在每层的外墙上;

②顶层区域的固定窗应布置在屋顶或顶层的外墙上,但未设置自动喷水灭火系统的以及采用钢结构屋顶或预应力钢筋混凝土屋面板的建筑应布置在屋顶。

固定窗的设置和有效面积应符合下列要求:

①设置在顶层区域的固定窗,其总面积不应小于楼地面面积的 2%;

②设置在靠外墙且不位于顶层区域的固定窗,单个固定窗的面积不应小于 1 m²,且间距不宜大于 20 m,其下沿距室内地面的高度不宜小于层高的 1/2。供消防救援人员进入的窗口面积不计入固定窗面积,但可组合布置;

③设置在中庭区域的固定窗,其总面积不应低于中庭楼地面面积的 5%;

④固定玻璃窗应按可破拆的玻璃面积计算;带有温控功能的可开启设施应按开启时的水平投影面积计算。

固定窗宜按每个防烟分区在屋顶或建筑外墙上均匀布置且不应跨越防火分区。

2)防烟分区

设置排烟系统的场所或部位应采用挡烟垂壁、结构梁及隔墙等划分防烟分区。防烟分区不应跨越防火分区。

挡烟垂壁等挡烟分隔设施的深度不应小于规范《建筑防烟排烟系统技术标准》(GB 51251—2017)规定的储烟仓厚度。对于有吊顶的空间,当吊顶开孔不均匀或开孔率≤25%时,吊顶内空间高度不得计入储烟仓厚度。

设置排烟设施的建筑内,敞开楼梯和自动扶梯穿越楼板的开口部应设置挡烟垂壁等设施。

公共建筑、工业建筑防烟分区的最大允许面积及其长边最大允许长度应符合表 3.13 的规定,当工业建筑采用自然排烟系统时,其防烟分区的长边长度尚不应大于建筑内空间净高的 8 倍。

表 3.13　公共建筑、工业建筑防烟分区的最大允许面积及其长边最大允许长度

空间净高 H/m	最大允许面积/m²	长边最大允许长度/m
H≤3.0	500	24
3.0<H≤6.0	1 000	36
H>6.0	2 000	60 m;具有自然对流条件时,不应大于 75 m

注:1.公共建筑、工业建筑中的走道宽度不大于 2.5 m 时,其防烟分区的长边长度不应大于 60 m;

　　2.当空间净高大于 9 m 时,防烟分区之间可不设置挡烟设施;

　　3.汽车库防烟分区的划分及其排烟量应符合现行国家规范《汽车库、修车库停车场防火规范》GB 50067 的规定。

3) 自然排烟设施

采用自然排烟系统的场所应设置自然排烟窗(口)。

防烟分区内自然排烟窗(口)的面积、数量、位置应符合相关规定,且防烟分区内任一点与最近的自然排烟窗(口)之间的水平距离不应大于 30 m。当工业建筑采用自然排烟方式时,其水平距离尚不应大于建筑内空间净高的 2.8 倍;当公共建筑空间净高大于等于 6 m,且具有自然对流条件时,其水平距离不应大于 37.5 m。

自然排烟窗(口)应设置在排烟区域的顶部或外墙,并应符合下列要求:

①当设置在外墙上时,自然排烟窗(口)应在储烟仓以内,但走道、室内空间净高不大于 3 m 的区域的自然排烟窗(口)可设置在室内净高度的 1/2 以上;

②自然排烟窗(口)的开启形式应有利于火灾烟气的排出;

③当房间面积不大于 200 m² 时,自然排烟窗(口)的开启方向可不限;

④自然排烟窗(口)宜分散均匀布置,且每组的长度不宜大于 3.0 m;

⑤设置在防火墙两侧的自然排烟窗(口)之间最近边缘的水平距离不应小于 2.0 m。

厂房、仓库的自然排烟窗(口)设置尚应符合下列要求:

①当设置在外墙时,自然排烟窗(口)应沿建筑物的两条对边均匀设置;

②当设置在屋顶时,自然排烟窗(口)应在屋面均匀设置且宜采用自动控制方式开启;当屋面斜度小于等于 12°时,每 200 m² 的建筑面积应设置相应的自然排烟窗(口);当屋面斜度大于 12°时,每 400 m² 的建筑面积应设置相应的自然排烟窗(口)。

除另有规定外,自然排烟窗(口)开启的有效面积尚应符合下列要求:

①当采用开窗角大于 70°的悬窗时,其面积应按窗的面积计算;当开窗角小于 70°时,其面积应按窗最大开启时的水平投影面积计算;

②当采用开窗角大于 70°的平开窗时,其面积应按窗的面积计算;当开窗角小于 70°时,其面积应按窗最大开启时的竖向投影面积计算;

③当采用推拉窗时,其面积应按开启的最大窗口面积计算;

④当采用百叶窗时,其面积应按窗的有效开口面积计算;

⑤当平推窗设置在顶部时,其面积可按窗的 1/2 周长与平推距离乘积计算,且不应大于窗面积;

⑥当平推窗设置在外墙时,其面积可按窗的1/4周长与平推距离乘积计算,且不应大于窗面积。

自然排烟窗(口)应设置手动开启装置,设置在高位不便于直接开启的自然排烟窗(口),应设置距地面高度(1.3~1.5 m)的手动开启装置。净空高度大于9 m的中庭、建筑面积大于2 000 m²的营业厅、展览厅、多功能厅等场所,尚应设置集中手动开启装置和自动开启设施。

除洁净厂房外,设置自然排烟系统的任一层建筑面积大于2 500 m²的制鞋、制衣、玩具、塑料、木器加工储存等丙类工业建筑,除自然排烟所需排烟窗(口)外,尚宜在屋面上增设可熔性采光带(窗),其面积应符合下列要求:

①未设置自动喷水灭火系统的,或采用钢结构屋顶,或采用预应力钢筋混凝土屋面板的建筑,不应小于楼地面面积的10%;

②其他建筑不应小于楼地面面积的5%。

注意:可熔性采光带(窗)的有效面积应按其实际面积计算。

4)机械排烟设施

当建筑的机械排烟系统沿水平方向布置时,每个防火分区的机械排烟系统应独立设置。

建筑高度超过50 m的公共建筑和建筑高度超过100 m的住宅,其排烟系统应竖向分段独立设置,且公共建筑每段高度不应超过50 m,住宅建筑每段高度不应超过100 m。

排烟系统与通风、空气调节系统应分开设置;当确有困难时,可以合用,但应符合排烟系统的要求,且当排烟口打开时,每个排烟合用系统的管道上,需联动关闭的通风和空气调节系统的控制阀门不应超过10个。

排烟风机宜设置在排烟系统的最高处,烟气出口宜朝上,并应高于加压送风机和补风机的进风口,两者垂直距离或水平距离应符合相关规定,即送风机的进风口不应与排烟风机的出风口设在同一面上。当确有困难时,送风机的进风口与排烟风机的出风口应分开布置,且竖向布置时,送风机的进风口应设置在排烟出口的下方,其两者边缘最小垂直距离不应小于6.0 m;水平布置时,两者边缘最小水平距离不应小于20.0 m。

排烟风机应设置在专用机房内,且送风机应设置在专用机房内,送风机房应符合现行国家标准《建筑设计防火规范》[GB 50016—2014(2018年版)]的规定;且风机两侧应有600 mm以上的空间。对于排烟系统与通风空气调节系统共用的系统,其排烟风机与排风风机的合用机房,应符合下列规定:

①机房内应设置自动喷水灭火系统;

②机房内不得设置用于机械加压送风的风机与管道;

③排烟风机与排烟管道的连接部件应能在280 ℃时连续30 min保证其结构完整性。

排烟风机应满足280 ℃时连续工作30 min的要求,排烟风机应与风机入口处的排烟防火阀联锁,当该阀关闭时,排烟风机应能停止运转。

机械排烟系统应采用管道排烟,且不应采用土建风道。排烟管道应采用不燃材料制作且内壁应光滑。当排烟管道内壁为金属时,管道设计风速不应大于20 m/s;当排烟管道内壁为非金属时,管道设计风速不应大于15 m/s;排烟管道的厚度应按现行国家标准《通风与空调工程施工质量验收规范》GB 50243—2016的有关规定执行。

排烟管道的设置和耐火极限应符合下列要求：

①竖向设置的排烟管道应设置在独立的管道井内，排烟管道的耐火极限不应低于 0.5 h；

②水平设置的排烟管道应设置在吊顶内，其耐火极限不应低于 0.5 h；当确有困难时，可直接设置在室内，但管道的耐火极限不应小于 1.0 h；

③设置在走道部位吊顶内的排烟管道，以及穿越防火分区的排烟管道，其管道的耐火极限不应小于 1.0 h，但设备用房和汽车库的排烟管道耐火极限可不低于 0.5 h。

当吊顶内有可燃物时，吊顶内的排烟管道应采用不燃材料进行隔热，并应与可燃物保持不小于 150 mm 的距离。

下列部位应设置排烟防火阀：

①垂直风管与每层水平风管交接处的水平管段上；

②一个排烟系统负担多个防烟分区的排烟支管上；

③排烟风机入口处。

设置排烟管道的管道井应采用耐火极限不小于 1.0 h 的隔墙与相邻区域分隔；当墙上必须设置检修门时，应采用乙级防火门。

排烟口的设置应按相关规范经计算确定，且防烟分区内任一点与最近的排烟口之间的水平距离不应大于 30 m。除排烟口设在吊顶内且通过吊顶上部空间进行排烟情况以外，排烟口的设置尚应符合下列要求：

①排烟口宜设置在顶棚或靠近顶棚的墙面上；

②排烟口应设在储烟仓内，但走道、室内空间净高不大于 3 m 的区域，其排烟口可设置在其净空高度的 1/2 以上；当设置在侧墙时，吊顶与其最近的边缘的距离不应大于 0.5 m；

③对于需要设置机械排烟系统的房间，当其建筑面积小于 50 m² 时，可通过走道排烟，排烟口可设置在疏散走道；排烟量应按相关规定计算；

④火灾时由火灾自动报警系统联动开启排烟区域的排烟阀或排烟口，应在现场设置手动开启装置；

⑤排烟口的设置宜使烟流方向与人员疏散方向相反，排烟口与附近安全出口相邻边缘之间的水平距离不应小于 1.5 m；

⑥每个排烟口的排烟量不应大于最大允许排烟量，最大允许排烟量应按相关规定计算确定；

⑦排烟口的风速不宜大于 10 m/s。

当排烟口设在吊顶内且通过吊顶上部空间进行排烟时，应符合下列规定：

①吊顶应采用不燃材料，且吊顶内不应有可燃物；

②封闭式吊顶上设置的烟气流入口的颈部烟气速度不宜大于 1.5 m/s；

③非封闭式吊顶的开孔率不应小于吊顶净面积的 25%，且排烟口应均匀布置。

按规定需要设置固定窗时，固定窗的布置应符合下列要求：

①非顶层区域的固定窗应布置在每层的外墙上；

②顶层区域的固定窗应布置在屋顶或顶层的外墙上，但未设置自动喷水灭火系统的以及采用钢结构屋顶或预应力钢筋混凝土屋面板的建筑应布置在屋顶。

固定窗的设置和有效面积应符合下列要求：

①设置在顶层区域的固定窗，其总面积不应小于楼地面面积的2%；

②设置在靠外墙且不位于顶层区域的固定窗，单个固定窗的面积不应小于 1 m²，且间距不宜大于 20 m，其下沿距室内地面的高度不宜小于层高的 1/2；供消防救援人员进入的窗口面积不计入固定窗面积，但可组合布置；

③设置在中庭区域的固定窗，其总面积不应低于中庭楼地面面积的5%；

④固定玻璃窗应按可破拆的玻璃面积计算；带有温控功能的可开启设施应按开启时的水平投影面积计算。

固定窗宜按每个防烟分区在屋顶或建筑外墙上均匀布置且不应跨越防火分区。

除洁净厂房外，设置机械排烟系统的任一层建筑面积大于 2 000 m² 的制鞋、制衣、玩具、塑料、木器加工储存等丙类工业建筑，可采用可熔性采光带（窗）可替代固定窗，其面积应符合下列要求：

①未设置自动喷水灭火系统或采用钢结构屋顶或预应力钢筋混凝土屋面板的建筑，可熔性采光带（窗）的有效面积不应小于楼地面面积的10%；

②其他建筑不应小于楼地面面积的5%。

注意：可熔性采光带（窗）的有效面积应按其实际面积计算。

5）补风系统

除地上建筑的走道或建筑面积小于 500 m² 的房间外，设置排烟系统的场所应设置补风系统。

补风系统应直接从室外引入空气，且补风量不应小于排烟量的50%。

补风系统可采用疏散外门、手动或自动可开启外窗等自然进风方式以及机械送风方式。防火门、窗不得用作补风设施。风机应设置在专用机房内。

补风口与排烟口设置在同一空间内相邻的防烟分区时，补风口位置不限；当补风口与排烟口设置在同一防烟分区时，补风口应设在储烟仓下沿以下；补风口与排烟口水平距离不应少于 5 m。

补风系统应与排烟系统联动开启或关闭。

机械补风口的风速不宜大于 10 m/s，人员密集场所补风口的风速不宜大于 5 m/s；自然补风口的风速不宜大于 3 m/s。

补风管道耐火极限不应低于 0.5 h，当补风管道跨越防火分区时，管道的耐火极限不应小于 1.5 h。

3.4.5　机械排烟系统设计计算

1）最小清晰高度

走道、室内空间净高不大于 3 m 的区域，其最小清晰高度不应小于其净高的 1/2，其他区域的最小清晰高度应按下式计算：

$$H_q = 1.6 + 0.1H \tag{3.24}$$

式中 H_q——最小清晰高度,m;

H——对于单层空间,取排烟空间的建筑净高度,m;对于多层空间,取最高疏散楼层的层高,m。

2)火灾热释放量

应按以下公式计算:

$$Q = at^2 \tag{3.25}$$

式中 Q——火灾热释放量,kW;

t——排烟系统启动时间;

a——火灾增长系数(按表3.14取值),kW/s^2。

表 3.14 火灾增长系数

火灾类别	典型可燃材料	火灾增长系数
慢速火	硬木家具	0.002 78
中速火	棉质、聚酯垫子	0.011
快速火	装满的邮件袋、木制货架托盘、泡沫塑料	0.044
特快速火	池火、快速燃烧的装饰家具、轻质窗帘	0.178

3)烟羽流质量流量计算

①轴对称型烟羽流:

$$Z > Z_1,$$

$$M_\rho = 0.071 Q_c^{\frac{1}{3}} Z^{\frac{5}{3}} + 0.0018 Q_c \tag{3.26}$$

$$Z \leqslant Z_1,$$

$$M_\rho = 0.032 Q_c^{\frac{3}{5}} Z \tag{3.27}$$

$$Z_1 = 0.166 Q_c^{\frac{2}{5}} \tag{3.28}$$

式中 Q_c——热释放速率的对流部分,一般取值为 $Q_c = 0.7Q$,kW;

Z——燃料面到烟层底部的高度,m,取值应大于等于最小清晰高度与燃料面高度之差;

Z_1——火焰极限高度,m;

M_ρ——烟羽流质量流量,kg/s。

②阳台溢出型烟羽流:

$$M_\rho = 0.36(QW^2)^{1/3}(Z_b + 0.25H_1) \tag{3.29}$$

$$W = w + b \tag{3.30}$$

式中　H_1——燃料至阳台的高度,m;

$\qquad$ Z_b——从阳台下缘至烟层底部的高度,m;

$\qquad$ W——烟羽流扩散宽度,m;

$\qquad$ w——火源区域的开口宽度,m;

$\qquad$ b——从开口至阳台边沿的距离,m,$b \neq 0$。

③窗口型烟羽流:

$$M_\rho = 0.68(A_w H_w^{1/2})^{1/3}(Z_w + \alpha_w)^{5/3} + 1.59 A_w H_w^{1/2} \tag{3.31}$$

$$\alpha_w = 2.4 A_w^{2/5} H_w^{1/5} - 2.1 H_w \tag{3.32}$$

式中　A_w——窗口开口的面积,m^2;

$\qquad$ H_w——窗口开口的高度,m;

$\qquad$ Z_w——窗口开口的顶部到烟层底部的高度,m;

$\qquad$ α_w——窗口型烟羽流的修正系数,m。

4)烟气平均温度与环境温度的差

该值应按以下公式计算或《建筑防烟排烟系统技术标准》(GB 51251—2017)附录 A 中表 A 选取:

$$\Delta T = K Q_c / M_\rho c_P \tag{3.33}$$

式中　ΔT——烟层平均温度与环境温度的差,K;

$\qquad$ C_P——空气的定压比热,一般取 $C_P = 1.01$ kJ/(kg · K);

$\qquad$ K——烟气中对流放热量因子,当采用机械排烟时,取 $K = 1.0$;当采用自然排烟时,取 $K = 0.5$。

5)每个防烟分区排烟量

该值应按下列公式计算或《建筑防烟排烟系统技术标准》(GB51251—2017)附录 A 查表选取:

$$V = \frac{M_\rho T}{\rho_0 T_0} \tag{3.34}$$

$$T = T_0 + \Delta T \tag{3.35}$$

式中　V——排烟量,m^3/s;

$\qquad$ ρ_0——环境温度下的气体密度,kg/m^3,通常 $T_0 = 20$ ℃,$\rho_0 = 1.2$ kg/m^3;

$\qquad$ T_0——环境的绝对温度,K;

$\qquad$ T——烟层的平均绝对温度,K。

6)机械排烟系统中单个排烟口的最大允许排烟量

该值 V_{max} 宜按下式计算,或按《建筑防烟排烟系统技术标准》(GB 51251—2017)附录 B 选取:

$$V_{\max} = 4.16 \cdot \gamma \cdot d_b^{\frac{5}{2}} \left(\frac{T - T_0}{T_0} \right)^{\frac{1}{2}} \tag{3.36}$$

式中　$V_{\max}$——排烟口最大允许排烟量，$\mathrm{m^3/s}$；

γ——排烟位置系数，当风口中心点到最近墙体的距离不小于 2 倍的排烟口当量直径时，γ 取 1.0；当风口中心点到最近墙体的距离<2 倍的排烟口当量直径时，γ 取 0.5；当吸入口位于墙体上时，γ 取 0.5；

d_b——排烟系统吸入口最低点之下烟气层厚度，m；

T——烟层的平均绝对温度，K；

T_0——环境的绝对温度，K。

7) 采用自然排烟方式所需自然排烟窗（口）截面积

该值宜按下式计算，

$$A_v C_v = \frac{M_\rho}{\rho_0} \left[\frac{T^2 + (A_v c_v / A_0 c_0)^2 T T_0}{2g d_b \Delta T T_0} \right]^{\frac{1}{2}} \tag{3.37}$$

式中　A_v——自然排烟窗（口）截面积，$\mathrm{m^2}$；

A_0——所有进气口总面积，$\mathrm{m^2}$；

C_v——自然排烟窗（口）流量系数（通常选定为 0.5~0.7）；

C_0——进气口流量系数（通常约为 0.6）；

g——重力加速度，$\mathrm{m/s^2}$。

注：公式中 $C_v A_v$ 在计算时应采用试算法。

排烟系统的设计风量不应小于该系统计算风量的 1.2 倍。

当采用自然排烟方式时，储烟仓的厚度不应小于空间净高的 20%，且不应小于 500 mm；当采用机械排烟方式时，不应小于空间净高的 10%，且不应小于 500 mm。同时储烟仓底部距地面的高度应大于安全疏散所需的最小清晰高度，最小清晰高度应按相关公式计算确定。

除中庭外，下列场所一个防烟分区的排烟量计算应符合下列规定：

①建筑空间净高不大于 6 m 的场所，其排烟量应按不小于 60 $\mathrm{m^3/(h \cdot m^2)}$ 计算，且取值不小于 15 000 $\mathrm{m^3/h}$，或设置有效面积不小于该房间建筑面积 2% 的自然排烟窗（口）。

②公共建筑、工业建筑中空间净高大于 6 m 的场所，其每个防烟分区排烟量应根据场所内的热释放速率以及相关的规定，式（3.23）计算确定，且不应小于表 3.15 中的数值，或设置自然排烟窗（口），其所需有效排烟面积应根据表 3.15 及自然排烟窗（口）处风速计算。

各类场所的火灾热释放速率可按相关的规定计算，且不应小于表 3.16 规定的值。设置自动喷水灭火系统（简称"喷淋"）的场所，其室内净高大于 8 m 时，应按无喷淋场所对待。

除表 3.15 规定的场所外，其他场所的排烟量或自然排烟窗（口）面积应按照烟羽流类型，根据火灾热释放速率、清晰高度、烟羽流质量流量及烟羽流温度等参数计算确定。

当储烟仓的烟层与周围空气温差小于 15 ℃时，应通过降低排烟口的位置等措施重新调整排烟设计。

表 3.15　公共建筑、工业建筑中空间净高大于 6 m 场所的计算排烟量及自然排烟侧窗（口）部风速

空间净高/m	办公、学校/（×10⁴m³·h⁻¹）		商店、展览/（×10⁴m³·h⁻¹）		厂房、其他公共建筑/（×10⁴m³·h⁻¹）		仓库/（×10⁴m³·h⁻¹）	
	无喷淋	有喷淋	无喷淋	有喷淋	无喷淋	有喷淋	无喷淋	有喷淋
6.0	12.2	5.2	17.6	7.8	15.0	7.0	30.1	9.3
7.0	13.9	6.3	19.6	9.1	16.8	8.2	32.8	10.8
8.0	15.8	7.4	21.8	10.6	18.9	9.6	35.4	12.4
9.0	17.8	8.7	24.2	12.2	21.1	11.1	38.5	14.2
自然排烟侧窗口部风速/（m·s⁻¹）	0.94	0.64	1.06	0.78	1.01	0.74	1.26	0.84

注：1.建筑空间净高大于 9.0 m 的，按 9.0 m 取值；建筑空间净高位于表中两个高度之间的，按线性插值法取值；表中建筑空间净高为 6 m 处的各排烟量值为线性插值法的计算基准值；

2.当采用自然排烟方式时，储烟仓厚度应大于房间净高的 0.2 倍；自然排烟窗（口）面积=计算排烟量/自然排烟窗（口）处风速；当采用顶开窗排烟时，其自然排烟窗（口）的风速可按侧窗口部风速的 1.4 倍计算。

表 3.16　火灾达到稳态时的热释放速率

建筑类别	喷淋设置情况	热释放速率 Q/MW
办公室、教室、客房、走道	无喷淋	6.0
	有喷淋	1.5
商店、展览	无喷淋	10.0
	有喷淋	3.0
其他公共场所	无喷淋	8.0
	有喷淋	2.5
汽车库	无喷淋	3.0
	有喷淋	1.5
厂房	无喷淋	8.0
	有喷淋	2.5
仓库	无喷淋	20.0
	有喷淋	4.0

③当公共建筑仅需在走道或回廊设置排烟时，其机械排烟量不应小于 13 000 m³/h，或在走道两端（侧）均设置面积不小于 2 m² 的自然排烟窗（口）且两侧自然排烟窗（口）的距离不应小于走道长度的 2/3。

④当公共建筑房间内与走道或回廊均需设置排烟时，其走道或回廊的机械排烟量可按 60 m³/（h·m²）计算，且不小于 13 000 m³/h，或设置有效面积不小于走道、回廊建筑面积 2% 的自然排烟窗（口）。

当一个排烟系统担负多个防烟分区排烟时,其系统排烟量的计算应符合下列规定:

①当系统负担具有相同净高场所时,对于建筑空间净高大于 6 m 的场所,应按排烟量最大的一个防烟分区的排烟量计算;对于建筑空间净高为 6 m 及以下的场所,应按同一防火分区中任意两个相邻防烟分区的排烟量之和的最大值计算。

②当系统负担具有不同净高场所时,应采用上述方法对系统中每个场所所需的排烟量进行计算,并取其中的最大值作为系统排烟量。

中庭排烟量的设计计算应符合下列规定:

①中庭周围场所设有排烟系统时,中庭采用机械排烟系统的,中庭排烟量应按周围场所防烟分区中最大排烟量的 2 倍数值计算,且不应小于 107 000 m³/h;中庭采用自然排烟系统时,应按上述排烟量和自然排烟窗(口)的风速不大于 0.5 m/s 计算有效开窗面积。

②当中庭周围场所不需设置排烟系统,仅在回廊设置排烟系统时,回廊的排烟量不应小于《建筑防烟排烟系统技术标准》(GB 51251—2017)第 4.6.3 条第 3 款规定,中庭的排烟量不应小于 40 000 m³/h;中庭采用自然排烟系统时,应按上述排烟量和自然排烟窗(口)的风速不大于 0.4 m/s 计算有效开窗面积。

各类场所的火灾热释放速率可按式(3.25)的规定计算且不应小于表 3.16 规定的值。设置自动喷水灭火系统(简称"喷淋")的场所,其室内净高大于 8 m 时,应按无喷淋场所对待。

3.5 地铁建筑防火设计

3.5.1 地铁火灾危险性及其特点

地铁作为现代城市不可或缺的交通工具在人们的生活中发挥着越来越重要的作用,提供给人们的便利是其他交通工具所无法替代的。但是,由于地铁建筑结构特殊,其站台、站厅和通行路线一度处于地面下,运营线路长(几至几十千米),客流量大,是人流高度集中的场所,一旦发生火灾,人员疏散困难,扑救困难,极易造成严重后果。表 3.17 是近几十年发生在国内外的几起较大的地铁火灾事故。

表 3.17　1969—2012 年世界各国城市地铁火灾案例举例

事　件	时　间	伤亡及直接损失	原　因
北京地铁火灾	1969.11.11	8 人死亡,300 多人中毒受伤,直接损失 100 多万元	内燃机车电气故障
阿塞拜疆巴库地铁火灾	1995.10.28	558 人死亡,269 人受伤	机车电路故障失火
广州地铁火灾	1999.7.29	直接损失 20.6 万元	降压配电所设备故障引发火灾
韩国大邱地铁火灾	2003.2.18	126 人死亡,146 人受伤,318 人失踪	纵火
美国纽约火灾	2006.08.16	15 人受伤,约 4 000 名乘客紧急疏散	其他原因
广州 8 号线	2012.11.19	4 人轻伤	电路系统短路

1) 地铁的火灾危险性

(1) 空间小、人员密度和流量大

地下车站和地下区间是通过挖掘的方法获得地下建筑空间,仅有与地面连接的相对空间较小的地下车站的通道作为出入口,不像地上建筑有门、窗与大气相通。因此,相对空间小、人员密度大和流量大是其最为显著的特征。

(2) 用电设施、设备繁多

地铁内有车辆、通信、信号、供电、自动售检票、空调通风、给排水等数十个机电系统设施和设备组成的庞大复杂的系统,各种强弱电电气设备、电子设备不仅种类数量多而且配置复杂,供配电线路、控制线路和信息数据布线等密如蛛网,如一旦出现绝缘不良或短路等,极易发生电气火灾,且火灾可沿着线路迅速蔓延。

(3) 动态火灾隐患多

地铁内客流量巨大,人员复杂,乘客所带物品、乘客行为等难以控制。例如,乘客违反有关安全乘车规定,擅自携带易燃易爆物品乘车,或在车上吸烟,或人为纵火等,这些动态隐患造成消防安全管理难度大,使得潜在火灾隐患多。

2) 地铁的火灾特点

(1) 火情探测和扑救困难

由于地铁的出入口有限,而且出入口又通常是火灾时的出烟口,消防人员不易接近着火点,扑救工作难以展开。再加上地下工程对通信设施的干扰较大,扑救人员与地面指挥人员通信、联络的困难,也为消防扑救工作增加了障碍。

(2) 氧含量急剧下降

地铁火灾发生后,由于地下建筑的相对封闭性,大量的新鲜空气难以迅速补充,致使空气中氧气含量急剧下降,导致人员窒息死亡。

(3) 产生有毒烟气,排烟排热效果差

由于地铁内乘客携带物品种类繁多,大多为可燃物品,一旦燃烧,火势很容易蔓延扩大,产生大量有毒烟气。地铁空间狭小,大量烟气集聚在车厢内无法扩散,短时间内迅速扩散至整个地下空间,造成车厢内人员吸入有毒烟气死亡。

(4) 人员疏散困难

首先,地铁完全靠人工照明,客观上存在比地面建筑自然采光差的因素,发生火灾时正常照明有可能中断,照明指示完全靠应急照明灯和疏散指示标志保证,此时如果再没有应急照明灯,车站和区间会一片漆黑,使人看不清逃离路线,人员疏散极为困难。其次,地铁发生火灾时只能通过地面出口逃生,人只有往上逃到地面才能安全,但人员的逃生方向与烟气的自然扩散方向一致,地面建筑内发生火灾时人员的逃生方向与烟气的自然扩散方向相反,人往下逃离就有可能脱离烟气的危害,烟的扩散速度一般比人的行动快,因此人员疏散更加困难。

3.5.2 地铁建筑消防设施

地铁建筑结构特殊,不同于其他普通建筑,其防火应根据其建筑特性和火灾特点采取相应的措施。

地铁消防设施主要是对各车站站厅公共区、站台、设备区、地下隧道、停车库、控制中心等部位进行火灾监测报警,并对车站站厅公共区、站台、信号机械室、各变配电站、停车库、控制中心等场所和设备用房进行自动灭火,对其他区域实施人工灭火,启动事故照明、应急广播、送排风等系统的设施。

目前,地铁内主要消防设施有火灾自动报警系统、室内消火栓系统、自动喷水灭火系统、气体灭火系统、机械送排风系统、应急照明、疏散指示标志、应急广播、防灾通信和移动式灭火器材等。

(1)火灾自动报警系统

①设置场所。地铁火灾自动报警系统设于地铁车站、控制中心区间变电所及系统设备用房、车辆基地、集中冷站、主变电所、区间隧道等。

②设置标准。火灾自动报警系统设置应符合《火灾自动报警系统设计规范》(GB 50116—2013)的规定。地下车站、区间隧道和控制中心按火灾报警一级保护对象设计;设有集中空调系统或每层封闭的建筑面积超过 2 000 m² 但不超过 3 000 m² 的地面车站、高架车站按火灾报警二级保护对象设计,超过 3 000 m² 按火灾报警一级保护对象设计;车辆设施与综合基地、停车场的办公大楼、大型停车库、检修库、重要材料库及其他重要用房按火灾报警一级保护对象设计;车辆设施与综合基地、停车场内的一般生产及办公用房按火灾报警二级保护对象设计。

(2)灭火设施

地铁消防给水系统应满足生产、生活和消防用水对水量、水压和水质的要求,并应坚持综合利用、节约用水的原则。

①自动喷水灭火系统。

a.设置场所:地下站厅、站台的公共区,地下车辆基地和车辆基地库房内可燃、难燃的高架仓库,高层仓库等场所应设自动喷水灭火系统。

b.设置标准:《自动喷水灭火系统设计规范》(GB 50084—2017)。

②消火栓系统。

a.设置场所:地下车站、地下区间及体积超过 5 000 m³ 的地面和高架车站应设消火栓给水系统。

b.设置标准:应由城市给水管引入两根消防进水管并形成环状供水,当城市供水压力不能满足室内最不利点消火栓管网充水压力要求时,应采用稳高压装置;地下车站室内消火栓用水量为 20 L/s,地下车站出入口通道、折返线、区间隧道、地下区间室内消火栓用水量为 10 L/s;地面及高架车站的室内外消火栓用水量分别见表 3.18 和表 3.19。

表 3.18 地面及高架车站的室外消火栓用水量

建筑物名称	体积 V/m^3		
	$5\ 000 < V \leqslant 20\ 000$	$20\ 000 < V \leqslant 50\ 000$	$V > 50\ 000$
地面及高架车站的室外消火栓用水量/$(L \cdot s^{-1})$	20	25	30

表 3.19　地面及高架车站的室内消火栓用水量

建筑物名称	体积 V/m^3	消火栓用水量/ $(\mathrm{L}\cdot\mathrm{s}^{-1})$	同时使用水枪数量/支	每根竖管最小流量/$(\mathrm{L}\cdot\mathrm{s}^{-1})$
地面及高架车站	$5\ 000 < V \leqslant 25\ 000$	10	2	10
	$25\ 000 < V \leqslant 50\ 000$	15	3	10
	$V > 50\ 000$	20	4	15

车场应设消火栓给水系统,由城市二路管网分别引入一根消防进水管,在车场室外形成环网。环状管网上每间隔不大于 120 m 设一只地上式消火栓,寒冷地区为地下式消火栓。

车辆设施与综合基地、控制中心及车场内的建筑其消火栓系统的设置及用水量标准按《建筑设计防火规范》(GB 50016—2014)的规定执行。

③气体灭火系统。

a.设置场所:地下车站的通信机械室、公网引入室、信号机械室、环控电控室及地下变电所等重要电气用房应采用气体灭火系统;控制中心重要设备用房设气体灭火系统。

b.设置标准:目前已建地铁中较多采用的为 IG541 混合气体灭火系统和七氟丙烷气体灭火系统,系统形式应选择组合分配的全淹没气体灭火系统;对于选用组合分配式系统有困难的局部被保护对象,可选用与被保护对象相匹配的无管网自动灭火系统。

④灭火器。

a.设置场所:车站站厅层、站台层的公共区和设备区及其车辆设施与综合基地、控制中心的建筑均需设置灭火器。

b.设置标准:《建筑灭火器配置设计规范》(GB 50140—2005)。

(3)防排烟系统

①设置场所:

a.地下或封闭车站的站厅公共区、站台公共区。

b.防烟楼梯间和前室。

c.连续长度大于 60 m 的地下通道和出入口通道,设备管理用房门至安全出口距离大于 20 m 的内走道。

d.同一个防火分区内的地下车站设备及管理用房的使用面积超过 200 m²,或面积超过 50 m²经常有人停留的单个房间。

e.连续长度大于 300 m 的地下区间和全封闭车道;连续长度大于 60 m 但不大于 300 m 的全封车道和区间隧道。

②设置标准:车辆段、控制中心及主变电站等地面附属建筑的防排烟可参照《建筑设计防火规范》(GB 50016—2014)及相关手册设计。

区间隧道排烟系统宜采用纵向通风控制方式,有效控制烟气流动方向,保证火灾点疏散侧处于无烟区,为乘客创造不受烟气污染的疏散环境。通常,通风气流流速应高于 2 m/s,但不得高于 11 m/s,并且还应满足列车处在坡段时,能有效控制烟气逆流,即高于临界风速。

当地铁区间采用浅埋方式,顶部可开设较多的通风口时,可考虑采用自然排烟的形式。自然排烟口的间距、开启面积大小应通过计算确定,确保烟气及时排出轨区,不影响乘客疏散。

（4）车站防排烟

地上车站宜采用自然排烟方式;当不具备自然排烟条件时,应设置机械排烟设施。地下车站站台、站厅火灾时的排烟量,应根据一个防烟分区的建筑面积按 $1\ m^3/(m^2 \cdot min)$ 计算。当排烟设备需要同时排出两个或两个以上防烟分区的烟量时,其设备能力应按排出所负责的防烟分区中最大的两个防烟分区的烟量配置。当车站站台发生火灾时,应保证站厅到站台的楼梯和扶梯口处具有能够有效阻止烟气向上蔓延的气流,且向下气流速度不应小于 $1.5\ m/s$。

①设置场所:车站车控室（兼消防控制室）、控制中心大楼消防值班室、车辆段（停车场）信号楼控制室（兼消防制室）应设消防专用电话总机,宜选择共电式电话总机或对讲通信电话设备。

②设置标准:在车站、控制中心大楼、车辆段（停车场）的消防泵房、气体灭火钢瓶间及环控电控室、通信设备室、信号设备室、开关柜室、整流变压器室、公网引入室、屏蔽门设备室等所有气体灭火保护的设备用房,建议设置固定消防专用电话分机;在手动火灾报警按钮、消火栓按钮等处设置电话塞孔,电话塞孔可按区域采用共线方式接入消防专用电话总机。

（5）消防配电

①负荷分级和供电要求。

地铁车站中的消火栓泵、喷淋泵、防灾报警、通信、信号、设备监控、气体灭火、防火卷帘门、屏蔽门、隧道风机（含射流风机）、防排风/排烟风机及相关风阀、应急照明（含疏散指示标志照明）、废水泵、区间雨水泵及消防疏散兼用的自动扶梯等消防负荷为一级负荷,应采用双电源双回路进行供电,并在最末一级配电箱处进行自动切换。

②电缆（电线）选择及敷设方式。

消防用电设备的配电线路应满足在外部火势作用下,保持线路完整性、维持通电的要求,根据地铁发生火灾的危险性、疏散和扑救难度,其电线电缆的选择和敷设方式应满足下述要求:

a.选用电线电缆时,应按敷设条件及电缆的非金属含量选择阻燃级别,但同一建筑物内选用的阻燃和阻燃耐火电线电缆,其阻燃级别宜相同,且阻燃级别不低于 B 级。

b.由变配电所（或总配电室）引至消防设备的电源主干线应采用无卤、低烟、阻燃耐火电缆或矿物绝缘电缆,但在地下车站宜采用矿物绝缘电缆。

c.电缆穿管暗敷时可采用耐火电缆;明敷或沿支架、桥架敷设时采用无卤、低烟、阻燃耐火铜芯电缆,矿物绝缘电缆采用支架或沿墙明敷。

（6）疏散指示标志

①设置场所:

a.站厅车站站厅、站台、自动扶梯、自动人行道及楼梯口;

b.车站附属用房内走道等疏散通道及安全出口;

c.区间隧道;车辆基地内的单体建筑物及控制中心大楼的疏散楼梯间疏散通道及安全出口。

②设置要求：

a.疏散通道拐弯处、交叉口、沿通道长向每隔不大于 10 m 处，应设置灯光疏散指示标志，指示标志距地面应小于 1 m；

b.疏散门、安全出口应设置灯光疏散指示标志，并宜设置在门洞正上方；

c.车站公共区的站台、站厅乘客疏散路线和疏散通道等人员密集部位的地面上，以及疏散楼梯台阶侧立面，应设蓄光疏散指示标志，并应保持视觉连续。

习 题

1.什么是主动防火对策？

2.火灾自动报警系统由几部分组成？简述报警区域和探测区域的划分原则。

3.探测器的分类方法有哪些？它可分为哪几种类型？

4.什么是感烟探测器？它有哪几种类型？

5.什么是感温探测器？按作用的原理分有哪几类？

6.什么是线型火灾探测器和点型火灾探测器？

7.选择火灾探测器的原则是什么？

8.探测器的设置数量如何确定？探测器安装间距是如何规定的？探测器平面布置的基本原则是什么？

9.什么是火灾自动报警系统？火灾自动报警系统分为哪几类？

10.火灾报警控制器有几种分类方法？简述火灾报警控制器的工作原理和基本功能。

11.简述区域、集中和控制中心报警系统的适用范围。

12.灭火的基本原理有哪些？

13.水的灭火作用机理是什么？气体灭火的局限性有哪些？二氧化碳灭火剂的灭火原理是什么？

14.什么是泡沫灭火剂？它由什么组成？具有哪些用途？泡沫灭火剂在灭火中的主要作用有哪些？

15.卤代烷灭火系统的特点是什么？卤代烷灭火系统应设置在哪些地方？

16.干粉灭火剂的特点、组成是怎么样的？干粉灭火系统的类型有哪些？

17.简述自动喷水灭火系统的分类及其工作原理。

18.简述湿式自动喷水灭火系统和干式自动喷水灭火系统的组成和原理。

19.湿式、干式、预作用自动喷水灭火系统的主要区别是什么？简述预作用自动喷水灭火系统的工作原理。

20.简述室外消火栓系统的组成和任务。简述室外消火栓系统的设置范围和设置要求。

21.简述室内消火栓系统的组成和任务。简述高层建筑室内消火栓给水方式和设置要求。

22.设计防排烟系统的目的是什么？

23.防烟方式有哪些？排烟方式有哪些？

24.什么是自然排烟方式？在什么情况下不应采用自然排烟措施？

25.自然排烟和机械排烟的优缺点分别有哪些？常用的机械排烟方式有哪些？

26.简述机械排烟系统的设计要求。

27.什么条件的楼梯间可采用自然通风方式？

28.高层建筑发生火灾时的四个安全区是什么？

29.加压送风口的设置应符合哪些要求？机械加压送风从走廊至前室至楼梯间的余压值有什么要求？

30.试说明自然排烟口有效面积的确定方法。自然排烟口的设置有哪些要求？

31.如何确定走廊和房间的机械排烟量？

32.简述中庭排烟量的设计计算要求。

33.某建筑工程中有两个面积分别为 $400\ m^2$ 和 $500\ m^2$ 的场所共用一个机械排烟系统,试计算该工程的机械排烟量,试述对排烟风管的材质和风速的要求。

34.地铁在区间运行中发生火灾时如何处置？简述地铁车站防排烟系统的选择和防排烟系统的运作模式。

35.有一个高度为 $30\ m$ 的中庭,地面面积为 $500\ m^2$,若该中庭设置了机械排烟系统,根据规范,确定中庭排烟风机的最小机械排烟量值。

36.某一类高层综合性建筑内设有一中庭,该中庭净空高度为 $25\ m$,中庭地面面积为 $800\ m^2$,该中庭应采用哪种排烟方式？排烟量应是多少？

37.什么是防火阀？在哪些位置需要设置防火阀？排烟防火阀的作用是什么？哪些部位需要设置排烟防火阀？

38.地铁建筑火灾有哪些特点？

4

火灾荷载与火灾场景

4.1 火灾燃烧学基础

火灾是失去控制的燃烧现象。燃烧是可燃物与氧化剂作用发生的热反应,通常伴有火焰、发光或发烟等现象。

按照引燃的方式,燃烧分为点燃和自燃。

点燃,指物质由外界引燃源的作用而引发的燃烧。物质由外界引燃源的作用而引发的燃烧的最低温度称为引燃温度,简称引燃点。

自燃,指在没有外界火源作用的条件下,靠物质内部的一系列物理变化而引发的自动燃烧现象。

可燃物的种类很多,根据其存在的形态可分为气体可燃物、液体可燃物和固体可燃物。这3种类型的可燃物其着火过程有着不同的特点。

4.1.1 气体可燃物

建筑火灾中的可燃气体主要有两类:一类是燃烧前就在建筑物内存在的可燃气体,如煤气、液化石油气等,这些气体基本上是作为燃料气输送到建筑物内的。正常使用时,它们提供生产或生活所需的热量,但若失去了控制,也可以成为火灾的火源。另一类是燃烧中生成的可燃烟气,由于燃烧不完全,烟气中含有多种可燃组分。

可燃气体的着火方式有两种,一种称为自燃着火,另一种称为强迫着火或点燃,自燃和点燃过程统称为着火过程。

把一定体积的可燃混合气体预热到某一温度,在该温度下,气体可燃物发生缓慢的氧化还原反应并放出热量,导致气体温度增加,从而使反应速度逐渐加快,产生更多的热量,最终使反应速度急剧增大直至着火,这个过程称为气体自燃。

强迫着火是指在可燃气体内的某一部分用点火源点燃相邻一层混合气体,然后燃烧被自动传播到可燃气体的其余部分。点火源可以是火焰、高温物体、电火花等。

可燃气体的燃烧有预混燃烧和扩散燃烧两种基本形式。可燃气体与氧化剂先混合再燃烧,称为气相预混燃烧;两者边混合边燃烧,称为气相扩散燃烧。在实际火灾中,还经常出现非均匀的预混燃烧,其部分区域显示预混燃烧特征,部分区域呈现扩散燃烧特征。

发生预混燃烧的基本条件之一是燃料气在预混气(或称可燃混气)中必须具有一定浓度。在常温下,燃料气的浓度低于某一值或高于某一值都不会被点燃。通常,前者称为气体的可燃浓度下限,后者称为气体的可燃浓度上限。表 4.1 列出了一些燃料气和液体蒸气的可燃浓度极限。

表 4.1　燃料气的可燃浓度极限

气体名称	可燃浓度极限/%		气体名称	可燃浓度极限/%	
	下　限	上　限		下　限	上　限
氢气	4.0	75.0	一氧化碳	12.5	74.0
甲烷	5.0	15.0	氨	15.0	28.0
乙烷	3.0	12.5	硫化氢	4.3	46.0
丙烷	2.1	9.5	苯	1.5	9.5
丁烷	1.6	8.4	甲苯	1.2	7.1
戊烷	1.5	7.8	甲醇	6.0	36.0
乙烯	2.75	36.0	乙醇	3.3	18.0
丙烯	2.0	11.1	1-丙醇	2.2	13.7
乙炔	2.5	82.0	乙醚	1.85	40.0
丙酮	2.0	13.0	甲醛	7.0	73.0

4.1.2　液体可燃物

液体可燃物燃烧时其火焰并不是紧贴在液面上,而是在液面上空间的某个位置。这是因为液体可燃物着火前先蒸发,在液面上方形成一层可燃物蒸气,并与空气混合形成可燃混合气。液体可燃物的着火过程如图 4.1 所示。

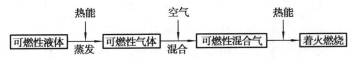

图 4.1　液体可燃物的着火过程

液体蒸发汽化过程对液体可燃物的燃烧起决定性的作用,闪点是表示蒸发特性的重要参数。闪点指的是液体在升温过程中不时有小的明火在液面上方晃过,可发生一闪即灭的蓝色火苗时的最低温度。随着测量仪器的不同,液体闪点也略有不同,多数文献中给出的闪点一般是用闭口杯法测定的值。

液体闪点越低,越易蒸发,反之则不易蒸发。因此,液体的闪点越低,其火灾危险性越大。

表 4.2 列出了常见可燃液体的闪点。可以看出,许多液体的闪点低于常温。为了便于防火管理,有区别地对待不同火灾危险性的液体,一般把闪点低于 45 ℃的液体称为易燃液体,闪点高于 45 ℃的称为可燃液体。在建筑防火设计中,还常以 28 ℃和 60 ℃为界,将易燃和可燃液体分为甲、乙、丙三类,它们各自的代表物品分别为汽油、煤油和柴油。

表 4.2　易燃和可燃液体的闪点

液体名称	闪点/℃	液体名称	闪点/℃
汽油	−58~10	乙醚	−45
煤油	28~45	丙酮	−20
酒精	11	乙酸	40
苯	−14	松节油	35
甲苯	5.5	乙二醇	110
二甲苯	2.5	二苯醚	115
二氧化硫	−45	葵籽油	163

液体随着温度的升高,其蒸气浓度进一步增大,到一定温度再遇到明火时,便可发生持续燃烧,这一温度称为该液体的燃点。与燃料气的可燃浓度极限类似,可燃液体的着火温度也有上、下限之分。着火温度下限是指液体在该温度蒸发生成的蒸气浓度等于其爆炸浓度下限,即该液体的燃点。着火温度上限是指液体在该温度下蒸发出的蒸气浓度等于其爆炸浓度上限。表 4.3 列出了某些液体的着火温度极限。

表 4.3　易燃和可燃液体的着火温度极限

液体名称	着火温度极限/℃		液体名称	着火温度极限/℃	
	下　限	上　限		下　限	上　限
车用汽油	−38	−8	乙醚	−15	13
灯用煤油	40	86	丙酮	−20	6
松节油	33.5	53	甲醇	7	39
苯	−14	19	丁醇	36	52
甲苯	5.5	31	二硫化碳	−45	26
二甲苯	25	50	丙醇	23.5	53

4.1.3　固体可燃物

可燃固体的种类繁多,在工程燃烧中通常以煤为固体燃料的代表,而在建筑火灾燃烧中,可燃固体包括建筑物中的构件和材料、某些工厂的原材料及室内物品等,它们大多是由人工聚合物和木材制成或构成的。

1) 固体可燃物的燃烧过程

固体物质受热时,因其性质不同,各有其不同的燃烧过程。萘球、樟脑等易升华的固体物质先升华为蒸气,蒸气再与空气发生有焰燃烧。其燃烧历程是:燃烧固体→挥发→熔融→燃烧。

蜡烛、松香等易熔固体物质是先熔融为液体,再蒸发为蒸气,蒸气再与空气发生有焰燃烧。这些固体表面上的火焰,在气相中和蒸发着的固体表面处保持着很短的距离,一旦火焰稳定下来,火焰通过辐射和气体导热将热量供给蒸发表面,促使固体逐层蒸发(或升华),从而使燃烧更快进行,以致燃尽。其燃烧历程是:燃烧固体→熔融→蒸发→触氧→燃烧。

煤、木材、纸张、棉花等复杂成分的固体物质,其主要成分是碳、氢和氧,这些成分在受热过程中,首先经加热而被蒸发,发生热分解,从固体释放出可燃性挥发气体,挥发气体与空气混合成可燃混合气体进行燃烧。当固体中的挥发物完全释放时,固体碳物质残渣受到氧的作用产生发光燃烧(又叫表面燃烧、无焰燃烧)。其燃烧历程是:燃烧固体→蒸发→分解→熔融→燃烧。

可燃固体的燃烧过程大体为:在一定的外部热量作用下,物质发生热分解,生成可燃挥发分和固定炭;若挥发分达到燃点或受到点火源的作用,即发生明火燃烧。而稳定明火的建立,又可向固体燃烧面反馈热量,从而使其热分解加强,此时撤掉点火源,燃烧仍能持续进行。当固体本身的温度达到较高值后,固定炭也开始燃烧。固体可燃物的燃烧过程如图4.2所示。

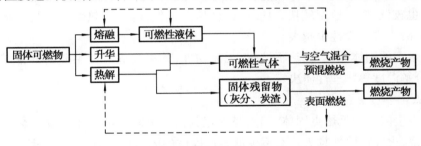

图 4.2 固体可燃物的燃烧过程

2) 固体可燃物的燃烧分类

根据固体可燃物燃烧特点,其燃烧形式可分为四类。

(1) 升华式燃烧

萘、樟脑等升华式固体可燃物,对其加热时直接升华为蒸气,蒸气和空气中的氧进行燃烧。

(2) 熔融蒸发式燃烧

蜡烛、沥青等固体可燃物,对其加热时,先熔化为液体,后变成蒸气,蒸气再与氧进行燃烧。

(3) 热分解式燃烧

木材、棉花、煤、塑料等可燃固体,对它们加热时,固体内部会发生一系列复杂的热分解反应,放出一氧化碳、氢气、甲烷等各种可燃气体以及一氧化碳、水蒸气等不燃气体。可燃气体与空气中的氧进行燃烧,生成产物。大量可燃固体的燃烧都属于热分解式燃烧。

(4)固体表面燃烧

可燃物受热不发生热分解和相变,在被加热的表面上吸附氧,从表面开始呈余烬的燃烧状态叫表面燃烧(又叫无火焰的非均相燃烧)。表面燃烧速度取决于氧气扩散到固体表面的速度,并受表面上化学反应速度的影响。

前三类燃烧形式有一个共同的特点,即最后燃烧的物质都为气体,与空气中的氧气都属于气相,所以又称同相燃烧;气体燃烧时都存在一个发光的气相燃烧区域——火焰,又称有焰燃烧。第四类燃烧形式是在燃烧时,可燃物属固相,氧化剂属气相,燃烧区域存在两个相,所以又称异相燃烧;因燃烧时没有发光的气相燃烧区域,所以又称无焰燃烧。前三类燃烧,既可以是预混燃烧,也可以是扩散燃烧。在一般情况下,首先是预混燃烧,然后变为扩散燃烧。第四类燃烧只能是扩散燃烧。

3) 评价固体物质火灾危险性的主要参数

固体物质的燃烧形式和过程比较复杂,对其进行火灾危险性评价的方法也不同。评价固体物质火灾危险性的参数主要有以下几种:

(1)熔点

熔点是指晶体开始熔化为液体时的温度。对于低熔点固体来讲,其熔点越低,越易燃。这是因为,发生蒸发式燃烧的固体,燃烧反应要在气态下进行,熔点越低,越易蒸发或气化,所以其自燃点也较低,燃烧速度较快。此外,固体熔点越低,越易受热熔化而具流动性,还会造成火势蔓延,故火灾危险性也越大。

对于高熔点的固体,一般受热不熔化,无流动性,其火灾危险性主要由其自燃点、最小引燃能量、热分解温度等物理性质决定。

(2)闪点

对于能发生闪燃的低熔点固体,闪点是评定其火灾危险性的一个重要参数。闪点越低,越易发生燃烧,火灾危险性越大。有不少低熔点固体的闪点低于其熔点,一般为 70～200 ℃。比如,多聚甲醛的熔点为 80.1 ℃,闪点为 70 ℃;萘熔点为 80.1 ℃,而闪点为 78.9 ℃。有的可燃固体在闪点以上温度仅发生着火,有的则有爆炸的危险性。

(3)自燃点

固体燃烧通常是由外部火源点燃的。当固体在明火点燃下刚刚可以发生持续燃烧时,其表面的最低温度称为该物质的燃点。表 4.4 中列出了一些可燃物的燃点。应当指出,由于固体的挥发性较差而且其性质不够稳定(尤其是天然生成的固体),其燃点不易准确测定。

表 4.4　可燃物的燃点

物质名称	燃点/ ℃	物质名称	燃点/ ℃	物质名称	燃点/ ℃
黄磷	34	橡胶	120	布匹	200
硫	207	纸张	130	松木	250
樟脑	70	棉花	210	灯油	86

续表

物质名称	燃点/℃	物质名称	燃点/℃	物质名称	燃点/℃
蜡烛	190	麻绒线	150	棉油	53
赛璐珞	100	烟叶	222	豆油	220

有些固体除了可由明火点燃外,还可以发生自燃。在规定条件下,可燃物质发生自燃的最低温度称为该物质的自燃点。物质的自燃点越低,发生火灾的危险性越大,可燃气体和液体也都有自燃点。但是,实际储存这些物质时,是绝对不会让它们接近其自燃点的,一般不用自燃点作为确定其火灾危险性的依据。对于堆放着的固体或需要进行加热、烘烤的固体来说,自燃点有着重要的实际意义。表 4.5 列举了一些物质的自燃点。

表 4.5 可燃物的自燃点

物质名称	自燃点/℃	物质名称	自燃点/℃	物质名称	自燃点/℃
三硫化四磷	100	汽油	255~530	棉籽油	370
赛璐珞	150~180	煤油	210~290	豆油	400
赤磷	200~250	轻柴油	350~380	花生油	445
松香	240	乙炔	335	乙醚	180
涤纶纤维	440	二硫化磷	102	氨	651

(4)热分解温度

热解,又称为裂解或热裂解,是指在隔离空气或通入少量空气的条件下,通过间接加热使含碳有机物发生热化学分解生成可燃气体、液体和固体的过程。

受热分解燃烧或阴燃的固体,都有一个热分解温度。受热分解温度越低,燃烧性能越强,燃烧速度越快。不同的固体,热分解温度不同。

(5)氧指数(OI)

氧指数又称临界氧浓度或极限氧浓度,指在规定条件下,试样在氧氮混合气流中,维持平稳燃烧所需要的最低氧气浓度,即氧在它和氮混合气中的最低体积百分数。

$$w(OI) = \frac{[O_2]}{[N_2] + [O_2]} \times 100\% \tag{4.1}$$

式中　$[Q(O_2)]$——氧气流量;

　　　$[Q(N_2)]$——氧气流量。

氧指数是用来对塑料、树脂、织物、涂料、木材及其他固体材料的可燃性或阻燃性进行评价和分类的一个特性指标。由于固体可燃物质的燃烧通常都是在大气环境下与空气中的氧进行的,故固体物质氧指数的大小是决定物质可燃性的重要因素。一般说来,氧指数越小,越易燃,其危险性也越大。通常认为,氧指数大于 50% 的为不燃材料;氧指数为 20%~27% 的为可燃材料;氧指数<20% 为易燃材料。

4.1.4　生产和储存物品的火灾危险性分类

生产和存储物品的火灾危险性分类的目的,是在建筑防火要求上,有区别地对待各种不同具有火灾危险性的生产和储存物品,使建筑物既有利于节约投资,又有利于保障安全。

值得注意的是,尽管生产和储存的是同一种物质,但由于生产和储存的条件不同,也具有不同的特点。例如在可燃液体(如重油)生产过程中,可燃液体在设备内受热,温度超过燃点,暴露于空气中就会起火,具有较大的火灾危险性;而其储存则不存在加热问题,故在储存中火灾危险性较小。在生产过程中,有些成分弥漫在空气中,当这些成分的浓度高于爆炸极限时,遇火源就能发生爆炸。如面粉厂的磨粉车间,面粉形成的粉尘有爆炸的危险;而放在仓库中的面粉则不会发生爆炸。又如钢材,在高温或熔融状态下进行加工,火灾危险性较大,而正常存储时则不存在火灾危险。相反,少数物品在生产时火灾危险性小,在储存中火灾危险性反而要大。如桐油织物及其制品,储存中的火灾危险性较大,当其放在通风不良的地方,经缓慢氧化,积热到一定温度时,会自燃起火,而在生产过程中则不存在自燃问题。

生产的火灾危险性分类如表 4.6 所示,储存物品的火灾危险性分类如表 4.7 所示。

表 4.6　生产的火灾危险性分类

生产类别	火灾危险性特征
甲	1.闪点小于 28 ℃的液体 2.爆炸下限小于 10%的气体 3.常温下能自行分解或在空气中氧化能导致迅速自燃或爆炸的物质 4.常温下受到水或空气中水蒸气的作用,能产生可燃气体并引起燃烧或爆炸的物质 5.遇酸、受热、撞击、摩擦、催化以及遇有机物或硫黄等易燃的无机物,极易引起燃烧或爆炸的强氧化剂 6.受撞击、摩擦或与氧化剂、有机物接触时能引起燃烧或爆炸的物质 7.在密闭设备内操作温度不小于物质本身自燃点的生产
乙	1.闪点不小于 28 ℃,但小于 60 ℃的液体 2.爆炸下限不小于 10%的气体 3.不属于甲类的氧化剂 4.不属于甲类的易燃固体 5.助燃气体 6.能与空气形成爆炸性混合物的浮游状态的粉尘、纤维、闪点不小于 60 ℃的液体雾滴
丙	1.闪点不小于 60 ℃的液体 2.可燃固体
丁	1.对不燃烧物质进行加工,并在高热或熔化状态下经常产生强辐射热、火花或火焰的生产 2.利用气体、液体、固体作为燃料或将气体、液体进行燃烧作其他用的各种生产 3.常温下使用或加工难燃烧物质的生产
戊	常温下使用或加工不燃烧物质的生产

表 4.7 储存物品的火灾危险性分类

储存类别	火灾危险性特征
甲	1.闪点小于 28 ℃的液体 2.爆炸下限小于 10%的气体,受到水或空气中水蒸气的作用能产生爆炸下限小于 10%气体固体物质 3.常温下能自行分解或在空气中氧化能导致迅速自燃或爆炸的物质 4.常温下受到水或空气中水蒸气的作用,能产生可燃气体并引起燃烧或爆炸的物质 5.遇酸、受热、撞击、摩擦以及遇有机物或硫黄等极易分解引起燃烧或爆炸的强氧化剂 6.受撞击、摩擦或与氧化剂、有机物接触时能引起燃烧或爆炸的物质
乙	1.闪点不小于 28 ℃,但小 60 ℃的液体 2.爆炸下限不小于 10%的气体 3.不属于甲类的氧化剂 4.不属于甲类的易燃固体 5.助燃气体 6.常温下与空气接触能缓慢氧化,积热不散引起自燃的物品
丙	1.闪点不小于 60 ℃的液体 2.可燃固体
丁	难燃烧物品
戊	不燃烧物品

注:难燃物品、不燃烧物品的可燃包装质量超过物品本身质量的 1/4 时,其火灾危险性应为丙类。

4.1.5 火灾的特殊燃烧现象

1)阴燃

阴燃是一些固体可燃物质在供氧不足的条件下特有的燃烧现象,是一种没有气相火焰的缓慢燃烧,通常伴随着冒烟和温度升高的情况。易发生阴燃的材料大都质地松软、多孔或成纤维状,当它们堆积起来时,更易发生阴燃,如纸张、木屑、锯末、烟草、纤维植物以及一些多孔性塑料等。阴燃是供氧不足的结果,供氧不足使燃烧温度较低,可燃固体不能分解出足够浓度的可燃气体,因此就不会发生气相的有焰燃烧。不是所有的固体可燃物都能发生阴燃,而是需要一定的内部和外部条件。发生阴燃的内部条件是:固体材料的分子必须是含氧的物质。发生阴燃的外部条件是:有合适的温度和具有一定能量的热源以及不太流通的空气。如果热源的温度过高,就可能使受热分解产生的可燃气达到一定浓度而形成有焰燃烧;如果热源温度过低或供给的能量过少,也不足以使物质发生阴燃。

如在缺氧或湿度较大条件下发生火灾,燃烧消耗氧气及水蒸气的蒸发耗能,使燃烧体的氧气浓度和温度均降低,燃烧速度减慢,固体分解出的气体量减少,火焰逐渐消失,则有焰燃烧转为阴燃;如果改变通风条件,增加供氧量,或可燃物中水分蒸发到一定程度,也可能由阴燃转变为有焰的分解燃烧甚至轰燃。当持续的阴燃完全穿透固体材料时,对流的加强会使空气流入量相对增大,阴燃则可转为有焰燃烧。

阴燃的温度较低、燃烧速度慢,不易被发现。但在适当条件下,长时间阴燃可转变为有焰燃烧,酿成火灾。如果阴燃在密闭空间进行的,那么经过一定的时间后,随着阴燃的进行,分解出的可燃气体和可燃的不完全燃烧产物的浓度就会增加,就有可能达到可燃气的爆炸极限,从而有发生烟雾爆炸的危险性。此外,阴燃火灾发生在堆积物的内部,较难彻底扑灭,并且易发生复燃。

2)轰燃

轰燃是建筑火灾发展过程中的特有现象,是指房间内的局部燃烧向全室性火灾过渡的现象。

建筑物内某个局部起火之后,可能出现以下三种情形:

①明火只在起火点附近存在,室内的其他可燃物没有受到影响。当某种可燃物在某个孤立位置起火时,多数是这种情形。

②如果通风条件不太好,明火可能自动熄灭,也可能在氧气浓度较低的情况下以很慢的速率维持燃烧。

③如果可燃物较多且通风条件足够好,则明火可以逐渐扩展,乃至蔓延整个房间。

轰燃是在第三种情形下出现的,轰燃的出现标志着火灾充分发展阶段的开始。一般来说,发生轰燃后,室内所有可燃物的表面都开始燃烧。不过,这一定义的范围是有限制的,它主要适用于接近于正方体且不太大的房间内的火灾。在非常长或非常高的受限空间内,所有可燃物被同时点燃是不可能的。

1981 年,托马斯(Thomas)提出轰燃的临界热释放速率公式为:

$$Q_{cr} = 387 A \sqrt{H} + 7.8A_t \tag{4.2}$$

式中 Q_{cr}——产生轰燃所需要的热释放速率,kW;

　　　A——通风口的面积,m^2;

　　　H——通风口的自身高度,m;

　　　A_t——房间的内表面积,m^2,包括四周墙壁、顶棚、地板的面积,除去通风口面积。

国外火灾理论专家为了探明轰燃发生的必要条件,在 3.64 m×3.64 m×2.43 m(长×宽×高)的房间内进行了一系列试验。试验以木质家具为燃烧试件,并在地板上铺设了纸张。以家具燃烧产生的热量,点燃地板上的纸张来确定全室性猛烈燃烧的开始时间,即出现轰燃的时间。通过实验得出的结论是地板平面上发生轰燃须有 20 kW/m^2 的热通量或吊顶下接近 600 ℃的高温。此外,从试验中观察到,只有可燃物的燃烧速度超过 40 kg/s 时,才能达到轰燃。同时认为,点燃地板上纸张的能量,主要是来自吊顶下的热烟气层的辐射,火焰加热后的房间上部表面的热辐射也占有一定比例,而来自燃烧试件的火焰相对较少。

目前,定量描述轰燃临界条件主要有两种方式:一种以到达地面的热通量达到一定值为条件。通常认为,处于室内地面上可燃物所接收的热通量达到 20 kW/m^2 时就可发生轰燃。

不过试验表明,这一数值对于引燃纸张之类的可燃物是足够的,而对于其他可燃固体来说就显得太小了。在普通建筑物中发生轰燃时,地面处的临界热辐射通量在 $15 \sim 35 \ kW/m^2$ 变化。

另一种方式是以顶棚下的烟气温度接近 $600 \ ℃$ 为临界条件。这种观点强调了烟气层的影响,实际上是间接体现热辐射通量的作用。这一温度是根据高度为 $3 \ m$ 左右的普通房间火灾结果得出的。对于较高的房间,发生轰燃时的烟气温度理应较高,反之亦然。例如,在 $1.0 \ m$ 高的小型试验模型内,测得发生轰燃时的顶棚温度仅为 $450 \ ℃$。由于温度的测量较为方便,因此在火灾实验中,人们还经常采用测量烟气温度来判定轰燃是否发生。

此外,轰燃发生前的燃烧速率必须达到一定的临界值,并且维持一段时间。在普通房间内,如果燃烧速率达不到 $40 \ g/s$ 是不会发生轰燃的。

3) 回燃

回燃是建筑火灾的一种特有的燃烧现象。当建筑在门窗关闭情况下发生火灾,生成的烟气中往往含有大量的可燃成分。如果由某种原因形成新的通风口,例如门被突然打开或者窗户玻璃碎裂,为了灭火而突然开门或进行机械送风等,致使新鲜空气突然进入,热烟气和新鲜空气就会发生不同程度混合。这种可燃混合气体很容易被小火源点燃,并发生猛烈的燃烧,大团的火焰往往可以窜到建筑物之外,进而发生强烈的气相燃烧。

回燃本质上是烟气中的可燃组分再次燃烧的结果,因此可燃组分浓度必须达到一定程度。一般认为在室内火灾中,可燃组分浓度大于 10% 才能发生回燃;当其浓度大于 15% 时,就可形成猛烈火团。

回燃是一种发生在烟气层下表面附近的非均匀预混燃烧。在起火区间的可燃烟气集聚于室内上半部,而后期进入的新鲜冷空气一般会沉在其下面。两者在交界区扩散掺混,生成可燃混合气。若气体扰动较大,混合区将会加厚。这种可燃混合气一旦被点燃,火焰便会在混合区传播开来;接着在燃烧引起扰动的作用下,室内空气混合加剧,于是整个起火房间很快全部充满火焰。

通常,可燃混合气达不到自燃温度,必须有点火源点燃。因此,点火源的存在是引发回燃的另一个基本条件。起火建筑物内原有的火焰、暂时隐蔽的火种、电气设备产生的火花等都可以成为引发回燃的点火源。

为了防止回燃的发生,控制新鲜空气的后期流入具有重要的作用。当发现起火建筑物内已生成大量黑红色的浓烟时,若未做好灭火准备,不要轻易打开门窗,以避免新鲜空气进入。在房间顶棚或墙壁上部打开排烟口将可燃烟气直接排出室外,这有利于减少烟气与空气在室内的混合。在打开这种通风口时,沿开口向房间内喷入一定的水雾,可以降低烟气的温度,从而减少烟气着火的可能。为了有效地排出烟气,还必须向室内补充新鲜空气,这种空气应当沿房间底部送入,并尽量平缓以减轻其与烟气的掺混。

严格控制点火源是预防回燃的另一基本方法。在已生成大量烟气的房间内,不允许使用普通的电气设施,如电灯、电扇等,以避免产生电火花。同时应当设法尽快扑灭室内的明火,在仍有明火时切忌仓促地向室内大量送风。

4.2 建筑室内受限燃烧

4.2.1 受限空间火灾

室内可燃物着火之后,在可燃物上方形成气相火焰,这种火焰可分为三个区域:最下面的是连续火焰区,中间是间断火焰区,最上面的是无火焰热烟气区。间断火焰区最大的特点是呈间歇式振荡燃烧。在火灾燃烧中,火源上方的火焰及燃烧生成烟气的流动通常称为火羽流。

室内可燃物着火后产生火羽流的情况如图 4.3 所示。上部热烟气区的流动由浮力控制,一般称为浮力羽流,或称为烟羽流。在火源上方形成向上流动的火羽流,由于卷吸作用,羽流周围的空气被不断卷吸进来,与其中原有的烟气发生掺混。于是随着羽流高度的增加,其总的质量流量逐渐增加,平均温度和浓度则逐渐降低。

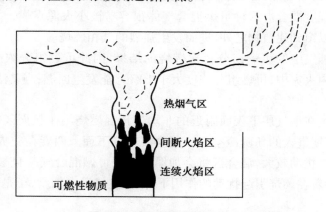

图 4.3　受限空间火灾示意图

火羽流受到房间顶棚的阻挡后,便沿顶棚下方向四面扩散开来,这种水平流动的薄烟气层称为顶棚射流。在顶棚射流向外蔓延的过程中,也要卷吸其下方的空气,但它的卷吸能力比火羽流弱。当火源强度较大或受限空间的高度较矮时,火焰甚至可以直接撞击在顶棚上,这时在顶棚之下不仅存在烟气的流动,而且存在火焰的蔓延。

顶棚射流受到墙壁阻挡后,便开始转向下流。然后由于烟气温度仍较高,因此它只下降不长的距离便转向上浮,不久就会在房间上部形成逐渐增厚的热烟气层。通常在烟气层形成后,顶棚射流仍然存在,不过这时顶棚射流卷吸的已不再是冷空气,而是温度较高的烟气。这样,顶棚附近的烟气温度越来越高,烟气浓度越来越大。

房间通向外部的门和窗的开口通常称为通风口,当烟气层厚度超过通风口的上边缘时,烟气便从开口流出起火室。烟气流出后,可能进入外界环境中,也可能进入建筑物的走廊或与起火室相邻的房间。

4.2.2　受限燃烧的基本特征

室内火灾受室内可燃物、火焰、烟气羽流、热烟气层(及顶棚射流)、壁面和通风因子等因素的影响,它们之间存在复杂的相互作用,从而出现受限燃烧的特殊现象。

在建筑物中,可燃物的燃烧性能和数量是决定火灾强度的主要因素,该建筑的通风状况对燃烧也具有重要影响。大量试验表明,通风口较小时,可燃物的燃烧速率较低,但是在特定的通风条件下,燃烧速率可以超过该可燃物在开放环境下的燃烧速率。

图 4.4 给出了以聚酯泡沫塑料(PMMA)为可燃物的试验结果。可燃物的上方吊了一个方罩,其作用与房间的顶棚和上部墙壁类似,其下部通风良好。可以看出,受限情况的最大燃烧速率比敞开环境的燃烧速率约大 3 倍,达到最大燃烧速率所用的时间只有敞开环境中燃烧的1/3。上述影响的大小与可燃物的性质和房间的大小都有关系。如在小房间模型中以酒精为可燃物进行试验表明:最大燃烧速率可以比敞开环境中的燃烧速率大 8 倍。造成这种情况的基本原因是,顶罩的存在使火灾烟气积聚在燃烧区附近,这种烟气(以及被其加热的固体壁面)能将更多的热量辐射反馈到可燃物表面,从而促进了可燃固体的热分解(或可燃液体的蒸发)与燃烧。

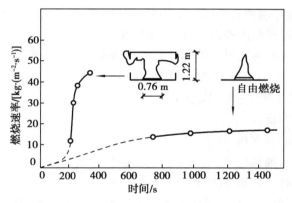

图 4.4　顶罩对 PMMA 块燃烧的影响

图 4.5 给出了不同开口条件下,全尺寸试验的油池火的燃烧速率随时间变化曲线。试验房间的尺寸为 4 m×3 m×3 m,房间的一侧开了一个门,其通风面积可通过挡板进行调整,以柴油作为燃料,试验采用的是边长为 0.6 m 的方形油盆。从图 4.5 可以看出,当通风口面积为中等尺寸时,燃烧速率最大。这种状况主要是室内通风受限与热量累积的共同影响造成。当火灾发生时,若房间的通风口过小,氧气供应状况不良,燃烧强度必然受到限制;随着通风面积的增大,进入室内的空气增多,促进了燃烧的进行。另一方面,固体壁面的存在有利于热量在室内的积累,燃烧产生的热烟气会在顶棚的下方积累,热烟气以及被其加热的壁面会对燃料造成热反馈,从而有助于可燃物的燃烧。开口面积的增大使得烟气较易流出,减弱了对燃料的热反馈,因此,通风口面积过大或过小都不利于燃烧进行。

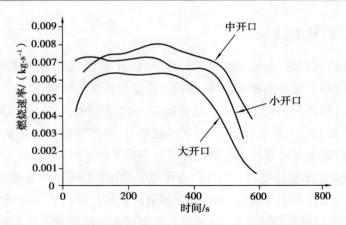

图 4.5　不同开口条件下油池火的燃烧速率随时间变化曲线

4.2.3　通风因子

建筑物的通风口大体可分为两类：一类是墙壁上的竖直开口，例如门、窗等；另一类是顶棚或地板上的水平开口，例如多层商场的自动扶梯口、地下建筑的出入口。一般来说竖直开口最为常见，是分析通风口流动的主要方面。

日本学者川越邦雄等围绕着通风对室内燃烧的影响进行了系统的研究。其用木垛为燃料，在接近正方体的房间模型内进行试验，通风口开在一侧墙壁的中央。实验结果显示，当发生轰燃后，木垛的燃烧速率与通风口的面积和形状的关系可用下式描述：

$$\dot{m} = 5.5A\sqrt{H} \tag{4.3}$$

式中　$\dot{m}$——木垛的质量燃烧速率，kg/min；

$\quad\quad$ A——通风口的面积，m^2；

$\quad\quad$ H——通风口的自身高度，m。

一般称数组 $A\sqrt{H}$ 为通风因子。式(4.3)给出的经验系数只是在一定的范围内，适合木垛之类的可燃物的计算，对于其他可燃物，此系数的值有所变化。

巴布劳斯卡斯根据火灾过程中气体流入与流出通风口的关系也可以推导出类似的结果。他对图4.6所示的模型作了分析，假设流出的烟气量近似等于流入的空气量，从而得到：

$$\dot{m}_a \approx \frac{2}{3}A\sqrt{H}C_d r_0 (2g)^{\frac{1}{2}} \left[\frac{(r_0 - r_F)/r_0}{[1 + (r_0/r_F)^{\frac{2}{3}}]^3} \right]^{\frac{1}{2}} \tag{4.4}$$

式中　$\dot{m}_a$——空气的质量流量，kg/s；

$\quad\quad$ r_F——烟气密度，kg/m^3；

$\quad\quad$ r_0——空气密度，kg/m^3；

$\quad\quad$ C_d——系数。

对于轰燃后的火灾，r_0/r_F 为 1.8~5.0。因此，式(4.4)中的密度项平方根近似为 0.2。若设 $r_0 = 1.29$ kg/m^3，$g=9.81$ m/s^2，$C_d=0.7$，则得到流入空气的质量流量为：

$$\dot{m}_a = 0.52 A\sqrt{H} \tag{4.5}$$

式中　$\dot{m}_a$——空气的质量流量，kg/s。

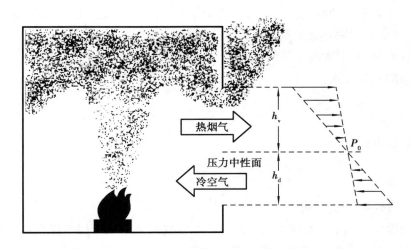

图4.6 火灾充分发展阶段的通风口流动

假设室内燃烧处于化学当量比,即木材燃烧所需的空气量约为5.7 kg(空气)/kg(木材),于是木材的燃烧速率表示为:

$$\dot{m} = \dot{m}_a/5.7 \approx 0.09\ A\sqrt{H} \tag{4.6}$$

式中 $\dot{m}$——木材的燃烧速率,kg/s。

上式 $\dot{m}$ 的单位换算为 kg/min,则式(4.6)可以表示为:$\dot{m} = 5.5\ A\sqrt{H}$。

上述分析结果表明通风因子($A\sqrt{H}$)反映了开口的几何形状对气体流动的影响,是分析室内火灾的重要参数。

4.2.4 火灾燃烧控制形式

研究表明,火灾燃烧存在燃料控制和通风控制两种形式。在火灾初期,火区和房间相比是很小的,燃料所需的氧气比较充足,燃烧速率主要是由可燃物本身性质所决定的,一般称为燃料控制燃烧;随着火灾的发展,火区面积不断增大,当通风状况无法满足火灾继续增长的需要,燃烧速率则由空间的通风条件控制,这种形式称为通风控制燃烧。如果房间的通风状况良好,那么火灾将一直维持燃料控制燃烧而不会转变为通风控制燃烧。

这两种燃烧控制形式的交界区可由可燃物的质量燃烧速率 $\dot{m}_F$ 与空气的实际流入速率之比确定。r 为该可燃物按照化学当量比燃烧时的空气与燃料比,$\dot{m}_a$ 为可燃物当量比燃烧所需的空气流率。

在通风控制燃烧时为:

$$\dot{m}_a/m_F < r \tag{4.7}$$

在燃料控制燃烧时为:

$$\dot{m}_a/m_F > r \tag{4.8}$$

上述关系是根据燃料蒸气(或可燃挥发组分)与空气之间的化学反应无限快而得出的。实际上,火灾燃烧大都不可能在瞬间完成。试验发现,在有些火灾中,空气流入速率与挥发分产生速率之比明显大于当量燃烧比 r,室内应处于燃料控制燃烧,但却出现火焰从开口窜出的现象。这表明进入室内的空气量不足以支持充分燃烧,其原因是可燃挥发分完全燃烧需要一定时间,有未燃烧的挥发分流出到室外。

试验研究表明,对于木质纤维的燃烧,大体可用下式区分燃烧所处的状态:

通风控制的燃烧方式:

$$\frac{r\sqrt{g}A\sqrt{H}}{A_F} < 0.235 \tag{4.9}$$

燃料控制的燃烧方式:

$$\frac{r\sqrt{g}A\sqrt{H}}{A_F} > 0.29 \tag{4.10}$$

式中 A_F——可燃物的表面积。

两个控制阶段之间的转变区是有一定范围的。这种关系是根据木垛在室内燃烧得出的,当用于其他火灾时还应加以修正。此公式的主要局限性是没有反映室内环境条件对可燃物的热辐射影响。

4.3 火灾荷载

4.3.1 材料的燃烧热值

材料在燃烧过程中都要释放大量的能量。单位质量的材料完全燃烧,其燃烧产物中的水蒸气(包括材料中所含水分生成的水蒸气和材料组成中所含的氧燃烧时生成的水蒸气)均凝结为液态时所放出的热量,称为该材料的总燃烧热值,也称高热值。

单位质量的材料完全燃烧,其燃烧产物中的水蒸气(包括材料中所含水分生成的水蒸气和材料组成中所含的氧燃烧时生成的水蒸气)仍以气态形式存在时所放出的热量,被定义为该材料的燃烧热值,也称低热值或净热值。在火焰和火中,水一般保持为气态,因此对于防火研究适合采用净热值。燃烧热值越高的物质,燃烧时火势越猛,温度越高,辐射出的热量也越多。

可燃物的热值大小取决于可燃物的化学组成和干湿程度。湿度越大,燃烧释放出的用于蒸发水分的热量也就越多。

可燃物的燃烧热值可以通过试验测得,也可以通过理论计算获得。对一些单质或纯化合物可以采用热化学反应方程式计算燃烧热值。在建筑材料中,其组成成分是很复杂的,不可能写出明确的化学方程式,因而难以用理论方法进行计算。实际应用中的大多数材料的燃烧热值大多是通过试验测定的,目前,普遍采用的测量方法有氧弹量热计方法《建筑材料及制品的燃烧性能 燃烧热值的测定》GB/T 14402—2007/ISO 1716:2002。其测量原理是取定量试样在定容的封闭系统中,物质发生完全燃烧化学反应,燃烧释放出的热量使热量计和氧弹周围介质的温度上升,当能量平衡时,根据测得的燃烧前后热量计的温度变化值计算出试样的发热量。

表4.8中列出了我国和国外部分材料热值测试的结果。

表4.8 各类材料的热值

固体	热值/(MJ·kg⁻¹)		液体	热值/(MJ·kg⁻¹)	
	中 国	国 外		中 国	国 外
无烟煤	33.5	34	汽油	43.5	44
柏油	42.5	41	柴油	41	41
沥青	42	42	亚麻籽油	40	39
纤维素	15.5	17	甲醇	19.9	20
木炭	30	35	石蜡油	41	41
服装	19	19	烈酒	27	29
烟煤、焦煤	30	31	焦油	40	38
软木	—	29	苯	40.1	40
棉花	18	18	苯甲醇	32.9	33
谷物	16.5	17	乙醇	26.8	27
黄油	32	41	异丙基酒精	31.4	31
厨房垃圾	—	18	气体	热值/(MJ·kg⁻¹)	
皮革	18	19		中国	国外
油毡	24	20	乙炔	48.2	48
纸和纸板	18	17	丁烷	45.7	46
粗石蜡	46.5	47	一氧化碳	10.1	10
泡沫橡胶	37	37	氢	119.7	120
异戊二烯橡胶	44	45	丙烷	45.8	46
轮胎	32.5	32	甲烷	50	50
丝绸	19	19	乙烷	48	48
稻草	15.5	16	塑料	热值/(MJ·kg⁻¹)	
木材	19	18		中国	国外
羊毛	23.5	23	聚酯纤维	20	21
微粒板	17	18	聚乙烯	43.5	44
塑料	热值/(MJ·kg⁻¹)		聚苯乙烯	39.5	40
	中国	国外	聚异氰酸酯泡沫	24	24
工程塑料	37	36	聚碳酸酯	29	29
聚丙烯	28	28	聚丙烯	42.5	43

续表

固　体	热值 /(MJ · kg⁻¹)		液　体	热值 /(MJ · kg⁻¹)	
	中　国	国　外		中　国	国　外
赛璐珞	18	19	聚氨酯	23	23
环氧	34	34	聚氨酯泡沫	25.5	26
三聚氰胺树脂	17.5	18	聚氯乙烯	18	17
酚醛树脂	28.5	29	脲醛树脂	14.5	15
聚酯	30	31	脲醛泡沫	13.5	14

4.3.2　火灾荷载与火灾荷载密度

火灾荷载是指着火空间内所有可燃材料(包括建筑构件、装修、陈设等)的总潜热能,即建筑物及其内所有可燃物燃烧的总热值。

火灾荷载密度是指房间中所有可燃材料完全燃烧时所产生的总热量与房间的特征参考面积之比,即火灾荷载密度是建筑空间内单位地板面积上可燃物的燃烧总热值。

建筑物的火灾荷载是预测可能出现的火灾大小和严重程度的基础。火灾荷载密度越大,可能发生火灾的危险性也就越大。

按照建筑内可燃物的可见性,建筑火灾荷载可分为下列两类:

①可见火灾荷载,即建筑物及内部能够观察到的可燃物的燃烧总热值。它包括建筑内可以观察到、暴露在空气中的可燃物,如门、窗、家具、商品、书籍等。

②隐蔽火灾荷载,即隐藏于建筑构件内部的可燃物的燃烧总热值。它包括建筑构件内隐蔽的可燃物,如构件内部的管道、保温材料、电线等。

按照可燃物的活动性,火灾荷载可分为下列三类:

①固定火灾荷载,建筑物及内部位置固定不变的可燃物的燃烧总热值。它包括内置衣橱或橱柜、门(含框架)、窗户(含窗台)、建筑内部可燃构件、电气线路、管道、保温材料、内置电器等。

②活动火灾荷载,建筑物及内部位置可变的可燃物的燃烧总热值。它包括建筑内放置的各种物品,如商品、家具、货物、书籍等。

③临时性火灾荷载,主要由建筑的使用者临时带来并且在此停留时间极短的可燃物构成。

按照可燃物的材质,建筑内的可燃物可分为纤维织物、木质材料、高分子材料、纸制品等。

火灾荷载密度可用下式来计算:

$$q = \frac{\sum M_i \Delta h_i}{A_F} \tag{4.11}$$

式中　　q——火灾荷载密度,MJ/m²;

M_i——室内单个可燃物的质量,kg;

Δh_i——单个可燃物的燃烧热值, MJ/kg;

A_F——房间地面面积,m²。

在一些论文和书籍中,将火灾荷载密度(MJ/m^2)转化为等热值的标准木材来表示(kg/m^2),将火灾荷载密度除以标准木材的热值(通常取 18 MJ/kg),即用当量标准木材的质量 w 来表示火灾荷载密度。

$$w = q/18 \qquad (4.12)$$

一个房间内的火灾荷载密度也可以参考同类型建筑内火灾荷载密度的统计数据确定。在进行此类统计时,应该至少对 5 个典型建筑取样。

在一定种类可燃物分布和相应的通风条件下,火灾发展的最大热释放速率主要受最大的火源面积控制。此外,用参数计算的方法确定火灾热释放速率随时间的变化,也需要最大火源面积这一参数。

火灾发展面积(A_G)可采用可燃物水平方向的火焰蔓延速度表示,见式(4.13):

$$A_G = XY \text{ 或 } A_G = \pi R^2 \qquad (4.13)$$

$$X = a_0 + v_x t, Y = b_0 + v_y t, R = R_0 + vt$$

式中　a_0——点火源面积在 x 方向的长度,m;

　　　b_0——点火源面积在 y 方向的长度,m;

　　　R_0——点火源直径,m;

　　　v_x——火焰沿 x 方向的蔓延速度,m/s;

　　　v_y——火焰沿 y 方向的蔓延速度,m/s;

　　　v——火焰沿径向的蔓延速度,m/s;

　　　t——点火后火焰的蔓延时间,s。

着火房间内烟气层的中性面位置,随热烟气温度和开口位置的变化而变化。在中性面上方,着火房间内部的气体压力大于相邻房间或外部的气体压力;在中性面下方,着火房间内部的气体压力小于相邻房间或外部的气体压力。

通风口的形状、大小和分布影响着火房间内的燃烧类型、气体流动状态和火灾烟气及热的排放。

建筑物内的材料和物品种类是非常繁多和变化的。在使用期间内,建筑内的火灾荷载一般是由各种因素引起的,其中有些因素是人无法加以控制的,所以建筑内的火灾荷载不但是可变的,而且还带有偶然性或随机性的特点。表 4.9 中的数据就是一些国家基本认可的火灾荷载密度,表中给出的火灾荷载密度是假设材料完全燃烧。

表 4.9　各类建筑中的火灾荷载密度(MJ/m^2)

房屋类型	平均火灾密度	分位值		
		80%	90%	95%
住宅	780	870	920	970
医院	230	350	440	520
医院仓库	2 000	3 000	3 700	4 400
宾馆卧室	310	400	460	510
办公室	420	570	670	760

续表

房屋类型	平均火灾密度	分位值		
		80%	90%	95%
商店	600	900	1 100	1 300
工厂	300	470	590	720
工厂的仓库	1 180	1 800	2 240	2 690
图书馆	1 500	2 550	2 550	——
学校	285	360	410	450

注:80%分位值是指80%的房屋和建筑未超过。

4.3.3 火灾持续时间

火灾持续时间是指着火区域从火灾形成到火灾衰减所持续的总时间。从建筑物耐火性能的角度来看,火灾持续时间是指着火区域轰燃后所经历的时间。通过实验研究发现,火灾持续时间与火灾荷载成正比,可以用下式计算:

$$t = \frac{wA_F}{\dot{m}} = \frac{wA_R}{5.5A\sqrt{H}} = \frac{q}{18}\frac{A_R}{5.5A\sqrt{H}}\frac{1}{60} = \frac{1}{5\,940}qF_d(h) \tag{4.14}$$

$$F_d = \frac{A_R}{A\sqrt{H}} \tag{4.15}$$

式中　F_d——火灾持续时间参数,是决定火灾持续时间的基本参数;

　　　A_R——火灾房间的地板面积,m^2;

　　　q——火灾荷载,MJ/m^2;

　　　A——通风口面积,m^2;

　　　H——通风口高度,m。

除用上述公式计算火灾持续时间之外,根据火灾荷载还可推算出火灾燃烧时间的经验数据,如表4.10所示。该表的使用条件是,火灾荷载是纤维系列可燃物,即可燃物发热量与木材的发热量接近或相同,油类及爆炸类物品不适用。

表4.10　火灾荷载与火灾持续时间的关系

火灾荷载/($MJ \cdot m^{-2}$)	450	675	900	1 350	1 800	2 700	3 600
火灾持续时间/h	0.5	0.7	1.0	1.5	2.0	3.0	4~4.7

4.3.4 建筑火灾荷载的确定方法

建筑火灾荷载的确定可采用标准数据引用法、实地调查法、设计分析法、数据库查询法、类比分析法。发生争议时,以实地调查法为依据。

1）标准数据引用法

火灾荷载的标准中明确给出的火灾荷载数据，可供参考使用。

消防监督过程中，对某类建筑的火灾荷载值缺乏准确数据，应采用标准数据引用法，判定各类型建筑的火灾荷载危险性。

2）实地调查法

活动火灾荷载、可见火灾荷载应通过实地调查法确定。

随着科学的发展，大数据时代的消防监督应顺势而为，作为火灾规模的基础数据，火灾荷载值可以用于消防灭火、日常管理，该值应该具有针对性、可靠性。通过火灾荷载实地调查，对重要建筑、仓库等建筑应进行火灾荷载管理，准确掌握其火灾荷载分布，消防支队准确记载该数据，对其变动也实时掌握，防患于未然；火灾发生时，也可以通过既有数据预测火灾动态。

实地调查法适用以下范围：

①对既有建筑及部位进行消防检查、防火巡查时；

②消防安全管理信息表中可燃物统计；

③灭火救援。

3）设计分析法

在对建筑物进行火灾荷载调查时，首先把可燃物根据其所属火灾荷载类别，按照固定火灾荷载、隐蔽火灾荷载和活动火灾荷载、可见火灾荷载进行分类。固定火灾荷载或隐蔽火灾荷载计算较为简便，可通过装修图纸获得，既准确又较节省时间，因此设计分析法及实地调查法都可以采用。

4）数据库查询法

采用规定的调查方法，进行大量调研，形成统一可参考的数据库，涵盖大量各类型建筑。该类数据库须采用标准方法，由规定单位形成，获得认可，保证数据的准确、可靠，才能参考使用。

对建筑进行防火设计时，可采用数据库查询法获得火灾荷载值。

5）类比分析法

建筑火灾荷载调查中，很多建筑与前期调查项目类型相同，则既有同类型建筑与该特定建筑的火灾荷载值可合并计算，此法称为类比分析法。

4.3.5　建筑火灾荷载的分级与火灾荷载分布

①根据建筑的使用功能，在进行不同场所的火灾荷载分级时，建筑场所应按表4.11的规定进行常规功能分类。

表4.11　建筑场所分类

场　　所	功　　能
客运站	码头、火车站、机场等旅客密集场所
娱乐场所	歌舞娱乐放映游艺场所
商　　场	所有商店和商场
宾　　馆	临时居住场所
医　　院	病患护理场所
学　　校	所有教育场所
办公室	办公场所
住　　宅	除老年人照料设施以外的居住场所
厂　　房	工业活动场所
仓　　库	物品存储场所

②根据建筑的不同功能,确定建筑的火灾荷载种类、数量、分布。

③典型建筑及场所火灾荷载密度可按表4.12取值。

表4.12　典型功能建筑火灾荷载密度值(MJ/m^2)

建筑物及场所	火灾荷载密度	
	平均值	标准值
商场营业厅	600	2 700
宾馆房间	400	1 100
医院诊室	300	400
学校教室	300	500
办公室	700	2 100
住　　宅	800	1 600

④各类型建筑及场所应确定火灾荷载密度,避免火灾荷载过量可能引起的火灾危险。

⑤建筑的火灾荷载密度值不宜超过其标准值。

⑥商场营业厅的火灾荷载等级分级标准应符合表4.13的规定。

表 4.13 商场营业厅的火灾荷载等级划分(MJ/m²)

规模 等级	建筑面积在 1 000 m² 及以上且 经营可燃商品的商场	其他商场
一级	$q>1\ 500$	$q>2\ 700$
二级	$600<q\leqslant1\ 500$	$1500<q\leqslant2\ 700$
三级	$q\leqslant600$	$q\leqslant1\ 500$

注:表中平均值与标准值均为该类型建筑调查统计值。

⑦宾馆房间的火灾荷载等级分级标准应符合表 4.14 的规定。

表 4.14 宾馆房间的火灾荷载等级划分(MJ/m²)

规模 等级	客房数在 50 间以上的宾馆	其他宾馆
一级	$q>1\ 100$	$q>1\ 500$
二级	$400<q\leqslant1\ 100$	$1\ 100<q\leqslant1\ 500$
三级	$q\leqslant400$	$q\leqslant1\ 100$

注:表中平均值与标准值均为该类型建筑调查统计值。

⑧医院诊室的火灾荷载等级分级标准应符合表 4.15 的规定。

表 4.15 医院诊室的火灾荷载等级划分(MJ/m²)

规模 等级	住院床位在 50 张以上的医院	其他医院
一级	$q>400$	$q>800$
二级	$300<q\leqslant400$	$400<q\leqslant800$
三级	$q\leqslant300$	$q\leqslant400$

注:表中平均值与标准值均为该类型建筑调查统计值。

⑨学校教室的火灾荷载等级分级标准应符合表 4.16 的规定。

表 4.16 学校教室的火灾荷载等级划分(MJ/m²)

规模 等级	学生住宿床位在 100 张以上的学校	其他学校
一级	$q>500$	$q>1\ 000$
二级	$300<q\leqslant500$	$500<q\leqslant1\ 000$
三级	$q\leqslant300$	$q\leqslant500$

注:表中平均值与标准值均为该类型建筑调查统计值。

⑩办公室的火灾荷载等级分级标准应符合表 4.17 的规定。

表 4.17　办公室的火灾荷载等级划分(MJ/m^{-2})

等　　级 ＼ 规　模	高层办公楼(写字楼)	其他办公楼(写字楼)
一级	$q>1\ 500$	$q>2\ 100$
二级	$700<q≤1\ 500$	$1\ 500<q≤2\ 100$
三级	$q≤700$	$q≤1\ 500$

注:表中平均值与标准值均为该类型建筑调查统计值。

⑪住宅的火灾荷载等级分级标准应符合表 4.18 的规定。

表 4.18　住宅的火灾荷载等级划分(MJ/m^{-2})

等　　级 ＼ 规　模	高层住宅	其他住宅
一级	$q>1\ 500$	$q>1\ 600$
二级	$800<q≤1\ 500$	$1\ 500<q≤1\ 600$
三级	$q≤800$	$q≤1\ 500$

注:表中平均值与标准值均为该类型建筑调查统计值。

⑫典型功能建筑局部火灾荷载密度值可按照表 4.19 进行判定。

表 4.19　局部火灾荷载密度值(MJ/m^2)

建筑物及场所	局部火灾荷载密度值
商场营业厅	1 600
宾馆房间	1 100
医院诊室	800
学校教室	800
办公室	1 800
住　宅	2 100

⑬建筑内的火灾荷载分布可按照表 4.20 进行分级。

表 4.20 局部火灾荷载危险等级(MJ/m^2)

等　级	局部火灾荷载密度
一级	$q_L>3\ 500$
二级	$1\ 500<q_L\leqslant3\ 500$
三级	$q_L\leqslant1\ 500$

4.4　火灾场景设置

4.4.1　火灾的发展过程

火灾的发展过程如图 4.7 所示,分为燃烧初期、增长期、轰燃期、旺盛期、衰减期。

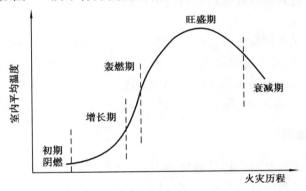

图 4.7　火灾发展过程

1) 第一阶段(可燃物的着火与燃烧初期)

气态、液态、固态三种可燃物,虽然其着火与蔓延的机理不同,但只要可燃物的温度达到相应条件下的着火温度并且氧气的供应持续不断,同时满足化学反应的热平衡迁移条件,就会发生燃烧现象。对于固体可燃物,加热到足够高的温度时就会发生热解、气化反应,释放出挥发物质,留下炭化的固体物质。实际燃烧的是气态可燃物与多孔碳。当氧气供应不充分或者燃烧过程热平衡上下波动时,固态可燃物的燃烧即处于阴燃状态。

阴燃阶段可持续几分钟或者数小时,烟气产生率低,烟气的主要成分为 CO_2、CO、水蒸气、液态烃类和焦油类物质等。一旦热解产生的气态可燃物质足够多,随热浮升气流迁移扩散并且氧气的供应满足持续燃烧的条件,就转化为明火燃烧。

有的火灾并不存在阴燃期,而是直接产生明火燃烧。也有从明火燃烧转化为阴燃状态的复杂情况。

2）第二阶段（增长期）

明火燃烧增长初期，由于建筑空间相对于火源来说，一般都比较大，空气中的氧供应充足，所以燃烧状况主要取决于可燃物的热解气化快慢与火灾荷载的分布情况，燃烧区域存在局部高温。火势增长中的明火燃烧使得固体可燃物的热解气化速度不断加速。此阶段火源的热释放速率变化近似满足 t^2 火变化规律。随着火源范围的扩大，火焰从最初着火的可燃物加速蔓延，且可能会引燃附近的可燃物。一方面，当着火空间内的烟气流动使得氧气的供应开始明显影响火势的继续发展时，通风情况对火区的燃烧蔓延将有极大影响。另一方面，可燃物的热解、气化速度和火灾荷载的分布等因素也对火灾的蔓延过程有直接影响，火灾发展可能出现下述情况之一：

①当最初着火的可燃物数量有限或者火焰的延烧受阻时，燃烧增长过程会很快结束，可燃物将逐渐燃尽并最终导致燃烧熄灭。

②若着火空间体积有限且通风不足时，即使从阴燃状态能够转变成明火燃烧，火势增长不久就会因为受氧气供应的限制变成通风控制形式的不稳定燃烧。这种燃烧方式会产生振荡现象，火焰会闪动，直到氧气耗尽后自行熄灭。烟气中炭黑的生成比例较高，CO 浓度较大，也就是烟气的毒性较大。

③当可燃物与通风条件良好时，火灾的燃烧蔓延过程满足充分发展的条件，火源的热释放速率增长迅速，火焰的尺度达到极大值，使空间内所有可燃物表面都受火势增长与烟气流动的影响。除原来引发火灾的火源之外，其他的可燃物也可能会着火并发生有焰燃烧。火源热释放速率增长到超过一定的极限，着火房间内的温度快速上升，会出现轰燃现象。

3）第三阶段（旺盛期）

旺盛期火灾对建筑物及室内物品破坏极大，火源的热释放速率达到极大值，室内的温度也达到极大值。燃烧过程耗氧量非常大，空间内的氧气可能来不及补充。火势因缺氧而减弱后，若新鲜空气从门窗等开口突然吸入着火空间，使可燃气体再次快速猛烈燃烧，产生的热烟气急速膨胀使室内压力波动大，火焰卷着烟气从门窗喷出，发生回燃现象。这会给人员逃生与灭火工作带来极大威胁。

在此期间，室内的可燃物都会进入充分燃烧阶段，并且火焰与烟气充满整个空间。建筑物部分或者全部烧坏，可能会发生倒塌。

一般而言，这个阶段的燃烧分为通风控制和燃料控制。

轰燃过程的持续时间很短，影响因素很复杂，可用突变理论进行分析。

4）第四阶段（衰减期）

经过火灾旺盛期之后，火灾分区内的气态、液态可燃物大都被烧尽，固态可燃物也逐渐焦炭化，着火空间内温度开始逐渐降低。一般把室内平均温度降低到最高值的 80% 作为旺盛期与衰减期的分界。有焰燃烧会逐渐减弱，但焦炭按多孔炭直接燃烧的形式继续燃烧。衰减期室内平均温度下降较平缓，并且存在燃烧的起伏，最终会破坏持续延烧的条件，火焰就会熄灭。

在上述火灾发展的四个阶段中，除了轰燃期在一定条件下可能不会发生以外，其他几个阶段是所有建筑物火灾发展都要经历的过程。而随建筑物本身结构形式、通风条件、建筑物内部火灾荷载的分布及可燃物的燃烧特性等具体条件之不同，火灾发展过程的破坏性以及烟气流动的危险性也不同，相应的火灾损失也各异。

4.4.2　火灾场景设计

1) 火灾场景

火灾场景是对一次火灾整个发展过程的定性描述，该描述确定了反映该次火灾特征并区别于其他可能火灾的关键事件。火灾场景通常要定义引燃、火灾增长阶段、完全发展阶段、衰退阶段以及影响火灾发展过程的各种消防措施和环境条件。

火灾、建筑和人员之间的相互作用会形成一种非常复杂的系统。因此，为了采用确定性评估大型复杂建筑的消防安全，需要做一些保守的简化。根据这一理论，有一些因素会对火灾场景作出贡献，而其他一些因素对火灾场景的贡献并不显著。通过仔细选择对火灾场景设计影响较大的因素，然后运用适当的计算技术，可以较方便地得到等效安全解决方案。火灾场景的确定应根据最不利的原则确定，选择火灾风险较大的火灾场景作为设定火灾场景，如火灾发生在疏散出口附近并令该疏散出口不可利用、自动灭火系统或排烟系统由于某种原因失效等。火灾风险较大的火灾场景应包括发生概率高但火灾危害不一定最大，或者火灾危害大但发生概率低的火灾场景。火灾场景必须能描述火灾引燃、增长和受控火灾的特征以及烟气和火势蔓延的可能途径、设置在建筑室内外的所有灭火设施的作用、每一个火灾场景的可能后果。在设计火灾场景时，应确定设定火源在建筑物内的位置及着火房间的空间几何特征，例如火源是在房间中央、墙边、墙角还是门边等以及空间高度、开间面积和几何形状等。

确定火灾场景可采用下述方法：故障类型和影响分析、故障分析、如果-怎么办分析、相关及空间高度、开间面积和几何形状等；统计数据、工程核查表、危害指数、危害和操作性研究、初步危害分析、故障树分析、事件树分析、原因后果分析和可靠性分析等。

在进行火灾场景设计时，应该指定设定火源的位置及空间的几何形状，如有必要，还应指定房间内火源的位置，例如火是否在房间中央、墙边、墙角或门边。在消防队员到达现场开始扑救之前，建筑物内火灾的位置同样会造成扑救延迟。例如，消防队员扑救高层建筑中较高楼层的火灾的准备时间要比扑救单层建筑火灾多。

2) 火灾设定原则

在设定火灾时，一般不考虑火灾的阴燃阶段、衰退阶段，而主要考虑火灾的增长阶段及全面发展阶段。但在评价火灾探测系统时，不应忽略火灾的阴燃阶段；在评价建筑构件的耐火性能时，不应忽略火灾的衰退阶段。

在设定火灾时，可采取用热释放速率描述的火灾模型和用温度描述的火灾模型。在计算烟气温度、浓度、烟气毒性、能见度等火灾环境参数时，宜选用采用热释放速率描述的火灾模型，如 $\dot{Q}=f(t)$ 或 $\dot{Q}=f(t,w,c,q)$；在进行构件耐火分析时，宜选用采用温度描述的火灾模型，如 $T=f(t)$ 或 $T=f(t,w,c,q)$。

在设定火灾时,需分析和确定建筑物的基本情况,包括建筑物内的可燃物、建筑结构、平面布置、建筑物的自救能力与外部救援力量等。

在进行建筑物内可燃物的分析时,应着重分析以下因素:

①潜在的引火源;

②可燃物的种类及其燃烧性能;

③可燃物的分布情况;

④可燃物的火灾荷载密度。

在分析建筑的结构和平面布置时,应着重分析以下因素:

①起火房间的外形尺寸和内部空间情况;

②起火房间的通风口形状及分布、开启状态;

③房间与相邻房间、相邻楼层及疏散通道的相互关系;

④房间的围护结构构件和材料的燃烧性能、力学性能、隔热性能、毒性性能及发烟性能。

在分析和确定建筑物的自救能力与外部救援力量时,应分析以下因素:

①建筑物的消防供水情况和建筑物室内外的消火栓灭火系统;

②建筑内部的自动喷水灭火系统和其他自动灭火系统(包括各种气体灭火系统、干粉灭火系统等)的类型与设置场所;

③火灾报警系统的类型与设置场所;

④消防队的技术装备、到达火场的时间和灭火控火能力;

⑤烟气控制系统的设置情况。

在确定火灾发展模型时,应至少分析下列因素:

①初始可燃物对相邻可燃物的引燃特征值和蔓延过程;

②多个可燃物同时燃烧时热释放速率的叠加关系;

③火灾的发展时间和火灾达到轰燃所需时间;

④灭火系统和消防队对火灾发展的控制能力;

⑤通风情况对火灾发展的影响;

⑥烟气控制系统对火灾发展蔓延的影响;

⑦火灾发展对建筑构件的热作用。

对于建筑物内的初期火灾增长,可根据建筑物内的空间特征和可燃物特性采用下述方法之一确定:

①试验火灾模型;

②t^2 火灾模型;

③MRFC 火灾模型;

④按叠加原理确定火灾增长的模型。

在有条件时,应尽量采用试验模型,但由于目前很多试验数据是在大空间条件下采用大型锥形量热计测量的结果,并没有考虑围护结构对试验结果的影响,因此,在应用中应注意试验边界条件、通风条件与应用条件的差异。

对于火灾从轰燃到最高热释放速率之间的增长阶段,可以假设当轰燃发生时,火灾的热释放速率同时增长到最大值,此时房间内可燃物的燃烧方式多为通风控制燃烧,热释放速率将保持最大值不变。火灾的最大热释放速率可根据火灾发展模型结合灭火系统的灭火效果来计算确定。灭火系统的灭火效果可以参考以下三种情况：

①在灭火系统的作用下，火灾最终熄灭。

②火灾被控制到恒稳状态。在灭火系统的作用下，热释放速率不再增长，而是以一个恒定热释放速率燃烧。

③火灾未受限制。这代表了灭火系统失效的情况。

灭火系统的有效控火时间可按下述方式考虑：

①对于自动喷水灭火系统，可采用顶棚射流的方法确定喷头的动作时间，再考虑一定安全系数（如1.5）后确定该系统的有效作用时间。

②对于智能控制水炮和自动定位灭火系统，系统的有效作用时间可按火灾探测时间、水系统定位和动作时间之和乘以一定安全系数计算。

③对于消防队控火，可计算从火灾发生到消防队有效控制火势的时间，一般按15 min计算。

3) 热释放速率

（1）实际火灾试验

通过实际的火灾实验，获得火灾的热释放速率曲线，但在应用中应注意实验的边界条件、通风条件与应用条件的差异。实验结果表明，在一个与 ISO 9705 房间大小相当的房间内燃烧带坐垫的椅子，当考虑从 100 ~ 1 000 kW 范围的火灾时，要比在敞开式大空间内的燃烧速率增加 20%。

（2）类似试验

如果缺少分析对象的可燃组件的实验数据，可以采用具有类似的燃料类型、燃料布置及引燃场景的火灾实验数据。当然，实验条件与实际要考虑的情况越接近越好。

例如，在考虑会展中心中的一个展位发生火灾时，因缺少展位起火的实验数据，可以采用一个办公家具组合单元的火灾试验数据。实验中的办公家具组合单元包括两面办公单元的分隔板、组合书架、软垫塑料椅、高密度层压板办公桌以及一台电脑，还有 98 kg 纸张和记事本等纸制品。该办公家具组合单元中包含了展览中较为常见的可燃物，物品的摆放形式也基本与展位的布置相同，且其尺寸与一个展位相当。

4.4.3　火灾热释放速率

1) t^2 模型

目前，国内外通常用稳态和非稳态两类模型来描述火灾发展，其中非稳态模型以 t^2 火模型为代表。

描述火灾过程中热释放速率随时间成平方关系增长的 t^2 模型如下：

$$Q = \alpha t^2 \tag{4.16}$$

式中　Q——火源热释放速率，kW；

　　　α——火灾增长系数，kW/s^2；

　　　t——火灾发展时间，s。

当室内可燃物不同时,不仅燃烧热值不同,火灾增长系数也大不相同,一般把 t^2 火的增长速度分为慢速、中速、快速、超快速 4 种类型,如图 4.8 所示,火灾增长系数见表 4.21。在实际工程应用中可根据室内可燃物的特性取相应的火灾增长系数。

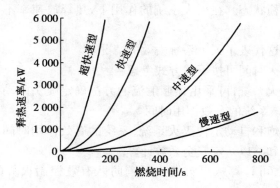

图 4.8 4 种 t^2 火增长曲线

表 4.21 4 种标准 t^2 火

增长类型	火灾增长系数 /(kW·s⁻²)	达到 1 MW 的 时间/s	典型可燃材料
超快速	0.187 6	75	油池火,易燃的装饰家具,轻的窗帘
快速	0.046 9	150	装满东西的邮袋,塑料泡沫,叠放的木架
中速	0.011 72	300	棉与聚酯纤维弹簧床垫,木制办公桌
慢速	0.002 93	600	厚重的木制品

除了通过查表 4.21 以外,火灾增长系数还可以综合考虑可燃物荷载密度的影响(α_f)以及墙及吊顶的影响(α_m)计算得到,火灾增长系数的计算式为:

$$\alpha = \alpha_f + \alpha_m \tag{4.17}$$

其中,$\alpha_f = 2.6 \times 10^{-6} q^{1/2}$。 $\qquad$ (4.18)

根据装修材料和可燃等级的不同,根据表 4.22 可确定各火灾场景的 α_m 值。

表 4.22 α_m 与建筑物装修材料的可燃等级

墙面装修材料等级	α_m/(kW·s⁻²)
A	0.003 5
B₁	0.014
B₂	0.056
B₃	0.35

另一方面,起火房间烟层的温度和高度除了与可燃物的燃烧特性有关外,还与起火房间的高度、面积有关。内装饰材料的不同,不仅影响火灾增长系数 α 的大小,同时还直接影响火灾是否会发生轰燃以及由初期火灾发展到轰燃的时间。这些都是影响火灾发展的因素。

2)稳态火灾

在实际火灾中,热释放速率的变化是比较复杂的,设计的火灾增长曲线只是与实际火灾相似。为了使得设计的火灾曲线能够反映实际可能发生的火灾特性,设计时应作适当的保守考虑,如选择较快的火灾增长模型或者选取稳态火模型。

稳态火模型常按建筑中可能出现的最大热释放速率来确定设计参数。它代表了建筑中可能发生的最严重的火灾情况。

火灾增长到一定的阶段热释放速率将达到最大值,达到最大值后会出现稳定燃烧。

稳态火灾的火灾热释放速率可采用式(4.19)计算,即:

$$Q = mh_c \tag{4.19}$$

式中　Q——稳态火灾的热释放速率,kW;

　　　m——燃料的质量燃烧速率,kg/s;

　　　h_c——燃料的燃烧值,kJ/kg。

最大热释放速率是描述火灾增长的一个重要参数。根据火灾发生的场所可以确定最大热释放速率,表 4.23《建筑防烟排烟系统技术标准》GB 51251—2017 对最大热释放速率的一些规定。

表 4.23　火灾达到稳态时的热释放速率

建筑类别	喷淋设置情况	热释放速率 Q(MW)
办公室、教室、客房、走道	无喷淋	6.0
	有喷淋	1.5
商店、展览厅	无喷淋	10.0
	有喷淋	3.0
其他公共场所	无喷淋	8.0
	有喷淋	2.5
汽车库	无喷淋	3.0
	有喷淋	1.5
厂房	无喷淋	8.0
	有喷淋	2.5
仓库	无喷淋	20.0
	有喷淋	4.0

对于发生轰燃的火灾,最大热释放速率取轰燃的临界热释放速率,见式(4.2)。

受自动喷水灭火系统控制的火灾,假定自动喷水灭火系统启动后火势的规模不再扩大,火源热释放速率保持在启动前的水平,如图4.9所示。

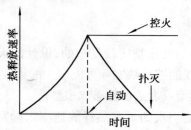

图 4.9　自动喷水灭火系统作用下火灾热释放速率变化曲线

自动喷水灭火系统的可靠性很高,澳大利亚、美国等国家的相关统计数据表明:自动喷水灭火系统的控火成功率超过95%,见表4.24。

表 4.24　自动喷水灭火系统控火灭火率统计表

建筑类型	控火成功		控火不成功	
	次　数	成功率/%	次　数	不成功率/%
学校	204	91.9	18	8.1
公共建筑	259	95.6	12	4.4
办公楼	403	97.1	12	2.9
住宅	943	95.6	43	4.4
公共集会场	1 321	96.6	47	3.4
仓库	2 957	89.9	334	10.1
商店、商场	5 642	97.1	167	2.9
工场	60 383	95.6	2 156	3.4
其他	307	78.9	82	21.1
合计	72 419	96.2	2 781	3.8

对于燃料控制型火灾,即火灾的燃烧速度由燃料的性质和数量决定时,如果知道燃料燃烧时单位面积的热释放速率,那么可根据火灾发生时的燃烧面积乘以该燃料单位面积的热释放速率得到总体的热释放速率。

3)热释放速率曲线叠加模型

建筑物内的火灾往往是一件物品(或一个区域)着火,通过辐射热将相邻区域内可燃物引燃,再经过一段时间后,被引燃的可燃物产生的辐射又将临近可燃物引燃。随着时间的推移,卷入火灾的可燃物将会成倍增加,火势也随之不断增长。对于多个物体燃烧,可以按叠加原理确定火灾的增长。

据火源中心半径 R 的范围内，火源对该区域可燃物的辐射为：

$$q'' = \frac{P}{4\pi R^2} \approx \frac{x_r Q}{4\pi R^2} \qquad (4.20)$$

式中　q''——对目标可燃物的单位辐射热流，kW/m^2；

　　　P——火焰的总辐射热流，kW；

　　　R——与目标可燃物的距离，m；

　　　X_r——热辐射效率，根据不同的燃料类型在 $0.2 \sim 0.6$ 内取值；

　　　Q——火源的总热释放速率，kW。

对于一般的可燃物，式（4.20）中的辐射效率 X_r 取 $1/3$，即火源 $1/3$ 的能量以辐射热的方式传递出去。因此，式（4.20）可以转换为：

$$Q = 12\pi R^2 q'' \qquad (4.21)$$

若火源热释放速率曲线已知，就可以确定火源能够达到引燃可燃物程度的时间，也就能相应确定可燃物被引燃时间。可燃物被引燃后，作为次生火源与起始火源的热释放速率叠加在一起，又会向周围的可燃物发射更强的辐射热流。运用同样的方法计算下一个可燃物被引燃时间，如此下去就可以得到一定时间内的火灾热释放速率的变化情况。

对于特定的可燃物，被引燃的热辐射通量可以通过实验手段测定，也可以查相关的实验数据。在工程计算中，通常根据被引燃的难易程度将可燃物分为 3 类，见表 4.25。

表 4.25　可燃物被引燃难易程度的分类

可燃物类别	单位面积可燃物表面单位时间内引燃所需要的辐射热流/（$kW \cdot m^{-2}$）
易引燃	10
一般可引燃	20
难引燃	40

热辐射作用引燃可燃物的最小热流量因可燃物不同而有所差异，如聚氨酯泡沫的最小引燃热流量约为 $7\ kW/m^2$，木材的最小引燃热流量为 $10 \sim 13\ kW/m^2$，小汽车的最小引燃热流量约为 $16\ kW/m^2$。当着火房间高度较大，冷空气层的辐射作用不能忽略，判断相邻可燃物的引燃状况时，除考虑可燃物的辐射热流还要计算热烟气层的辐射热流量。

除了采用上述理论模型，可以根据实验来确定可燃物的热释放速率。

4.5　热释放速率的实验测试方法

仅依靠式（4.15）计算确定火源的热释放速率较困难。火灾中的可燃物组分变化很大，热值也不固定，物质的燃烧热不符合火灾实际，因为热值是该物质完全燃烧时放出的热量，而在火灾燃烧中物品大都不会全部烧完。

较为准确地确定火灾热释放速率的方法是通过全尺寸火灾实验来测量物品在火灾过程中的热释放速率曲线。目前各火灾研究机构已经积累了不少全尺寸实验数据。由于全尺寸火灾实验是一种毁灭性实验，实验成本很高，因此对这些已有数据应加以充分利用。

本节简要介绍物品在火灾燃烧条件下的热释放速率测定原理。测定火源热释放速率大小的常用方法有氧消耗法和质量损失法。

4.5.1 基于氧消耗原理的测试方法

氧消耗原理是指在燃烧大多数天然有机材料、塑料、橡胶等物品燃烧时，每消耗 1 Nm^3（1 N=22.4×10^{-3}）的氧气约放出 17.2 MJ 的热量，或说每消耗 1 kg 氧气约放出 13.1×10^3 kJ 的热量，其测量精度在 5% 以内。因此，通过精确测定某种物品燃烧产生的烟气流量及组分浓度，便可求出其热释放速率。ISO 9705 和 ISO 5660 给出了相应的计算公式：

$$Q = 1.10 E m_e \frac{X_{O2}^0 - X_{O2}}{1.105 - 1.5 x_{O2}} \tag{4.22}$$

式中　Q——火源热释放速率，kW；

　　　E——燃料消耗单位质量的氧气释放出来的热量，一般取 $E = 13.1$ MJ/kg；

　　　m_e——烟气的质量流量，kg/s；通常由下式确定：

$$m_e = C \frac{\Delta P}{T_e} \tag{4.23}$$

式中　ΔP——烟气经过孔板前后的压力变化，Pa；

　　　T_e——烟气在孔板处的温度，K；

　　　C——孔板流量计的常数；在实验时用甲烷标定，并与前一次标定的结果进行对比，差值不能超过 5%，计算公式为：

$$C = 7.25 \times 10^{-4} \sqrt{\frac{T_e}{\Delta P}} \frac{1.105 - 1.5 X_{O2}}{X_{O2}^0 - X_{O2}} \tag{4.24}$$

式中　$X_{O_2}^0$——燃烧前空气中氧气的摩尔分数；

　　　X_{O_2}——燃烧后烟气中氧气的摩尔分数。

基于氧消耗原理的实验方法主要有确定小试件热释放速率大小的锥形量热计（Cone Calorimeter）、墙角实验和确定大体积、大质量试件热释放速率的家具量热计（Furniture Calorimeter）。

1）锥形量热计

锥形量热计的结构如图 4.10 所示。它主要有以下部分构成：燃烧室，排气及流量测试系统，气体取样分析系统，烟气测试系统，烟灰质量系统，数据采集及控制系统，氧气浓度控制系统。锥形量热计可以完成各种氧气摩尔分数条件下的下列参数的测试：

①材料的热释放速率，kW/m^2。

②质量损失速率，kg/（m^{2}s）。

③样品点燃时间，s。

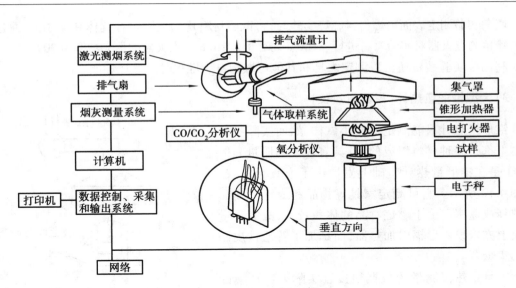

图 4.10 锥形量热计示图

④CO、CO_2 生成率,kg/kg。

⑤比消光面积,kW/kg。

⑥烟灰质量取样,kg/kg。

⑦有效燃烧热, MJ/kg。

2) 墙角实验(ISO 9705)

墙角实验及其测试系统,如图 4.11 所示。它的实验房间长 3.6 m,宽 2.4 m,高 2.4 m;墙体为耐火保温结构,在一宽边设有宽 0.8 m、高 2.0 m 的门。门的上方设有一 3.0 m×3.0 m×1.0 m 的吸气罩。可燃物热释放速率可用式(4.22)计算。

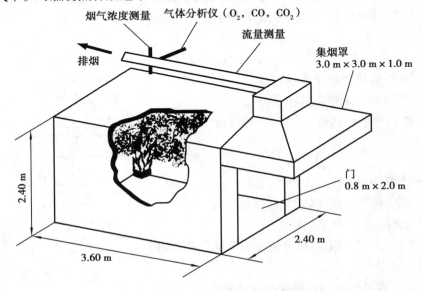

图 4.11 墙角实验及其测试系统示意图

墙角实验测定表面可燃材料燃烧实验时,将试验材料均匀地固定在墙体和顶棚上,通过设在内墙角的点火器对实验材料进行点燃,点火时间为 10 min,点火器的最大功率为 300 kW。利用该实验装置还可以测定家具和其他可燃物自然堆积时的燃烧性能。

3)大型锥形量热计(家具量热仪)

锥形量热计只能测定一些小试样,然而实际物品基本上都是多种材料组成的,且具有较大的质量和体积,于是在锥形量热计基础上发展出了家具量热仪,如图 4.12 所示。它可测定家具等物品和成堆的商品的热释放速率。由于燃烧物品的体积较大,故家具量热仪上方未设锥形辐射加热器,而是加了普通铁皮制成的集烟罩。

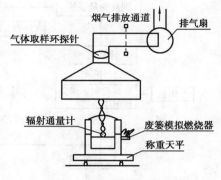

图 4.12　家具量热计简图

家具量热仪测量的数据很接近实际火灾环境的结果,因此很有实用价值,现在已用这种仪器测得了不少数据,如典型热塑料池、木垛、木板架、沙发、枕头、床垫、衣柜、电视机、帘布、电缆等,所测量的结果在火灾研究中可以直接引用。但总的说来,这方面的数据还很不够,需要继续加强研究。

4.5.2　质量损失法

氧消耗法确定热释放速率是以完全燃烧为基础的,但是实际的火灾过程往往是不完全燃烧过程,因此提出了在燃烧过程中根据实时测量燃料质量来确定可燃物质的热释放速率的质量损失法。

在火灾试验中,将可燃物放置在电子秤上,这样在试验过程中通过数据采集系统可以直接测定可燃物质量随时间的变化,并换算为可燃物的质量损失速率。运用下式计算可燃物的热释放速率:

$$Q = \dot{m}\bar{q} \qquad (4.25)$$

式中　Q——火源的热释放速率,kW;

　　　$\dot{m}$——燃料的质量损失速率,kg/s;

　　　$\bar{q}$——燃料的平均热值,kJ/kg;一般可由下式计算:

$$\bar{q} = \sum_{i=1}^{n} q_i p_i \qquad (4.26)$$

式中　q_i——燃料中第 i 种物质的热值,kJ/kg;

　　　p_i——第 i 种物质在燃料中所占的比例;

　　　n——燃料中所含物质的种类。

基于质量损失原理确定热释放速率的测试系统,如图 4.13 所示。

表 4.26 是一些可燃物的热释放速率参考值。

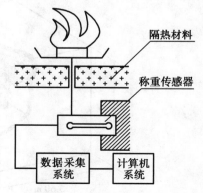

图 4.13　称重测试系统

表 4.26　可燃物的热释放速率参考值

名　称	状　态	可燃物质量 /kg	热释放速率/(kW·kg)$^{-1}$	
			平均	最大
沙发	人造革—大号			3 000
	—中号			2 600
	—小号			2 000
垫枕	乳剂泡沫填充	1.003	27.6	117
	聚氨酯填料#1	0.650	22.0	43
	聚氨酯填料#2	0.628	23.7	35
	聚酯纤维	0.602	20.0	33
	(80%聚酯+20%棉花)	0.687		22
	聚酯纤维(玻璃纤维)	0.996		16
	羽毛			
衣橱	金属框架+衣物	0+3.18	14.8	2 600
	多层胶合板#1+衣物	68.5+1.93	18.8	3 500
	多层胶合板#2+衣物	36+1.93	14.9	6 400
帘布	纯棉纤维	0.124 kg/m^2		188
	人造丝	0.126 kg/m^2		214
邮包	堆高 1.5 m			400
纸板箱	分隔开,堆高 4.6 m			1 700~4 200
PE 塑料罐箱	装在纸箱内,堆高 4.9 m			6 200~7 600
PS 塑料罐箱	装在纸箱内,堆高 4.9 m			14 000~20 900

习　题

1.什么是燃点、自燃点、闪点?

2.气体、液体和固体可燃物的着火、燃烧过程各具有什么特点?

3.简述液体可燃物和固体可燃物的着火过程,试述固体可燃物燃烧分类。

4.评价固体物质火灾危险性的参数有哪些?

5.什么是阴燃、轰燃及判别标准?

6.什么是回燃? 回燃的特点有哪些? 如何防止回燃?

7.建筑物室内火灾分为哪几个阶段? 各个阶段的特点分别是什么?

8.火灾燃烧的两种基本控制形式及判别标准?

9.什么是火灾荷载与火灾荷载密度？火灾荷载的分类有哪些？

10.某宾馆标准间客房长 5 m、宽 4 m,室内可燃物及发热量如表 4.27 所示,试求标准间客房的火灾荷载。

表 4.27　室内物品和内部装修的发热量

分　类	品　名	材　料	可燃物/kg	单位发热量/(MJ·kg⁻¹)
可变可燃物	单人床(2 张)	木材	113.40	18.837
		泡沫塑料	50.04	43.534
		纤维	27.90	18.837
	写字台	木材	13.62	18.837
	大沙发	木材	28.98	18.837
		泡沫塑料	32.40	43.534
		纤维	18.00	20.930
	茶几	木材	7.62	18.837
固定可燃物	壁纸	厚度 0.5 mm	17.38	16.744
	涂料	厚度 0.3 mm	15.64	16.744

11.求思考题 10 中客房发生火灾的持续时间,设窗户尺寸为 2 m×1 m(宽×高),门尺寸为 1 m×2 m(宽×高)。

12.什么是火灾持续时间？如何计算火灾持续时间？

13.建筑火灾荷载的确定方法有哪些？

14.什么是火灾场景？火灾场景设置的原则？

15.什么是热释放速率？热释放速率有哪几种理论模型？

16.简述热释放速率的实验测试方法。

5

火灾烟气流动特性

5.1 火灾烟气的特性

火灾烟气是一种混合物,其减光性、毒性和高温,使得烟气对火灾中被困人员生命的威胁最大。

5.1.1 烟气的组成与烟尘颗粒的大小及直径分布

燃烧或热解作用所产生的悬浮在气相中的固体和液体微粒称为烟或烟粒子,含有烟粒子的气体称为烟气。火灾过程中会产生大量的烟气,其成分非常复杂,主要由三种类型的物质组成:气相燃烧产物;未燃烧的气态可燃物;未完全燃烧的液、固相分解物和冷凝物微小颗粒。火灾烟气中含有众多有毒有害成分、腐蚀性成分以及颗粒物等。

明火燃烧、热解和阴燃等燃烧状况,影响烟气的生成量、成分和特性。明火燃烧时,可产生炭黑,以微小固相颗粒的形式分布在火焰和烟气中。在火焰的高温作用下,可燃物可发生热解,析出可燃蒸气,如聚合物单体、部分氧化产物、聚合链等。在其析出过程中,部分组分可凝聚成液相颗粒,形成白色烟雾。阴燃是无明火燃烧,生成的烟气中含有大量的可燃气体和液体颗粒。

烟气中颗粒的大小可用颗粒平均直径表示,通常采用几何平均直径 d_{gn} 表示颗粒的直径,其定义为:

$$\lg d_{gn} = \sum_{i=1}^{n} \frac{N_i \lg d_i}{N} \tag{5.1}$$

式中　n——烟粒直径间隔区间个数;

　　　N——总的颗粒数目;

　　　N_i——第 i 个烟粒直径间隔范围内颗粒的数目;

　　　d_i——颗粒直径。

采用标准差来表示颗粒尺寸分布范围内的宽度(σ_g),即:

$$\lg\sigma_g = \left[\sum_{i=1}^{n} \frac{(\lg d_i - \lg d_{gn})^2 N_i}{N} \right]^{\frac{1}{2}} \tag{5.2}$$

如果所有颗粒直径都相同,则 $\sigma_g = 1$。如果颗粒直径分布为对数正态分布,则占总颗粒数 68.8%的那部分颗粒,其直径处于 $\lg d_{gn} \pm \lg\sigma_g$ 的范围内。σ_g 越大,则表示颗粒直径的分布范围越大。表 5.1 给出了一些木材和塑料在不同燃烧状态下烟气中的颗粒直径和标准差。

表 5.1 一些木材和塑料在不同燃烧状态下烟气的颗粒直径和标准差

可燃物	$d_{gn}/\mu m$	σ_g	燃烧状态
杉木	0.5~0.9	2.0	热解
杉木	0.43	2.4	明火燃烧
聚氯乙烯(PVC)	0.9~1.4	1.8	热解
聚氯乙烯(PVC)	0.4	2.2	明火燃烧
轻质聚氨酯塑料(PU)	0.8~1.8	1.8	热解
硬质聚氨酯塑料(PU)	0.3~1.2	2.3	热解
硬质聚氨酯塑料(PU)	0.5	1.9	明火燃烧
绝热纤维	2~3	2.4	阴燃

5.1.2 烟气浓度

火灾中的烟气浓度一般有质量浓度、粒子浓度和光学浓度三种表示法。

1)烟气质量浓度

单位容积的烟气中所含烟粒子的质量,称为烟的质量浓度。即:

$$\mu_s = \frac{m_s}{V} \tag{5.3}$$

式中 μ_s——质量浓度,mg/m³;

m_s——单位容积的烟气中所含烟粒子的质量,mg;

V_s——烟气容积,m³。

2)烟气粒子浓度

单位容积的烟气中所含烟粒子的数目,称为烟的粒子浓度。即:

$$n_s = \frac{N_s}{V_s} \tag{5.4}$$

式中 n_s——粒子浓度,个/m³;

N_s——容积 V_s 中的烟气中所含的烟粒子数,个。

3) 烟气光学浓度

当可见光通过烟层时,烟粒子使光线的强度减弱。光线减弱的程度与烟的浓度有函数关系。烟气光学浓度用减光系数 C_s 来表示。

设 I_0 为由光源射入测量空间段时的光束的强度,L 为光束经过的测量空间段的长度,I 为该光束离开测量空间段时射出的强度,比值 I/I_0 称为该空间的透射率。若该测量空间段中没有烟尘,射入和射出的光束的强度几乎不变,即透射率等于1。当该测量空间段中存在烟气时,透射率应小于1。透射率倒数的常用对数称为烟气的光学密度,即 $D = \lg(I_0/I)$。考虑到其表示形式与透射率的一致,通常用下式定义烟气的光学密度:

$$D = -\lg(I_0/I) \tag{5.5}$$

光学密度是随光束经过距离的变化而变化的,因此单位长度光学密度表示如下:

$$D_0 = -\lg(I_0/I)/L \tag{5.6}$$

另外,根据 BeerLambert 定律,有烟情况下的光强度可表示为:

$$I_0 = I\exp(-C_sL) \tag{5.7}$$

式中　C_s——烟气的减光系数。整理可得:

$$C_s = -\ln(I/I_0)/L \tag{5.8}$$

由自然对数和常用对数之间的换算关系,得出:

$$C_s = 2.303D_0 \tag{5.9}$$

因此,烟气的浓度是由烟气中所含固体颗粒或液滴的多少及其性质决定的。测量烟气浓度主要有过滤物称重法、颗粒计数法和遮光性测量法。过滤称重法是将单位体积的烟气过滤,确定其中颗粒物的质量(mg/m^3);颗粒计数法是测量单位体积烟气中烟颗粒的数目($个/m^3$);遮光性测量法则是用光线穿过烟气后的衰减程度来表示烟气浓度,可将烟气收集在容积已知的容器内测量,也可在烟气流动过程中测量。

5.1.3　建筑材料的发烟量与发烟速度

各种建筑材料在不同温度下,单位质量所产生的烟量是不同的。有多种测试材料发烟性的方法,具有代表性的测量方法是 NBS 标准烟箱法。该法是将一块 $75\ mm^2$ 的材料试样放在一个 $0.9\ m \times 0.6\ m \times 0.6\ m$ 的燃烧室中,其竖直上方是一个功率固定为 $2.5\ W/cm^2$ 的热源,其下方是由6个小火焰组成的燃烧阵。试验中让火焰触及试样,将试样点燃并维持其燃烧。测量的结果采用比光密度表示,即:

$$D_s = D_0(V/A_s) \tag{5.10}$$

式中　D_s——比光学密度;

　　　D_0——单位长度的光学密度;

　　　V——烟箱的容积;

　　　A_s——试样的暴露面积。

这种试验方法的复现性较好,不过其误差仍在 $\pm 25\%$ 以上。此法只考虑了试样的暴露面积,但一般来说还应当考虑试样的厚度。

比光学密度 D_s 越大,则烟气浓度越大。表 5.2 给出了部分可燃物发烟的比光学密度。

表 5.2　部分可燃物发烟的比光学密度

可燃物	最大 D_s	燃烧状况	试件厚度*/cm
硬纸板	$6.7×10^1$	明火燃烧	0.6
硬纸板	$6.0×10^2$	热解	0.6
胶合板	$1.1×10^2$	明火燃烧	0.6
胶合板	$2.9×10^2$	热解	0.6
聚苯乙烯（PS）	>660	明火燃烧	0.6
聚苯乙烯（PS）	$3.7×10^2$	热解	0.6
聚氯乙烯（PVC）	>660	明火燃烧	0.6
聚氯乙烯（PVC）	$3.0×10^2$	热解	0.6
聚氨酯泡沫塑料（PUF）	$2.0×10^1$	明火燃烧	1.3
聚氨酯泡沫塑料（PUF）	$1.6×10^1$	热解	1.3
有机玻璃（PMMA）	$7.2×10^2$	热解	0.6
聚丙烯（PP）	$4.0×10^2$	明火燃烧（水平放置）	0.4
聚乙烯（PE）	$2.9×10^2$	明火燃烧（水平放置）	0.4

注：* 试件面积为 0.055 m^2，垂直放置。

　　各种建筑材料在不同温度下，单位质量所产生的烟量是不同的，见表 5.3。从表中可以看出，木材类在温度升高时，发烟量有所减少。这主要是因为分解出的碳质微粒在高温下又重新燃烧，且温度升高后减少了碳质微粒的分解。还可以看出，高分子有机材料能产生大量的烟气。

表 5.3　各种材料产生的烟量（$C_s = 0.5$）（m^3/g）

材料名称	300 ℃	400 ℃	500 ℃	材料名称	300 ℃	400 ℃	500 ℃
松	4.0	1.8	0.4	锯木质板	2.8	2.0	0.4
杉木	3.6	2.1	0.4	玻璃纤维增强塑料	—	6.2	4.1
普通胶合板	4.0	1.0	0.4	聚氯乙烯		4.0	10.4
难燃胶合板	3.4	2.0	0.6	聚苯乙烯		12.6	10.0
硬质纤维板	1.4	2.1	0.6	聚氨酯（人造橡胶之一）	—	14.0	4.0

除了发烟量外,火灾中影响生命安全的另一重要因素就是发烟速度,即单位时间、单位质量可燃物的发烟量。表 5.4 是各种材料的发烟速度,表中数据是由试验得到的。该表说明,木材类在加热温度超过 350 ℃时,发烟速度一般随温度的升高而降低,而高分子有机材料则恰好相反。同时可以看出,高分子材料的发烟速度比木材要快得多,这是因为高分子材料的发烟系数大,且燃烧速度快。

表 5.4　各种材料的发烟速度[$m^3/(s \cdot g)$]

材料名称	加热温度											
	225 ℃	230 ℃	235 ℃	260 ℃	280 ℃	290 ℃	300 ℃	350 ℃	400 ℃	450 ℃	500 ℃	550 ℃
针枞							0.72	0.80	0.71	0.38	0.17	0.17
杉		0.17		0.28		0.28	0.61	0.72	0.71	0.53	0.13	0.31
普通胶合板	0.03			0.19	0.25	0.26	0.93	1.08	1.10	1.07	0.31	0.24
难燃胶合板	0.01		0.09	0.11	0.13	0.20	0.56	0.61	0.58	0.59	0.22	0.20
硬质板							0.76	1.22	1.19	0.19	0.26	0.27
微片板							0.63	0.76	0.85	0.19	0.15	0.12
苯乙烯泡沫板 A								1.58	2.68	5.92	6.90	8.96
苯乙烯泡沫板 B								1.24	2.36	3.56	5.34	4.46
聚氨酯									5.0	11.5	15.0	16.5
玻璃纤维增强塑料									0.50	1.0	3.0	0.5
聚氯乙烯									0.10	4.5	7.50	9.70
聚苯乙烯									1.0	4.95	—	2.97

5.1.4　能见度

能见度指的是人们在一定环境下刚刚看到某个物体的最远距离。火灾的烟气层导致人们辨认目标的能力大大降低,并使事故照明和疏散标志的作用减弱。

由于烟气的减光作用,在有烟气存在的场合,能见度必然有所下降,这会对火场中的人员安全疏散造成不良影响。能见度与减光系数和单位光学密度有如下关系:

$$V = R/C_s = R/2.303D_0 \tag{5.11}$$

式中　V——能见度;

　　　R——比例系数,根据现场条件的实验数据确定。

能见度与烟气的颜色、物体的亮度、背景的亮度及观察者对光线的敏感程度都有关。白色烟气的能见度较低,这主要是由于光的散射率较高造成的;自发光标志的可见距离约比表面反光标志的可见距离大几倍;前方照明与后部照明之间存在相当大的差别;背景光的散射可大大减低发光物的能见度。因此,对于具有发光标志的建筑物,R 大体可取 5~10;对于具有反光标志和有反射光存在的建筑物,R 大体可取 2~4。由此可知,用于火灾情况下的安全疏散指示标志最好采用自发光形式。

有关室内装饰材料等反光型材料的能见距离和不同功率的电光源的能见距离分别列于表 5.5 和表 5.6 中。

表 5.5　反光型饰面材料的能见距离 D(m)

反光系数	室内饰面材料名称	烟的浓度 C_s/m^{-1}					
		0.2	0.3	0.4	0.5	0.6	0.7
0.1	红色木地板、黑色大理石	10.40	6.93	5.20	4.16	3.47	2.97
0.2	灰砖、菱苦土地板、铸铁、钢板地面	13.87	9.24	6.93	5.55	4.62	3.96
0.3	红砖、塑料贴面板、混凝土地面、红色大理石	15.98	10.59	7.95	6.36	5.30	4.54
0.4	水泥砂浆抹面	17.33	11.55	8.67	6.93	5.78	4.95
0.5	有窗未挂窗帘的白墙、木板、胶合板、灰白色大理石	18.45	12.30	9.22	7.23	6.15	5.27
0.6	白色大理石	19.36	12.90	9.68	7.74	6.45	5.53
0.7	白墙、白色水磨石、白色调和漆、白水泥	20.13	13.42	10.06	8.05	6.93	5.75
0.8	浅色瓷砖、白色乳胶漆	20.80	13.86	10.40	8.32	6.93	5.94

表 5.6　发光型标志的能见距离 D(m)

I_0(1m/m^2)	电光源类型	功率/W	烟的浓度 C_s/m^{-1}				
			0.5	0.7	1.0	1.3	1.5
2 400	荧光灯	40	16.95	12.11	8.48	6.52	5.65
2 000	白炽灯	150	16.59	11.85	8.29	6.38	5.53
1 500	荧光灯	30	16.01	11.44	8.01	6.16	5.34
1 250	白炽灯	100	15.65	11.18	7.82	6.02	5.22
1 000	白炽灯	80	15.21	10.86	7.60	5.85	5.07
600	白炽灯	60	14.18	10.13	7.09	5.45	4.73
350	白炽灯、荧光灯	40.8	13.13	9.36	6.55	5.04	4.37
222	白炽灯	25	12.17	8.70	6.09	4.68	4.06

另外,能见度还与烟气的刺激作用有关。在浓度大且刺激性强的烟气中,人的眼睛无法睁开足够长的时间来寻找指示标志,这样会影响人的行走速度。实验表明,当减光系数为 0.4

（1/m）时，人通过刺激性烟气的行走速度仅是通过非刺激性烟气时的 70%；当减光系数大于0.5（1/m）时，人通过刺激性烟气的行走速度降至约 0.2 m/s。

此外，烟的能见度取决于烟的成分与浓度、微粒的大小、分布状态以及照明设备的种类等。照明设备的亮度是能见度一个重要参量，故能见度的测定可分为不同性质的两类：照明设备前方实物的能见度测定与照明设备后方实物的能见度测定。根据测量结果拟合的公式如下：

照明设备前方：

$$能见度（m） = 1/ 光密度（每 m 烟厚度）\qquad(5.12)$$

照明设备后方：

$$能见度（m） = 2.5/ 光密度（每 m 烟厚度）\qquad(5.13)$$

5.2 烟气危害及其判定标准

5.2.1 火灾烟气的主要危害

1）主要危害

（1）高温烟气携带并辐射大量的热量

烟气的高温对人对物都可产生不良影响，对人的影响可分为直接接触影响和热辐射影响。人的皮肤如直接接触温度超过 100 ℃ 的烟气，在几分钟后就会严重损伤。据此有人提出，在短时间人的皮肤接触的烟气安全温度范围不宜超过 65 ℃。衣服的透气性和绝热性可限制温度影响，不过多数人无法在温度高于 65 ℃ 的空气中呼吸。因此，当人们不得不穿过高温烟气中逃生时，必须注意外露皮肤的保护，如脸部和手部，且应憋住呼吸或带上面罩。空气湿度较大也会降低人的极限忍受能力。水蒸气是燃烧的主要产物，故火灾中的烟气是有较大湿度的。

若烟气层尚在人的头部高度之上，人员主要受到热辐射的影响。这时高温烟气所造成的危害比直接接触高温烟气的危害要低一些，而热辐射强度影响则是随距离的增加而衰减。一般认为，在层高不超过 5 m 的普通建筑中，烟气层的温度达到 180 ℃ 以上时便会对人构成威胁。

烟气温度过高还会严重影响材料的性质。如大部分木质材料在温度超过 105 ℃ 后便开始热分解，在 250 ℃ 左右时便可以被点燃；许多高分子材料的变形和热分解温度比木材更低。钢筋混凝土材料的机械性能也会严重变差，尤其应当指出，对于采用钢筋混凝土的建筑，更需要注意高温烟气的影响，并采取适当的防护措施。现在建造大空间建筑中经常采取大跨度的钢架屋顶，而钢材的力学性能会随着温度升高而大大下降，温度超过一定限度钢结构会发生坍塌。

（2）烟气中氧含量低，形成缺氧环境

燃烧消耗了大量的氧气，使得火灾烟气中的含氧量往往低于人生理上所需的正常数值。当空气中的含氧量低于15%时,人的肌肉活动能力明显下降;氧含量降低到10%~14%时,人的判断能力迅速降低,出现意识混乱;氧含量降低到6%~10%时,人短时间内就会晕倒,甚至死亡。起火的房间内氧的最低浓度可达3%左右,若人员不及时撤离火场是非常危险的。

(3)毒性

烟气中含有一定的有害物质、毒性物质和腐蚀性物质,如CO、HCN、SO_2等,从而对人生命和财产构成威胁和损害。

(4)遮光性

火灾烟气中往往含有大量的固体颗粒,从而使烟气具有一定的遮光性,这大大降低了建筑物中的能见度,以致严重影响人员疏散和灭火行动。

2)火灾烟气对人的危害过程

根据火灾烟气的危害程度,可以将其对人的危害过程分为三个阶段,即:

①第一阶段为受害者尚未受到来自火区的烟气和热量影响之前的火灾增长期。这一阶段中,影响人员疏散逃生的重要因素是心理行为因素,诸如受害者对火灾的警惕程度、对火灾警报的反应以及对地形的熟悉程度等。

②第二阶段为受害者已被火区烟气和热量所包围的时期。这一阶段中,烟气对人的刺激和人的生理因素影响着受害者的逃生能力。因此,这时火灾烟气的刺激性及毒性物质的生成严重影响人员逃生。

③第三阶段为受害者在火灾中死亡的时期,致死的主要因素可能是烟气窒息或灼烧。

火灾烟气的毒性作用在上述的第二和第三阶段尤其明显。

5.2.2 火灾烟气危害的判定标准

对火灾烟气的危害判断,通常采用温度、能见度和有害物质浓度等作为火灾达到危险状态的主要判据,并取几者的较小值作为火灾到达危险状态所需的时间。

1)温度

(1)辐射热

根据人体对辐射热耐受能力的研究,人体对烟气层等火灾环境的辐射热的耐受极限为2.5 kW/m²。辐射热为2.5 kW/m² 的烟气相当于上部烟气层的温度达到180~200 ℃。

(2)对流热

试验表明,人体呼吸或接触过热的空气会导致热冲击(中暑)和皮肤烧伤。高温空气中的水分含量对人体的耐受能力有显著影响。对大多数建筑环境而言,人体可以短时间承受100 ℃环境的对流热。

2)能见度

烟气的能见度可能会影响人员安全撤出建筑物的能力。影响能见度的因素包括视线中微粒的量以及烟气对眼睛的生理影响。一般,烟气浓度较高则能见度降低,使逃生时确定逃生途径和作出决定所需的时间都将延长。能见度的定量标准应根据建筑内的空间高度和面积大小确定。大空间内为了确定逃生方向需要看得更远,因此要求光密度更低。一般小空间取 5 m,大空间取 10 m。

3) 毒性

毒性效应是人吸入燃烧产物造成的,该效应对人的影响一般是使人的决策能力和活动能力下降或削弱,从而导致失能或死亡。火灾中的热分解产物及其浓度与分布因燃烧材料、建筑空间特性和火灾规模等不同而有所区别。各组分的热解产物生成量及其分布比较复杂,不同组分对人体的影响也不同。

4) 烟气层高度

火灾中的烟气层具有一定热量,并含有固体颗粒、胶质、毒性分解物等,是影响人员疏散行动和灭火救援行动的主要障碍。在疏散过程中,烟气层只有保持在人群头部以上一定高度,才能使人在疏散时不必从烟气中穿过或受到热烟气流的辐射热威胁。对于大空间展览建筑,其定量判断准则之一是烟气层应能在人员疏散过程中保持在距楼地面 2 m 以上的位置。

评估中,各判据指标一般取:1.7 m 高度处能见度不低于 10 m;1.7 m 高度处温度不超过60 ℃;1.7 m 处 CO 浓度不超过 500 ppm。

5.3 火灾烟气的流动与蔓延

5.3.1 烟气蔓延方式与途径

1) 烟气蔓延方式

火灾蔓延是通过热的传播来完成的。在起火房间内,起火点主要是靠直接燃烧和热辐射进行扩大蔓延的。在起火的建筑物内,火由起火房间转移到其他房间的过程,主要是靠可燃构件的直接燃烧、热传导、热辐射和热对流来实现的。

热传导,即物体一端受热,通过物体分子的热运动,把热传到另一端。例如,水暖工在顶棚下面用喷灯烘烧由闷顶内穿出来的暖气管道,在没有采取安全措施的条件下,经常会使顶棚上的保暖材料自燃起火,这就是钢管热传导的结果。

热辐射,即热由热源以电磁波的形式直接发射到周围物体上。例如在烧得很旺的火炉旁边能把湿衣服烤干,但如果靠得太近,还可能把衣服烧着。在火场上,起火建筑物也像火炉一样,能把距离较近的建筑物烤着燃烧,这就是热辐射的作用。

热对流,是炽热的燃烧产物(烟气)与冷空气之间相互流动的现象。因为烟带有大量的热,并以火舌的形式向外伸展出去。热烟流动是因为热烟的相对密度小,向上升腾,与四周的冷空气形成对流。起火时,烟从起火房间的窗口排到室外,或经内门流向走道,窜到其他房间,并通过楼梯间向上流到屋顶。火场中火势发展规律表明,浓烟流窜的方向往往就是火势蔓延的路径。特别是混有未完全燃烧的可燃气体或可燃液体、蒸汽的浓烟,窜到离起火点很远的地方,重新遇到火源,便瞬时爆燃,使建筑物全面起火燃烧。例如剧院舞台起火后,当舞台与观众厅顶棚之间没有设防火分隔墙时,烟或火舌便会从舞台上空直接进入观众厅的闷顶,使观众厅闷顶全面燃烧,然后再通过观众厅山墙上为施工留下的孔洞进入门厅,把门厅的闷顶烧着,这样蔓延下去直到烧毁整个建筑物(图5.1)。

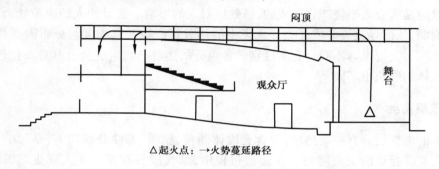

△起火点:→火势蔓延路径

图 5.1　剧场火势蔓延路径

2)烟气蔓延路径

研究火势蔓延路径,可为在建筑物中采取防火隔断、设置防火分隔物提供依据。综合火灾实际情况,可以看出火从起火房间向外蔓延的路径主要有以下几个:

（1）外墙窗口

火通过外墙窗口向外蔓延的路径,一方面是火焰的热辐射穿过窗口烤着对面建筑物;另一方面是靠火舌直接向上烧向屋檐或上层。底层起火,火舌由室内经底层窗口穿出,如图5.2所示。向上从下层窗口窜到上层室内,这样逐层向上蔓延,会使整个建筑物起火,这并不是偶然现象。所以,为了防止火势蔓延,要求上、下层窗口之间的距离尽可能大,要利用窗过梁挑檐,以及外部非燃烧体的雨棚、阳台等设施,使烟火偏离上层窗口,阻止火势向上蔓延。

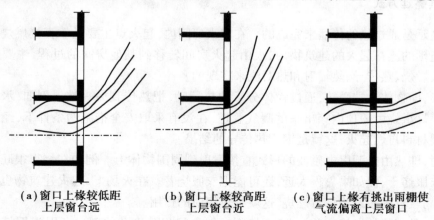

(a)窗口上椽较低距
　　上层窗台远

(b)窗口上椽较高距
　　上层窗台近

(c)窗口上椽有挑出雨棚使
　　气流偏离上层窗口

图 5.2　窗口上椽对热气流的影响

（2）内墙门

在起火房间内，当门离起火点较远时，燃烧以热辐射的形式，使木板的受热表面温度升高，直到起火自燃，最后把门烧穿，烟火从门窜到走道，进入相邻房间。所以木板门是房间外壳阻火的薄弱环节，是火灾突破外壳侵入其他房间的重要途径之一。

在具有砖墙和钢筋混凝土楼板的建筑物内，情况也是一样。燃烧的房间，开始时往往只有一个起火点，而火最后蔓延到整个建筑物，其原因大多是内墙的门未能把火挡住，火烧穿内门，经走道，再通过相邻房间开敞的门进入邻间。但如果相邻房间的门关得很严，在走道内没有可燃物的条件下，火舌是不会很容易把相邻房间的门烧穿而进入室内的。所以，内门防火的问题十分重要。

（3）隔墙

当隔墙为木板时，火很容易穿过木板的缝隙，窜到墙的另一面，同时木板极易燃烧。板条抹灰墙受热时，内部首先自燃，直到背火面的抹灰层破裂，火才能够蔓延过去。另外，当墙为厚度很小的非燃烧体时，隔壁靠墙堆放的易燃物体也可能因为墙的导热和辐射热而自燃起火。

（4）楼板

由于热气流向上的特性，火总是要通过上层楼板、楼梯口、电梯井或吊装孔向上蔓延。

火自上而下地使木地板起火的可能是比较小的。只有在辐射很强或正在燃烧的可燃物落地很多时，木地板才有可能起火燃烧。

（5）空心结构

在板条抹灰墙木筋间的空间、木楼板搁栅间的空间、屋盖空心保暖层等结构封闭的空间内（简称空心结构），热气流能把火由起火点带到连通的全部空间，在内部燃烧起来而不被察觉。这样的火灾即使被人发觉，往往已是难以补救了。

（6）竖井

现代建筑物，有大量的电梯、设备、垃圾通道等竖井，这些竖井往往贯穿整个建筑。若未做完善的防火分隔，一旦发生火灾，火就可能通过这些通道蔓延到其他楼层，从而造成整个建筑大面积的毁坏。

5.3.2 着火房间内外压力分布

着火房间的压力分布如图5.3所示。1、2是火灾室内外隔墙，I区为室内，II区为室外，相应的气体温度为 t_n、t_w，密度为 ρ_n、ρ_w，房间的高度，即从地板面到顶棚的垂直距离为 H。下面以地面为基准面，分析沿高度方向上室内外的压力分布情况。

令室内外地面上的静压力分别为 P_{1n}、P_{1w}，则在离地面垂直距离为 h 处室内外的静压力分别为：

室内　　$P_{hn} = \Delta P_1 - \rho_n g h$

室外　　$P_{hw} = \Delta P_1 - \rho_w g h$

地面上，室内外的压力差为：

$$\Delta P_1 = P_{1n} - P_{1w}$$

在离地面 h 处，室内外压差为：

$$\Delta P_{\mathrm{h}} = \Delta P_1 + (\rho_{\mathrm{w}} - \rho_{\mathrm{n}})gh$$

在顶棚面上,即 $h = H$ 处,相应的室内外压差为:

$$\Delta P_2 = \Delta P_1 + (\rho_{\mathrm{w}} - \rho_{\mathrm{n}})gH$$

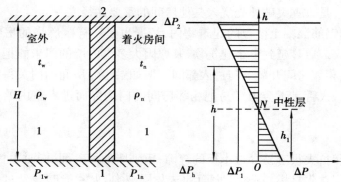

图 5.3 着火房间内外压力分布

实验研究结果证明,在垂直于地面的某一高度位置上,必将出现室内外压力差为零,即室内外压力相等的情况,通过该位置的水平面称为该着火房间的中性面(层)。令中性面离地面的高度为 h_1,则

$$\Delta P_{\mathrm{h1}} = \Delta P_1 + (\rho_{\mathrm{w}} - \rho_{\mathrm{n}})gh_1 = 0 \tag{5.14}$$

发生火灾时,$t_{\mathrm{n}} > t_{\mathrm{w}}$,所以 $(\rho_{\mathrm{w}} - \rho_{\mathrm{n}}) > 0$,因此,

在中性层以下,即 $h < h_1$ 时,有:

$$\Delta P_{\mathrm{h}} = \Delta P_1 + (\rho_{\mathrm{w}} - \rho_{\mathrm{n}})gh < \Delta P_1 + (\rho_{\mathrm{w}} - \rho_{\mathrm{n}})gh_1, \Delta P_h < 0$$

在中性层面以上,即 $h > h_1$ 时,有:

$$\Delta P_{\mathrm{h}} = \Delta P_1 + (\rho_{\mathrm{w}} - \rho_{\mathrm{n}})gh > \Delta P_1 + (\rho_{\mathrm{w}} - \rho_{\mathrm{n}})gh_1, \Delta P_h > 0$$

由此可见,在中性层以下,室外空气的压力总高于着火房间内气体的压力,空气将从室外流入室内;而在中性层以上,着火房间内气体的压力总高于室外空气的压力,烟气将从室内排至室外。

5.3.3 着火房间门窗开启时的气流流动

当着火房间通向非着火房间或室外的某些门窗开启时,由于着火房间内外气体的温差和门窗自身高度的存在,热压作用是十分明显的,中性层将出现在门窗的某一高度上。

下面以着火房间仅有一处窗开启的情况进行分析,如图 5.4 所示。着火房间外墙有一开启的窗孔,其高度为 H_{c},宽度为 W_{c},室内外气体温度分别为 t_{n}、t_{w},中性层 N 到窗孔上、下沿的垂直距离为 h_2、h_1。

在中性层以上距中性层垂直距离 h 处,室内外压力差为:

$$\Delta P_{\mathrm{h}} = (\rho_{\mathrm{w}} - \rho_{\mathrm{n}})gh \tag{5.15}$$

从 h 处起向上取微元高 $\mathrm{d}h$,所构成的微元开口面积为 $\mathrm{d}A = B_{\mathrm{c}} \cdot \mathrm{d}h$,根据流体力学原理,则通过该微元面积向外排出的气体质量流量为:

$$\mathrm{d}M_2 = \alpha \sqrt{2\rho_{\mathrm{n}} \Delta P_{\mathrm{h}}} \cdot \mathrm{d}A = \alpha B_{\mathrm{c}} \sqrt{2\rho_{\mathrm{n}}(\rho_{\mathrm{w}} - \rho_{\mathrm{n}})gh} \cdot \mathrm{d}h$$

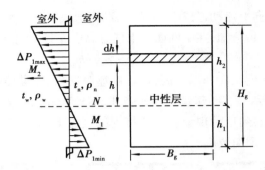

图 5.4　窗孔中性层及压力分布

从窗孔中性层至上缘之间的开口面积中排出的气体总质量流量为：

$$M_2 = \int_0^{h_2} \mathrm{d}M_2 = \int_0^{h_2} \alpha B_c \sqrt{2\rho_n(\rho_w - \rho_n)gh} \cdot \mathrm{d}h$$

积分得：

$$M_2 = \frac{2}{3}\alpha B_c \sqrt{2\rho_n(\rho_w - \rho_n)} \cdot h_2^{3/2} \tag{5.16}$$

同理，可以得到从窗孔中性层至下缘之间的开口面积中流进的空气总质量流量为：

$$M_1 = \frac{2}{3}\alpha B_c \sqrt{2\rho_n(\rho_w - \rho_n)} \cdot h_1^{3/2} \tag{5.17}$$

式中，α 为窗孔的流量系数，可取为薄壁开口的值，$\alpha = 0.6 \sim 0.7$。

假设着火房间除了开启的窗孔与大气相通外，其余各处密封均较好，则由于流量连续，在不考虑可燃物质量损失速率的条件下，可近似地认为 $M_2 = M_1$，则存在以下关系：

$$h_2/h_1 = (\rho_w/\rho_n)^{1/3} = (T_n/T_w)^{1/3} \tag{5.18}$$

式中，T_n、T_w 分别为室内外气体的绝对温度。

5.3.4　烟囱效应

当室内空气温度高于室外空气温度时，由于室内外空气密度不同产生浮力，建筑物内上部的压力大于室外的压力，下部的压力小于室外的压力。此时，当外墙上有开口时，通过建筑物上部的开口，室内空气流向室外；经下部的开口，室外空气流入室内，这种现象称为建筑物产生的烟囱效应。这种效应不但平时对建筑物内的空气流动起着主要作用，而且火灾时，燃烧放出大量的热也会使室内气温升高，这种烟囱效应就更为显著。

首先讨论仅有下部开口的竖井，如图 5.5（a）所示。设竖井高 H，内外温度分别为 T_0 和 T_s，ρ_0 和 ρ_s 分别为空气在温度 T_0 和 T_s 时的密度，g 是重力加速度常数，对于一般建筑物的高度而言，可认为重力加速度不变。如果在地板平面的大气压力为 P_0，则在该建筑内部和外部高 H 处的压力分别为：

$$P_s(H) = P_0 - \rho_s g H$$

$$P_0(H) = P_0 - \rho_0 g H$$

$$\Delta P_{s0} = (\rho_0 - \rho_s)gH \tag{5.19}$$

压差为：当竖井内部温度比外部高时，其内部压力也会比外部高。如果竖井的上部和下部都有开口,就会产生纯向上流动,且在 $P_0 = P_s$ 的高度形成压力中性面,如图 5.5(b)所示。

通过与前面类似的分析可知,在中性面之上任意高度 h 处的内外压差为:

$$\Delta P_{s0} = (\rho_0 - \rho_s)gh \tag{5.20}$$

如果建筑物的外部温度比内部温度高,例如在盛夏时节,安装空调的建筑内的气体是向下运动的,如图 5.5(c)所示。有些建筑具有外竖井,而外竖井内的温度往往比建筑物内的温度低得多,在其中也可观察到这种现象。一般将内部气流上升的现象称为正烟囱效应,将内部气流下降的现象称为逆烟囱效应。

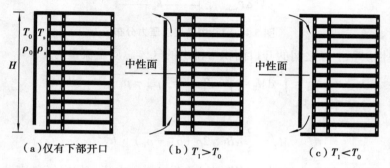

（a）仅有下部开口　　　　（b）$T_1 > T_0$　　　　（c）$T_1 < T_0$

图 5.5　烟囱效应

在正向烟囱效应作用下,如果火灾发生在中性层之下,烟气将随建筑物中的空气流入竖井。烟气进入竖井后使井内气温升高,产生的浮力作用增大,竖井内上升气流加强。当烟气在经井内上升到达中性层以上时,烟气流出竖井进入建筑物上部各楼层。如果楼层上下之间无渗漏状况,在中性层以下楼层中,除着火房间外,将不存在烟气;如果楼层上下之间存在渗漏,着火房间产生的烟气将向上渗漏,在中性层以下楼层进烟后,烟气将随空气流入竖井向上流动,在中性层以上楼层进烟后,烟气将随空气排出室外,如图 5.6(a)所示。如果火灾发生在中性层之上,着火房间的烟气将随着建筑物的气流通过外墙开口排至室外。当楼层上下之间无渗漏状况时,除着火楼层之外,其余楼层将不存在烟气。但在楼层上下之间存在渗漏状况时,着火层产生的烟气将渗漏到其上部楼层中去,然后随气流通过各楼层的外墙开口排至室外,如图 5.6(b)所示。

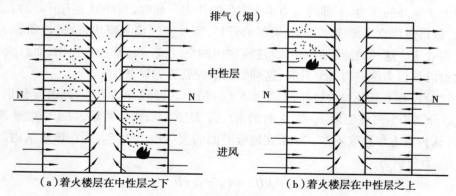

（a）着火楼层在中性层之下　　　　（b）着火楼层在中性层之上

图 5.6　正向烟囱效应对火灾烟气流动的影响

在反向烟囱效应作用下,如果火灾发生在中性层之上,且烟气温度较低时,烟气将随建筑物中的空气流入竖井。烟气进入竖井后,井内气温虽有所升高,但仍然低于外界空气温度,竖井中气流方向向下,烟气被带到中性层以下,然后随气流流入各楼层中。如果建筑物楼层上下无渗漏时,除着火层之外,中性层以上各楼层均无烟气侵入;但如果楼层上下之间存在有渗漏时,着火层中所产生的烟气将向上部楼层渗漏,然后随空气流入竖井,如图5.7(a)所示。如果火灾产生的烟气温度较高,烟气进入竖井后导致井内气温高于室外气温,这时,一般条件下的反向烟囱效应转变为火灾条件下的正向烟囱效应,烟气在竖井内反向向上流动。如果火灾发生在中性层以下,且烟气温度较低时,着火层中的烟气将随空气排至室外。当楼层上下之间无渗漏时,除着火层外,其余楼层均无烟气侵入,而当楼层上下之间存在渗漏时,着火层中产生的烟气可能渗透到其上部楼层中,并随空气排至室外,如图5.7(b)所示。同样,如果火灾产生的烟气温度较高时,也可能导致其转变为正向烟囱效应。

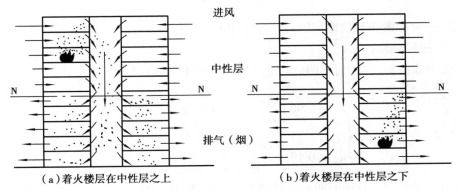

（a）着火楼层在中性层之上　　　　　（b）着火楼层在中性层之下

图 5.7　反向烟囱效应对火灾烟气流动的影响

5.3.5　烟气顶棚射流

目前,室内火灾自动探测报警和灭火装置大都安装在顶棚。火灾中,火羽流上升撞击顶棚后沿顶棚作水平运动,形成顶棚射流,如图5.8所示。由于它的作用,安装在顶棚的感烟探测器、感温探测器和水喷淋头会产生响应,自动报警和喷淋灭火。

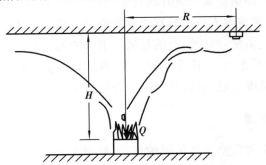

图 5.8　无限大顶棚下的顶棚射流示意图

研究表明:如果定义顶棚高度为顶棚距可燃物表面的距离,则许多情况下顶棚射流的厚度为顶棚高度的5%~12%,而顶棚射流内最高温度和最高速度出现在顶棚以下顶棚高度的

1%处。这对于火灾探测器和水喷淋头等的安置有特殊意义,如果它们被安置在上述区域以外,则其实际感受到的烟气温度和速度就会低于预期值。烟气顶棚射流中的最高温度和最高速度是估算火灾探测器和水喷淋头热响应的重要基础。

假设起火房间的顶棚为水平的,顶棚距地面的高度为 $H(\text{m})$,烟气羽流以轴对称的形式撞击顶棚,离开撞击区的水平距离为 $r(\text{m})$,这样,在顶棚之下 $r > 0.18 H$ 的任意半径方向范围内,顶棚射流的最高温度可用下面的稳态方程描述:

$$T_{\max} - T_0 = \frac{5.38}{H} (\dot{Q}_c/r)^{2/3} \quad (5.21)$$

如果 $r \leqslant 0.18H$,即表示处于羽流撞击顶棚所在区域内,射流烟气的最高温度用下式计算:

$$T_{\max} - T_0 = \frac{16.9 (\dot{Q}_c/r)^{2/3}}{H^{5/3}} \quad (5.22)$$

式中 $\dot{Q}_c$——火源的热释放速率的对流分量,kW;

T_0——环境温度,℃。

与温度分布类似,顶棚射流的最高速度值也有如下的分布特征:

$$\begin{cases} u_m = 0.96 \left(\dfrac{\dot{Q}_c}{H} \right)^{1/3} & (r \leqslant 0.15H) \\ u_m = 0.195 \left(\dfrac{\dot{Q}_c^{1/3} H^{1/2}}{r^{5/6}} \right)^{1/3} & (r > 0.15H) \end{cases} \quad (5.23)$$

以上表达式实际上对应着两个流动特点不同的区:其一对应于撞击点附近烟气羽流转向的区域,在这一区域内,最高温度、最高速度与径向距离 r 无关;其二对应于烟气流转向后水平流动的区域。应该指出,这些表达式仅适用于刚着火后的一段时期,这一时期内顶棚射流可以被认为是非受限的,因为热烟气层尚未形成。

1)感温型火灾探测装置响应时间的计算

火灾探测器的响应时间是指从火灾开始发生,到火灾探测报警系统发出报警信号所需要的时间,这段时间对于促使室内人员及时察觉到火灾具有重要作用。不少火灾探测装置是依靠烟气的温度升高到一定值来启动的,有的是依靠烟气的温度升高到一定值来启动的。为分析方便,这里以感温探测器为例,讨论火灾探测器响应时间的计算。实际上,现在常用的自动洒水喷头也是依靠烟气温度来启动的,其工作原理与感温探测器基本相同。

2)感温探测器工作原理

探测器接收到了由火灾高温烟气传递的热量,感受元件本身的温度逐渐上升,达到设定的报警温度后,即可向报警装置发送危险信号,再由报警装置发出报警信号。由烟气向感受元件传送热量的过程是一个对流换热的过程,其传递的热量可以用下式计算:

$$q = hA\Delta T \quad (5.24)$$

式中 q——烟气向感受元件传递的热量,W;

A——感受元件的面积，m^2；

h——对流换热系数，$W/(℃ \cdot m^2)$；

ΔT——烟气与感受元件之间的温差，$℃$。

感受元件的体积一般很小，可认为其内部温度均匀，于是可再写出能量守恒方程：

$$Ah(T_g - T)dt = mcdT \tag{5.25}$$

式中　T_g——烟气的温度，$℃$；

T——感受元件的温度，$℃$；

m——感受元件的质量，kg；

c——感受元件的比热，$W/(℃ \cdot kg)$

积分式(5.25)，得：

$$\frac{T_g - T}{T_g - T_0} = \exp\left(-\frac{hA}{mc}t\right) \tag{5.26}$$

式中　T_0——环境气体的温度，$℃$。

进一步整理可得：

$$t = \frac{mc}{Ah}\ln\left(\frac{T_g - T_0}{T_g - T}\right) \tag{5.27}$$

由传热学的理论可知，此种情况下的对流换热系数 h 与雷诺系数的平方根近似成正比，而与普朗特数无关。而

$$Re = \frac{ul}{\nu} \tag{5.28}$$

式中　Re——雷诺数

U——烟气的速度，m/s；

l——探测元件的特征尺寸，m；

v——运动黏性系数，Pa/s。

于是：

$$h \propto \sqrt{Re} \propto \sqrt{u}$$

令 $\tau = \frac{mc}{hA}$，它具有时间的量纲，称为感受元件的时间参数。这样：

$$\tau \propto h^{-1} \propto u^{-\frac{1}{2}} \tag{5.29}$$

即 $\tau u^{\frac{1}{2}} = $ 常数。

$\tau u^{\frac{1}{2}}$ 通常称为探测器的特征响应时间指数，用 RTI 表示。因此：

$$t = \tau \ln\left(\frac{T_g - T_0}{T_g - T}\right) = \frac{RTI}{\sqrt{u}}\ln\left(\frac{T_g - T_0}{T_g - T}\right) \tag{5.30}$$

为了使火灾探测装置能够及时响应，应当将其安装在顶棚射流的速度及温度最高的位置，即 $T_g = T_{max}$，$u = u_{max}$，于是：

$$t = \frac{RTI}{\sqrt{u_{max}}}\ln\left(\frac{T_{max} - T_0}{T_{max} - T}\right) \tag{5.31}$$

响应时间指数 *RTI* 由下式计算：

$$RTI = K (R \cdot H)^{\frac{1}{2}}$$

(5.32)

式中　*H*——自动喷头至火源的高度，m；

　　　R——自动喷头至火源中心的水平距离，m；

　　　K——不同喷头所采用的系数，标准喷头为105，大水滴喷头为75，快速响应喷头为36。

烟气顶棚射流中的最高温度和最高速度可用烟气顶棚射流计算公式（5.19）—公式（5.22）计算。对于给定的火灾探测器，其特征响应时间指数和响应温度均已知，因此，可计算得到感受元件的响应时间。

5.4　烟气流动的计算机模拟模型

5.4.1　概述

火灾过程的计算机模拟是在描述火灾过程的各种数学模型的基础之上进行的。所谓计算机模拟，是通过对火灾发展过程基本规律的研究，建立描述火灾发展过程基本特征的火灾参数的数学模型，用计算机作为计算工具进行求解。各种计算机模拟模型的能力取决于描述实际火灾过程的数学模型和数值方法的合理性。针对火灾规律的双重性（确定性和随机性）计算机模拟的理论模型包括确定性模型和随机性模型两类。

随机性模型是把火灾的发展过程看成一系列连续的事件或状态，根据一个事件或状态转换到另一个事件或状态的概率来计算和描述火灾的发展特性。这类模型目前的研究和应用都比较少。

确定性模型运用以火灾过程中物理和化学现象作为基础的数学表达式和方程，可以确定地描述火灾过程中有关特征参数随时间变化的特性。确定性模型可按照解决问题的方法分为区域模型、场模型、网络模型和混合模型等，本节简要介绍确定性模型的基本原理与应用场合。

5.4.2　区域模型

区域模型的基本原理是把房间划分为几个区。一般分为2个区，即包含烟气层在内的上部热气层区和包含相对冷且未被污染的下部冷气层区。也有分为3个区的，即上述两个区再加上将烟从下部的火焰输送到上部烟气层的燃烧或火羽流区。这种模型通过计算每个区的火灾特性基本参数（如温度、烟气层高度、烟气浓度等）来分析评估每个区内以及着火房间内的火灾状态及其随时间变化的情况。

区域模型通过求解一系列常微分方程（包括质量守恒方程、能量守恒方程、理想气体方程以及对密度、内能的关联式）来预测上、下层温度，烟层界面高度，风口质量流量，热流量，壁面温度等参数随时间的变化。

区域模型较场模型更适用于描述建筑结构之间的流体传输过程，如相邻房间烟气通过水平开口(如门、窗等)的传递。但对于几何形状复杂、有强火源或强通风的房间,其误差将会很大而失去真实性。

CFAST 是由美国国家标准与技术研究院(NIST)开发的一个比较有名的火灾双层区域模型。CFAST 是火灾发展和烟气流动增强模型的英文缩写。CFAST 是一个多室模型,它可以用来预测用户在设定的火源条件下建筑内的火灾环境。用户在运算时需要输入建筑内各个房间的几何尺寸和连接各房间的门窗开孔情况、围护结构的热物性参数、火源的热释放速率或烧损率以及燃烧产物的生成速率。该模型可以预测各个房间内上部烟气层和下部空气层的温度、烟气层界面位置以及气体浓度随时间的变化。同时,还可以计算墙壁表面的温度、通过壁面的传热以及通过开口的烟气质量流量,还能处理机械通风和存在多个火源的情况。其最大局限性在于它内部没有火灾增长模型,需要用户输入热释放速率或质量烧损率和物质燃烧热,在处理辐射增强的缺氧燃烧和燃烧产物等方面还存在一定缺陷。

HAZARD 和 FIRST 模型也是区域模型程序。前者是由美国哈佛大学 Howard Emmons 开发的单室区域模型;后者则是 NIST 在前一模型的基础上发展出来的,可以预测在用户设定的引燃条件下或设定的火源条件下,单个房间内火灾的发展状况,还可以预测多达 3 个物体被火源加热和引燃的过程。使用该模型时,用户首先需要输入房间的几何尺寸和开口条件、围护结构和房间内可燃物的热物性参数,同时还要输入炭黑和毒性气体成分的生成速率。设定火源时,用户可以输入质量烧损率,也可以只输入燃料的基础数据,由程序计算火灾的增长。该模型的预测结果包括烟气层的温度和厚度、气体成分的浓度、墙壁的表面温度和通过开口的烟气质量流量。

FIRST 和其他一些区域模型(包括 CFIRST)之间的主要区别在于:它将其他模型作为输入条件的燃烧速度本身也作为预测计算的对象,只要输入房间和可燃物的数据,就能预测燃烧如何发展。而其他模型则偏重于对烟气在建筑物中的流动性状进行预测。此外,FIRST 是单室区域模型。

5.4.3　网络模型

网络模型把整个建筑物作为一个系统,其中的每个房间为一个控制体(或称网络节点)。各个网络节点之间通过各种空气流通路径相连,利用质量、能量等守恒方程对整个建筑物内的空气流动、压力分布和烟气传播情况进行研究。典型的网络模型输入数据是气象参数(空气温度、风速)、建筑特点(高度、渗透面积、开口条件)、送风量、火焰参数和室内空气温度。这种模型可以考虑不同建筑特点、室内外温差引起的烟囱效应,风力、通风空调系统、电梯的活塞效应等因素对烟气传播造成的影响,可实现对建筑楼梯间加压防烟、局部区域排烟及二者联合使用的建筑防排烟系统进行研究分析,评价烟控系统效果及与人员有关的火灾安全分析。

网络模型在计算中都是将整个建筑物作为一个系统,而其中的每个房间为一个节点。假设每个房间的温度、压力等值是均匀的,将其应用于整个建筑着火计算时,计算结果比较粗糙,与火灾发生时的实际情况有一定差距,但网络模型可以考虑复杂格局建筑的多个房间,适合计算离起火房间较远区域的情况。

目前,研究多层建筑烟气运动多采用网络模型,主要有日本建筑研究所开发的 BRI 模型,加拿大建筑研究所开发的 IRC 模型,英国建筑研究所开发的 BRE 模型,美国标准技术研究所开发的 NIST 模型,荷兰应用物理研究所开发的 TNO 模型。这些模型都假设烟气流动与空气流动形式一样,烟气与空气立刻混合并均匀。

5.4.4 场模型

火灾的场模型又称为计算流体力学模型,它是应用较多的另一类火灾模型。场是指诸如速度、温度、烟气各组分的浓度等的状态参数在空间的分布。场模型将空间划分为一系列网格,针对每个网格求解质量、动量(方程)和能量守恒方程,得到火灾过程中状态参数的空间分布及随时间的变化。

火灾过程是湍流过程。烟气流动的湍流特性一般采用适当的湍流模型描述。湍流运动与换热的数值计算是目前计算流体动力学与计算传热学中困难最多且研究最活跃的领域。在湍流流动及换热的数值计算方面,已经采用的数值计算方法大致分为三类。

①完全模拟(直接模拟):用非稳态纳维斯托克斯 Navier-Stokes 方程(简称 N-S 方程)来对湍流进行直接计算的方法。这种方法,必须采用很小的时间与空间步长,因此它对内存空间的要求很高,同时计算时间也很长,目前世界上只有少数能使用超级计算机的研究者才能对从层流到湍流的过渡区流动进行这种完全模拟的探索。

②湍流输运模型:基于简化湍流流动模型而产生的。由于它直接模拟动量、热量和浓度的输运,故称为湍流输运模型。这类模型将非稳态控制方程对时间作平均运算,在所得出的关于时均量物理量的控制方程中包含了脉动量乘积的时均值等未知量,于是所得方程的个数就小于未知量的个数,而且不可能依靠进一步的时均处理而使控制方程封闭。要使方程组封闭,必须作出假设,即建立模型。湍流输运模型法又叫 Reynolds 时均方程法。在时均 Reynolds 方程法中,又有 Reynolds 应力方程法及湍流粘性系数法两大类。

③大涡旋模拟 LES:基于把湍流流动分为大涡旋和小涡旋流动的假设,用一组三维非定常的方程求解大涡旋,用近似湍流输运模型求解。

LES 是 1963 年由 Smagorinsky 提出,1970 年由 Deardorff 首次实现,随后得到不断的发展。目前,无论是作为研究的工具还是工程应用的手段,LES 方法都越来越受到关注。

场模型对计算机硬件设备要求较高,有些模型甚至要求使用大型机、Unix 工作站进行计算。场模拟通常要花费大量的计算时间。因此,只有在需要了解某些参数的详细分布时才使用用这种模型。

与区域模型相比,场模型应用于火灾烟气模拟研究的主要优势在于:由于场模拟划分的网格数目较大,对于火灾的发生发展、火场温度分布、烟气流动状况及其组分浓度等参数随时间的动态变化可给出相当细致的描述,便于使用者对火场及烟气流动的细节信息进行了解和掌握。

5.4.5 常用烟气流动的场模拟程序

(1)JASMINE 模型

JASMINE 是由英国火灾研究站(Fire Research Station, FRS)在计算流体动力学模型 PHOENICS 的基础上开发出来、专用于火灾过程场模拟计算的模型,它采用了湍流双方程模型和简单的辐射模型。用户需要输入火源状况,边界的热物性参数、通风条件,通过求解关于质量、动量、能量和代表化学组分守恒的偏微分方程组得到火灾环境中的温度、速度、压力和代表化学组分的空间分布及随时间的变化。

(2)FDS 模型

FDS(Fire Dynamics Simulator)是美国 NIST 开发的一种场模拟程序。其第一版在 2000 年 1 月发布,很快便受到人们的重视;2001 年 8 月第 2 版发布;2002 年 12 月第 3 版发布。2016 年,该程序最新版本 6.4.0 发布。

FDS 采用数值方法求解一组描述热驱动的低速流动的 Navie-stokes 方程,重点计算火灾中的烟气流动和热传递过程,可用于烟气控制与水喷淋系统的设计计算和建筑火灾过程的再现研究。

该模型中包括两大部分。第一部分简称为 FDS,是求解微分方程的主程序,它所需要的描述火灾场景的参数需要用户创建的文本文件提供;第二部分称 SMOKEVIEW,是一种绘图程序,人们可用它查看计算结果。

FDS 提供了两种数值模拟方法,即直接数值模拟(DNS)和大涡模拟(LES)。一般情况下,在利用 FDS 进行火灾模拟时均选用大涡模拟。用 FDS 进行计算时,按照图 5.9 流程进行。

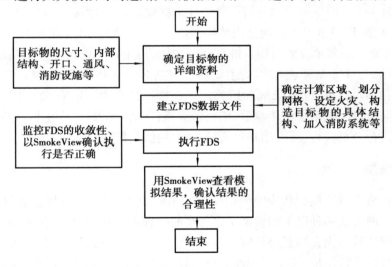

图 5.9　FDS 应用流程图

(3)其他商业软件

PHOENICS 软件是世界上第一套计算流体与计算传热学商用软件。开放性是 PHOENICS 最大的特点。PHOENICS 最大限度地向用户开放,用户可以根据需要添加程序和用户模型。PHOENICS 是模拟传热、流动、反应、燃烧过程的通用 CFD 软件。PHOENICS 软件有模拟火灾烟气流动的专用模块。PHOENICS 程序包含两个核心子程序——SATELLITE(卫星)和 EARTH(地球)。

①SATELLITE(预处理模块):作为 PHOENICS 的前处理程序,主要功能是将用户关于某一特殊流动模拟的指令翻译成 EARTH 能够懂的语言,通过数据文件将信息传送给 EARTH。SATELLITE 含有子程序 SATLIT,由 FORTRAN 语言编写,供那些用 FORTRAN 语言编写输入

文件的用户使用。使用 PHOENICS 进行流动模拟,需用户自己确定模型和公式,描述流动模拟的语句可以通过在快速输入文件 Q1 文件中使用 PHOENICS 输入语言 PIL 语句编写,或者在 SATLIT 和 GROUND 中使用 FORTRAN 语句编写。用户也可自己编写子程序,这些子程序由 SATILT 和 GROUND 调用。SATELLITE 可用多种方式接收数据。新版 PHOENICS 有 4 种前处理方式:VR(虚拟现实)窗口(VR EDITOR)、菜单、命令、FORTRAN 程序。

②EARTH(主处理模块):包含了主要的流动模拟程序,是软件真正进行模拟的部分,它需要用户在 SATELLITE 中对程序发出指令。EARTH 包含一个随具体问题而定的部分,即子程序 GROUND。当用户定义自己特殊的特性时,GROUND 含有在 EARTH 进行流动模拟时必须运行的那些与问题有关的程序,是用户扩展 EARTH 功能的必要工具。

为显示流体流动模拟生成结果而设计的后处理模块包含 4 种处理工具。其中,PHOTON 是交互式的图形程序,使用户可以创建图像以显示计算结果,完成各种不同求解区域的可视化作图;AUTOPLOT 也是 PHOENICS 的一种图形程序,主要用于计算结果的线型图形处理,便于模拟计算结果与实验结果或分析结果的比较分析;VR 图形界面系统可用于显示计算结果,称为 VR VIEW;数值模拟结果也可生成 RESULT 文件,便于用户采用其他手段分析处理。

Fluent 是世界领先地位的软件之一,它广泛用于模拟各种流体流动、传热、燃烧和污染物运移等问题。Fluent 可用于模拟和分析在复杂几何区域内的流体流动与热交换问题,它提供了灵活的网格特性,用户可以方便地使用结构网格和非结构网格对各种复杂区域进行网格划分。Fluent 通过交互的菜单界面与用户进行命令与操作,用户可以通过多窗口随时观察计算的进程和计算结果。Fluent 本身提供的主要功能包括导入网格模型、提供计算的物理模型、设置边界条件和材料特性,以及求解和后处理。在模拟计算中,Fluent 要求用户定义求解的几何区域、选择物理模型、给出流体参数、给出边界条件和初始条件、产生体网格等,在处理后可对计算结果进行分析和可视化,用户可直接观察并比较计算结果。

5.4.6　混合模型

混合模型是指将概率模型和确定模型结合起来的火灾模型,也可以是将区域模型、场模型和网络模型中两种或两种以上的模型结合起来的一种火灾模型,可以用来对一个较大的和较复杂的场所或建筑的火灾场景进行模拟和分析。如对于一座建筑,采用场模型对起火房间中的火灾发展过程进行模拟,采用区域模型对与起火房间相邻的走廊及邻近房间的火灾烟气状态进行模拟,而采用网络模型对远离起火房间的建筑物内部空间的火灾蔓延及烟气扩散状态进行分析。

5.5　烟气流动案例分析

5.5.1　模拟软件介绍

FDS 是一种以火灾中流体运动为主要模拟对象的计算流体动力学软件,由美国国家标准技术研究所(NIST)开发。

1）FDS **软件介绍**

FDS 重点是计算火灾中的烟气流动和热传递过程，主要是解决消防工程中的实际问题，也可为火灾科学的理论研究作指导。FDS 火灾模拟软件包含 FDS 和 SmokeView 两部分。

FDS 是软件的主体部分，主要用于完成模拟场景的构建和计算。FDS 可以模拟：火灾驱动的传热；温度分布、毒气浓度、烟气流动；热辐射和对流；喷淋、探测装置的火灾响应。

SmokeView 是一个可视化程序，是 FDS 计算结果显示程序，它既能处理动态数据，也能显示静态数据，并将这些数据以二维或三维形式显示。

2）Pyrosim **相关简介**

Pyrosim 是美国国家标准技术研究所在 FDS 基础上发展而来的，它为火灾动态模拟（FDS）提供了一个图形用户界面，被用来准确地预测火灾烟气流动、火灾温度和有毒有害气体浓度分布。该软件以计算流体动力学为理论依据，仿真模拟预测火灾中的烟气、CO 等毒气的流动、火灾温度及烟气浓度的分布；该软件可模拟的火灾范围很广，包括日常的炉火、房间火灾，以及电气设备引发的多种火灾。该软件除可方便快捷地建模外，还可直接导入 DXF 和 FDS 格式的模型文件。

Pyrosim 最大的特点是提供了三维图形化前处理功能，可视化编辑可实现在构建模型的同时方便查看所建模型，使用户从以前使用 FDS 建模的枯燥复杂的命令行编写中解放出来。

Pyrosim 不仅包括建模、边界条件设置、火源设置、燃烧材料设置和帮助等模块，还包括 FDS/Smokeview 的调用以及计算结果的后处理，用户可以直接在 Pyrosim 中运行所建模型。

Pyrosim 广泛应用在以下领域：
①性能化建筑防火设计。
②消防安全评估之后的项目验收评估。
③火灾事故调查。
④灭火实战与训练。
⑤火灾科学研究。

5.5.2　实例分析

本实例以一间办公室为例，简要阐述 PyroSim 的建模、计算以及结果显示等（本小节内容以 PyroSim:2015.2.0604 为例）。

案例简化了案例的相关参数设置，主要阐述软件的使用步骤。

1）**问题描述**

建筑发生火灾时，烟气温度、能见度、燃烧产物浓度等是影响人员安全疏散的重要因素。在人员疏散过程中，研究这些影响因素值是否达到对人员构成威胁的危险值是经常遇到的问题。本节将以一间办公室为例，模拟分析该房间内的茶几着火时，房间内的温度、能见度及烟气浓度等的变化过程。该办公房间长为 6 m，宽为 5 m，层高为 3 m，房间墙体、屋顶及地板围护结构由厚度为 0.24 m 的混凝土构成，房间门为高 2.1 m、宽为 1 m、距房间南墙 0.5 m 的普通开口,内设茶几、沙发、办公桌各一件,茶几和办公桌由厚度为 0.1 m 的黄松木制成,沙发分别由厚度为 0.1 m 的黄松木材料和 0.2 m 的泡沫材料制成(房间内各设施尺寸及位置详见后续说明),如图 5.10 所示为办公室的示意图。

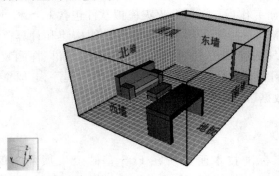

图 5.10　办公室示意图

2)创建计算域

创建计算域,即创建计算网格区域,包括计算域的范围、网格的尺寸等。创建网格及后续建模过程中,模型树窗口和主窗口是快速准确创建模型的重要反馈。

(1)设定文件保存路径

打开 PyroSim 软件,其主界面如图 5.11 所示。在菜单"File"中单击"Save As",选择文件储存路径,并将文件另存为"Firemoni.psm"。

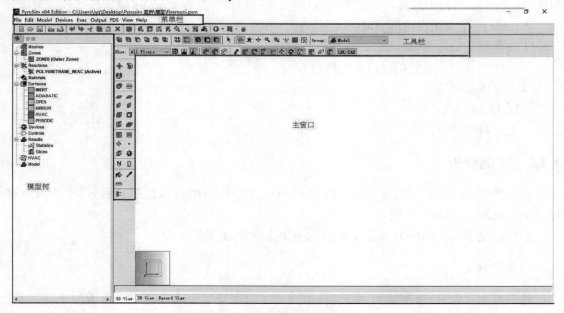

图 5.11　PyroSim 软件主界面

软件可以通过菜单栏"View"里的下拉选项设置背景、单位等一系列基础信息。本节中的案例设置主窗口界面背景为白色,默认单位为"SI"国际单位。

（2）创建模型计算域

创建网格计算域，可单击"Model"→"Edit Meshes"或者双击模型树中"Meshes"，也可选择工具栏中的"⬛"进行鼠标点选绘制。

本例单击"Model"→"Edit Meshes"，弹出网格编辑窗口，单击"New"新建网格，保持默认名称"Mesh01"不变，单击"OK"确认。

根据办公室尺寸，在"Edit Meshes"窗口中确定网格边界（Mesh Boundary）为 X：0～7 m；Y：0～5 m；Z：0～3 m。X、Y、Z 三个方向的网格个数（cells）分别假设为 35 个，25 个，15 个。软件会自动计算出计算域的网格尺寸（Cell Size(m)：0.2×0.2×0.2）。

实际网格尺寸的设置可参考 FDS 软件《User's Guide》中"Mesh Resolution"小节的设置方法设置。

如图 5.12 所示为网格编辑窗口，单击"OK"完成计算域创建，如图 5.13 所示。

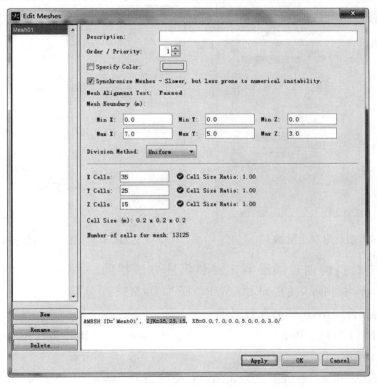

图 5.12　网格编辑窗口

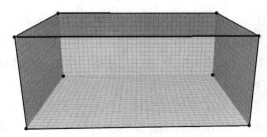

图 5.13　主窗口中的计算域

软件在进行数据输入时,有两种输入方式:一是直接输入数值,省略单位,保持默认单位;二是数值+单位,但数值和单位之间需空格。

3)创建房间围护结构及内部设施模型

(1)创建材料

单击"Model"→"Edit Materials"或双击模型树中"Materials",弹出"Edit Materials"窗口。单击"Add From Library",弹出"PyroSim Libraries"窗口,选择"CONCRETE",单击"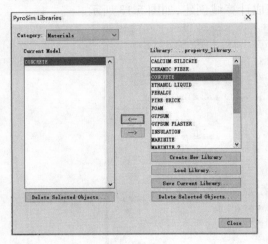",如图5.14所示。

单击"Close",回到"Edit Materials"窗口,可以调整材料的密度、比热等物性参数,也可重命名材料,这里保持默认设置不变,如图5.15所示,单击"OK",完成混凝土材料创建。

图5.14　创建混凝土材料

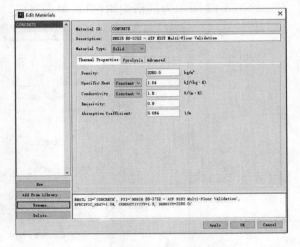

图5.15　混凝土物性参数设置

木材和泡沫材料的创建同混凝土材料创建方法相同。本例中的木材、泡沫分别为"PyroSim Libraries"材料库内的"YELLOW PINE""FOAM"。

(2)创建属性为"Layered"的各材料面

以混凝土材料为例,单击"Model"→"Edit Surfaces",弹出"Edit Surfaces"窗口,单击"New",如图5.16所示。

"Surface Name"输入"混凝土","Surface Type"选择"Layered",单击"OK"确认,回到"Edit Surfaces"窗口,选择"Material Layers",在"Thickness(m)"处输入0.24,如图5.17所示。

单击"Edit",在弹出的"Composition"窗口中的"Mass Fraction"输入"1"(墙体中的混凝土材料占比100%),"Material"选择"CONCRETE",如图5.18所示。

单击"OK",回到"Edit Surfaces"窗口,单击"OK",完成厚度为0.24 m、材料为混凝土、名称为"混凝土"的Layered属性面的创建。

其他材料(如木材、泡沫等),其属性为"Layered"的面的创建方法与上述混凝土面的创建方法相同,木材和泡沫的"Layered"属性面的名称分别为"松木"和"泡沫",厚度为0.1 m和0.2 m,如图5.19所示。

（3）创建墙体模型

在模型树窗口中，单击右键"Meshes"→"Open Mesh BoundAries"，创建开放网格边界（属性为"Open"的"Vent"面），如图 5.20 所示。

保留 X=7 m 的一个"Vent"为"Open"面不变并将其 ID 名改为"开口"，其余 5 个"Vent" ID 名分别改为"西墙"（X=0 m）、"北墙"（Y=5 m）、"南墙"（Y=0 m）、"地板"（Z=0 m）、"屋顶"（Z=3 m），并选择其 Surface 类型为"混凝土"，如图 5.21 所示。

单击"Model"→"New Obstruction"，弹出"Obstruction Properties"窗口，更改名称为"东墙"（X=6 m）。几何尺寸为 X:6~6.25 m;Y:0~5 m;Z:0~3 m。Surfaces 选择"Single"，类型为"混凝土"，如图 5.22 所示。

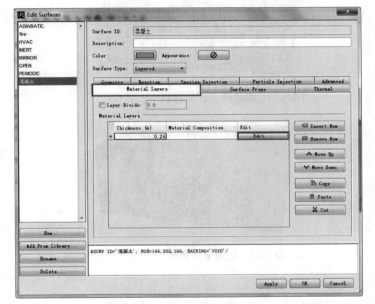

图 5.17　"Layered"面的相关设置

图 5.16　新建墙体面

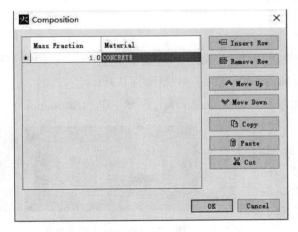

图 5.18　确定墙体材料类型及其质量分数

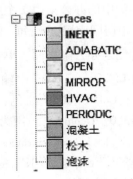

图 5.19　不同的属性面

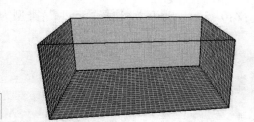

图 5.20　创建网格开放边界

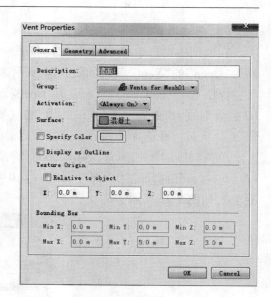

图 5.21　更改部分"Open"面为"混凝土"

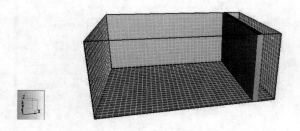

图 5.22　创建房间东墙

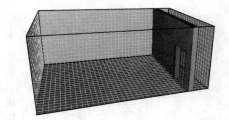

图 5.23　创建房间门

（4）创建房间门

本例中将门设置为一个普通的开口，即在"东墙"上开一个"孔"。单击"Model"→"New Hole"，弹出"Hole Properties"窗口，更改名称为"门"。几何尺寸为 X:5.9～6.35 m;Y:0.5～1.5 m;Z:0～2.1 m，如图 5.23 所示。

（5）创建办公桌

本例中的办公桌由 1 个桌面和 2 个支板构成;桌面长 2 m、宽 1 m、厚 0.2 m，距房间西墙 0.5 m，距房间南墙 1 m;每一个桌面支板高为 1 m、宽为 1 m、厚度为 0.1 m。

①创建办公桌桌面。单击工具栏中的 New Obstruction ，在弹出的"Obstruction Proper-ties"窗口"Description"中输入"桌面"。勾选"Specify Color"，RGB 红色、绿色、蓝色分别为153,153,0。Geometry 范围为 X:0.5～2.5 m;Y:1～2 m;Z:1～1.2 m。Surfaces 类型选择"Single"中的"松木"。单击"OK"，完成办公桌面的创建，如图 5.24 所示。

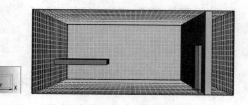

图 5.24　办公桌桌面的创建

②创建办公桌支板。单击"Model"→"New Obstruction"，在弹出的"Obstruction Properties"

窗口"Description"中输入"桌支板"。勾选"Specify Color"，RGB 红色、绿色、蓝色分别为 153，153，0。Geometry 范围为 X：0.5~0.6 m；Y：1~2 m；Z：0~1 m。Surfaces 类型选择"Single"中的"松木"。单击"OK"，完成桌面其中一个支板的创建，如图 5.25 所示。

主窗口中单击选中刚刚建立完成的支板或在模型树中单击选中"桌支板"对象，单击右键→"Copy/Move…"，在弹出的"Translate"窗口中单击"Copy"选项，"Offset："中"X"输入 1.9，其他保持默认值，单击"OK"，完成整个办公桌的模型创建，如图 5.26 所示。

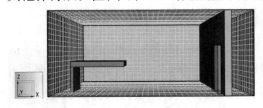

图 5.25　办公桌支板的创建

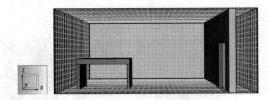

图 5.26　办公桌的创建

（6）创建沙发

本例中的沙发由 2 个沙发扶手、1 个靠背和上下两层坐垫构成；扶手宽为 0.5 m、高为 0.6 m、厚为 0.3 m，距西墙 1.8 m，距北墙 0.3 m；沙发靠背长为 2.1 m、高为 1 m、厚为 0.3 m，距房间西墙 1.8 m，距房间北墙 0 m；两个坐垫尺寸均为长 1.5 m、宽 0.5 m、厚 0.2 m，上层坐垫为泡沫材料，下层坐垫为黄松木材料。

①创建沙发扶手。单击菜单"Model"→"New Obstruction"，在弹出的"Obstruction Properties"窗口"Description"中输入"沙发扶手"。勾选"Specify Color"，RGB 红色、绿色、蓝色分别为 153，153，153。Geometry 范围为 X：1.8~2.1 m；Y：4.2~4.7 m；Z：0~0.6 m。Surfaces 类型选择"Single"中的"松木"，单击"OK"，完成沙发其中一个扶手的创建。

选中刚创建的"沙发扶手"对象，单击右键→"Copy/Move…"，在弹出的"Translate"窗口中单击"Copy"选项，"Offset："中"X"输入 1.8，其他保持默认值，单击"OK"，完成沙发扶手模型的创建，如图 5.27 所示。

②创建沙发靠背。单击工具栏中的 New Obstruction，在弹出的"Obstruction Properties"窗口的"Description"中输入"沙发靠背"。勾选"Specify Color"，RGB 红色、绿色、蓝色分别为 153，153，153。Geometry 范围为 X：1.8~3.9 m；Y：4.7~5.0 m；Z：0~1.0 m。Surfaces 类型选择"Single"中的"松木"。单击"OK"，完成沙发靠背的创建，如图 5.28 所示。

③创建沙发坐垫。单击工具栏中的 New Obstruction，在弹出的"Obstruction Properties"窗口"Description"中输入"沙发坐垫"。勾选"Specify Color"，RGB 红色、绿色、蓝色分别为 153，153，153。Geometry 范围为 X：2.1~3.6 m；Y：4.2~4.7 m；Z：0~0.2 m。Surfaces 类型选择"Single"中的"松木"，单击"OK"，完成沙发底部坐垫的创建，如图 5.29 所示。

选中刚创建的"沙发坐垫"对象，单击右键→"Copy/Move…"，在弹出的"Translate"窗口中单击"Copy"选项，"Offset："中"Z"输入 0.2，其他保持默认值，单击"OK"，完成沙发上部坐垫的创建。

双击刚创建完成的沙发上部坐垫对象，在弹出的"Obstruction Properties"窗口中更改"Specify Color"中 RGB 红色、绿色、蓝色分别为 204，204，255，Surfaces 类型选择"Single"中的

"泡沫",单击"OK",完成沙发模型的创建,如图 5.30 所示。

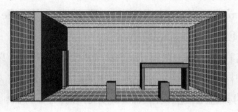

图 5.27　创建沙发扶手

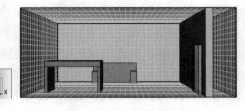

图 5.28　创建沙发靠背

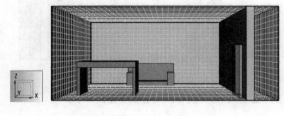

图 5.29　创建沙发坐垫

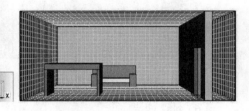

图 5.30　沙发的创建

（7）茶几

本例中茶几由 1 个茶几面和 2 个茶几支板构成:茶几面长 1 m、宽 0.5 m、厚 0.2 m,距房间西墙 2.3 m,距房间北墙 1.3 m;每一个茶几支板宽 0.5 m、高 0.2 m、厚 0.1 m。

①创建茶几面。单击"Model→New Obstruction",在弹出的"Obstruction Properties"窗口"Description"中输入"茶几面"。勾选"Specify Color",RGB 红色、绿色、蓝色分别为 153,153,153。Geometry 范围为 X:2.3～3.3 m;Y:3.2～3.7 m;Z:0.2～0.4 m。Surfaces 类型选择"Single"中的"松木",单击"OK",完成茶几面的创建,如图 5.31 所示。

②创建茶几支板。单击"Model→New Obstruction",在弹出的"Obstruction Properties"窗口"Description"中输入"茶几支板"。勾选"Specify Color",RGB 红色、绿色、蓝色分别为 153,153,153。Geometry 范围为 X:2.3～2.4 m;Y:3.2～3.7 m;Z:0.0～0.2 m;Surfaces 类型选择"Single"中的"松木"。单击"OK",完成茶几其中一个支板的创建,如图 5.32 所示。

选中刚创建的"茶几支板"对象,单击右键→"Copy/Move…",在弹出的"Translate"窗口中单击"Copy"选项,"Offset:"中"X"输入 0.9,其他保持默认值,单击"OK",完成茶几的创建,如图 5.33 所示。

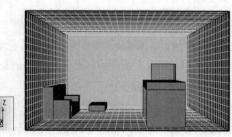

图 5.31　创建茶几面

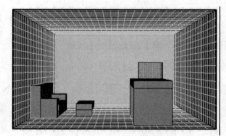

图 5.32　创建茶几支板

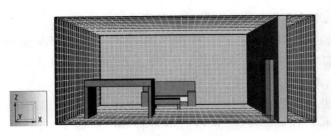

图 5.33　创建茶几模型

4)创建火源面

①创建燃烧属性面。单击"Model"→"Edit Surfaces",在弹出的"Edit Surfaces"窗口中单击"New",在弹出的"New Surface"窗口"Surface Name"中输入"燃烧","Surface Type"选择"Burner",单击"OK",回到"Edit Surfaces"窗口,"Heat Release Rate Per Area(HRRPUA)"中输入"666.66",其他保持默认值不变,单击"OK",完成燃烧属性面的创建。

②创建火源面。主窗口中双击茶几面对象,在弹出的"Obstruction Properties"窗口中,"Surfaces"更改为"Multiple","Max Z"选择"燃烧",单击"OK",完成火源面的创建,如图 5.34 所示。

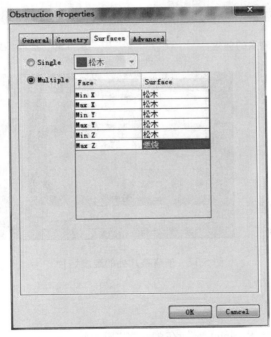

图 5.34　火源面的创建

5)创建记录装置

办公房间内的茶几着火时,烟气会在房间内蔓延,继而通过房间门向外蔓延,房间门处的烟气温度分布情况可以通过房间门处的温度测点来进行记录。因此,温度测点布置在门中间,距离门顶 0.1 m;垂直方向每隔 0.1 m 布置测点,共布置 6 个测点。在房间门和茶几处创建温度云图监控切片,对房间门和茶几处的截面温度进行实时监控。

①创建温度测点(热电偶测点)。单击"Devices"→"New Thermocouple…",在弹出的"Thermocouple"窗口"Location"中"X:","Y:","Z:"处分别输入"6.1 m","1 m","2 m",其他参数保持默认不变,单击"OK"完成一个热电偶测点的布置。

选中刚创建的热电偶测点,单击右键→"Copy/Move…",在弹出的"Translate"窗口中单击"Copy"选项,"Number of Copies:"输入"5","Offset:"中"Z"输入"-0.1",其他保持默认值,单击"OK",完成其他热电偶测点的创建,如图5.35所示。

②创建温度切片。单击"Output"→"Slices…",在弹出的"Animated Planar Slices"窗口"XYZ Plane"选择"Y","Plane Value"输入"1","Gas Phase Quantity"选择"Temperature","User Vector?"选择"No",单击"OK",完成房间门处的温度切片的创建,如图5.36所示。

用同样的方法,创建茶几处的温度切片,如图5.37所示。

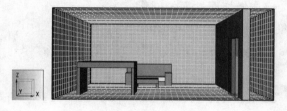

图 5.35　温度测点的创建

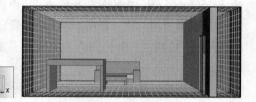

图 5.36　房间门处温度切片的创建

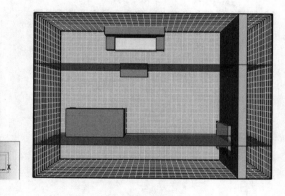

图 5.37　创建茶几处的温度切片

6)确定仿真性能参数

单击"FDS→Simulation Parameters",在弹出的"Simulation Parameters"窗口中,"End Time"处输入180,即模拟的燃烧时间为180 s,其他参数保持默认设置不变,单击"OK",完成仿真性能参数的设置。

7)运行仿真模型

单击菜单栏中的"FDS→Run FDS…",或者单击工具栏中的 ▶▾ 按钮,开始进行房间茶几燃烧的模拟计算,计算记录窗口如图 5.38 所示。

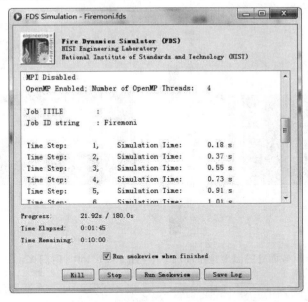

图 5.38 模拟记录窗口

8) 查看结果及分析数据

(1) 烟气蔓延情况

如果保持默认勾选"Run smokeview when finished"选项,当模拟计算完成后,会弹出"Smokeview"结果窗口,单击右键→"Load/Unload"→"3D smoke"→"SHOOT MASS FRACTION(RLE)",可以查看燃烧过程中烟气随时间的蔓延扩散过程,如图 5.39、图 5.40 所示。

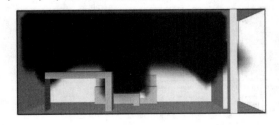

图 5.39 燃烧 7 s 的烟气蔓延情况

图 5.40 燃烧 40 s 的烟气蔓延情况

(2) 温度云图分布情况

单击右键→"Load/Unload"→"Unload all",清除窗口已经加载的参数结果,然后,单击右键→"Load/Unload"→"Slice file"→"TEMPERATURE"→"Y=3.4",可以查看火源处的截面温度随时间的变化过程,如图 5.41、图 5.42 所示。

(3) 测点温度变化曲线

单击软件工具栏中的下拉按钮,选择"Plot Device Results",弹出"Time History Plots"窗口,可以得到各温度测点随时间的温度变化曲线,如图 5.43 所示。模拟生成的测点数据会以"Excel"的文件形式存储在生成的文件夹内,读者可另行处理。

从"THCP"(z=2 m)测点的温度变化曲线可以看出,门中心 2 m 高度处的烟气温度在 100 s后基本维持在 130 ℃左右,变化不大。

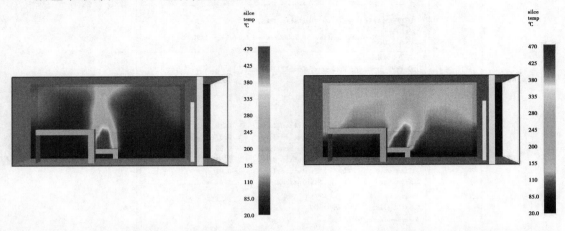

图 5.41　16 s 时门 Y＝1.0 截面处的温度分布情况　　　　图 5.42　150 s 时门 Y＝1.0 截面处的温度分布情况

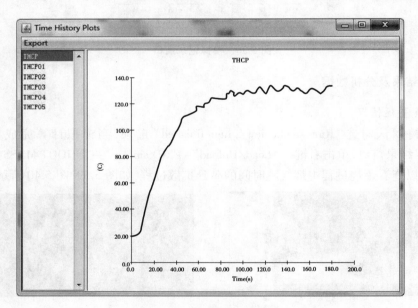

图 5.43　测点温度变化曲线

习 题

1.根据下表中所列的数据,计算颗粒平均直径和标准差。

直径间隔区间 i	直径间隔/μm	d_i	N_i/cm^{-3}	$\log d_i$	$N_i \times \log d_i/\mathrm{cm}^{-3}$
1	0.005 6~0.01	0.007 8	6×10^4	−2.11	− 1.27×10^5
2	0.01~0.018	0.014	2×10^5	−1.85	− 3.70×10^5
3	0.018~0.032	0.025	4×10^5	−1.60	− 6.40×10^5
4	0.032~0.056	0.044	9×10^4	−1.36	− 1.22×10^5
5	0.056~0.1	0.078	3×10^4	−1.11	− 3.33×10^4
6	0.10~0.18	0.14	1×10^1	−1.36	− 0.85×10^3

2.火灾中的烟气浓度有哪几种表示方法?

3.明火燃烧、热解和阴燃等燃烧状况对烟气的生成量有何影响?

4.对于空气供应充足的明火燃烧所形成的厚度为 1.0 m 的烟气层,测得有 50%的光穿过,计算单位平均射线行程长度上烟气的光学密度及烟气的消光系数。

5.造成火场减光的原因是什么?

6.火灾烟气的主要危害有哪些? 简述火灾烟气对人的危害过程。

7.火灾烟气危害的判定标准有哪些?

8.简单描述着火房间烟气流动的主要特点。

9.什么是中性面? 中性面的位置受哪些因素影响?

10.什么是烟囱效应? 烟囱效应对火灾烟气的流动有何影响?

11.试分别分析正向烟囱效应和反向烟囱效应作用下建筑烟气流动规律。

12.计算 10 m 高顶棚下 1.0 MW 火源正上方及与其相距 5 m 处烟气顶棚射流的最大温度,假设环境温度为 20 ℃。

13.场、区、网络烟气流动模型的特点及其应用场合是什么?

6

人员安全疏散

火灾中人员的安全疏散是指在火灾发展到危害人员生命的状态之前,将建筑物内的所有人员安全地疏散到安全区域的行动。

安全疏散是建筑物发生火灾后确保人员生命财产安全的有效措施,是建筑防火的一项重要内容。建筑安全疏散和避难设施,是避免室内人员因火烧、缺氧窒息、烟雾中毒和房屋倒塌造成伤亡,以及尽快抢救、转移室内的物资和财产,以减小火灾造成的损失的重要设施。另外,消防人员赶到火灾现场进行灭火救援,必须借助建筑物内的安全疏散设施来实现。

6.1 人员安全疏散设计

安全疏散设计,是根据建筑物的使用性质、人们在火灾事故时的心理状态与行动特点、火灾危险性大小、建筑物容纳人数、建筑面积大小等,合理布置交通疏散设施,为人员的安全疏散设计一条安全路线。

安全出口和疏散门的位置、数量、宽度,疏散楼梯的形式和疏散距离,避难区域的安全保障措施,对人员安全疏散至关重要。而这些因素与建筑高度、区域面积及建筑内部布置、室内空间高度和可燃物的数量、类型等关系密切。设计时应充分考虑区域内使用人员的特性,结合上述因素,合理确定相应的疏散和避难设施,为人员疏散和避难提供安全条件。

6.1.1 安全疏散系统及设计原则

1)安全疏散系统

建筑安全疏散系统应具备足够的疏散能力,当建筑发生火灾时,应保证在规定的时间内让受到火灾威胁的人员能够全部通过,并到达安全区域,且为消防人员扑救火灾提供安全通道。

安全疏散系统由满足疏散要求的疏散和避难设施组合而成,如图6.1所示。建筑的安全疏散和避难设施主要包括疏散走道、疏散楼梯(包括室外楼梯)、疏散出口(包括疏散门和安全出口），避难走道、避难间和避难层，疏散指示标志和疏散应急照明，有时还要考虑疏散诱导广播。自动扶梯和电梯不应作为安全疏散设施。但是光有设施是不够的，这些设施还必须满足疏散要求，其数量、宽度、长度、几何尺寸、耐火能力、防烟能力、构造形式、应急照明和疏散指示标志等，都必须符合疏散需要。

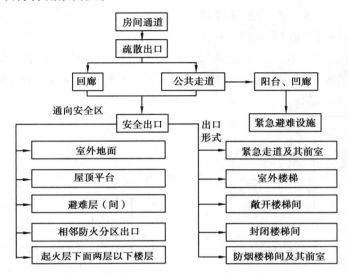

图 6.1　安全疏散系统的组成

2）安全疏散设计原则

安全疏散设计是建筑防火设计的一项重要内容。在设计时，应根据建筑物的规模、使用性质、重要性、耐火等级、生产和储存物品的火灾危险性、容纳人数以及火灾时人的心理状态等情况，合理设置安全疏散设施，做好设计，为人员安全疏散提供有利条件。建筑物的安全疏散设施包括：主要安全疏散设施，如安全出口、疏散楼梯、走道和门等；辅助安全疏散设施，如疏散阳台、缓降器、救生袋等；对超高层民用建筑还有避难层（间）和屋顶直升飞机停机坪等。

在布置安全疏散路线时，必须充分考虑火灾时人们在异常心理状态下的行动特点，在此基础上作出相应的设计，确保疏散安全可靠。

在进行安全疏散设计时，应遵照下列原则：

①疏散路线要简捷明了，便于寻找、辨别。考虑到紧急疏散时人们缺乏思考疏散方法的能力，时间往往很紧迫，所以疏散路线要简捷，易于辨认，并设置简明易懂、醒目易见的疏散指示标志。

②疏散路线要做到步步安全。疏散路线一般可分为四个阶段：第一阶段是从着火房间内到房间门的疏散，第二阶段是公共走道中的疏散，第三阶段是在楼梯间内的疏散，第四阶段为出楼梯间到室外等安全区域的疏散。这四个阶段必须是步步走向安全，以保证不出现"逆流"。疏散路线的尽端必须是安全区域。

③疏散路线设计要符合人们的习惯要求。人们在紧急情况下习惯走平常熟悉的路线，因此在布置疏散楼梯的位置时，将其靠近经常使用的电梯间，使经常使用的路线与火灾时紧急

使用的路线有机地结合起来,有利于迅速而安全地疏散人员。疏散楼梯靠近电梯布置示意图如图 6.2 所示。

此外,要利用明显的标志引导人们走向安全的疏散路线。

④尽量不使疏散路线和扑救路线交叉,避免相互干扰。疏散楼梯不宜与消防电梯共用一个前室,因为两者共用前室时,会造成疏散人员和扑救人员相撞,妨碍安全疏散和消防扑救。图 6.3 是一种不理想的疏散楼梯布置方法。

⑤疏散走道不要布置成不甚畅通的"S"形或"U"形,也不要有变化宽度的平面。走道上方不能有妨碍安全疏散的突出物,下面不能有突然改变地面标高的踏步,即应避免出现图 6.4、图 6.5 所示的现象。

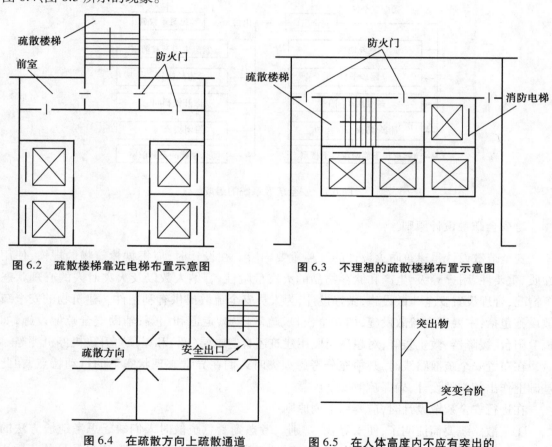

图 6.2　疏散楼梯靠近电梯布置示意图　　　　图 6.3　不理想的疏散楼梯布置示意图

图 6.4　在疏散方向上疏散通道　　　　图 6.5　在人体高度内不应有突出的
　　　　　不应变窄　　　　　　　　　　　　　　障碍物或突变台阶

⑥在建筑物内任何部位最好同时有两个或两个以上的疏散方向可供疏散。避免把疏散走道布置成袋形,因为袋形走道的致命弱点是只有一个疏散方向,火灾时一旦出口被烟火堵住,走道内的人员就很难安全脱险。

⑦合理设置各种安全疏散设施,做好其构造等设计。如疏散楼梯,要确定好其数量、布置位置、形式等,其防火分隔、楼梯宽度以及其他构造都要满足规范的有关要求,确保其在建筑发生火灾时充分发挥作用,保证人员疏散安全。

6.1.2 安全分区与疏散路线

1)疏散安全分区

当建筑物内某一房间发生火灾并达到轰燃时,沿走廊的门窗被破坏,导致浓烟、火焰涌向走廊。若走廊的吊顶上或墙壁上未设有效的阻烟、排烟设施,则烟气就会继续向前室蔓延,进而流向楼梯间。而且发生火灾时,人员的疏散路线也基本上和烟气的流动路线相同,即房间→走廊→前室→楼梯间。因此,烟气的蔓延扩散,将对火灾层人员的安全疏散构成很大的威胁。为了保障人员疏散安全,疏散路线的布置一般是按照路线上各个空间的防烟、防火性能依次提高进行,下一个空间单元比上一个单元安全性一定要高,直到楼梯间,此时安全性达到最高,最后通过楼梯间到达室外。为了阐明疏散路线的安全可靠,需要把疏散路线上的各个空间划分为不同的区间,称为疏散安全分区,简称安全分区,并依次称为第一安全分区、第二安全分区等。离开火灾房间后,先要进入走廊,走廊的安全性就高于火灾房间,故称走廊为第一安全区;以此类推,前室为第二安全分区,楼梯间为第三安全分区。一般说来,当进入第三安全分区,即疏散楼梯间,即认为达到了相当安全的空间。安全分区的划分如图6.6所示。

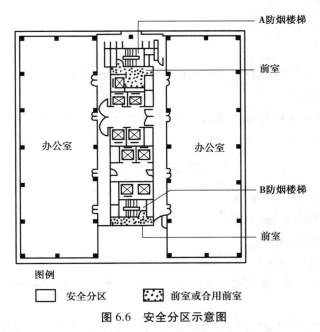

图例

□ 安全分区   ▨ 前室或合用前室

图 6.6　安全分区示意图

进行安全分区设计,主要目的是确保人员疏散时的安全可靠,而安全分区的设计,也可以减少火灾烟气进入楼梯间,防止烟火向上层扩大蔓延。另外,安全分区也为消防灭火活动提供了场地和进攻路线,消防救援人员一般是通过安全区逐步进入次安全区,遇到危险还可以退回到安全区。

为了保障各个安全分区在疏散过程中的防烟、防火性能,一般可采用外走廊,或在走廊的吊顶上和墙壁上设置与感烟探测器联动的防排烟设施,设防烟前室和防烟楼梯间。同时,还要考虑各个安全分区的事故照明和疏散指示等,为火灾中的人员创造一条求生的安全路线。

2）合理组织疏散路线

根据火灾事故中疏散人员的心理与行为特征，在进行建筑平面设计，尤其是布置疏散楼梯间时，原则上应使疏散的路线简捷，便于寻找、辨认，并能与人们日常生活的活动路线相结合，使人们通过日常活动来了解疏散路线，并尽可能使建筑物内的每一房间都能向两个方向疏散，避免出现袋形走道。

对于综合性高层建筑，应按照不同用途、容纳人数以及在火灾时不同人员的心理状态等情况分别布置疏散路线，火灾时便于有组织地疏散。如某高层建筑地下一、二层为停车场，地上几层为商场，商场以上若干层为办公用房，再上若干层是旅馆、公寓。为了便于安全使用，有利于火灾时紧急疏散，在设计时必须做到车流与人流完全分流，百货商场与其上各层的办公、住宿人流分流。

6.1.3 疏散宽度

在设计时，不仅要考虑安全出口的数量，还要考虑安全出口的宽度，这也是决定人员疏散快慢的一个因素。安全出口宽度的确定，受到耐火等级、层数、允许疏散时间、人数、地面是否平坦等诸多因素的影响。

1）百人宽度指标

为了便于设计，一般都用"百人宽度指标"的简捷算法来确定安全出口宽度，设计时只要按使用人数乘以指标即可。

百人宽度指标的含义是每百人在允许疏散时间内，以单股人流形式疏散所需的疏散宽度，可以用下式表示：

$$百人宽度指标 = \frac{N}{At} \times b \tag{6.1}$$

式中　N——疏散总人数，即 100 人；

　　　t——允许疏散时间，min；

　　　b——单股人流宽度，m；

　　　A——单股人流通行能力，人/min。

单股人流通行能力，平、坡地面为 43 人/min，阶梯地面为 37 人/min；单股人流宽度 55~60 cm。

如 $N=100$ 人，$T=2$ min，$A=40$ 人/min（平地，一般人），$b=0.6$ m（空身），则

$$百人宽度指标 = \frac{100}{40 \times 2} \times 0.6 = 0.75 \text{ m}。$$

防火规范中规定的百人宽度指标，是根据式（6.1）并考虑其他影响因素后调整得出的。

2）疏散宽度

①厂房内疏散楼梯、走道、门的各自总净宽度，应根据疏散人数按每 100 人的最小疏散净宽度不小于表 6.1 的规定计算确定。但疏散楼梯的最小净宽度不宜小于 1.10 m，疏散走道的

最小净宽度不宜小于 1.40 m,门的最小净宽度不宜小于 0.90 m。当每层疏散人数不相等时,疏散楼梯的总净宽度应分层计算,下层楼梯总净宽度应按该层及以上疏散人数最多一层的疏散人数计算。

表 6.1　厂房的疏散宽度(m/百人)

厂房层数	一、二层	三　层	≥四层
宽度指标	0.6	0.8	1.0

②高层民用建筑的疏散外门、走道和楼梯的各自总宽度,应按 1 m/百人计算确定。

③公共建筑内安全出口和疏散门的净宽度不应小于 0.90 m,疏散走道和疏散楼梯的净宽度不应小于 1.10 m。

高层公共建筑内楼梯间的首层疏散门、首层疏散外门、疏散走道和疏散楼梯的最小净宽应符合表 6.2 的规定。

表 6.2　高层公共建筑内楼梯间的首层疏散门、首层疏散外门、疏散走道和疏散楼梯的最小净宽度(m)

建筑类别	楼梯间的首层疏散门、首层疏散外门	走　道		疏散楼梯
		单面布房	双面布房	
首层医疗建筑	1.30	1.40	1.50	1.30
其他高层公共建筑	1.20	1.30	1.40	1.20

人员密集的公共场所、观众厅的疏散门不应设置门槛,其净宽不应小于 1.40 m,且紧靠门口内外各 1.40 m 范围内不应设置踏步。

人员密集的公共场所的室外疏散通道的净宽不应小于 3.00 m,并应直接通向宽敞地带。

④剧场、电影院、礼堂、体育馆等场所的疏散走道、疏散楼梯、疏散门、安全出口的各自总净宽度,应符合下列规定:

a.观众厅内疏散走道的净宽度应按每 100 人不小于 0.60 m 计算,且不应小于 1.0 m;边走道的净宽度不宜小于 0.80 m。

布置疏散走道时,横走道之间的座位排数不宜超过 20 排;纵走道之间的座位数:剧场、电影院、礼堂等每排不宜超过 22 个,体育馆每排不宜超过 26 个;前后排座椅的排距不小于 0.90 m 时,可增加 1.0 倍,但不得超过 50 个;仅一侧有纵走道时,座位数应减少一半。

b.剧场、电影院、礼堂等场所供观众疏散的所有内门、外门、楼梯和走道的各自总宽度,应根据疏散人数按每百人的最小疏散净宽度不小于表 6.3 的规定计算确定。

表 6.3　剧场、电影院、礼堂等场所每 100 人所需最小疏散宽度(m/百人)

观众厅座位数	≤2 500	≤1 200
耐火等级	一、二级	三级

续表

观众厅座位数			≤2 500	≤1 200
疏散部位	门和走道	平坡地面	0.65	0.85
		阶梯地面	0.75	1.00
	楼　梯		0.75	1.00

c.体育馆供观众疏散的内门、外门、楼梯和走道的各自总宽度,应根据疏散人数按每百人的最小疏散净宽度不小于表6.4的规定计算确定。

表6.4　体育馆每100人所需最小疏散宽度(m/百人)

观众厅座位数范围(座)			3 000~5 000	5 001~10 000	10 001~20 000
疏散部位	门和走道	平坡地面	0.43	0.37	0.32
		阶梯地面	0.50	0.43	0.37
	楼　梯		0.50	0.43	0.37

注:表6.4中对应比较大座位数范围按规定的疏散总净宽度,不应小于对应相邻较小座位数范围按其最多座位数计算的疏散总净宽度。对于观众数少于3 000个的体育馆,计算供观众疏散的所有内门、外门、楼梯和走道的各自净宽度时,每100人的最小疏散净宽度不应小于表6.3的规定。

d.有等场需要的入场门不应作为观众厅的疏散门。

⑤除剧场、电影院、礼堂、体育馆外的其他公共建筑,其房间疏散门、安全出口、疏散走道和疏散楼梯的各自总净宽度,应符合下列规定:

a.每层的房间疏散门、安全出口、疏散走道和疏散楼梯的各自总净宽度,应根据疏散人数按每100人的最小净宽度不小于表6.5的规定计算确定。当每层疏散人数不等式,疏散楼梯的总净宽度可分层计算:地上建筑内下层楼梯的总净宽度应按该层及以上疏散人数最多一次的人数计算;地下建筑内上层楼梯的总净宽度应按该层及以下疏散人数最多一层的人数计算。

表6.5　每层的房间疏散门、安全出口、疏散走道和疏散楼梯的每100人最小净宽度(m/百人)

建筑层数		建筑的耐火等级		
		一、二级	三级	四级
地上楼层	1~2层	0.65	0.75	1.0
	3层	0.75	1.0	—
	≥4层	1.0	1.25	—
地下楼层	与地面出入口地面的高差 ΔH≤10 m	0.75	—	—
	与地面出入口地面的高差 ΔH>10 m	1.0	—	—

b.地下或半地下人员密集的厅、室和歌舞娱乐放映游艺场所,其房间疏散门、安全出口、疏散走道和疏散楼梯的各自总净宽度,应根据疏散人数按每100人不少于1.0 m计算确定。

  c.首层外门的总净宽度应按该建筑疏散人数最多一层的人数计算确定,不供其他楼层人员疏散的外门,可按本层的疏散人数计算确定。

  d.歌舞娱乐放映游艺场所中录像厅的疏散人数,应根据厅、室的建筑面积按不小于1.0 人/m^2计算;其他歌舞娱乐放映游艺场所的疏散人数,应根据厅、室的建筑面积按不小于0.5 人/m^2计算。

  e.有固定座位的场所,其疏散人数可按实际座位数的1.1 倍计算。

  f.展览厅的疏散人数应根据展览厅的建筑面积和人员密度计算,展览厅内的人员密度不宜小于 0.75 人/m^2。

  g.商店的疏散人数应按每层营业厅的建筑面积乘以表 6.6 规定的人员密度计算。对于建材商店、家具和灯饰展示建筑,其人员密度可按表 6.6 规定的30%确定。

表 6.6　商店营业厅的人员密度(人/m^2)

楼层位置	地下第二层	地下第一层	地上第一、第二层	地上第三层	地上第四层及以上
人员密度	0.56	0.60	0.43~0.60	0.39~0.54	0.30~0.42

6.1.4　安全出口

  不管是民用建筑还是工业建筑,在建筑设计时,应根据使用要求,结合防火安全的需要布置门、走道和楼梯。一般而言,安全出口都应分散布置,每个防火分区,一个防火分区内的每个楼层,其安全出口的数量应经计算确定,且不应少于两个。除了人员密集场所外,建筑面积不大于 500 m^2,使用人数不超过 30 人且埋深不大于 10 m 的地下室或半地下建筑(室),当需要设置两个安全出口时,其中一个安全出口应可利用直通室外的金属竖向梯。

  对于一些大型公共建筑,如影剧院、大礼堂、电影院、食堂、体育馆等,当人员密度很大时,只设两个安全出口是远远不够的。据统计,通过一个安全出口的人员过多,会影响安全疏散,容易发生意外。因此,对于人员密度大的大型公共建筑,为保证疏散安全,应控制每个安全出口的疏散人数。具体而言,剧场、电影院和礼堂的观众厅或多功能厅,每个疏散门的平均疏散人数不应超过 250 人;当容纳人数超过 2 000 人时,其超过 2 000 人的部分,每个疏散门的平均疏散人数不应超过 400 人。体育馆的观众厅,每个疏散门的平均疏散人数不宜超过700 人。

  另外,在某些特定条件下,安全出口或疏散门也可以只设置一个。一般而言,除歌舞娱乐、放映、游艺场所外,防火分区的建筑面积不大于 200 m^2的地下或半地下设备间、防火分区建筑面积不大于 50 m^2且经常停留人数不超过 15 人的其他地下或半地下建筑(室),可设置 1个安全出口或 1 部疏散楼梯。除《建筑设计防火规范》(GB 50016—2014,2018 年版)另有规定外,建筑面积不大于 200 m^2的地下或半地下设备间、建筑面积不大于 50 m^2且经常停留人数不超出 15 人的其他地下或半地下房间,可设置 1 个疏散门。下面介绍不同建筑设置安全出口的要求。

1)公共建筑

(1)安全出口或疏散楼梯的数量

①公共建筑内每个防火分区或一个防火分区的每个楼层,其安全出口的数量应经计算确定,且不应少于2个。设置1个安全出口或1部疏散楼梯的公共建筑,应符合下列条件之一:

a.除托儿所、幼儿园外,建筑面积不大于200 m^2,且人数不超过50人的单层公共建筑或多层公共建筑的首层。

b.除医疗建筑,老年人照料设施,托儿所、幼儿园的儿童用房,儿童游乐厅等儿童活动场所和歌舞娱乐放映游艺场所等外,符合6.7规定的公共建筑。

表6.7 设置一部疏散楼梯的公共建筑

耐火等级	最多层数	每层最大建筑面积/m^2	人　数
一、二层	3层	200	第二、三层的人数之和不超过50人
三级	3层	200	第二、三层的人数之和不超过25人
四级	2层	200	第二层人数不超过15人

②一、二级耐火等级公共建筑中安全出口全部直通室外确有困难的防火分区,可利用通向相邻防火分区的甲级防火门作为安全出口,但应符合下列要求:

a.利用通向相邻防火分区的甲级防火门作为安全出口时,应采用防火墙与相邻防火分区进行分隔。由于人员进入未着火防火分区后会增加该区域的人员疏散时间,设计需保证该防火分区的安全,要求相邻两个防火分区之间应严格要求采用防火墙分隔,不能采用防火卷帘、防火分隔水幕等措施替代。

b.建筑面积大于1 000 m^2的防火分区,直通室外的安全出口数量不应少于2个;建筑面积不大于1 000 m^2的防火分区,直通室外的安全出口数量不应少于1个。

c.该防火分区通向相邻防火分区的疏散净宽度不应大于其按《建筑设计防火规范》(GB 50016—2014,2018年版)规定的方法计算的所需疏散总净宽度的30%,建筑各层直通室外的安全出口总净宽度不应小于其按《建筑设计防火规范》(GB 50016—2014,2018年版)规定方法计算的所需疏散总净宽度。

d.设置不少于两部疏散楼梯的一、二级耐火等级多层公共建筑,如顶层局部升高,当高出部分的层数不超过2层、人数之和不超过50人且每层建筑面积不大于200 m^2时,该高出部分可设置1部疏散楼梯,但至少应另外设置1个直通建筑主体上人平屋面的安全出口,且该上人屋面应符合人员安全疏散要求。

(2)房间疏散门的数量

公共建筑内各房间疏散门的数量应经计算确定且不应少于2个,除托儿所、幼儿园、老年人照料设施、医疗建筑、教学建筑内位于走道尽头的房间外,符合下列条件之一的房间可设置一个疏散门:

①位于两个安全出口之间或袋形走道两侧的房间,对于托儿所、幼儿园、老年人照料设施,其建筑面积不大于50 m^2;对于医疗建筑、教学建筑,其建筑面积不应大于75 m^2;对于其他

建筑或场所,其建筑面积不大于 120 m²。

②位于走道尽端的房间,建筑面积不小于 50 m² 且疏散门的净宽度不小于 0.9 m,或由房间内任一点至疏散门的直线距离不大于 15 m、建筑面积不大于 200 m² 且疏散门的净宽度不小于 1.4 m。

③歌舞娱乐放映游艺场所内建筑面积不大于 50 m²,且经常停留人数不超过 15 人的厅、室。

2)住宅建筑

住宅建筑安全出口的设置应符合下列规定:

①建筑高度不大于 27 m 的建筑,当每个单元任一层的建筑面积大于 650 m²,或任一户门至最近安全出口的距离大于 15 m 时,每个单元每层的安全出口不应少于 2 个。

②建筑高度大于 27 m、不大于 54 m 的建筑,当每个单元任一层的建筑面积大于 650 m²时,或任一户门至最近安全出口的距离大于 10 m 时,每个单元每层的安全出口不应少于 2 个。

③建筑高度大于 54 m 的建筑,每个单元每层的安全出口不应少于 2 个。

建筑高度大于 27 m、不大于 54 m 的住宅建筑,每个单元设置一座疏散楼梯时,疏散楼梯应通至屋面,且单元之间的疏散楼梯应能通过屋面连通,户门应采用乙级防火门。当不能通至屋面或通过屋面连通时,应设置 2 个安全出口。

3)工业建筑

(1)厂房

当符合下列条件时,厂房可只设置一个安全出口:厂房内每个防火分区或一个防火分区内的每个楼层,其安全出口的数量应经计算确定,且不应少于 2 个。

①甲类厂房,每层建筑面积不大于 100 m²,且同一时间的生产人数不超过 5 人。

②乙类厂房,每层建筑面积不大于 150 m²,且同一时间的生产人数不超过 10 人。

③丙类厂房,每层建筑面积不大于 250 m²,且同一时间的生产人数不超过 20 人。

④丁、戊类厂房,每层建筑面积不大于 400 m²,且同一时间的生产人数不超过 30 人。

⑤地下或半地下厂房(包括地下室或半地下室),每层建筑面积不大于 50 m²,且同一时间的作业人数不超过 15 人。

地下或半地下厂房(包括地下或半地下室),当有多个防火分区相邻布置,并采用防火墙分隔时,每个防火分区可利用防火墙上通向相邻防火分区的甲级防火门作为第二安全出口,但每个防火分区必须至少有 1 个直通室外的独立安全出口。

(2)仓库

①每座仓库的安全出口不应少于 2 个,当每一座仓库的占地面积不大于 300 m²时,可只设置 1 个安全出口。仓库内每个防火分区通向疏散走道、楼梯或室外的出口,不应少于 2 个;当防火分区的建筑面积不大于 100 m²,可设置 1 个出口。通向疏散走道或楼梯的门应为乙级防火门。

②地下、半地下仓库或仓库的地下室、半地下室的安全出口不应少于 2 个;当建筑面积不

大于 100 m²时,可只设置 1 个安全出口。

③地下、半地下仓库或仓库的地下室、半地下室当有多个防火分区相邻布置并采用防火墙分隔时,每个防火分区可利用防火墙上通向相邻防火分区的甲级防火门作为第二安全出口,但每个防火分区必须至少有 1 个直通室外的安全出口。

4)汽车库

为了确保人员的安全,不管是平时还是在火灾情况下,都应做到人车分流、各行其道,避免造成交通事故,发生火灾时不影响人员的安全疏散。因此,汽车库、修车库的人员安全出口和汽车疏散出口应分开设置;设在工业与民用建筑内的汽车库,其车辆出口与其他部分的人员出口应分开布置。

(1)人员疏散出口

汽车库、修车库的每个防火分区内,其人员安全出口不应少于 2 个,这样就可以进行双向疏散,一旦一个出口被火封堵时,另一个出口还可以进行疏散。但多设出口会增加车库的建筑面积和投资,因此对于车库内人员较少,或是停车数量较少的情况下,可以只设置 1 个出口。《汽车库、修车库、停车场设计防火规范》(GB 50067—2014)规定,同一时间的人数不超过 25 人,以及停车数量在 50 辆以下的Ⅳ类汽车库可设置一个出口。

(2)汽车疏散出口

汽车疏散出口的设置,一般是在汽车库满足平时使用要求的基础上,适当考虑火灾时车辆的安全疏散要求。对于一些大型的汽车库,平时使用也需要设置 2 个以上的出口,所以原则上规定汽车库、修车库和停车场的汽车疏散出口不应少于 2 个。当符合下列条件之一时,汽车库、修车库的汽车疏散出口可设置 1 个:①Ⅳ类汽车库;②设置双车道汽车疏散出口的Ⅲ类地上汽车库;③设置双车道汽车疏散出口、停车数量小于或等于 100 辆且建筑面积小于4 000 m²的地下或半地下汽车库;④Ⅱ、Ⅲ、Ⅳ类修车库。

Ⅰ、Ⅱ类地上汽车库和停车数大于 100 辆的地下汽车库,当采用错层或斜楼板式且车道、坡道为双车道时,其首层或地下一层至室外的汽车疏散出口不应少于 2 个,汽车库内的其他楼层汽车疏散坡道可设 1 个。

Ⅳ类的汽车库在设置汽车坡道有困难时,可采用垂直升降梯作汽车疏散出口,其升降梯的数量不应少于两台,停车数少于 25 辆的可设一台。

为了确保坡道出口的安全,两个汽车出口的间距不应小于 10 m,这样既能满足平时车辆安全拐弯进出的需要,也能为消防灭火双向扑救创造基本的条件。当两个汽车坡道毗邻设置时(如剪刀式等),为保证车道的安全,要求车道之间应采用防火隔墙隔开。

6.1.5 避难层(间)

1)设置避难层(间)的意义

避难层是超高层建筑中发生火灾时供人员临时避难使用的楼层。如果作为避难使用的只有几个房间,则这几个房间称为避难间。

超高层建筑由于楼层多、人员密度大,尽管已有一些其他的安全措施,还是无法保证人员在短时间内迅速撤出火场。防烟楼梯间尽管有较高的安全度,但也并非完全安全,加之人员出现意外的阻塞等,所以不能完全寄希望于防烟楼梯间在整个火灾过程中的绝对疏散能力。

加拿大有关研究部门提出一份使用一座宽 1.10 m 的楼梯将高层建筑的人员疏散到室外所用时间的数据,见表 6.8。

我国有关部门做的同类试验结果与表 6.8 相近。如果人员大量拥堵在楼梯间内,或楼梯间出现意外,则其后果不堪设想。为此,在这些超高层建筑中,在适当楼层设计避难层和避难间作为一块临时避难的安全区,是疏散设计的一项重要内容。

表 6.8　高层建筑使用一座楼梯的疏散时间(min)

建筑层数	疏散时间		
	每层 240 人	每层 120 人	每层 60 人
50	131	66	33
40	105	52	26
30	78	39	20
20	51	25	13
10	38	19	9

一般地,每个防火分区的疏散楼梯都不会少于两座,即便是采用剪刀楼梯的塔式高层建筑,其疏散楼梯也是两个。即使这样,当层数在 30 层以上时,要人员在尽量短的时间里疏散到室外,仍然是不容易的事情。因此,《建筑设计防火规范》(GB 50016—2014,2018 年版)提出高度超过 100 m 的公共建筑和住宅建筑,应设避难层或避难间(区)。

2)避难层的类型

(1)敞开式避难层

敞开式避难层不设围护结构,为全敞开式,一般设在建筑物的顶层或屋顶之上。

这种避难层采用自然通风排烟方式,结构处理比较简单,但不能绝对保证本身不受烟气侵害,也不能防止雨雷的侵袭。为此,这种避难层只适用于温暖地区,在我国北方大部分地区都不适用。

(2)半敞开式避难层

半敞开式避难层,四周设有防护墙(一般不低于 1.2 m),上半部设有窗口,窗口多用铁百叶窗封闭。这种避难层通常也采用自然通风排烟方式,四周设置的防护墙和铁百叶窗可以起到防止烟火侵害的作用。但它仍具有敞开式避难层的不足,故也只适用于非寒冷地区。

(3)封闭式避难层

封闭式避难层,周围设有耐火的围护结构(外墙、楼板),室内设有独立的空调和防排烟系统,如在外墙上开设窗口时,应采用防火窗。

这种避难层设有可靠的消防设施,足以防止烟气和火焰的侵害,同时还可以避免外界气候条件的影响,因而适用于我国南、北方广大地区。

3）避难层（间）的设置要求

（1）避难层（间）设置条件

建筑高度大于 100 m 的公共建筑应设置避难层（间）。避难间应符合下列规定：

①第一个避难层（间）的楼地面至灭火救援场地地面的高度不应大于 50 m，两个避难层（间）之间的高度不宜大于 50 m。

②通向避难层的疏散楼梯应在避难层分隔、同层错位或上下层断开。

③避难层（间）的净面积应能满足设计避难人数避难的要求，并宜按 5.0 人/m² 计算。

④避难层可以兼作设备层，设备管道应集中布置，其中的易燃、可燃液体或气体管道应集中布置，设备管道区应采用耐火极限不低于 3.00 h 的防火隔墙与避难区分隔。管道井和设备间应采用耐火极限不低于 2.00 h 的防火隔墙与避难区分隔，管道井和设备间的门不应直接开向避难区；确需直接开向避难区时，与避难层区出入口的距离不应小于 5 m，且应采用甲级防火门。

避难间内不应设置易燃、可燃液体或气体管道，不应开设除外窗、疏散门之外的其他开口。

⑤避难层应设置消防电梯出口。

⑥避难层（间）应设置消火栓和消防软管卷盘。

⑦避难层（间）应设置消防专线电话和应急广播。

⑧在避难层（间）进入楼梯间的入口处和疏散楼梯通向避难层（间）的出口处，应设置明显的指示标志。

⑨避难层（间）应设置直接对外的可开启窗口或独立的机械防烟设施，外窗应采用乙级防火窗。

（2）避难人员面积指标

考虑到我国人员的体型特点，人均避难面积应保证不小于 0.1 m²/人。

4）避难层（间）的防火构造要求

①为保证避难层具有较长时间抵抗火烧能力，避难层的楼板宜采用现浇钢筋混凝土楼板，其耐火极限不应低于 2.00 h。

②为保证避难层下部楼层起火时不使避难层地面温度过高，在楼板上宜设隔热层。

③避难层四周的墙体及避难层内的隔墙，其耐火极限不应低于 3.00 h，隔墙上的门应采闭甲级防火门。

5）避难层的安全疏散

①为保证避难层在建筑物起火时能正常发挥作用，避难层应至少有两个不同的疏散方向可供疏散。

②通向避难层的防烟楼梯间，其上下层应错位布置。这样处理使人员穿越避难层时，必须水平行走一段路程后才能上楼或下楼，从而提高了利用避难层临时避难的可靠程度。同时，这也使上、下层楼梯间不能相互贯通，减弱了楼梯间的"烟囱"效应。

③在避难通道上应设置疏散指示标志和火灾事故照明,其位置以人行走时水平视线高度为准。

④消防电梯作为一种辅助的安全疏散,在避难层必须停靠;而普通电梯因不能阻挡烟气进入,则严禁在避难层开设电梯门。

6) 通风与防排烟系统

采用铁百叶窗的半敞开式避难层,其铁百叶窗可以按建筑物的东南西北四个方向分别控制,也可以根据常年主导风向分别控制。其开启方式可以是手动,也可以由消防控制中心遥控。当建筑物起火时,关闭迎风面的铁百叶窗,防止烟气卷入,同时打开背风面的铁百叶窗,利用风力造成的负压自然排烟。

封闭式避难层如果采用独立的机械通风排烟系统,则进行防排烟设计时,应将封闭式避难层划分单独的防烟分区。封闭式避难层宜采用机械加压送风排烟方式,保证避难层处于正压状态,这样处理既可达到排烟的目的,又可供给众多避难人员所需要的新鲜空气。

7) 固定灭火系统

避难层应设置固定灭火系统(包括室内消火栓给水系统、自动喷水灭火系统等),固定灭火系统能保护避难层不受火灾侵害。

为保证固定灭火系统正常运行,避难层应设置水泵接合器,用以补充楼内消防用水之不足,发生火灾时可利用消防队的手抬机动泵或消防泵将消防车内的水注入给水管网,以供灭火使用。

6.1.6 辅助疏散设施设计

为了保证高层建筑内的人员在火灾时能安全可靠地疏散,高层建筑除了需设有完善的安全疏散设施以外,还应结合建筑平面和立面布置等情况,增设一些辅助安全疏散设施。

人员密集的公共建筑在窗口、阳台等部位宜设置与其高度相适应的辅助疏散逃生设施。这些辅助疏散设施包括逃生袋、救生绳、缓降绳、折叠式人孔梯、滑梯等,设置位置要便于人员使用且安全可靠,但并不一定要在每一个窗口或阳台设置。

1) 阳台(凹廊)疏散梯

高层建筑的旅馆、办公楼等与走道相连的外墙上设阳台、凹廊较常见。遇有火灾,烟雾弥漫,在走道内摸不准楼梯位置的情况下,阳台、凹廊是让人有安全感的地方。在 1985 年哈尔滨天鹅饭店的十一层火灾中,一位日本客人跑到走道西尽端阳台避难,经过与阳台相连的宽度约为40 cm、深约 12 cm 的垂直墙身凹槽,冒着生命危险下到第十层阳台上,脱离了着火层,这说明了阳台上设应急疏散口的必要性。

在高层建筑各层设置专用疏散阳台有两种形式。一种是在阳台地板上开设孔洞,该洞装有一个“活动盖板”,在洞口下面设置倾斜梯(又叫避难梯)。火灾时人员由房间经过走道到达阳台,立即打开活动盖板,沿避难梯下到下部其他楼层或者底层。另一种是在阳台地板上开设孔洞,在孔洞内安装阳台紧急疏散梯,如图 6.7 所示。这种梯子折叠在平面尺寸大约为

600 mm×600 mm,厚度与阳台悬挑的钢筋混凝土板厚度相近的箱子里。安装后的箱体盖略高于阳台地面 30~50 mm,基本不会给阳台空间的正常使用带来不便。使用时打开箱盖,梯子即自动缓缓落下。

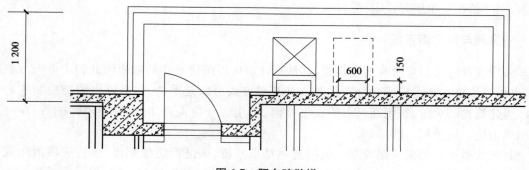

图 6.7 阳台疏散梯

2)高层建筑自救缓降器

缓降器是一种往复式高楼火灾自救逃生器材,操作简单,下滑平稳。

缓降器具有上下往复使用功能,可在短时间内抢救多人及财产。工作时,通过主机内的行星轮减速机构及摩擦轮毂内的摩擦块的作用,保证使用者依靠自重始终保持一定速度安全降至地面。滑降绳索采用优质软钢丝绳内芯,外层编织有保护层,具有抗拉强度高、安全性能好、柔软舒适等特点。

高层建筑自救缓降器,主要由摩擦棒、套筒、自救绳和绳盒等组成。国内生产的缓降器根据自救绳分为三种规格:6~10 层适用,绳长 38 m;11~16 层适用,绳长 53 m;16~20 层适用,绳长 74 m。

3)避难袋

避难袋可作为一些高层建筑的辅助疏散设施。避难袋的构造共有 3 层:最外层由玻璃纤维制成,可耐 800 ℃ 的高温;第二层为弹性制动层,能束缚住下滑的人体和控制下滑速度;最内层张力大而柔软,使人体以舒适的速度向下滑降。

避难袋可用在建筑物的外部或内部。用于建筑物外部时,它装设在低层部分窗口处的固定设施内,失火后将其取出向窗外打开,即可通过避难袋滑到室外地面脱离危险。当用于建筑物内部时,避难袋设于防火竖井内,人员打开防火门进入按层分段设置的袋中之后,即可滑到下一层或下几层。

4)避难桥

避难桥分别安装在两座高层建筑相距较近的屋顶或外墙窗洞处,将两者联系起来,形成安全疏散的通道。避难桥由梁、桥面板及扶手等组成。

为了保证安全疏散,桥面的坡度要小于 1/5。速度大于 1/5 时,应采取阶梯式踏步。有坡度的板面要有防滑措施,桥面与踢脚之间不得有缝隙。踢脚板的高度不得小于 10 cm,扶手的高度不应低于 1.1 m,其支杆之间的距离不应大于 18 cm。避难桥要用阻燃的钢、铝合金等金属材料制作,其设计荷载一般按 3.5 kN/m² 计算,并控制其挠度不得超 1/300。

避难桥一般适用于建筑密集区的两座高度基本适当且距离较近的高层建筑。其中也可一座为高层建筑,相邻一座为多层建筑。避难桥特别适用于人员较多而安全出口数量少的建筑。

5)避难扶梯

避难扶梯一般安装在建筑物的外墙上,有固定式和半固定式。为保证疏散者的安全,踏板面的宽度不小于 20 cm,踏步高度不超过 30 cm,扶梯的有效宽度不小于 60 cm,扶手的高度不小于 70 cm。当扶梯高度超过 4 m,每隔 4 m 要设一个平台,平台的宽度要在 1.2 m 以上。扶梯应采用钢、铝合金等不燃材料制作,并要具有一定的承载力,踏板的设计荷载不应低于 1.3 kN/m²,平台中设计荷载应按 3.5 kN/m² 计算。

6)滑杆

滑杆由杆、上部固定金具和下部固定金具组成。疏散用滑杆,一般固定在建筑物的阳台处,采用直径为 75 mm 左右的钢管制作,表面应光滑,杆的本身应能承受 400 kg 的压力。滑杆两端应固定牢固,底部应设有弹性好的垫子,以保障人在下滑时的安全。滑杆不能设得过高,一般以 10 m 为宜。高层建筑可每 3 层设一滑杆(可错位设置)。

7)屋顶直升机停机坪

停机坪是发生火灾时供直升机抢救疏散到屋顶平台上的避难人员的停靠设施。这种消防设施多设在超高层建筑的屋顶之上。

建筑高度大于 100 m 且标准层建筑面积大于 200 m² 的公共建筑,宜在屋顶设置直升机停机坪或供直升机救助的设施。

直升机停机坪应符合下列规定:

①设置在屋顶平台上时,距离设备机房、电梯机房、水箱间、共用天线等突出物不应小于 5 m;

②建筑通向停机坪的出口不应少于 2 个,每个出口的宽度不宜小于 0.09 m;

③四周应设置航空障碍灯,并应设置应急照明;

④在停机坪的适当位置应设置消火栓。

其他要求应符合国家航空管理有关标准的规定。

6.1.7 应急照明与人员安全疏散指示标志

消防应急照明与消防疏散指示标志应保证在发生火灾时重要的房间或部位的照明能保证继续正常工作;在大厅、通道应指明出入口方向及位置,以便人员有秩序地进行疏散。建筑内消防应急照明和疏散指示标志的备用电源的连续供电时间应符合下列规定:

①建筑高度大于 100 m 的民用建筑,不应少于 1.5 h。

②医疗建筑、老年人照料设施、总建筑面积大于 100 000 m² 的公共建筑和总建筑面积大于 20 000 m² 的地下、半地下建筑,不应少于 1.0 h;其他建筑,不应少于 0.5 h。

消防应急照明包括:在正常照明失效时为继续工作(或暂时继续工作)而设置的备用照

明;为使人员在火灾情况下能从室内安全撤离至室外(或某一安全地区)而设置的疏散照明;在正常照明突然中断时,为确保处于潜在危险中的人员安全而设置的安全照明。消防疏散指示标志包括通道疏散指示灯及安全出口标志灯。

备用照明是当正常电源切断后,为保证人们正常工作和活动能在一定时间和区域内继续进行而设置的照明,它包括为保证灭火和扑救工作正常进行提供的持续照明,以及为人员密集场所的工作和疏散提供的短暂时间的照明。

疏散照明包括安全出口标志灯、疏散指示标志灯和疏散照明灯。安全出口标志灯安装在安全出口处门的上方,正面迎向疏散人流,向人们指示安全出口所在部位。疏散指示标志灯是向人们提供明确的疏散方向指示的灯具,通常安装在楼梯间、疏散走道及其转角处距离1 m以下的墙面上。疏散走道的交叉口处和大空间建筑内人员密集的、无走道侧墙的商场展厅等场所,也可以将灯安装在顶部。疏散照明灯为人员疏散提供必要的照明,保证人员能安全快捷地疏散,一般是与疏散指示标志灯、安全出口标志灯结合设置成多功能灯具,也可独立设置。在布置疏散照明灯具时,应方便人们寻找设在疏散路线上的手动报警按钮和电器塞孔等消防设施。

1)疏散照明的设置

(1)疏散照明的设置场所和照度要求

除建筑高度小于27 m的住宅建筑外,民用建筑、厂房和丙类仓库的下列部位应设置疏散照明:

①封闭楼梯间、防烟楼梯间及其前室、消防电梯间的前室或合用前室、避难走道和避难层(间);

②观众厅、展览厅、多功能厅和建筑面积大于200 m²的营业厅、餐厅、演播室等人员密集的场所;

③建筑面积大于100 m²的地下或半地下公共活动场所;

④公共建筑内的疏散走道;

⑤人员密集的厂房内的生产场所及疏散走道。

建筑内疏散照明的地面最低水平照度在不同部位的要求不同。建筑内疏散照明的地面最低水平照度应符合下列规定:

①对于疏散走道,不应低于1.0 lx;

②对于人员密集场所、避难层(间),不应低于3.0 lx;对于老年人照料设施、病房楼或手术部的避难间,不应低于10.0 lx;

③对于楼梯间、前室或合用前室、避难走道,不应低于5.0 lx;对于人员密集场所、老年人照料设施、病房楼或手术部内的楼梯间、前室或合用前室、避难走道,不应低于10.0 lx。

消防控制室、消防水泵房、自备发电机房、配电室、防排烟机房以及发生火灾时仍需要正常工作的消防设备房应设置备用照明,其作业面的最低照度不应低于正常照明的照度。

(2)疏散照明灯的设置部位

疏散照明灯具应设置在出口的顶部、顶棚上或墙面的上部;备用照明灯具应设置在顶棚上或墙面的上部。

（3）疏散指示标志的设置

公共建筑、建筑高度大于 54 m 的住宅建筑、高层厂房（库房）和甲、乙、丙类单、多层厂房，应设置灯光疏散指示标志，并应符合下列规定：

①应设置在安全出口和人员密集的场所的疏散门的正上方。

②应设置在疏散走道及其转角处距地面高度 1.0 m 以下的墙面或地面上。灯光疏散指示标志间距不应大于 20 m；对于袋形走道，不应大于 10 m；在走道转角区，不应大于 1.0 m，如图 6.8 所示。

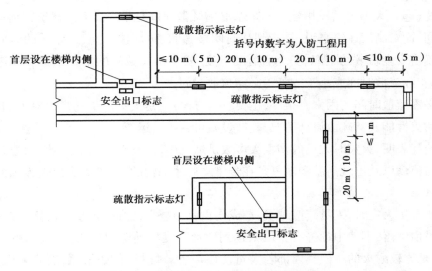

图 6.8　疏散指示标志的设置平面示意图

下列建筑或场所应在疏散走道和主要疏散路径的地面上增设能保持视觉连续的灯光疏散指示标志或蓄光疏散指示标志：

①总建筑面积大于 8 000 m² 的展览建筑；

②总建筑面积大于 5 000 m² 的地上商店；

③总建筑面积大于 500 m² 的地下或半地下商店；

④歌舞娱乐放映游艺场所；

⑤座位数超过 1 500 个的电影院、剧场，座位数超过 3 000 个的体育馆、会堂或礼堂。

建筑内设置的消防疏散指示标志和消防应急照明灯具，除符合《建筑防火设计规范》（GB 50016—2014，2018 年版）的规定外，还应符合现行国家标准《消防安全标志》（GB 13495.1—2015）和《消防应急照明和疏散指示系统》（GB 17945—2010）的规定。

2）备用照明的设置

消防控制室、消防水泵房、自备发电机房、配电室、防排烟机房以及发生火灾时仍需正常工作的消防设备房应设置备用照明，其作业面的最低照度不应低于保证正常照明的照度。备用照明灯具应设置在墙面的上部或顶棚上。

6.2 安全疏散时间与距离

6.2.1 必需疏散时间

必需疏散时间,是指建筑物发生火灾时,人员离开着火建筑物到达安全区域的时间。对普通建筑物(包括大型公共民用建筑)来说,必需疏散时间是指人员离开建筑物到达室外安全场所的时间;而对高层建筑来说,是指到达封闭楼梯间、防烟楼梯间、避难层的时间。必需疏散时间是确定安全疏散的距离、安全通道的宽度、安全出口数量的重要依据。在进行安全疏散设计时,实际疏散时间应小于或等于必需疏散时间。

影响必需疏散时间的因素有很多,主要有两方面:一是火灾产生的烟气对人的威胁;二是建筑物的耐火性能及其疏散设计情况、疏散设施可否正常运行。

火灾统计表明,火灾时人员的伤亡大多数是烟气中毒、高温和缺氧所致,而建筑物中烟气大量扩散与流动以及出现高温和缺氧是在轰燃之后才加剧的,从着火到出现轰燃的时间一般为 5~8 min。

建筑物发生火灾时,人员疏散越快,造成伤亡就会越少,因此,需要有一定的时间,使人员在建筑物吊顶塌落、烟气中毒等有害因素达到致命程度以前疏散出去。一、二级耐火等级的建筑,一般是比较耐火的。但其内部若大量使用可燃装修材料,如吊顶、隔墙采用可燃材料,以及铺设可燃地毯和墙纸等,火灾时火势不仅蔓延速度快,而且还会产生大量的有毒烟气,影响人员的疏散。而建筑(即使是耐火极限最低的吊顶)构件达到耐火极限,一般都比出现 CO等有毒烟气、高温或严重缺氧的时间晚。因此,在确定必需疏散时间时,首先应考虑烟气中毒这一因素。必需疏散时间应控制在轰燃之前,并适当考虑安全系数。

在建筑防火设计中,一、二级耐火等级的公共建筑与高层民用建筑,其必需疏散时间为5~7 min,三、四级耐火等级建筑的必需疏散时间为 2~4 min。

人员密集的公共建筑,如影剧院、礼堂的观众厅,由于容纳人员密度大,安全疏散比较重要,所以必需疏散时间要从严控制。一、二级耐火等级的影剧院必需疏散时间为 2 min,三级耐火等级的必需疏散时间为 1.5 min。体育馆建筑由于其规模一般比较大,观众厅容纳人数往往是影剧院的几倍到几十倍,火灾时其烟层下降速度、温度上升速度、可燃装修材料和疏散条件等,都不同于影剧院,故疏散时间相对较长。所以对一、二级耐火等级的体育馆,其必需疏散时间为 3~4 min。

工业厂房的疏散时间,根据生产的火灾危险性不同而不同。考虑到甲类生产的火灾危险性大,燃烧速度快,必需疏散时间控制在 30 s;而乙类生产的火灾危险性较甲类生产要小,燃烧速度比甲类生产要慢,故必需疏散时间控制在 1 min 左右。

安全疏散设计的目标是确保疏散时间,而控制疏散宽度和疏散距离的核心仍然是控制疏散时间。在设计时,当计算的"所需安全疏散时间(RSET)"大于"可用安全疏散时间

（ASET）"时,可以采取一些措施,缩小 RSET 或增大 ASET,以保证 RSET 小于 ASET,且小于的幅度越大,疏散安全性越高。

①增加安全出口数量:增大疏散总宽度和缩小人群通过出口的时间,缩短疏散距离,减少疏散所需的时间;增加疏散出口数量和出口宽度:缩短人员疏散时间。

②增大走道宽度:减少 RSET。

③安装火灾自动报警系统,或者改善火灾探测系统的探测条件,提高探测相应速度,均可做到早报警,缩小 RSET。

④接通火灾应急照明灯、疏散指示标志灯及应急广播系统,使疏散能很好地组织和引导,能有效缩小 RSET。

⑤增设机械排烟系统可延缓轰燃的发生,延迟烟气从下降到危险高度的时间,延迟有害气体达到临界浓度的时间,增大 ASET。

⑥扩大防火分区面积和增加房间的净空高度,可以起到扩大"蓄烟箱"容积的作用,在相同条件下可以延缓烟气层界面下降到危险高度的时间,增大 ASET。

⑦设置自动喷水灭火系统,可在早期火灾条件下启动,将火源热释放速率控制在一定范围内,这是最有效的增大 ASET 的方法之一。但是系统必须是能够在早期火灾条件下及时启动的系统。

6.2.2 安全疏散距离

限制安全疏散距离的目的,在于缩短疏散时间,使人们尽快从火灾现场疏散到安全区域。影响安全疏散距离的因素有很多,如建筑物的使用性质、人员密集程度、人员本身的活动能力等。例如医院中的病人,行动困难的重病号还要依赖别人的帮助疏散;幼儿园、托儿所的孩子们容易惊慌失措,疏散速度慢,夜间疏散就更为困难;学校人员集中,又都是青少年,紧急疏散时人员容易失去理智,出现惊慌混乱情况。宾馆、饭店旅客来往频繁,对建筑内疏散路线不熟,疏散时容易走错,延误疏散时间;居住建筑的火灾多发生在夜间,一般发现比较晚,而建筑内部的人员身体条件不等,老少兼有,疏散比较困难。袋形走道两侧或近端的房间,因只有一个方向的出口,如果走道很长,火灾时被烟气封堵的可能性大。

安全疏散距离有两个含义:一是指房间内最远点到房间门的距离,二是指从房间门或住宅户门至最近的外部出口或楼梯间的最大距离。厂房和汽车库的安全疏散距离是指室内最远工作点到外部出口或楼梯间的最大距离。根据安全疏散允许时间和疏散速度,可以确定安全疏散距离。

1)公共建筑

（1）从房间疏散门至安全出口的距离

直通疏散走道的房间疏散门至最近安全出口的直线距离不应大于表6.9的规定。

表 6.9　直通疏散走道的房间疏散门至最近安全出口的直线距离(m)

名　称			位于两个安全出口之间的疏散门			位于袋形走道两侧或尽端的疏散门		
			耐火等级			耐火等级		
			一、二级	三级	四级	一、二级	三级	四级
托儿所、幼儿园、老年人照料设施			25	20	15	20	15	10
歌舞娱乐放映游艺场所			25	20	15	9	—	—
医疗建筑	单层或多层		35	30	25	20	15	10
	高层	病房部分	24	—	—	12	—	—
		其他部分	30	—	—	15	—	—
教学建筑	单层或多层		35	30	25	22	20	10
	高层		30	—	—	15	—	—
高层旅馆、展览建筑			30	—	—	15	—	—
其他建筑	单层或多层		40	35	25	22	20	15
	高层		40	—	—	20	—	—

注:1.建筑内开向敞开式外廊的房间疏散门至最近安全出口的直线距离可按本表的规定增加 5 m。

　　2.直通疏散走道的房间疏散门至最近敞开楼梯间的直线距离,当房间位于两个楼梯间之间时,应按本表的规定减少 5 m;当房间位于袋形走道两侧或尽端时,应按本表的规定减少 2 m。

　　3.建筑物内全部设置自动喷水灭火系统时,其安全疏散距离可按本表的规定增加25%。

　　楼梯间应在首层直通室外,确有困难时,可在首层采用扩大的封闭楼梯间或防烟楼梯间前室。所谓扩大封闭楼梯间,就是将楼梯间的封闭范围扩大,如图 6.9 所示,因为一般公共建筑首层入口处的楼梯往往比较宽大开敞,而且和门厅的空间合为一体,使得楼梯间的封闭范围变大。同时,建筑大厅内可燃物很少或无可燃物,若该大厅与周围办公、辅助商业用房等进行了防火分隔时,可以在首层将该大厅扩大为楼梯间的一部分。当层数不超过 4 层且未采用扩大的封闭楼梯间或防烟楼梯间前室时,可将直通室外的门设置在离楼梯间不大于 15 m 处,如图 6.10 所示。

　　(2)房间内最远点到房间疏散门的距离

　　限制房间内最远点到房间疏散门的距离,目的是限制房间内的疏散距离,同时也可以限制房间面积,有利于安全疏散。尤其是建筑内的观众厅、展览厅、多功能厅、餐厅、营业厅等,这类房间的面积比较大,人员密集,必须限制其疏散距离。

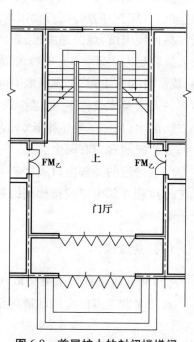

图 6.9　首层扩大的封闭楼梯间

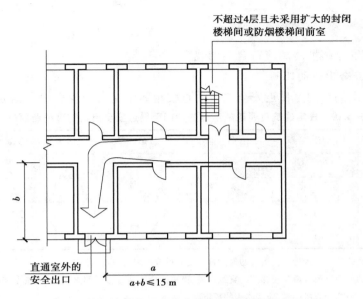

图 6.10 首层楼梯间距室外安全出口的距离不大于 15 m

房间内任一点至房间直通疏散走道的疏散门的距离,不应大于表 6.9 中规定的袋形走道两侧或尽端的疏散门至最近安全出口的直线距离。

一、二级耐火等级建筑内疏散门或安全出口不少于 2 个的观众厅、展览厅、多功能厅、餐厅、营业厅等,其室内任一点至最近疏散门或安全出口的直线距离不应大于 30 m;当疏散门不能直通室外地面或疏散楼梯间时,应采用长度不大于 10 m 的疏散走道通至最近的安全出口;当该场所设置自动喷水灭火系统时,室内任一点至最近安全出口的安全疏散距离可分别增加 25%,如图 6.11 所示。

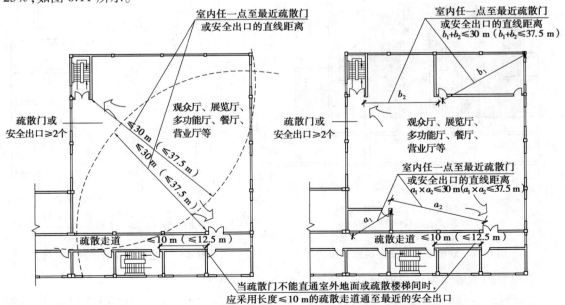

图 6.11 一、二级耐火等级公共建筑平面示意图

2) 住宅建筑

住宅建筑的安全疏散距离应符合下列规定：

（1）户门至安全出口的距离

直通疏散走道的户门至最近安全出口的直线距离不应大于表 6.10 的规定。

表 6.10　住宅建筑直通疏散走道的户门至最近安全出口的直线距离（m）

名　称	位于两个安全出口之间的户门			位于袋形走道两侧或尽端的户门		
	耐火等级			耐火等级		
	一、二级	三级	四级	一、二级	三级	四级
单层或多层	40	35	25	22	20	15
高层	40	—	—	20	—	—

注:1.开向敞开式外廊的户门至最近安全出口的最大直线距离可按本表的规定增加 5 m。

　　2.直通疏散走道的户门至最近敞开楼梯间的直线距离,当户门位于两个楼梯间之间时,应按本表的规定减小 5 m,当户门位于袋形走道两侧或尽端时,应按本表的规定减小 2 m。

　　3.住宅建筑内全部设置自动喷水灭火系统时,其安全疏散距离可按本表的规定增加 25%。

　　4.跃廊式住宅户门至最近安全出口的距离,应从户门算起,小楼梯的一段距离可按其水平投影的 1.50 倍计算,如图 6.12 所示。

楼梯间的首层应设置直通室外的安全出口,或在首层采用扩大的封闭楼梯间或防烟楼梯间前室。层数不超过 4 层时,可将直通室外的门设置在离楼梯间不大于 15 m 处。

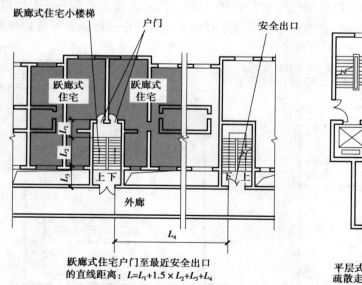

跃廊式住宅户门至最近安全出口
的直线距离：$L=L_1+1.5×L_2+L_3+L_4$

图 6.12　跃廊式住宅安全疏散距离的计算

平层式住宅举例：户内任一点至其直通
疏散走道的户门的最大直线距离 $L=L_1+L_2$

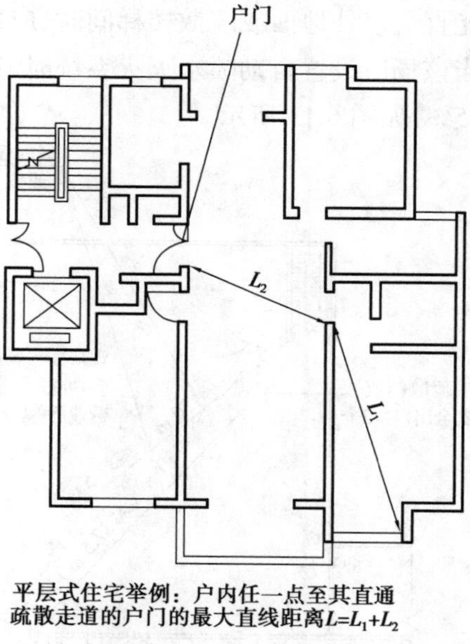

图 6.13　住宅安全疏散距离的计算

（2）户内最远点到户门的距离

户内任一点到其直通疏散走道的户门的直线距离不应大于表 6.9 中规定的袋形走道两侧或尽端的疏散门至最近安全出口的最大直线距离。住宅安全疏散距离的计算如图 6.13 所示；

跃层式住宅,户内楼梯的距离可按其梯段水平投影长度的 1.5 倍计算,如图 6.14 所示。

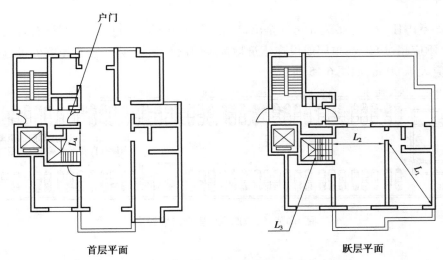

首层平面   跃层平面

跃层式住宅举例:户内任一点至其直通疏散走道的户门的最大直线距离
$$L=L_1+L_2+1.5\times L_3+L_4$$
L_3 为户内楼梯段的水平投影长度

图 6.14　跃层式住宅安全距离的计算

3)工业厂房

工业厂房的安全疏散距离是根据火灾危险性、允许疏散时间及厂房的耐火等级确定的。火灾危险性越大,厂房耐火等级越低,安全疏散距离要求越严。对于丁、戊类生产,当采用一、二级耐火等级的单、多层厂房时,其竖向距离可以不受限制。

厂房内任一点到最近安全出口的距离不应大于表 6.11 的规定。

表 6.11　厂房内任一点到安全出口的直线距离(m)

生成类别	耐火等级	单层厂房	单层厂房	高层厂房	地下、半地下厂房或厂房的地下室、半地下室
甲	一、二级	30	25	—	—
乙	一、二级	75	50	30	—
丙	一、二级	80	60	40	30
	三级	60	40	—	—
丁	一、二级	不限	不限	50	45
	三级	60	50	—	—
	四级	50	—	—	—
戊	一、二级	不限	不限	75	60
	三级	100	75	—	—
	四级	60	—	—	—

4) 汽车库

汽车库室内任一点至最近人员安全出口的疏散距离不应超过 45 m,当设有自动灭火系统时,其距离不应超过 60 m;单层或设在建筑物首层的汽车库,室内任一点至室外最近出口的疏散距离不应大于 60 m,如图 6.15 所示。

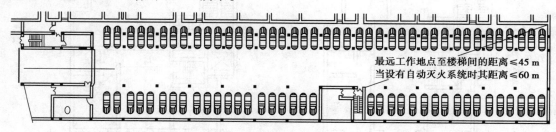

最远工作地点至楼梯间的距离≤45 m
当设有自动灭火系统时其距离≤60 m

图 6.15　汽车库室内安全疏散距离

6.3　疏散楼梯

疏散楼梯间是建筑物中的主要垂直交通空间,也是人员竖向疏散的安全通道和消防员进入建筑进行灭火救援的主要路径。楼梯间防火和疏散能力的大小,直接影响着火灾中被困人员的生命安全与消防队员的灭火救援工作。因此,应根据建筑物的使用性质、高度、层数,正确选择符合防火要求的疏散楼梯及楼梯间,为安全疏散创造有利条件。

疏散楼梯间按防火要求不同,可以分为敞开楼梯间、封闭楼梯间和防烟楼梯间。

6.3.1　疏散楼梯设计的要求

1) 楼梯形式

从楼梯形式来说,疏散用楼梯和疏散通道上的阶梯不宜采用螺旋楼梯和扇形踏步。必须采用时,踏步上下两级所形成的平面角度不应大于 10°,且每级离扶手 250 mm 处的踏步深度不应小于 220 mm,如图 6.16 所示。建筑内的公共疏散楼梯,其两梯段及扶手间的水平净距不宜小于 150 mm。

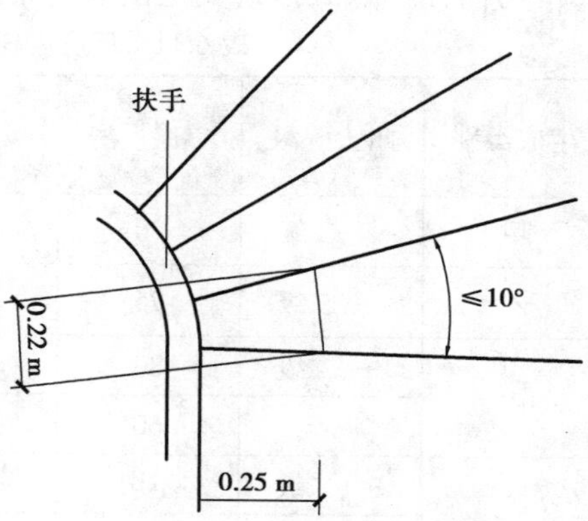

2) 耐火构造

扶手

0.22

≤10°

0.25 m

图 6.16　疏散用扇形踏步尺寸要求

疏散楼梯间的墙体应耐火 2.0 h 以上,采用不燃材料;楼梯应耐火 1~1.5 h 以上,可用钢筋混凝土材料,也可用钢材加防火保护层。另外,楼梯间的内装修采用 A 级材料。

3) 疏散楼梯间的平面布置

如图 6.17—图 6.21 所示,疏散楼梯间一般应符合下列规定:

①楼梯间应能天然采光和自然通风,并宜靠外墙设置。靠外墙设置时,楼梯间前室及合用前室的窗口与两侧门、窗、洞口最近边缘的水平距离不应小于 1.0 m。

②楼梯间内不应设置烧水间、可燃材料储藏室、垃圾道。

③楼梯间内不应有影响疏散的凸出物或其他障碍物。

④封闭楼梯间、防烟楼梯间及其前室,不应设置卷帘。

⑤楼梯间内不应设置甲、乙、丙类液体管道。

⑥封闭楼梯间、防烟楼梯间及其前室内禁止穿过或设置可燃气体管道。敞开楼梯间内不应设置可燃气体管道,当住宅建筑的敞开楼梯间内确需设置可燃气体管道和可燃气体计量表时,应采用金属管和设置切断气源的阀门。

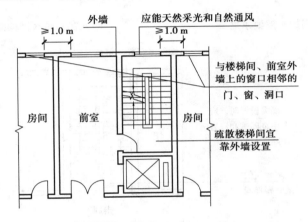

图 6.17　疏散楼梯间的一般要求之一

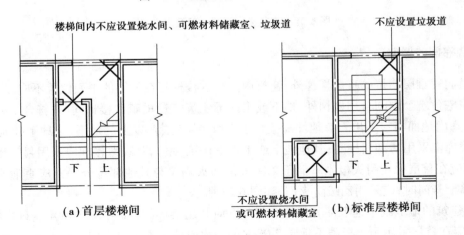

图 6.18　疏散楼梯间的一般要求之二

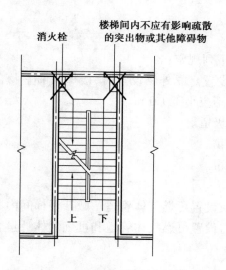

图 6.19　疏散楼梯间的一般要求之三

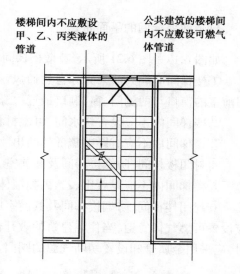

图 6.20　疏散楼梯间的一般要求之四

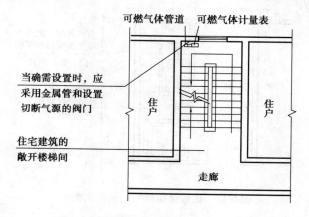

图 6.21　疏散楼梯间的一般要求之五

4)楼梯间的竖向布置

除通向避难层错位的疏散楼梯外,建筑内的疏散楼梯间在各层的平面位置不应改变。

除住宅建筑套内的自用楼梯外,地下或半地下建筑(室)的疏散楼梯间,应符合下列规定:

(1)室内地面与室外出入口地坪高差大于 10 m 或 3 层及以上的地下、半地下建筑(室),其疏散楼梯应采用防烟楼梯间;其他地下或半地下建筑(室),其疏散楼梯应采用封闭楼梯间。

(2)应在首层采用耐火极限不低于 2.00 h 的防火隔墙与其他部位分隔并应直通室外,确需在隔墙上开门时,应采用乙级防火门,如图 6.22 所示。

(3)建筑的地下或半地下部分与地上部分不应共用楼梯间,如图 6.23 所示。确需共用楼梯间时,应在首层采用耐火极限不低于 2.00 h 的防火隔墙和乙级防火门将地下或半地下部分与地上部分的连通部位完全分隔,并应设置明显的标志,如图 6.24 所示。

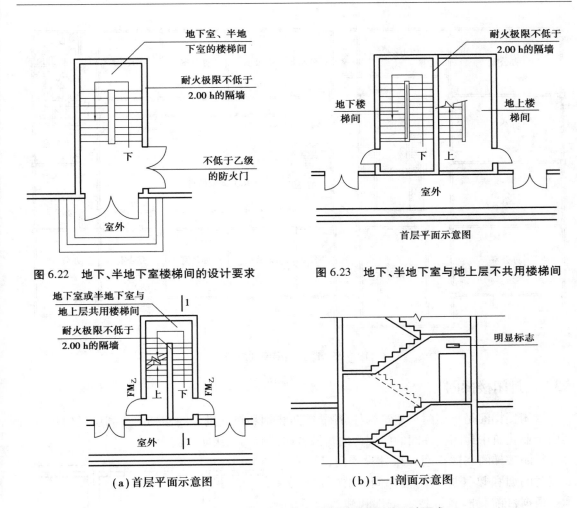

图 6.22　地下、半地下室楼梯间的设计要求

图 6.23　地下、半地下室与地上层不共用楼梯间

（a）首层平面示意图　　　　　　（b）1—1剖面示意图

图 6.24　地下、半地下室和地上层共用楼梯间的设计要求

6.3.2　敞开楼梯间

　　敞开楼梯间是指建筑物内由墙体等围护构件构成的无封闭防烟功能且与其他使用空间相通的楼梯间。敞开楼梯间在低层建筑中广泛采用，其典型特点是无论是一跑、两跑、三跑，还是剪刀式，其楼梯与走廊或大厅都敞开在建筑物内。敞开楼梯间很少设门，有时为了管理方便，也设木门、弹簧门、玻璃门等，但仍属于普通楼梯间。

　　敞开楼梯间由于楼梯间与走道之间无任何防火分隔措施，所以一旦发生火灾就会成为烟火竖向蔓延的通道，因此，在高层建筑和地下建筑中不允许采用。但是其疏散较方便，且直观、易找、使用方便、经济，因此在多层建筑中使用较多，如图 6.25 所示。

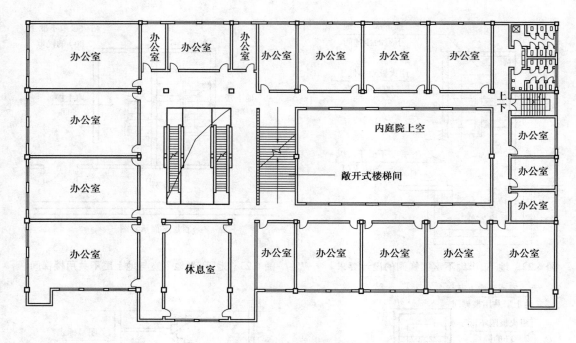

图 6.25　敞开楼梯间的应用

6.3.3　封闭楼梯间

封闭楼梯间是指用耐火建筑构件分隔,能防止烟和热气进入的楼梯间。高层民用建筑和高层工业建筑中封闭楼梯间的门应为向疏散方向开启的乙级防火门。

封闭楼梯间在楼梯间入口处设置门,以防止火灾时的烟和热气进入的楼梯间,如图 6.26 所示。根据目前我国经济技术条件和建筑设计的实际情况,当建筑标高不高且层数不多时,可采用不设前室的封闭楼梯间。

封闭楼梯间的防烟机理可以分两种情况讨论:一是当设有窗户的外墙面处于高层建筑的背风面,发生火灾时,设在封闭的楼梯间外墙上的窗户打开,起火层人流进入楼梯间带入的烟气可从窗户排出室外。二是当设有窗户的外墙面处于高层建筑的迎风面,一旦发生火灾打开窗户,起火层人流进入楼梯间时,从窗户吹进来的风会阻挡要进入楼梯间的烟气,以保障发生火灾时的人员安全疏散。

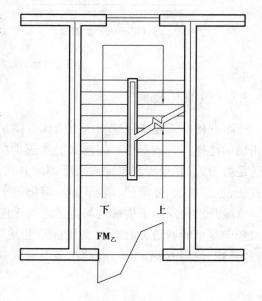

图 6.26　封闭楼梯间

1)封闭楼梯间的设置范围

（1）厂房（仓库）

①高层厂房和甲、乙、丙类多层厂房；

②高层仓库。

（2）公共建筑

①医疗建筑、旅馆、老年人照料设施；

②设置歌舞娱乐放映游艺场所的建筑；

③商店、图书馆、展览建筑、会议中心及类似使用功能的建筑；

④6层及以上的其他建筑；

⑤裙房和建筑高度不大于 32 m 的二类高层公共建筑。

（3）住宅建筑

①疏散楼梯与电梯井相邻布置的建筑高度不大于 21 m 的住宅建筑；

②建筑高度大于 21 m、不大于 33 m 的住宅建筑，当户门采用乙级防火门时，可采用敞开楼梯间。

2)封闭楼梯间的设计要求

封闭楼梯间除应符合疏散楼梯间的一般规定外，还要注意以下问题：

①不能自然通风或自然通风不能满足要求时，应设置机械加压送风系统或采用防烟楼梯间。楼梯间的首层可将走道和门厅等包括在楼梯间内，形成扩大的封闭楼梯间，但应采用乙级防火门等措施与其他走道和房间分隔，如图 6.27 所示。

②除楼梯间的出入口和外窗外，楼梯间的墙上不应开设其他门、窗、洞口。

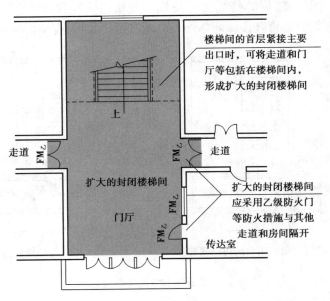

图 6.27　首层扩大的封闭楼梯间

③高层建筑、人员密集的公共建筑、人员密集的多层丙类厂房及甲、乙类厂房,其封闭楼梯间的门应采用乙级防火门,并应向疏散方向开启;其他建筑,可采用双向弹簧门。

④楼梯间的首层可将走道和门厅等包括在楼梯间内形成扩大的封闭楼梯间,但应采用乙级防火门等与其他走道和房间分隔。

另外,有条件时,可以把楼梯间适当加长,设置两道防火门而形成门斗(因其面积很小,与前室有所区别),这样处理后可以提高它的防护能力,并给疏散留以回旋余地,如图 6.28 所示。

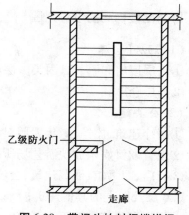

图 6.28 带门斗的封闭楼梯间

6.3.4 防烟楼梯间

防烟楼梯间是在楼梯间入口处设置防烟的前室、开敞式阳台或凹廊(统称前室)等设施,且通向前室和楼梯间的门均为防火门,以防止火灾时的烟和热气进入的楼梯间。其形式一般有带封闭前室或合用前室的防烟楼梯间,用阳台作前室的防烟楼梯间,用凹廊作前室的防烟楼梯间等。

1)防烟楼梯间的类型

(1)带开敞前室的防烟楼梯间

带开敞前室的防烟楼梯间的特点是以阳台或凹廊作为前室,如图 6.29 所示,疏散人员须通过开敞的前室和两道防火门才能进入封闭的楼梯间内。其优点是自然风力能将随人流进入的烟气迅速排走,同时,转折的路线也能使烟气很难进入楼梯间,可不再设其他的排烟装置,故最为经济安全。但是只有楼梯间靠外墙时才有可能采用,有一定局限性。

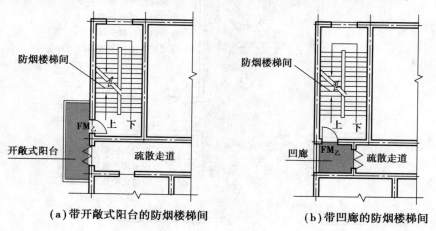

(a)带开敞式阳台的防烟楼梯间   (b)带凹廊的防烟楼梯间

图 6.29 带开敞前室的防烟楼梯间

(2)用阳台作为开敞前室

图 6.30 所示是阳台作前室的防烟楼梯间。图示的两种布置方式,都要通过阳台和两道防

火门才能进入楼梯间。事实证明,这两种楼梯间,自然风力可将进入阳台的大量烟气很快吹走,并且不受风向的影响,因而排烟效果较好。

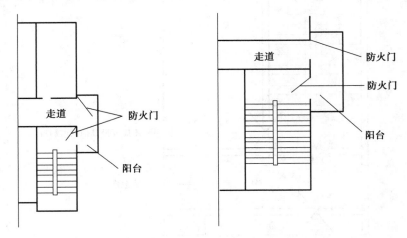

图 6.30 用阳台作开敞前室的防烟楼梯间

(3)用凹廊作为开敞前室

图 6.31 所示的是以凹廊作为开敞前室的防烟楼梯间。这种布置方式除了自然排烟效果好之外,在平面布置上也有特点,可以将疏散楼梯与电梯厅结合布置,使日常使用的路线和火灾时疏散路线结合起来。

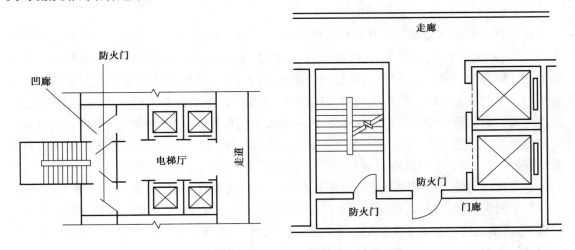

图 6.31 用凹廊作为开敞前室的防烟楼梯间

(4)带封闭前室的防烟楼梯间

带封闭前室的防烟楼梯间的特点是人员须通过封闭的前室和两道防火门,才能到达楼梯间内,如图 6.32 所示。与前一种相比,其优点主要体现在平面布置灵活,形式多样;既可靠外墙布置,也可放在建筑物核心筒内部。缺点是防排烟比较困难,位于内部的前室和楼梯间须设机械防烟设施,设备复杂且经济性差,而且效果不易完全保证。靠外墙布置时可利用窗口自然排烟。

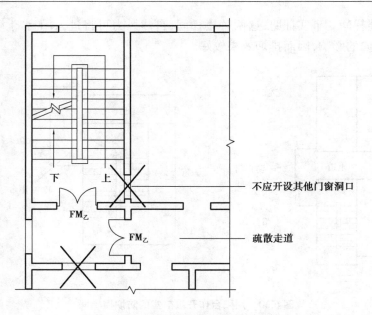

不应开设其他门窗洞口

疏散走道

图 6.32　带封闭前室的防烟楼梯间

2）防烟楼梯间的防排烟方式

防烟楼梯间的防排烟方式有三种：自然排烟、机械防烟和机械排烟。

（1）自然排烟的防烟楼梯间

自然排烟的防烟楼梯间前室一般靠外墙布置，在外墙开窗进行自然排烟，其开窗面积宜大些，一般不应小于 2 m²，如图 6.32 所示，这是高层建筑中比较常见的利用自然条件进行排烟的防烟楼梯间。其工作条件是，保证由走道进入前室和由前室进入楼梯间的门必须是乙级防火门。平时及火灾时乙级防火门是关闭状态，前室外墙上的窗户平时可以是关闭状态，但是发生火灾时窗户应全部开启。这样处理，不需要专门设排烟装置，投资省，不受火灾时电源中断的影响，比较安全可靠。其不足之处是受室外风向风速的影响较大。但考虑到火灾是不会经常发生的，为了节约投资和基本保障安全，宜尽可能采取这种布置方式。

这类楼梯间的工作机理类似于封闭楼梯间。发生火灾时，疏散人流由走道进入前室时，会有少量的烟气随之进入，但由于前室的窗户开着，一般情况下，进入前室的烟气积聚在顶棚附近，并逐渐向窗口流动。在前室处于建筑物背风面，即大气形成的负压区时，前室内顶部飘动的烟气通过前室的窗户排出室外，达到防烟的效果。当前室处于迎风面时，窗户打开之后，前室处于正压状态。试验研究证明，只要有 0.7~1.0 m/s 的风从前室吹向走道，就能阻止烟气进入。实际上，高层建筑若将迎风面窗户打开时，所受的风速要远远大于 0.7~1.0 m/s。因此，处于迎风面的防烟前室，能保证前室防烟的效果和人员的安全。

（2）采用机械防排烟的楼梯间

随着建筑技术和经济的发展，高层建筑越来越高，随之而来需要更多考虑抗风和抗震的要求，因此简体结构得到了越来越广泛的应用。简体结构的建筑一般采用中心核布置的形式，而楼梯就位于建筑的中心，因而只能采用机械加压防排烟的楼梯间，如图 6.33 所示。加压方式有仅给楼梯间加压(图 a)、分别对楼梯间和前室加压(图 b),以及仅对前室加压(图 c)等,设计时应根据实际情况进行选择。与带开敞前室的防烟楼梯间相比,这类楼梯间平面布置灵活性大,既可靠外墙布置,也可在建筑物内部(核心建筑)布置。

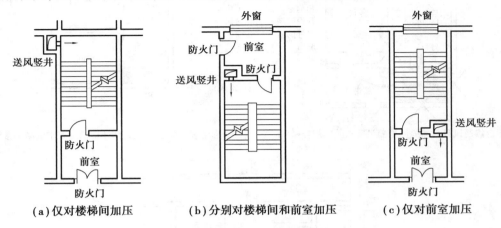

(a)仅对楼梯间加压　　　　(b)分别对楼梯间和前室加压　　　　(c)仅对前室加压

图 6.33　采用机械防排烟的楼梯间

3)防烟楼梯间的设置范围

以下建筑的疏散楼梯需要采用防烟楼梯间:
①3 层及以上或室内地面与室外出入口地坪高差大于 10 m 的地下、半地下建筑(室);
②一类高层建筑和建筑高度大于 32 m 的二类高层建筑;
③建筑高度大于 32 m 的住宅建筑(户门不宜直接开向前室,确有困难时,每层开向前室的户门不应大于 3 樘且应采用乙级防火门);
④建筑高度大于 32 m 且任一层人数超过 10 人的高层厂房;
⑤建筑高度超过 32 m 的高层汽车库。

4)防烟楼梯间的设计要求

如图 6.34 所示,防烟楼梯间除应符合疏散楼梯的一般规定外,尚应符合下列规定:
①应设置防烟设施。
②前室可与消防电梯间前室合用。
③前室的使用面积:公共建筑、高层厂房(仓库),不应小于 6.0 m²;住宅建筑不应小于 4.5 m²。与消防电梯间前室合用时,合用前室的使用面积:公共建筑、高层厂房(仓库),不应小于 10 m²;住宅建筑,不应小于 6.0 m²。
④疏散走道通向前室以及前室通向楼梯间的门应采用乙级防火门。
⑤除住宅建筑的楼梯间前室外,防烟楼梯间和前室的墙上不应开设除疏散门和送风口外的其他门、窗、洞口。
⑥楼梯间的首层可将走道和门厅等包括在楼梯间前室内,形成扩大的前室,但应采用乙级防火门等与其他走道和房间分隔,如图 6.35 所示。

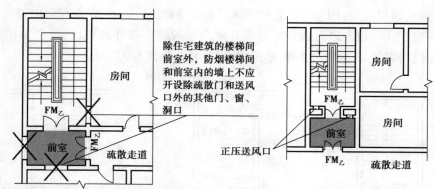

(a)能自然通风且自然通风能满足要求的防烟楼梯间 (b)不能自然通风且自然通风不能满足要求的防烟楼梯间

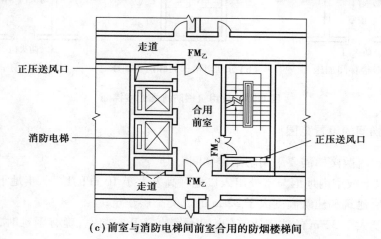

(c)前室与消防电梯间前室合用的防烟楼梯间

图 6.34　防烟楼梯间的设置要求

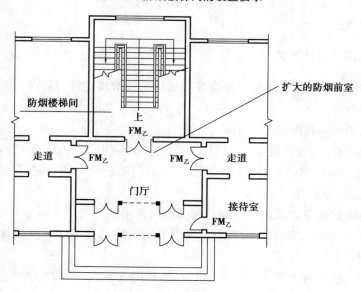

图 6.35　首层扩大的防烟楼梯间

6.3.5　室外疏散楼梯

室外疏散楼梯是指用耐火结构与建筑物分隔,设在墙外的楼梯。室外疏散楼梯主要用于应急疏散,可作为辅助防烟楼梯使用。

室外疏散楼梯是在建筑外墙上、简易的、全部开敞的楼梯,常布置在建筑端部。其优点是不占室内有限的建筑面积,节约建筑成本。从消防角度看,它不易受到烟气的威胁,在结构上可以采用悬挑方式,防烟效果比较好。因此,室外疏散楼梯防烟效果和经济性都好。其缺点是易造成心理上的高空恐惧感,并应注意采取防滑、防跌落等措施。

如图 6.36 所示,室外疏散楼梯的设置应符合下列规定:

①栏杆扶手的高度不应低于 1.10 m,楼梯的净宽度不应小于 0.90 m。

②倾斜角度不应大于 45°。

③楼梯段和平台均应采用不燃材料制作。平台的耐火极限不应低于 1.00 h,梯段的耐火极限不应低于 0.25 h。

④通向室外楼梯的门应采用乙级防火门,并应向外开启。

⑤除疏散门外,楼梯周围 2 m 内的墙面上不应设置门、窗、洞口。疏散门不应正对梯段。

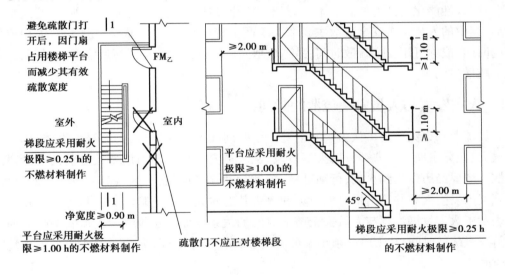

图 6.36　室外疏散楼梯的设置要求

6.3.6　剪刀楼梯间

剪刀楼梯间是联系建筑物楼层之间的通常形式之一,也可称为叠合楼梯、交叉楼梯或套梯。它是在同一楼梯间设置一对相互重叠又互不相通的两个楼梯,在其楼层之间的梯段一般为单跑直梯段。剪刀楼梯的特点是在建筑的同一位置设置了两部楼梯,这两部楼梯可以不采用隔墙分隔而处于同一楼梯间内;也可以采用隔墙分隔成两个楼梯间,起到两部疏散楼梯的作用。

剪刀楼梯间的设计要求:从任一疏散门至最近疏散楼梯间入口的距离小于 10 m 的高层公共建筑和住宅建筑,当疏散楼梯间分散设置确有困难时,可采用剪刀楼梯,但应符合下列规定：

①楼梯间应为防烟楼梯间。

②梯段之间应采用耐火极限不低于 1.00 h 的防火隔墙。

③对于公共建筑,楼梯间的前室应分别设置。对于住宅建筑,楼梯间的前室不宜共用;共用时,前室的使用面积不应小于 6.0 m²。

④对于住宅建筑,楼梯间的前室或共用前室不宜与消防电梯的前室合用;楼梯间的共用前室与消防电梯的前室合用时,合用前室的使用面积不应小于 12.0 m²,且短边不应小于 2.4 m。

6.4 基于性能化设计的人员安全疏散准则

人员疏散是消防安全中非常重要的环节。6.1 介绍的规范式安全疏散设计方法是遵照规范规定的指标来设计建筑的一些基本参数,如安全出口的数量、最大安全疏散距离、门和走道的宽度等,以保证人员安全疏散。对于一些布置复杂和超过规范规定的建筑的安全疏散设计,则应引入性能化设计的概念。本节介绍性能化设计的人员安全疏散准则,即建筑物发生火灾后,其中的人员是否安全疏散主要取决于两个特征时间:一是火灾发展到对人构成危险所需的时间,或称可用安全疏散时间;另一个是人员疏散到达安全区域所需要的时间,或称所需安全疏散时间。

6.4.1 火灾发展与人员安全疏散的时间线

人员疏散和火灾发展可认为同时沿着一条时间线不可逆进行,火灾过程大体分为起火、火灾增大、充分发展、火势减弱、熄灭等阶段,从人员安全疏散的角度要关心前两个阶段。人员疏散一般要经历察觉到火灾、行动准备、疏散行动、疏散到安全区域等阶段。在此过程中,探测到室内发生火灾并给出报警的时刻和火灾状态对人构成危险的时刻具有重要意义。图 6.37 表示了火灾发展过程与人员安全疏散时间的关系。保证建筑物内人员安全疏散的关键是必需安全疏散时间(RSET)必须小于可用安全疏散时间(ASET),也就是火灾发展到危险状态的时间。

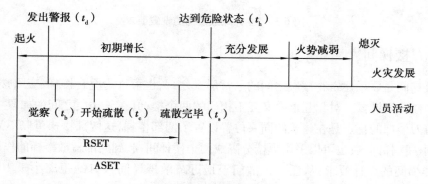

图 6.37 火灾发展与人员疏散的时间线

1) 可用安全疏散时间 ASET

可用安全疏散时间 ASET(Available Safety Egress Time)是指从起火时刻到火灾对人员安全构成危险状态的时间。它主要取决于建筑结构及其材料、火灾探测与报警系统、控火或灭火设备等方面,与火灾的蔓延以及烟气的流动密切相关。可用安全疏散时间包括起火到探测到火灾并给出报警的时间 t_d 和从发出报警到火灾对人构成危险的时间 t_h。

$$ASET = t_h + t_d \tag{6.2}$$

可用安全疏散时间可以采用本书第 5 章中烟气流动的经验公式或者模拟软件进行计算。其中,火灾探测时间可采用火灾蔓延模型以及探测系统的特性进行计算和预测。

2) 必需安全疏散时间 RSET

必需安全疏散时间 RSET(Required Safety Egress Time)是指从起火时刻起到人员疏散到安全区域的时间。紧急情况下的 RSET 包括起火到室内人员察觉到起火的时间 t_b,预动作时间 t_c 和人员疏散运动时间 t_s。察觉到火灾时刻可以从发出火灾报警信号时刻算起,但一般略滞后于火灾报警时间。预动作时间可以包括认识时间和人员反应时间两部分。

$$RSET = t_b + t_c + t_s \tag{6.3}$$

火灾探测时间可以采用火灾蔓延模型以及探测系统的特性进行计算和预测。人员疏散运动时间主要取决于人员密度、人员疏散速度、安全出口宽度等,可以利用简单的经验公式或者计算模型进行预测(运动时间的经验公式与计算模型见本章第 8 节和第 9 节)。而预动作时间则很难被准确估计,这是因为预动作时间与人员的心理行为特征、人员的年龄、人员对建筑物的熟悉程度、人员反应的灵敏性、人员的集群特征密切相关。

6.4.2 人员生命安全判定标准

火灾对人的危害主要来源于火灾烟气,主要表现在烟气的热作用和毒性方面,另外对疏散而言,烟气的能见度也是一个重要的影响因素。在分析火灾对疏散影响时,一般从热辐射通量、烟气温度以及烟气中的有毒气体的浓度、能见度等进行讨论。

1) 热辐射通量

热通量表示辐射到表面(如人体皮肤)的有效热值的数量。实验表明,当人体接受的热辐射通量超过 2.5 kW/m² 并持续 3 分钟以上将造成严重灼伤,人体对辐射热的耐受时间见表 6.12。

表 6.12 人体对辐射热的耐受时间

热辐射强度	<2.5 kW	2.5 kW	10 kW
耐受时间	>5 min	30 s	4 s

2) 烟气温度

热辐射强度难以直接获得,因此可参考烟气温度来确定危险时间,见表 6.13。表中温度未考虑空气湿度的影响,空气湿度增大时,人的极限忍受时间降低。

表 6.13　烟气温度与极限时间关系

烟气温度/℃	极限时间/min
50	60
70	60
130	15
200~250	5

当上部烟气层的温度高于 180 ℃时，将对人员造成热辐射伤害；当烟气层下降到与人体直接接触的高度时，对人的危害将是直接烧伤，烟气的临界温度为 110~120 ℃。在评估温度对人员皮肤的烧伤时，需要综合考虑皮肤表面温度和在该温度下的暴露时间。

在温度高达 100 ℃ 的条件下，一般人只能忍受几分钟；当温度高于 65 ℃时，一些人甚至无法呼吸。对于健康的成年着装男子，Granee 推算了温度与极限忍受时间的关系式为：

$$t = 4.1 \times 10^8 / [(T - B_2)/B_1]^{3.61} \tag{6.4}$$

式中　t——极限忍受时间，min；

T——空气温度，℃；

B_1, B_2——常数。

式(6.4)未考虑空气湿度的影响。

在考虑烟气温度时，需结合烟层高度综合考虑。当烟气层高于人眼的特征高度（人眼的特征高度通常为 1.2~1.8 m），上部烟气层的温度高于 180 ℃时，认为到达危险状态；当烟气层低于人眼特征高度，烟气的温度达到 110~120 ℃时，认为到达危险状态。

3) 有毒气体的浓度

在烟气层下降到人员呼吸的高度时（一般是 1.5 m 左右），可根据某种有害燃烧物的浓度是否达到临界浓度来判断危险状态。如 CO 浓度达到 0.25% 就可以对人构成严重伤害。烟气浓度对人体的影响见本书 5.2 节。

人体在 5 min 和 30 min 内所能忍受的各种燃烧产物的最大剂量及浓度可按表 6.14 确定。

表 6.14　人体所能忍受的各种燃烧产物的最大剂量及浓度

火灾产物	5 min 暴露时间		30 min 暴露时间	
	暴露剂量（浓度×时间）/ （%·min）	浓度最大值/ %	暴露剂量（浓度×时间）/ （%·min）	浓度最大值/ %
窒息				
CO	1.5	1	1.5	1
CO_2	25	6	150	6
Low O_2	45（耗尽）	9（耗尽）	360（耗尽）	9（耗尽）
HCN	0.05	0.01	0.225	0.01

续表

火灾产物	5 min 暴露时间		30 min 暴露时间	
	暴露剂量(浓度×时间)/（%·min）	浓度最大值/%	暴露剂量(浓度×时间)/（%·min）	浓度最大值/%
刺激性气体				
HCl	—	0.02	—	0.02
HBr	—	0.02	—	0.02
HF	—	0.012	—	0.012
SO₂	—	0.003	—	0.003
NO₂	—	0.008	—	0.003
丙烯醛	0.000 2		0.000 2	

4) 能见度

由于烟气的减光作用，人们在有烟场合下的能见度必然有所下降，而这会对火灾中人们的安全疏散造成严重影响。图6.38为人们暴露在刺激性和非刺激性烟气的情况下，人沿走道的行走速度与烟气遮光性的关系。随着减光系数增大，人的行走速度减慢，在刺激性烟气的环境下，行走速度减慢得更厉害。当减光系数大于 0.5 m⁻¹ 时，通过刺激性烟气的表观速度降至约 0.3 m/s，相当于蒙上眼睛的行走速度。

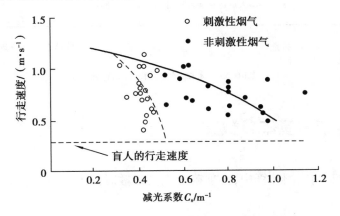

图 6.38 在刺激性与非刺激性烟气中人的行走速度

5) 其他因素

就安全疏散而言，着火建筑物内疏散通道的结构安全是非常重要的。然而，着火建筑物内人员的疏散通常为几分钟或数十分钟的时间，在短短几分钟或十几分钟里，着火建筑的疏散通道即使是木结构的，也不会因火灾而引起结构上的问题。因此，在特殊建筑物中，除了特殊情况以外，通道中的内装修材料的耐火性能是确定室内人员安全疏散最大极限时间的重要依据。

可用安全疏散时间的确定,应受综合上述因素的影响。人员安全疏散判据指标见表
6.15。

表 6.15 人员安全疏散判据

项 目	人体可耐受的极限
能见度	当热烟气层降到 2 m 以下,对于大空间其能见度指标为 10 m
使用者在烟中疏散的温度	2 m 以上空间内烟气的平均温度不大于 180 ℃,当热烟气层降到 2 m 以下,持续 30 min 的临界温度为 60 ℃
烟气毒性	一般认为在可接受的能见度内烟气毒性都很低,不会对人员疏散造成影响(一般 CO 的判定指标为 2 500 mg/L)

6.4.3 安全疏散标准

建筑物发生火灾后,如果人员能在火灾达到危险状态之前全部疏散到安全区域,则可认为该建筑物的人员能够安全疏散。因此,保证人员安全疏散的基本条件是可用安全疏散时间大于必需安全疏散时间。常用的人员安全疏散准则如图 6.39 所示。

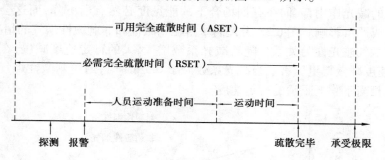

图 6.39 人员安全疏散时间标准

6.5 人员安全疏散基本参数

在对人员疏散时间预测计算中,必须确定人员疏散时的人数、行走速度、比流量、有效宽度等相关参数。

6.5.1 人员数量

在确定起火建筑内需要疏散的人数时,通常根据建筑的使用功能首先确定人员密度(单位:人/m²),其次确定该人员密度下的空间使用面积,由人员密度与使用面积的乘积得到需要计算的人员数目。在有固定座椅的区域,则可以按照座椅数来确定人数。在业主和设计师能够确定未来建筑内的最大人数时,则按照该值确定疏散人数。否则,需要参考相关的统计资料,由相关各方协商确定。

1) 人员密度

在计算疏散时间时,人员密度可采用单位面积上分布的人员数目表示(人/m²),也可采用其倒数表示或采用单位面积地板上人员的水平投影面积所占百分比表示(m²/人)。

对于所设计建筑各个区域内的人员密度,应根据当地相应类型建筑内人员密度的统计数据或合理预测来确定。预测值应取建筑使用时间内该区域可预见的最大人员密度。当缺乏此类数据时,可以依据建筑防火设计规范中的相关规定确定各个楼层的人员密度。

国外对各种使用功能的建筑中其人员密度的规定较为详细,如美国、英国、日本等。表 6.16 列举出了国外一些国家对人员密度的规定。

表 6.16　各国关于建筑场所人员密度的规定(人/m²)

国家/用途	集　会		学　校		医　院		宿　舍	集合住宅	商业场所		办公室	
美国(NFPA101)	低密度(固定座位)	0.71	教室	0.53	病房	0.09	0.05	0.05	地上下层	0.36	0.11	
	高密度(固定座位)	1.54	图书馆(书库)	0.11	处置室	0.04			复合街道	0.27		
	等待室	3.57	阅览室	0.22					仓库	0.04		
	图书馆	0.11	托儿所	0.30					其他	0.18		
	阅览室	0.22										
英国(《建筑规范2000》)	2.0		—		—		0.125	0.033	超级市场(类似高密度场所)	0.5	阅览室其他办公室	0.14
									百货公司(主要卖场)	0.5		
									上述以外的店铺	0.14	仓库、车库	0.33
									餐厅	1.0		
									酒吧	2.0		
									图书馆	0.17		
									展览厅	2.0		

续表

国家/用途	集会		学校		医院		宿舍		集合住宅		商业场所		办公室	
	固定座位	座位数	教室	0.7	病房	床位数	客房	床位数	住户	0.06	卖场店铺	0.5	一般办公室高度	0.125
											美食街	0.7		
日本（《避难安全验证法》）											卖场通道	0.25		
	其他	1.5	研究室		其他部门	0.16	其他	0.16			剧场	座位数/地面面积	会议室	0.7
			一般办公室								会议大厅	1.5		
											展览厅	1.0		

人员密度是确定每层楼进入疏散通道中的人数和疏散通道尺寸大小的主要依据,也是确定室内人员在疏散通道中的群集迁移时间、流动速度和疏散出口宽度及人流量的重要依据。建筑物的功能不同,人员密度也不相同,不同功能的建筑的人员密度,见表6.17。

表 6.17　不同功能建筑的人员密度

建筑功能	人员密集场所	娱　乐	教　育	餐　饮	商　业	办　公	住　宅
人员密度 $\rho/$（人·m^{-2}）	1.2~2.0	0.4~1.0	0.7~1.0	0.5~0.8	0.2~0.5	0.2~0.5	0.1~0.2

表 6.18　办公建筑人员密度

分　类	人员密度
普通办公室	每人使用面积 4 m^2
研究办公室	每人使用面积 5 m^2
设计绘图室	每人使用面积 6 m^2
中小会议室	有会议桌的不应小于 1.8 m^2
	无会议桌的不应小于 0.8 m^2

歌舞娱乐放映游艺场人员密度见表6.19。商场人员密度见表6.17。

表 6.19 歌舞娱乐放映游艺场人员密度

分 类	人员密度
录像厅	按厅、室的建筑面积不小于 1.0 人/m²
其他歌舞娱乐游艺放映场所	按厅、室的建筑面积不小于 0.5 人/m²

2）计算面积

人数是通过各使用功能区的人员密度与计算面积的乘积得到的，因此，计算面积的确定是除人员密度之外计算疏散人数的另一个重要参数。规范在规定人员密度时，规定了计算面积的确定方法。

国外的相关规定大部分采用计算房间（区域）的地板面积作为计算面积。对于计算面积的界定，可以考虑建筑的使用功能，根据建筑的实际使用情况来确定。

3）人流量法

在一些公共使用场所，人员流动较快，停留时间较短，例如机场安检、候机大厅、科技馆、展览厅等，其人数的确定可以采用人流量法。即设定人员在某个区域的平均停留时间，并根据该区域人员流量情况按以下公式计算瞬间时刻的楼内人员流量（称为人流量法）：

$$人员数量 = 每小时人数 × 停留时间(s) \qquad (6.5)$$

4）人员的空间要求

单人所占的空间是人员活动的一个重要方面。一个人占据一定的空间，当行走时，有规律地占据并释放一定的空间，他与周围环境及行人保持一定的距离还需要一定的缓冲空间。Fruin 建议采用一个人占据 450 mm×610 mm 的矩形面积，相当于 0.27 m²。

在没有突发事件的情况下，人们拥挤在人均占用空间面积 0.28 m² 以下时，可能造成危险。当人均占用空间面积减小到 0.25 m² 时，前后人群开始贴身接触，在应急情况下，这种拥挤接触还会导致挤压、推跌而造成伤亡。因此，人均占用空间面积为 0.28 m² 是控制疏散通道空间最大人员密度界线的重要依据。表 6.20 列出了各种队列的流动情况标准。表 6.21 列出了不同年龄组的人的垂直投影面积。

表 6.20 各种队列在流动情况时的标准

	人均平均面积/m²	人与人之间距离/m	队列的流动
A	>1.2	1.2	受轻微限制
B	0.9～1.2	1.1～1.2	受限制
C	0.7～0.9	0.9～1.1	受限制（可能会影响其他人）
D	0.3～0.7	0.6～0.9	严重受限制
E	0.2～0.3	0.6	不可能
F	<0.2	—	不可能

表 6.21　单人垂直投影面积(m²)

人　员	人均平均面积
小孩	0.04 ~ 0.06
十几岁的青少年	0.06 ~ 0.09
穿不同季节服装的成年人	
夏季服装	0.10
春季服装	0.11
冬季服装	0.125
穿春季服装并提如下物品的成年人	
一个公文包	0.18
一个手提包	0.24
两个手提包	0.39

　　针对我国的实际情况,天津消防科学研究所也进行了人体尺寸的测量工作。参与测量的人员共有 100 人,当时是秋季,人们穿的衣服不多。研究人员测量了人体的体厚与肩宽,在计算人体投影面积时,按投影为椭圆与矩形两种情况计算。结果为:按椭圆计算时,人体的平均投影面积为 0.146 m²;按矩形计算时,人体的平均投影面积为 0.197 m²。

6.5.2　人员移动速度

　　人员移动速度表示单位时间内人行走的距离。在正常状态下,一般人的行动速度,见表 6.22。人员自身的条件、人员密度和建筑的情况均对人员行走速度有一定的影响。

表 6.22　人的移动速度

行动状态	速度(m · s⁻¹)	步行状态	速度(m · s⁻¹)
慢步走	1.0	游泳	1.7
快步走	2.0	齐膝水中行走	0.7
步行中间值	1.3	齐腰水中行走	0.3
跑步	5.0	熟悉场所黑暗中行走	0.7
快步跑	8.0	未知场所黑暗中行走	0.3
100 米纪录	10.0	密度约 1.5 人/m² 场所步行	1.0

1) 人员自身条件的影响

　　表 6.23 列出了若干人行走速度的参考值,这是根据大量统计资料得到的。但应当指出,对于某些特殊人群,其行走速度可能会慢很多,如老年人、病人等。如果某建筑中火灾烟气的

刺激性较大,或建筑物内缺乏足够的应急照明,人的行走速度也会受到较大影响。

表 6.23　不同人员不同状态下的行走速度举例

形走状态	男 人	女 人	儿童或老年人
紧急状态、水平行走速度/(m·s⁻¹)	1.35	0.98	0.65
紧急状态、由下向上行走速度/(m·s⁻¹)	1.06	0.77	0.4
正常状态、水平行走速度/(m·s⁻¹)	1.04	0.75	0.5
正常状态、由下向上行走速度/(m·s⁻¹)	0.4	0.3	0.2

2) 建筑情况的影响

不同的建筑,由于功能、构造、布置不同,它对人员行走速度的影响不同。人员在不同建筑中步行速度的典型数值与建筑物使用功能的关系可参考表 6.24。

表 6.24　不同使用功能建筑中人员的步行速度

建筑物或房间的用途	建筑物的各部分分类	疏散方向	步行速度/(m·s⁻¹)
剧场及其他具有类似用途的建筑	楼梯	上	0.45
		下	0.6
	坐席部分	—	0.5
	楼梯及坐席以外的部分	—	1.0
百货商店、展览馆及其他具有类似用途的建筑或公共住宅楼、宾馆及具有类似用途的其他建筑(医院、诊所及儿童福利设施室等除外)	楼梯	上	0.45
		下	0.6
	楼梯以外的其他部分	—	1.0
学校、办公楼及具有类似通途的其他建筑	楼梯	上	0.58
		下	0.78
	楼梯以外的其他部分	—	1.3

3) 人员密度的影响

人员在自由行走时受到自身条件及建筑情况等因素的影响而速度各有差异。当为疏散人群时,其步行速度将受到人员密度的影响。人员的行走速度将在很大程度上取决于人员密度。一般来说,建筑中人员密度越大,则人的移动速度越慢,疏散所需时间就越长。移动速度同人流密度具有紧密的联系。

人流密度对疏散速度的影响如图 6.40 所示。可以看出，当疏散通道中，人流密度为 1.0 人/m^2，则人流迁移流动呈自由流状态。相应的迁移流动的水平速度为 1.3 m/s。当疏散通道中，人流密度为 2.0 人/m^2时，则人流迁移流动开始呈现滞留状态。相应的迁移流动的水平速度为 0.7 m/s。当疏散通道中，人流密度为 5.38 人/m^2时，则人流迁移流动完全处于停滞状态。相应的迁移流动的水平速度为 0。

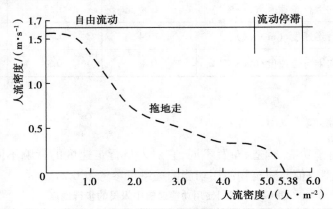

图 6.40　人流密度对疏散速度的影响

通常情况下，人员的疏散速度随人员密度的增加而减小：人流密度越大，人与人之间的距离越小，人员移动越缓慢；反之密度越小，人员移动越快。国外研究资料表明：一般人员密度小于 0.54 人/m^2 时，人群在水平地面上的行进速度可达 70 m/min 并且不会发生拥挤，下楼梯的速度可达 48~63 m/min；相反，当人员密度超过 3.8 人/m^2 时，人群将非常拥挤，基本上无法移动。一般认为，在 0.5~3.5 人/m^2 的范围内可以将人员密度和移动速度的关系描述成直线关系。

Fruin、Pauls、Predtechenskii、Milinskii 等人根据观测结果，整理出了一组分别在出口、水平通道、楼梯间内人员密度与人员行走速度的关系，并被美国《SFPE 防火工程手册》采用，如图 6.41 所示。

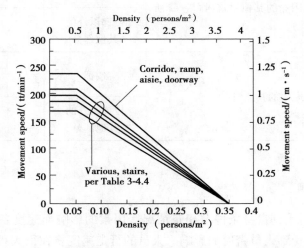

图 6.41　建筑内各疏散路径人员行走速度与人员密度的关系
（引自美国《SFPE 防火工程手册》）

同时,根据研究结果得到了人员行走速度与人员密度之间的关系式,不同密度下人员在平面的步行速度可根据下式计算得出,即:

$$V = 1.4(1 - 0.226D) \tag{6.6}$$

式中　V——人员步行速度,$\text{m} \cdot \text{s}^{-1}$;

　　　D——人员密度,人 $\cdot \text{m}^{-2}$。

不同密度下人员在楼梯的行走速度的计算,可以参见以下公式,其中系数见表6.25。

$$V = K(1 - 0.226D) \tag{6.7}$$

表 6.25　人员在楼梯中的行走速度(引自美国《SFPF 防火构成手册》)

踏步高度/m	踏步宽度/m	K
0.20	0.25	1.00
0.18	0.25	1.08
0.17	0.30	1.16
0.17	0.33	1.23

另外,日本的木村幸一等人的研究表明,人流密度与人员移动速度之间具有类似于流体的黏性系数与速度之间的关系,其关系如下式:

$$v = 1.1 \times \rho^{-0.7954} \tag{6.8}$$

式中　v——人员移动速度,m/s;

　　　ρ——人员密度,人/m^2。

在人员密度为 1.5 人/m^2 以下时,人员密度的提高,人员移动速度降低得不明显;但是超过 1.5 人/m^2 时,随着密度的提高,移动速度明显下降。这同实测的结果是一致的,详见表6.26。

表 6.26　移动速度与人流密度的关系

人流密度 /(人·m^{-2})	实测移动速度 /(m·s^{-1})	由公式计算移动速度 /(m·s^{-1})
1.0	1.3	1.1
1.5	1.0	0.8
2.0	0.7	0.6
3.0	0.5	0.5
4.0	0.35	0.4
5.0	0.23	0.3
5.38	0	—

在人员水平行进的情况下,当疏散通道中人均占用空间面积为 2.3 m^2 时,该值为疏散通道中群集迁移为自由流动状态下的最小极限值。此时,群集迁移的平均移动速度为 1.27 m/s。当

人均占用通道面积低于 0.5 m² 时,相应的群集迁移的平均移动速度为 0.73 m/s。这种群集迁移状态称为滞留流动。当人均占用通道面积为 0.18 m² 时,人群迁移的移动速度便降为 0,此时人群停滞不前,而在通道的出口或楼梯间同时发生阻塞现象,即火灾中出现的"瓶颈现象",此时很容易发生挤压、摔伤等事故,从而造成大量的伤亡。

因此,进入疏散通道中的人员密度决定了通道中的群集迁移流动状态及流动速度大小。所以,当人流在疏散通道中自由流动时,通道中的人员密度为 0.5 人/m²,其自由流动速度为 1.27 m/s;当人流在疏散通道中滞留流动时,通道中的人员密度为 2 人/m²,其滞留流动速度为 0.73 m/s。人流在疏散通道中,出现危险的极限密度为 3.6 人/m²,人员密度超过此值,就会造成疏散中的危险。

表 6.27 为 Furin 等统计的人员通过楼梯行走速度。

表 6.27 楼梯和水平走道上的速度统计

文献来源	楼梯上速度 /(m·s⁻¹)	水平走道速度 /(m·s⁻¹)	场所描述
Fruin(1971)	↓0.36~0.76	0.52~1.27	公共场所
	↓0.66(32⁰)		
	↓0.76(27⁰)		
Predtechenskii and Milinskii (1971)	↓0.18~0.27	>0.28	公共场所
Andrews and Boyes (1977—1978)	↓0.66		地铁站
	↑0.62		
Proulx(1995)	0.52		中层公寓
	0.54		
	0.62		
Proulx et al.(1995)		1.05(0.57~1.20)	高层公寓
		0.95(0.56~1.12)	
Proulx e tal.(1995)	↓0.78		中层办公楼
	↓0.93		
Schnieder(2001)	0.7~1.3		人员疏散模型 (ASERI)

注:表中↓表示下楼,↑表示上楼。

6.5.3 人员流动系数

人员流动系数是在空间的单位宽度、单位时间内能够通过的人数。参考日本实测数据,人流在不同迁移流动状态下,不同出入口的人员流动系数(又称单宽人流量)N(人/m·s)见表 6.28。

表 6.28　人群流动系数

人群情况	出入口种类	人群流动系数平均值/[人·(m·s)⁻¹]
上下班人群	火车站检票口	1.5
	电梯出入口	1.5
	办公室出入口	1.5
	公共汽车出入口	1.25
	电车出入口	1.25
一般人群	商场出入口	1.3
	楼梯(下班时)	1.0
	影剧院出入口	1.3
	中小学出入口	1.1
	礼堂出入口	1.1
参考	疏散通道设计出入口	1.5
	楼梯推荐数	1.3
	国外标准楼梯	1.1

根据不同流动状态下,不同出入口的人员流动系数的实测统计数据,在室内人流应急疏散过程中,通道出入口的人员流动系数建议取表 6.29 中所示之值。

表 6.29　通道、出入口的人员流动系数

人流状态	出入口种类	人群流动系数/[人·(m·s)⁻¹]
应急疏散状态	走道	1.5
	楼梯间出入口	1.3
	避难间出入口	1.5

人员的行动速度和人群流动系数以及人员构成状况、行动能力及对建筑的熟悉程度有着较大的关系。日本实测数据,建筑中的人员可分为 3 类,其行为能力见表 6.30。

表 6.30　疏散人员情况及其行动能力数据表

疏散人员情况特点		人群行动能力			
		平均移动速度/[人·(m·s)⁻¹]		人员流动系数/[人·(m·s)⁻¹]	
		水平	楼梯	水平	楼梯
对建筑内的位置、疏散路线等熟悉且身心健康的人员	建筑物内的工作人员、保安人员等	1.2	0.6	1.6	1.4
对建筑内的位置、疏散路线等不熟悉的人员	旅馆的客人、商店办公室等来客和过路人员	1.0	0.5	1.5	1.3

续表

疏散人员情况特点		人群行动能力			
		平均移动速度 /[人·(m·s)$^{-1}$]		人员流动系数 /[人·(m·s)$^{-1}$]	
		水平	楼梯	水平	楼梯
不能独立行动的人员	重病人、年老体衰的人、幼儿、精神病人、残疾人	0.8	0.4	1.3	1.1

6.5.4 通道的有效宽度

大量的火灾演练实验表明人群的流动依赖于通道的有效宽度而不是通道实际宽度,也就是说,在人群和侧墙之间存在一个"边界层"。对一条通道来说,每侧的边界层大约是0.15 m,如果墙壁表面是粗糙的,那么这个距离可能会再大一些。而如果在通道的侧面有数排座位,例如在剧院或体育馆,这个边界层是可以忽略的。在工程计算中应从实际通道宽度中减去边界层的厚度,采用得到的有效宽度进行计算。表 6.31 给出了典型通道的边界层厚度。

疏散走道或出口的净宽度应按下列要求计算:

①对于走廊或过道,为从一侧墙到另一侧墙之间的距离;

②对于楼梯间,为踏步两扶手间的宽度;

③对于门扇,为门在其开启状态时的实际通道宽度;

④对于布置固定座位的通道,为沿走道布置的座位之间的距离或两排座位中间最狭窄处之间的距离。

表 6.31 典型通道的边界层厚度(引自美国《SFPE 防火工程手册》)

类 型	较少的宽度指标/m
楼梯间的墙	0.15
护手栏杆	0.09
剧院座椅	0
走廊的墙	0.20
其他的障碍物	0.10
宽通道处的墙	0.46
门	0.15

6.6 影响人员安全疏散的因素

与正常情况下人员在建筑物内行走的状态不同,人员在紧急情况下(如发生火灾)的疏散过程中,内在因素和外在环境因素都可能发生了变化,这些因素有可能对人员安全疏散造成影响。由于实际情况条件千差万别,影响人员安全疏散的因素亦复杂众多,总结起来可分为人员内在影响因素、外在环境影响因素、环境变化影响因素、救援和应急组织影响因素四类。在紧急疏散情况下,有些因素不利于安全疏散,有些因素则有利于安全疏散,还有一些影响受到现场实际条件变化和人为因素的作用而有所不同。

6.6.1 人员内在影响因素

人员内在因素主要包括人员心理上的因素、生理上的因素、人员现场状态因素、人员社会关系因素等。

1) 人员心理因素

人员在紧急情况下的心理普遍会发生显著变化,如感知到火灾、烟气时会出现恐慌,听到警铃或接收到火警信息时会感到紧张,众多人员疏散时在出口处排队等待的时间越长人群中紧张情绪越高等。这些心理变化因素一方面能够激发人的避险本能,另一方面也会导致人员理性判断能力降低、情绪失控。

2) 人员生理因素

人员生理因素包括人员自身的身体条件影响因素,如年龄、健康、疾病等条件。不同的身体条件会显著影响人员的运动机能。此外,紧急情况下环境条件的变化也会对人员生理因素造成影响,如火灾时由于现场照明条件变暗、能见度降低使人的辨识能力受到影响,温度升高、烟雾刺激、有毒气体会影响人的运动能力等。

3) 人员现场状态因素

人员现场状态因素包括人员处于清醒状态或睡眠状态、人员对周围环境的熟悉程度等。对处于清醒状态并对周围环境十分熟悉的人来说,其疏散速度会大大快于处于睡眠状态并对周围环境陌生的人。如果人们在进入一个陌生环境时能有意识地查看安全出口位置及疏散路线,则会大大改善人员的现场状态因素。

4) 人员社会关系因素

人具有社会属性,即使是在紧急情况下,人们的社会关系因素仍然会对疏散产生一定影响。如火灾时,人们往往会首先想到通知、寻找自己的亲友;对于处在特殊岗位的人员,如核电站操作员,会首先想到自身的责任;一些人员在疏散前会首先收拾财物也是社会关系因素在起作用,这些因素总体上会影响人员开始疏散行动的时间。

6.6.2　外在环境影响因素

外在环境影响因素主要是指建筑物的空间几何形状、建筑功能布局以及建筑内具备的防火条件等因素(例如,地上建筑或地下建筑,高大空间或低矮空间,影剧院或办公建筑等;建筑物的耐火等级,建筑内安全出口设计是否足够合理,疏散通道是否保持畅通,消防设备是否处于良好运行状态,是否存在重大火灾隐患等因素)。

6.6.3　环境变化影响因素

火灾时,现场环境条件势必发生变化,从而对人员疏散造成影响。例如火灾时,正常照明电源将被切断,人们需要依靠应急照明和疏散指示寻找疏散出口;又如原有正常行走路线一旦被防火卷帘截断,人员需要重新选择疏散路线;再如自动喷水灭火系统启动后在控制火灾的同时也会对人员疏散产生影响。

6.6.4　救援和应急组织影响因素

火灾时自救与外部救援和组织能力也会对安全疏散产生影响。通过建立完善的安全责任制,制定切实可行的疏散应急预案并认真落实消防应急演练,能够有效提高人的疏散能力。

在各种实际条件下,影响人员安全疏散的因素繁多,各种因素之间还存在相互联系和制约。某些产生主导作用的因素称为主要影响因素,显著影响最终结果的因素称为关键性因素。

6.7　火灾中人员特征与行为

在火灾环境中,人员的心理和行为特征相当复杂,既与建筑物中人员的占用特性、反应特性等密切相关,又要受到火灾发展和火灾产物的影响,还与建筑结构、安全疏散通道和设施有关。

6.7.1　人员特性对疏散的影响

人员特性包括一般人员特性和反应特性,其中一般人员的特性主要是人员的性别、年龄、亲属关系、占用特点等,反应特性则主要体现人员对火灾等紧急情况的敏感性、反应力等。

人员的年龄差别是影响安全疏散时移动速度和对火灾反应灵敏性等的主要因素。一般情况下,青壮年人员的移动速度比老年人和儿童快,对火灾信息反应的灵敏性相对强。火灾统计数据表明,火灾中死亡的大部分是不能对火灾做出及时反应,也不能迅速撤离火场的老人和儿童。关于年龄差异对于安全疏散的影响,目前已有定性认识。

研究表明,不同性别的人在安全疏散过程中同样表现出不同的行为差异。表6.32列出了美国人在火灾时的第一行为的性别差异。在第一反应中,"寻找火源""帮助家人逃生""撤离建筑""立即报警""穿上衣服"和"搜寻灭火器"这6类的性别统计差异最显著。

表 6.32 火灾中美国人第一反应行为的性别差异

第一反应	男性/%	女性/%	百分比差/%	标准误差	临界比率
通知他人	16.3	13.8	2.5	2.98	0.83
寻找火源	14.9	6.3	8.6	2.51	3.43
立即报警	6.1	11.4	5.3	2.41	2.19
穿上衣服	5.8	10.1	4.3	2.30	1.87
撤离建筑物	4.2	10.4	6.2	2.22	2.79
帮助家人逃生	3.4	11.0	7.6	2.22	3.42
灭火	5.8	3.8	2.0	1.77	1.13
寻找灭火器	6.9	2.8	4.1	1.77	2.31
撤离着火区	4.6	4.1	0.5	1.70	0.29
惊醒	3.8	2.5	1.3	1.45	0.9
无举动	2.7	2.8	0.1	1.38	0.72
让他人报警	3.4	1.3	2.1	1.23	1.71
携带财产	1.5	2.5	1.0	1.17	0.85
赶赴着火区	1.9	2.2	0.3	1.20	0.25
移动燃料	1.1	2.2	1.1	1.08	1.02
进入建筑	2.3	0.9	1.4	1.02	1.37
试图通过出口	1.5	1.6	0.1	1.05	0.09
到火灾报警点	1.1	1.9	0.8	1.02	0.78
电话通知他人	0.8	1.6	0.8	0.91	1.43
试图灭火	1.9	0.6	1.3	0.91	1.43
关闭火灾区的门	0.8	1.3	0.5	0.87	0.57
按火灾报警器	1.1	0.6	0.5	0.75	0.66
关闭电器设备	0.8	0.9	0.1	0.79	0.12
检查宠物	0.8	0.9	0.1	0.79	0.12
其他	6.5	2.5	4.0	1.70	2.35

6.7.2　疏散时人的心理和行为

1)疏散开始前人的心理和响应行为

大量的研究结果表明,在火灾发生的初期,逃生和疏散往往不是人们采取的第一项行动。当人们认为还有逃生或被救的希望时,一般表现得较为理智,往往要经过辨识、确认、分析、评价等一系列的心理和行为才会作出是否采取疏散行动的决定。

(1)辨识

"辨识"主要指辨识火灾发生的线索(主要包括不正常的声音(如喊声)、火灾报警器启动、其他人员的不正常活动、灯光闪烁或者断电、电话不正常、看到烟气或者粉尘等)。

(2)确认

"确认"主要指人们在感知火灾线索之后,进一步确认自己的判断是否正确。确认的过程一般是通过询问附近的其他人或者亲自查看来完成。

(3)分析

"分析"主要指确认火灾发生后,进一步分析所面临的火灾情况或分析他人描述的火灾情况对自身生命和财产等的威胁程度。分析过程一般是根据烟的浓度程度、火焰的强度、热辐射强度等确定火灾威胁的性质和影响。

(4)评价

"评价"主要指基于上述辨识、确认和分析过程,综合评估分析,最终决定下一步应采取的行为,例如逃生、灭火、收集个人物品或者忽略火灾线索等。如果认为火灾威胁较大,一般会选择逃生;如果认为火灾威胁不大,则可能是采取措施降低危险(特别是在自己家里);另外还可能采取报警、寻找亲人、收拾贵重物品或者帮助他人逃生等行动。

2)疏散开始前人的心理和行为的影响因素

疏散开始前的辨识、确认、分析和评价等心理和行为过程是从大量的调查和观测中总结出来的,具有一定的普遍性和代表性。同时,大量的研究也表明,受个人接受消防培训的情况、对周围环境的熟悉程度、是否经历过火灾及性别等影响,上述过程也是因人而异的。疏散开始前人的心理及行为的影响因素主要有:

(1)是否接受过消防教育培训

接受过正规消防教育培训的人,在发现火灾线索之后,会马上启动报警器并组织人员疏散。这样的人对火灾线索很敏感,不存在任何侥幸心理,也不会浪费时间亲自确认或找人打听。他们采取的第一行动就是马上组织逃生,这将为他个人和他人赢得宝贵的逃生时间。

(2)对周围环境的熟悉程度

对周围环境非常熟悉的人不一定会在发现火灾线索之后马上逃生,而可能会去看个究竟或者进行灭火,这将会耽误逃生时间。而对周围环境不熟悉的人,则倾向于紧紧抓住自己的东西或者回房间收拾自己的东西;有的甚至已经逃出建筑物,但发现自己的某样东西或者发现亲人还在里面时,往往会返回火场寻找。

（3）是否接触过消防或者经历过火灾

接触过消防但没有经过正规培训的人，或者说经历过火灾的人，在发现火灾线索后的第一举动可能是灭火，或者采取措施降低火灾危险。这些人可能对自己抱有一种非常危险的自信，使他们觉得不用报警，自己就能把"这点事"解决。但这种行为非常危险，不但让其本身面临巨大危险，也可能连累他人。

（4）性别

研究发现，女性对火灾危险比男性敏感。女性在发现火灾线索后，采取的行动很可能是通知他人、立即逃生、寻求帮助或者帮助家人逃生。她们自己很少去灭火或者采取措施降低火灾危险。而男性则正好相反，他们常常认为自己有责任保护他人，并且灭火也能表现出自己的勇敢和男子汉气概，而获得心理上的满足。所以他们面临火灾时更倾向于灭火而不是立即逃生。

3) 火灾中人的行为

1972 年英国专家 Word 对火灾中人的心理和行为进行了广泛的调查研究，1980 年他又采访了不少亲历火灾的人，总结了人们在火灾中的行为表现。表 6.33 列出了这些行为的大体类型：逃生型、灭火型，验证火灾真实性并通告他人，或者其他行为等。

表 6.33　火灾中人的行为

行为类型	行为表现	研究结果/%
逃生型	自己逃出建筑物	9.5
	帮助他人逃出建筑物	7
灭火型	采取灭火行为	15
	采取措施降低风险	10
验证火灾真实性通告其他人	看是不是发生了火灾	12
	向消防队报警	13
	通告他人	11
其　他	其他行为	20

6.7.3　火灾中人员的反应特性

大量调查分析表明，在火灾中人们所作出的反应大体可分为察觉火灾迹象、确认火灾发生和采取逃生行动三个主要步骤。

1) 察觉火灾迹象

如果建筑物内某处发生火灾，那么及时让其中的人员觉察到火灾迹象是十分重要的。初期的火灾迹象可能很模糊，但随着火灾燃烧的持续，火焰、热量和烟气的增强可以使火灾迹象越来越清晰。火灾迹象可以直接觉察到，例如闻到烟气的异味，看到烟气蔓延；也可以是间接得到的，例如通过声光报警系统所听到的、看到的或由其他人告知的等。

不同的人对火灾迹象的反应存在很大的差别,年龄、性别、工作背景、身体状况、受教育程度、风俗习惯等都可能影响人员的反应。调查发现,火灾报警器发出报警后,很多人不能立即对火警作出反应,会有一段反应时间。不同类型人员,其反应的时间、过程可能相差很大。对于具有较强火灾安全意识的人,可在几秒钟内便清楚意识到发生了什么事情,从而能够较快地进行疏散行动;而对小孩可能要解释很长一段时间才能使他们知道发生了火灾。

传统住宅中一般并未配置火灾报警系统,所以住宅火灾的察觉主要是通过人员对火灾产物的感知以及其他人员警示。表 6.34 为 Bryan 统计的住宅火灾中实验人员察觉火灾的 11 种方式的比例表。

表 6.34　火灾情况察觉方式的人员统计

火灾察觉方式	参与人员/人	百分数/%
闻到味道	148	26.0
他人告知	121	21.3
听到噪声	106	18.6
家人告知	76	13.4
看到烟气	52	9.1
看到火焰	46	8.1
爆　炸	6	1.1
感觉到热	4	0.7
消防队	4	0.7
断　电	4	0.7
通过宠物	2	0.3
总计 11 种方式	569	100.0

公共建筑和办公建筑,通常安装有报警系统,系统中的声音警示系统发出警报是人们察觉火灾的重要方式之一。在大型公用建筑中,使用声光报警系统将现场情况及时通知有关人员具有重要作用。为了引起建筑物内有关人员的足够重视,广播系统的音质、声调、音量及信息内容都应当加以选择。

2)确认火灾发生

确认火灾发生包括证实火灾存在、确定火灾危险、评估火灾危险、选择是否疏散或者是否重新评估等。觉察到初步火灾迹象后,每个人都会企图证实该信息是否真实。当初步迹象不清晰、不明确时,人们总是试图获得一些额外的信息,如得到其他人的口头通知或认可。当一个人闻到了烟气味道后,但他本身又不能确信是否真的发生了火灾时,他就往往会请求别人协助证实。

当确定火灾存在之后,接着就会评估火灾危险,也就是把火灾迹象与他(她)本人所在位置的状况联系起来,以确定火灾是否对自己构成威胁、危险程度有多大。如果存在侥幸心理,认为火灾对他(她)那里没有构成威胁,做出了暂不行动的选择,则他(她)可能要经历重新评估的过程。如果火灾发展到对他(她)真的构成了威胁,他(她)的心理状况势必更加紧张,他(她)的行为反应可能低于其正常水平,从而导致逃生失败。

表 6.35 为英国《建筑火灾安全工程》根据传统数据和经验推荐的各种用途建筑内采用不同火灾广播系统时的人员预动作时间。其中,火灾报警系统类型为:W_1 为现场广播,来自闭路电视系统的消防控制室;W_2 为事先录制好的声音广播系统;W_3 为采用警铃、警笛或其他类型报警装置的报警系统。

表 6.35　各种用途的建筑物采用不同火灾报警系统时的人员预动作时间

建筑物用途	建筑物特性	预动作时间/min		
		报警系统类型		
		W_1	W_2	W_3
办公楼、商业场所、厂房和学校	建筑内的人员处于清醒状态,熟悉建筑物及报警系统和疏散措施	<1	3	>4
商店、展览馆、博物馆、休闲中心等	建筑物的人员处于清醒状态,不熟悉建筑物及报警系统和疏散措施	<2	3	>6
住宅或寄宿学校	建筑物的人员可能处于睡眠状态,熟悉建筑物及报警系统和疏散措施	<2	4	>5
旅馆或公寓	建筑物的人员可能处于睡眠状态,不熟悉建筑物及报警系统和疏散措施	<2	4	>64
医院、疗养院及其他社会公共福利设施	有相当数量的人员需要帮助	<3	5	>6

表 6.36 为 Shield 开展的 4 座大型零售商场的人员疏散演习的预动作时间的统计。表 6.37 为 Charters 在对火灾事故调查基础上得出的不同场所人员疏散预动作时间的统计。

表 6.36　大型零售商场疏散演习中的疏散预动作时间

商场名称	人员疏散预动作时间/s		商场内顾客数量/人
	均值 标准偏差 范围		
Royal Av	37	19 3~95	122
Queen St	31	18 4~100	122
Sprucefield	25	14 1~55	95
Culverhouse	25	13 2~60	71

表 6.37　不同建筑类型的人员疏散预动作时间统计

建筑类型	平均疏散预动作时间/min	范　围	统计火灾次数/次
办公室	1.89	0~9	19
商店和商业场所	1.81	0~7	16
公共娱乐场所	2.0	0~9	28

3)采取逃生行动

在已经明确火灾可以构成威胁后,建筑物内的人员采取的行动也是多种多样的。据分析,主要有以下几种类型:①寻找火源,主动灭火;②通知或协助他人撤离;③向消防队报告,请求灭火支援;④收拾衣物,然后准备逃离;⑤直接逃离现场;⑥出现恐慌行为,无法自主行动或盲目行动。

6.8　人员疏散分析计算

6.8.1　疏散计算的理论模型

通常,研究建筑内人员疏散时间的计算方法大致有三类:第一类是根据出口容量和人员通过出口的速度计算,称为出口容量计算方法。这类方法主要以 20 世纪五六十年代苏联 Predtechenski 和 Milinski、日本 Togawa 以及英国 Melinek 等人为代表,他们主要考虑的是建筑物的出口容量,或根据建筑物的人口来估算。第二类是网络计算方法,它是将建筑物各功能单元当作网络中的一个个节点以确定出口数量和宽度。我国目前的建筑设计规范基本上是基于此类方法进行的,利用节点之间存在一定的流量限制原理来计算建筑物总体疏散时间。该方法的研究者包括美国的 Chalmet、Francis、Gunnar、MacGregor 等人。第三类是网格计算方法。该方法将建筑物划分成一个个比较细小的网格,人员可当作一个个移动的质点,质点在移动到相应的网格时,会根据环境的变化调整各自的移动速度和方向,并因此可以跟踪人员移动的轨迹,从而得到建筑物的人员疏散时间,所取得的结果可以在计算机上进行动态显示。目前国外已有一些学者和研究机构开发了一些相应的计算软件。

通常的理论模拟主要将人的因素作为模拟工作中的一个重要参数。而人的模拟又取决于以下情况:疏散人员的性别、年龄、体能对疏散能力的影响;人员在楼层平面的分布状况和密度对计算结果的影响;步行速度与人员密度和建筑布局的关系;等等。当然,模拟工作同样要处理各种建筑空间所带来的具体影响。模拟的基本条件可分为两大类:

①假定建筑内的所有人员均能正常地按照设计师事先规划的路线和通道向安全地带转移,则理论模拟主要是解决疏散所需时间和人员状态的问题。

②当人员在火灾中受阻于烟气和火焰时,模拟当时的人员分布状况以及有可能出现的死亡情况。

目前,由于人员疏散涉及的心理、生理因素复杂,特别是烟气笼罩下人员拥挤时行为的描述十分复杂,不确定性也十分强。各种理论模拟工作均未达到完善与实用阶段,但就现有水平而言,其成就已不可小视,并且有一些理论成果已开始指导人们的设计和安全行为。

6.8.2 火灾探测所需的时间

通过火灾所需时间的概率分布来计算在真实火灾中火灾探测所需的时间,如图 6.42 所示。

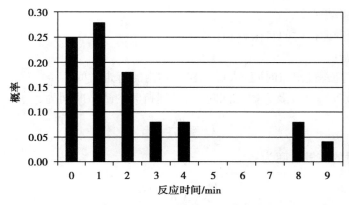

图 6.42 公共移动和休闲娱乐场所建筑物中人员疏散行动前所需时间的概率分布

由图中的概率分布可以了解人在火灾中的行为的本质,从火灾开始到被发现的时间(即火灾探测所需的时间)的角度来说,人在火灾中的行为变化很大。根据图的概率分布,68%的人在火灾开始 5 min 内可得知发生了火灾。对于宾馆,从火灾开始到被发现的时间的角度来说,火灾起始的位置成为一个重要的因素:如果火灾发生在有人居住的客房,则这个时间很短,可能小于 1 min;如果火灾发生在没有人居住的客房或者走道,则这个时间会加长,但由于感烟探测器或喷淋装置的存在,故而也不会无限加长。因此,对于客房,从火灾开始到被发现的时间小于 3 min,这个时间还会依感烟探测器或喷淋装置的使用与否而发生变化,对于走道,这个时间小于 4 min。对于舞厅或会议室火灾,从火灾开始到被发现的时间也在很大程度上依人员相对于火灾的位置而定,如果他们靠近起火点,发现火灾的时间小于 1 min;但如果他们处于发生火灾的上一层或下一层楼,则这个时间会明显加长,但无论如何,这些人发现火灾的时间会受到所安装的感烟探测器的限制。

6.8.3 疏散行动前所需的时间(疏散预动作时间)

人在火灾中的行为表现多样性最强的是疏散行动前所需的时间,该时间段定义为"火灾警告给出与人员采取的第一个向出口运动的行为之间的时间段"。

图 6.42 证明了人们在采取疏散行动前所需的时间的多变性最强。但是,图中的概率分布还是显示出 87%的人在得知发生了火灾的情况下,会在小于 4 min 的时间内采取疏散行动。在宾馆环境下,对于疏散行动前所需的实际时间而言,人员相对于火灾的位置是一个关键因

素。如果一个人非常接近起火处,则他(她)得知火灾的时间和采取疏散行动前所需的时间都将小于 4 min;而对于一个处于同样的楼层,但距离起火处较远的人而言,由于不了解火灾的危险性有多大,疏散行动前所需的时间就会增加,在这种情况下,疏散行动前所需的时间可设定为小于 4 min。不同用途建筑内采用各种火灾报警系统时的人员响应时间见表 6.35。

6.8.4　人员疏散运动时间的计算

　　该时间计算公式经日本的 K.Togawa 提出后,经过 Melink 和 Booth 简化推导,认为人流速度主要与人员密度有关:

$$v = v_0 \rho^{-0.8} \tag{6.9}$$

式中　v——人流移动速度;

　　　v_0——不发生拥挤时的自由移动速度;

　　　ρ——人流密度。

疏散时间=人流通过出口时间+人员在建筑物内的行走时间

假定高层建筑各层布置及人数相同时,出口拥挤时的疏散时间为:

$$T_1 = \frac{nQ}{N'b} + t_s \tag{6.10}$$

出口不拥挤时的疏散时间为:

$$T_n = \frac{Q}{N'b} + nt_s \tag{6.11}$$

式中　n——楼梯所服务的高层建筑层数;

　　　N'——楼梯流率,取 1.1 人/(m·min);

　　　t_s——通过相邻两层的时间,取 16 s;

　　　b——楼梯的有效宽度;

　　　Q——每层使用人数。

加拿大的 Pauls 等人观测实际疏散演习得到的经验公式,每米有效宽度楼梯通过的人流为:

$$f = 0.206 p^{0.27} \tag{6.12}$$

式中　P——单位有效宽度楼梯所承担的人数;

　　　f——单位宽度的流率,人/min。

总的疏散时间为:

$$t = 0.68 + 0.081 p^{0.73} \tag{6.13}$$

式中　t——总的疏散时间,min。

苏联的 Predtechenski 和 Milinski 等人提出的估算公式为:

$$T = t_{tr,n-1} + (n-1)\frac{l_{tr}}{v_{tr,n-1}} + (n-2)\Delta t \tag{6.14}$$

式中　T——总的疏散时间;

　　　$t_{tr,n-1}$——人流离开第 $n-1$ 层的时间;

　　　l_{tr}——相邻两层的距离;

$v_{tr,n-1}$——人流在第 $n-1$ 层拥挤时移动的速度；

Δt——拥挤造成的延时；

n——计算所处的层数。

显然，这种方法需要一步步估算，其中许多参数也不便确定。

6.8.5　人员必需安全疏散时间

人员必需安全疏散时间(RSET)应根据计算的人员疏散时间乘以一安全系数计算确定。人员疏散时间应按火灾报警时间、人员的疏散预动时间和人员从开始疏散到到达安全地点的行动之和计算：

$$RSET = T_d + T_{pre} + k \times T_t$$

式中　T_d——报警时间；

T_{pre}——人员疏散预动时间；

T_t——人员疏散行动时间；

k——安全系数，一般取 1.5~2，采用水力模型计算时的安全系数取值宜比采用人员行为模型计算时的安全系数取值要大。

6.9　计算机仿真模型简介

随着计算机技术的发展，世界各国许多科学家开始寻找各种定量化的计算方法，利用计算机模拟技术开发了多种人员疏散模型。其基本思路是：用计算机直接模拟人员在建筑内的移动过程，并记录不同人员在不同时刻的几何位置，从而计算建筑物内的人员疏散时间，并动态地显示人员疏散移动的全过程。根据 Gwynne 的统计研究，到目前为止，国内外学者已开发了 20 多种不同的疏散模型及相应的计算软件，其中比较著名的有 EXIT89、EXODUS、EVAC-NET、EGRESS、EVACSIM 和 SIMULEX 等。国内学者开发的模型有 SGEM 模型和中国科学技术大学火灾科学国家重点实验室的元胞自动机(CellularAutoma-ta)模型等。

根据划分建筑空间的不同，上述模型主要采用网络模拟(CoarseNetwork)和网格模拟(FineNetwork)两种方法。网络模拟方法主要是将疏散网络中的各个建筑单元，如房间、走道、楼梯，划分为一个个节点，人员的移动则以人群的方式从一个节点移动到另一个节点；根据各建筑单元的出口容量确定人员在建筑物内的移动速度，并确定相应的几何位置。这类模型能够进行大容量的人员计算，但无法考虑不同人员对火灾的心理反应和个体之间的相互关系，不能真实地反映人们在疏散逃生过程中的拥挤状态，其计算精度很低。这些模型包括 EXIT89、EvacSim、EXITT 等。

网格模拟方法则将疏散网络中的每个建筑单元划分成很多细小的网格，人员可当作一个个移动的质点，质点移动到相应的网格时，会根据环境的变化调整各自的移动速度和方向，并因此可以跟踪人员移动的轨迹，从而得到建筑物的人员疏散时间，所取得的结果可以在计算机上进行动态显示。各模型的网格尺寸和形状有所不同，如 EXODUS 为 0.5 m×0.5 m 正方形网格，SIMULEX 为 0.25 m×0.25 m 正方形网格，EGRESS 为六边形网格。这些模型能够反映人与人之间的相互关系、环境的影响等诸多因素,因此模拟结果的精度较高。

计算机人员疏散模拟技术的飞速发展,为火灾发生时人员疏散过程的分析提供了可靠的技术手段。应用计算机疏散模拟技术,可以对建筑物的疏散通道存在的危害性和风险性进行量化分析,进而评估建筑物疏散路线设计的合理性。下面简要介绍国际上几个常用的疏散软件 STEPS、SIMULEX、buildingEXODUS、Pathfinder。

6.9.1 STEPS 软件

STEPS 是基于经典元胞自动机理论的大型三维疏散模拟软件,由英国 MottMacDonald 公司设计编写,目前广泛应用于地铁、飞机场、办公楼、大型购物中心等场所的人员疏散模拟。STEPS 人员疏散过程主要包括以下五个方面:绘制建筑几何模型,设定人员参数,将平面网格化,计算网格积分,人员路径选择决策。

1)模型的建模目的及构成方法

该模型目的是模拟在正常或紧急情况下,人员在不同类型建筑物中的疏散情况,例如在体育馆或办公大楼。该模型为人员流动模型,它包括人员的提前移动能力、个性、耐性和家庭行为。模型是一个由一系列的网格单元组成的网络系统,在网络系统中,一个人只能占有一个单元。网格单元的缺省尺寸是 0.5 m×0.5 m;另一个"细网格"选项可适用于多人占有一个网格单元,但仍处于测试阶段。

2)模型的心理学观点

该模型把人员看作个体,使用者可以为模拟中的每个人或每组人赋予不同的特性。使用者还能为每个人(组)指定"目标"或出口,帮助特定人群制定路线,使人员对建造物有自己的认识。同时,对于每个目标,每个成员组被分配一个意识因子,其取值范围为 0~1,它用来指定人群对出口的熟悉程度。如果意识因子取值为 0,则表明人群中没有人知道目标或出口;而意识因子取值为 1,则表明人群中所有人都知道目标或出口。人员根据每个出口设定的数值选择出口,该数值基于以下四个因素确定:

①离出口距离最短;

②出口的熟悉程度;

③出口附近人员的数量;

④出口通道的数量。

3)模型的原理

在排队或高密度的情况下,人员的移动受邻近网格单元可用性的影响。在一个网格单元中,一个人员有 8 个可能的选择,决定怎么走取决于邻近网格单元的最小势位。当在 STEPS 中指定了一个出口,程序会计算它的势位表格,表格将提供每个网格单元到目标的最短距离。程序使用回归算法求得每个网格单元到出口的距离。出口单元的势位为 0,然后程序移动到与出口单元相邻的单元,并计算其势位。如果程序按对角线的方向移动,STEPS 将在单元的当前势位上增加(网格大小值 * (Sqrt.2)),如果程序按照水平或竖直的方向移动,STEPS 将在单元的当前势位上增加网格大小值。

当人员在决定选择哪条路线或出口时,他们将选择数值最小的路线。如果有多条数值相等的路线,人员将在这些路线中随机选择。STEPS 使用一种算法来计算每个人到每个目标的数值。这个算法可划分为以下 8 个步骤:

①到达目标所需的时间;

②在目标上排队所需时间;

③考虑到时间不是徒步走到队列末端所需的时间,需要对时间进行调整;

④计算到达队列末端所需要的真实时间;

⑤考虑到人行走过程中人将会离开,需要对排队时间进行调整;

⑥计算排队所需的真实时间;

⑦纳入耐心等级;

⑧计算最终的数值。

计算到达目标所需要的时间T_{walk},等于到目标的距离(D,包括在前面描述的势位表格中)除以人行走的速度(W,使用者设定)。公式如下:

$$T_{walk} = \frac{D}{W} \tag{6.15}$$

人员在目标上排队所需的时间(T_{queue}),等于在此人员之前到达目标的人数(N)除以人员流动速度(F,使用者设定,单位 p/s)。公式如下:

$$T_{queue} = \frac{N}{F} \tag{6.16}$$

使用者可为人员指定(或保留缺省值)大量的属性,比如人体宽度、厚度和高度、耐性、行走速度和人的类型/组等。

在疏散开始后,人员还可以在某一个特定的时间和地点被创建到模拟中。若在 STEPS 中指定了一个家庭组,在模拟中,家庭成员组会在建筑物中的一个地点会合,然后一起疏散。

6.9.2 Simulex 软件

Simulex 软件是由苏格兰集成环境解决有限公司(Integrated Environmental Solutions Ltd)的 Peter Thompson 博士开发,采用 C++语言编制,用来模拟大量人员在多层建筑物中的疏散。该软件可以模拟大型、复杂几何形状、带有多个楼层和楼梯的建筑物,可以接受 CAD 生成的定义单个楼层的文件。仿真时,用户可以看到在疏散过程中,每个人在建筑物中的任意一点、任意时刻的移动。仿真结束后,会生成一个包含疏散过程详细信息的文本文件。

1) 模型的建模目的及构成方法

Simulex 是一个能够模拟人群从复杂建筑物中疏散的模型,是一个局部的行为模式,它主要依靠建筑内部人员的距离来确定人群疏散过程中的运行速度。另外,该模型允许人群中的插队、身体扭转、侧身步进、小幅度的后退。这是一个连续的空间体系,各层的平面图和楼梯都划分成一个个 0.2 m×0.2 m 的块或网格。该模型包含一个算法,它能够计算出每个网格到最近安全出口的距离,并且将这些信息标注在一个距离图表上。

2)模型的心理学观点

该模型把人员看作个体。模型可视化地输出在整个疏散过程中每个人的位置。同样,因为路线的选择,既可以是根据模型的默认距离地图计算出的最短路线,也可以是使用者通过指定替换距离地图而自己决定的路线。替换距离地图会不标注其中的一些出口,以迫使或指导人们通过特定的路线离开建筑。

3)模型的原理

在 Simulex 模型中,使用一个算法来模拟人们徒步、侧步、扭体、插队等速度的波动。该算法结合了基于人员移动视频的分析和其他的学术研究。

距离地图被用来指引人们通向最近的安全出口。在模拟中,用户可以创建 10 个不同的距离地图。人员行走的速度是人们相互距离的函数。

6.9.3 buildingExodus 软件

buildingExodus 软件由格林威治大学 EXODUS 开发团队开发,采用 C++语言编制。模型包括了人与人之间、人与结构之间、人与环境之间的互相作用。

1)模型的建模目的及构成方法

建模是为了模拟疏散大量被很多障碍围困的人。该模型由 airEXODUS、buildingEXODUS、maritimeEXODUS、railEXODUS、vrEXODUS(虚拟现实图形程序)五个部分组成。buildingEXODUS 试图考虑"人与人、人与火以及人与建筑物之间的相互作用",模型包括 6 个在模拟疏散方面相互联系、相互传递信息的子模型,它们是人员、运动、行为、毒性、危险性和几何学子模型。

模型是一个细网络模型,利用二维空间网格绘制出几何结构、位置、障碍物等。这种网络由"节点"和"弧"组成,每个节点都代表了建筑平面图上的小空间,而弧在建筑平面图上把这些节点连接到一起。这些信息存储在几何子模型中。同时,在整个模拟过程中,每个节点都有毒气等级、烟雾浓度和温度等与其相关的动态环境。

2)模型的原理

模型把人员看作个体,并赋予其个体个性。人员子模型的建模目的是描述个人,包括性别、年龄、跑动最快速度、步行最快速度、反应时间、敏捷性、耐性等。人员子模型还包括人员在整个疏散过程中移动的距离、人员的位置以及处在有毒的气体中的信息,其中一些属性是静态的,另一些会随着建筑物条件的改变而改变。

人员对建筑物的视角主要是个人的,但也包括整体的。人员的逃生策略或路线取决于行为子模型,这是在他(她)与建筑、其他人员以及火灾的危险情况的相互作用下产生的结果。

模型是基于规则或有条件的行为。行为子模型控制人身体的移动从当前的位置到下一个位置。或者,如果用户拖延了时间,模型会让人处在适当的位置。运动模型还可以将超越、侧跨以及其他的行动结合到一起。运动模型决定人员该以多快的速度移动,并且协调人员模

型,以确保人员在疏散过程中有特定的能力(也就是跳过障碍物)。用户可以为每个乘员设定6 个级别的步行速度中的一个:

①快速步行——默认速度为 1.5 m/s;

②步行——快速步行速度的 90%;

③跨越式——快速步行速度的 80%;

④爬——快速步行速度的 20%;

⑤上楼梯速度;

⑥下楼梯速度。

人员"放慢",因为其他人员占用他(她)前面的网格。当移动到另一个人也想占有的网格式时,冲突的解决办法是分配给冲突中的每一个人一个特定的延迟时间。同时,驱动变量也影响到哪个人将实际上占有哪个网格。如果其中一个人具有更高的驱动价值,那个人将获得下一个网格。然而,如果每个居住者具有相同的驱动价值,则决定是随机的。简而言之,从网格到网格的疏散时间由以不受阻碍的速度实际运动的时间和在路上发生冲突耽误的时间组成。

在整体层面上,疏散策略是由用户指定的。默认路线是由电位图(出口标记为 0,距出口越远,其值越高)确定,这将指导人们到最近的出口。如果一个出口被看成熟悉或者更有吸引力的,则这个默认电位图及路线会改变。人员总是走上一个比他们现在具有更低电位的节点。如果一个出口更具吸引力,那这个出口的电位会降低。在正常的行为下,人员的运动是由电位图决定的。如果较低电位的选择不存在,人员则会移动到一个具有相同电位的节点。如果这种选择不可行,人员将会等待。在极端条件下,他们可能采取更极端、更迂回的路线。在这种情况下,人员不介意短时期内接受更高潜力的替代路线。这些行动在人员子模型中也与耐心选项结合在一起。

在楼梯间,人员会认为楼梯上所有的节点具有相同的吸引力,但是如果一个人员在楼梯边缘的 5 个节点之内,会移动到边缘,企图利用扶手。人员的移动速度取决于模型输入的资料。逃离出口取决于两个因素:出口的宽度和每单位宽度流动速率。这些评估决定了可以同时出去的人员的最大数量和分配出去的节点数量。用户指定了每个出口的最高和最低的流动速率。

毒性子模型处理有毒物品对建筑里人员的影响,它把对人员影响的信息传递给行为子模型,行为子模型把信息传递给行动子模型。为了确定发生火灾对人员的影响,其中包括新增的辐射效应影响,EXODUS 使用了英国 BRE 公司开发的数值有效剂量模型。数值有效剂量模型通过考虑辐射、温度、HCN、CO、CO_2 以及低 O_2 的影响来评价失效的时间。同时,根据 Jin 的数据,其他影响让人员步履蹒跚和迟缓。当人员遇到烟雾障碍时,可能会走不同的路径,这取决于他们的个性。

6.9.4 Pathfinder

Pathfinder 是由美国 Thunderhead Engineering 公司开发的基于人员进出和运动的模拟器。它提供了图形用户界面的模拟设计和执行,以及三维可视化工具的分析结果。该运动环境是一个完整的三维三角网格设计,以配合实际层面的建设模式,可以计算每个人员的独立运动并给予一套独特的参数(最高速度、出口的选择等)。Pathfinder 可以导入 FDS 模型。FDS 在模拟火灾的同时,可以在相同时间内模拟人员疏散。同步跟踪不仅可以科学地分析出人员疏散的相关数据,还可以直观、可靠地分析出人员疏散的最佳时间,减少人员伤亡。

Pathfinder 的人员运动模式包括 SFPE 模式和 steering 模式。SFPE 行为是最基本的行为,以流量为基础的选择意味着人员会自动转移到最近的出口。人员不会相互影响,但是列队将符合 SFPE 假设。这种模式基于 SFPE 消防手册保护工程和 SFPE 工程指南:利用空间密度,以确定人员的运动速度。Steering 模式将路径规划、知道机制、碰撞处理相结合来控制人员运动。如果人员之间的距离和最近点的路径超过某一阈值,可以再生新的路径,以适应新的形势。

Pathfinder 是一个简单、直观、易用的新型智能人员紧急疏散逃生评估系统。它利用计算机图形仿真和游戏角色领域的技术,对多个群体中的每个个体运动都进行图形化的虚拟演练,从而可以准确确定每个个体在灾难发生时的最佳逃生路径和逃生时间。

Pathfinder 特点介绍:
①内部快速建模与 DXF、FDS 等格式的图形文件的导入建模相结合;
②三维动画视觉效果展示灾难发生时的场景;
③构筑物区域分解功能,同时展示各个区域的人员逃生路径;
④准确确定每个个体在灾难发生时的最佳逃生路径和逃生时间。

6.10 案 例

6.10.1 问题描述

建筑发生火灾等紧急情况时,人员安全疏散分析是经常遇到的问题。本节将以一个 3 层办公建筑为例,模拟该办公建筑发生紧急情况时的人员疏散过程。该办公建筑长为 30 m,宽为 12.9 m,层高为 3 m。二层和三层建筑布局相同,办公室房间的门宽均为 1 m,一层大厅的出口宽为 2 m。该办公楼的各层平面示意图,如图 6.43 所示。

案例以办公建筑为例,简要阐述 Pathfinder 的建模、计算以及结果显示,分析了整个建筑的人员疏散过程、出口人流量情况等(本例使用的是 Pathfinder2015.1.0520x64)。有关软件详细介绍参见相关文献。

6.10.2 创建几何模型

本节主要介绍创建几何模型相关的基本操作,包括房间、门、楼梯的创建、删除与复制等。软件创建模型过程中,模型的树状目录、数据输入窗口和主窗口是快速准确创建几何模型的重要反馈。

1)设定文件保存路径

打开 Pathfinder,其主界面如图 6.44 所示。单击"File"→"Save As",选择文件储存路径,并将文件另存为"bangong.pth"。

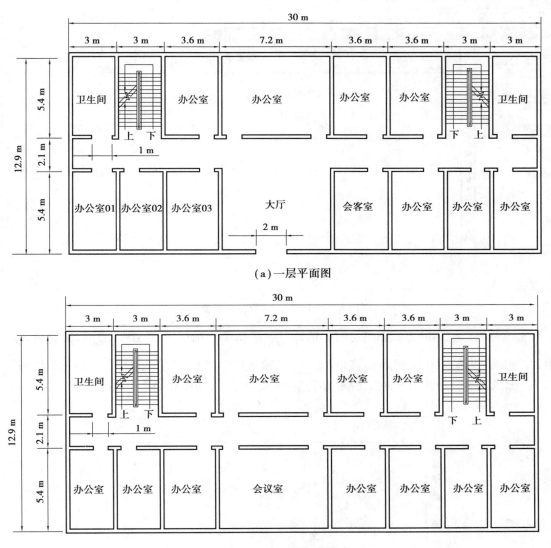

（a）一层平面图

（b）二、三层平面图

图 6.43 办公建筑各层平面示意图

软件可以通过"View"里的下拉选项设置背景、捕捉栅格间距、单位等一系列基础信息。本节中的案例通过设置，将界面背景设置为白色，默认单位为"SI"国际单位，栅格尺寸为 0.5 m。

2）创建一至三层房间

从第一层的办公室 01 入手，通过复制、移动、删除、重建等步骤初步建立整个办公楼的几何房间模型。

（0,0）点作为房间的起始原点，办公室 01 的长为 5.4 m，宽为 3 m。

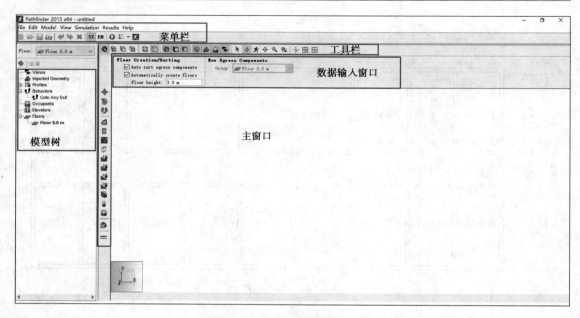

图 6.44　Pathfinder 软件主界面

①通过输入坐标的方式创建房间。选择"⬜"切换到顶视图,单击"⬜",数据输入栏中,"Z Plane:"输入"0"(距地面高度),"X1:"输入"0","X2:"输入"3","Y1:"输入"0","Y2:"输入"5.4",单击"Create",完成办公室 01 模型建立,如图 6.45 所示。

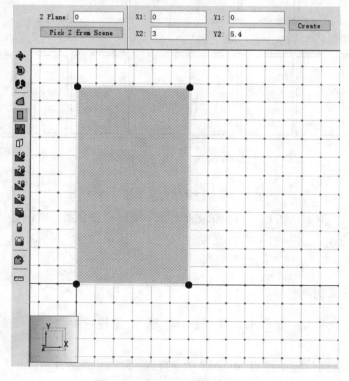

图 6.45　办公室 01 的模型建立

　　数据窗口中的数据输入有两种方法:直接输入数字;输入"数字+空格+单位"。

　　②通过复制的方式创建办公室 02。办公室 02 的长为 5.4 m,宽为 3 m。单击办公室 01,办公室 01 为选中状态,单击"⬥",在数据输入栏中选择"Copy Mode","Copies:"输入"1","Move X:"输入"3",最后单击"Copy/Move",完成办公室 02 的创建,如图 6.46 所示。

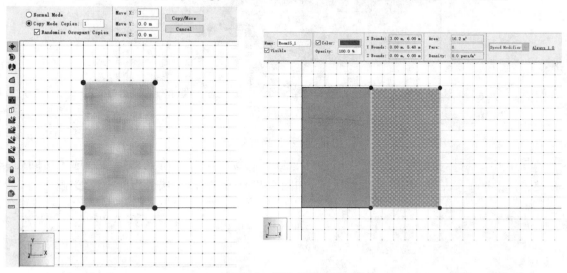

图 6.46　创建办公室 02

　　③用光标拖动的方式创建房间。办公室 03 长为 5.4 m,宽为 3.6 m。单击"View",选择"Edit Snap Grid"将栅格尺寸改为 0.2 m,单击工具栏中的"▢",点选矩形房间对角起点及对角终点,完成办公室 03 的绘制,如图 6.47 所示。

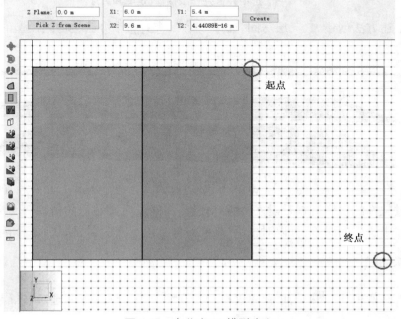

图 6.47　办公室 03 模型建立

④利用上述 3 种方法创建一层其他房间,如图 6.48 所示。

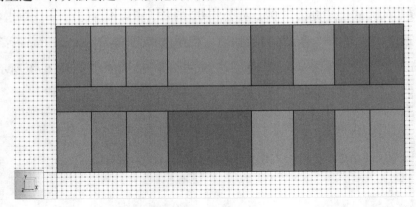

图 6.48　一层房间模型

⑤用 Ctrl+鼠标左键依次选择代表楼梯、走廊和大厅的房间,将光标定位到选中房间内,右键选择"Merge",合并楼梯、走廊和大厅,如图 6.49 所示,完成一层的房间模型绘制。

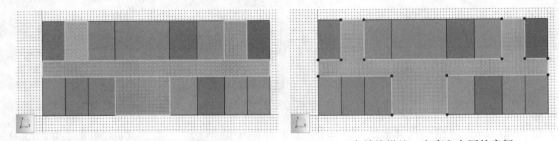

（a）选择楼梯处、走廊和大厅的房间　　　　　　　（b）合并楼梯处、走廊和大厅的房间

图 6.49　选中并合并一层楼梯、走廊和大厅

⑥利用上述方法创建二、三层房间,选择" 🔲 ",查看整个办公楼房间模型的三维效果,如图 6.50 所示。

图 6.50　办公楼三维图

可以通过软件的模型树查看建立的所有楼层、房间及后面建立的楼梯等对象。用鼠标右键单击模型树中选中的对象,可以对楼层、房间等对象进行重命名、隐藏、显示等操作。

3)创建房间门

①单击工具栏中的" 🔲 ",切换主窗口为前视图。用鼠标左键框选二、三层所有房间,右

键选择"Hide",隐藏二、三层所有房间,如图6.51所示。单击" ",切换顶视图,对一层房间进行门的创建操作。

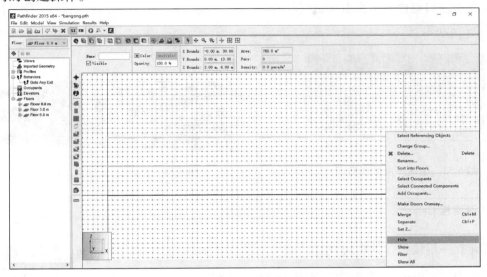

图6.51 隐藏二、三层房间

②创建房间门,房间门的宽度为1 m。单击" ",可以在数据输入窗口处直接输入门的坐标及宽度,也可以通过鼠标光标点选位置再输入房间宽度创建房间门。这里通过鼠标大致点选确定办公室01的门的位置,数据输入窗口中的"Width:"输入"100 cm",如图6.52所示,用鼠标左键选中门的任一端点可以移动门的位置。

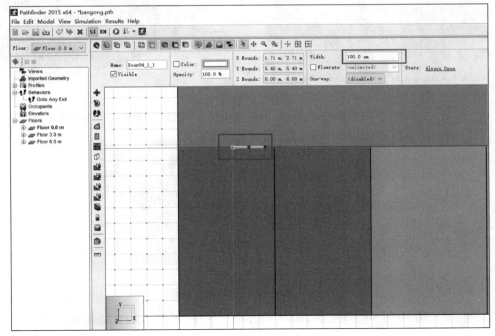

图6.52 办公室01门的创建

③使用步骤②中的方法,创建一层其他房间门及连接大厅的出口,办公房间的门宽度为1 m,大厅房间的门宽度为2 m,如图6.53所示。

④在主窗口空白处单击右键,选择"Show All",显示二、三层对象,创建二、三层房间的门,如图6.54所示。

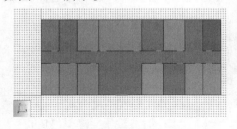

图6.53　创建一层的所有门

图6.54　创建二、三层房间门

4)创建楼梯

①建立一层楼梯口处房间,楼梯口处房间长4.4 m,宽3 m,距走廊1 m。单击"▣",数据输入栏中,"Z Plane:"输入"0"(距地面高度),"X1:"输入"3","X2:"输入"6","Y1:"输入"8.6","Y2:"输入"13",如图6.55所示。用相同操作方式创建其他所有楼梯处房间,如图6.56所示。

②删除楼梯处房间。图6.57为删除一层楼梯处房间后的模型图。用相同操作方式删除二、三层楼梯处房间。

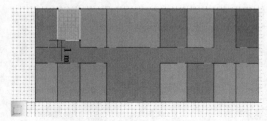

图6.55　创建一层楼梯处房间

图6.56　创建二、三层楼梯处房间

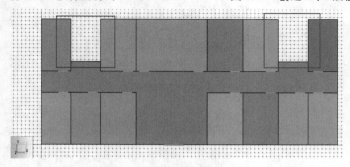

图6.57　删除一层楼梯处房间

③创建一、二层中间一楼梯平台,楼梯平台长为3 m,宽为1.5 m,距走廊为3.9 m。单击"▣",数据输入栏中,"Z Plane:"输入"1.5"(距地面高度),"X1:"输入"3","X2:"输入

"6"，"Y1："输入"11.5"，"Y2："输入"13"，如图 6.58 所示。用相同操作方式创建其他楼梯平台，如图 6.59 所示。

图 6.58　创建楼梯平台　　　　　　　　图 6.59　创建其他楼梯平台

④创建楼梯，楼梯宽度为 1.5 m。首先隐藏第三层所有对象及第三层和第二层之间的踏板，使主界面的模型简单明了。选择"🔳"，在数据输入窗口中，"Width："输入"150 cm"，用鼠标左键分别选择连接楼梯两个边上的两点，完成楼梯创建，如图 6.60 所示。楼梯创建完成后，可在数据输入窗口中更改其宽度、踏步尺寸等。

⑤创建其他楼梯，显示所有对象。使用步骤④中方法创建其他楼梯，如图 6.61 所示。

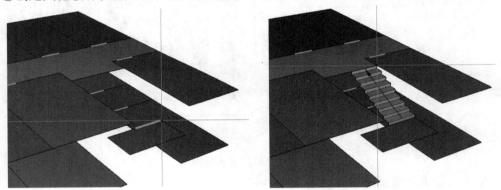

图 6.60　在边上选择点创建楼梯

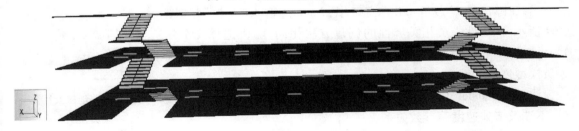

图 6.61　创建其他楼梯

5) 创建人员

假设该办公建筑的使用者为 25—35 岁的人群，除了卫生间不考虑人员外，每个房间的人员中男女人数各占一半。根据《办公建筑设计规范》（GBJ 67—2016）中的说明，"办公室和中、小会议室每人使用面积指标为：办公室 4 m²，中、小会议室内有会议桌为 1.8 m²"，确定房间人数。根据日本实测数据，人员疏散情况下，"对建筑内的位置、疏散路线等熟悉且身心健康的人员，其平均移动速度为 1.2 m/s"。

创建人员"Profiles"(包括 3D 模型、速度、肩宽等)。

①创建男性人员模型:

单击"Model"→"Edit Profiles",在弹出的创建人员属性的"Edit Profiles"窗口中单击"Rename",将默认的"Default"名改为"男性",如图 6.62 所示。在名为"男性"的"Edit Profiles"窗口中单击"3D Model:"中的"Edit"弹出人员的三维模型窗口,其中有不同国家、不同性别、不同年龄的模型可供选择;在"3D Model"窗口中单击"Clear All"后,随机选择其中 4 种男性,单击"OK"确认,如图 6.63 所示。在"男性"的"Edit Profiles"窗口中,"Speed:"输入"1.2 m/s",其他设置保持不变,完成男性人员模型的创建。

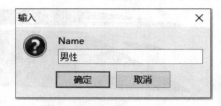

图 6.62　更改默认 Profiles 文件名

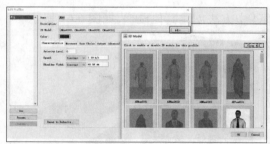

　(a)清除原有人员3D模型　　　　　　　　　　(b)随机选择人员3D模型

图 6.63　创建男性人员模型

②创建女性人员模型:

单击"Model"→"Edit Profiles",在"Edit Profiles"窗口中单击"New",在弹出的"New Profile"窗口中"Name:"输入"女性",如图 6.64 所示。同男性人员相关属性的创建方法相同,随机选择几个年轻女性的 3D 模型,速度也设置为 1.2 m/s,其他设置不变,完成女性人员模型创建。

注:"3D Model"中的不同人物模型只是人员的不同仿真显示效果,不涉及诸如速度等参数关系。

图 6.64　创建女性
人员模型

③添加房间人员。隐藏除了第一层的其他所有对象,单击" ▣ "切换顶视图。用鼠标右键单击一层的办公室 01,选择"Add Occupants",弹出添加人员窗口,如图 6.65(a)所示。单击"Profile:"右侧的蓝色"女性"字样,在弹出的"Profile"窗口中修改男性和女性比例各为 50%,如图 6.65(b)所示。单击"OK"确认,回到"Add Occupants"窗口,保持"Placement"为"Random"(随机添加人员在房间的位置)设置,"Occupant Count"选择"By Density:",数值输入"4 m²/pers",如图 6.65(c)所示。完成办公室 01 的人员添加,如图 6.66 所示。用同样方法完成其他所有房间的人员添加,如图 6.67 所示。

单击"View"→"Agents"可选择不同人员模型,本例选择"Show as People"。

（a）Add Occupants窗口

（b）更改男女比例

（c）修改人员使用面积

图 6.65　添加房间人员设置

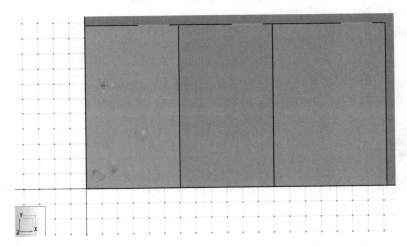

图 6.66　一层办公室 01 的人员添加

图 6.67　所有楼层的人员添加

6.10.3　计　算

1）模拟参数设置

单击"Simulation"→"Simulation Parameters"弹出模拟参数设置界面，其中"Behavior"的"Behavior Mode："选择默认的"Steering"模式，其他参数保持不变。单击"Simulation"→"Run Simulation"或者单击"▶"开始人员疏散计算，如图 6.68 所示。

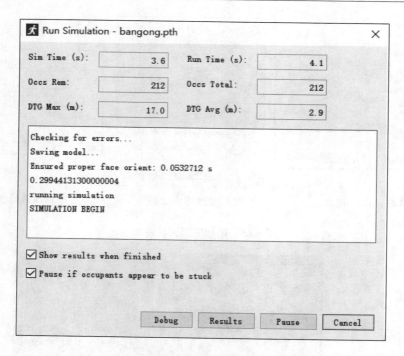

图 6.68　模拟运行窗口

2)计算结果查看

①勾选模拟运行窗口中的"Show results when finished",当计算完成之后,会自动弹出三维动画窗口,如图 6.69 所示。

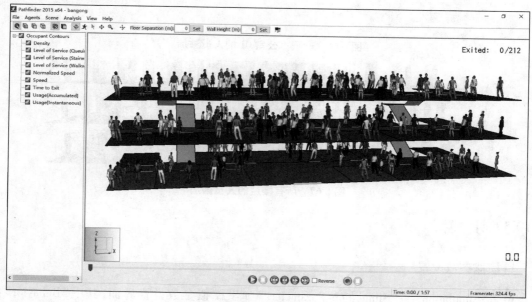

图 6.69　计算结果窗口

从三维结果窗口中可以看出总疏散时间为 1 min 57 s,总疏散人员为 212 人,单击" ▶ " 可查看整个疏散过程的动态显示,如图 6.70 为疏散 28.3 s 时的人员分布情况。

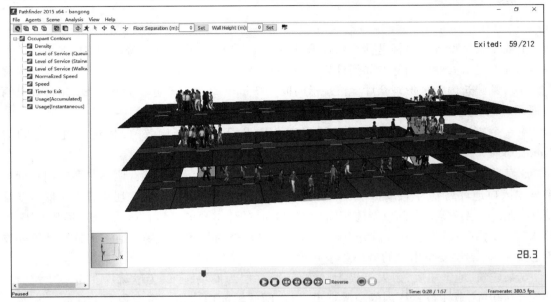

图 6.70　疏散 28.3 s 时的人员分布情况

②出口的人员流量。关闭三维动画窗口,回到 Pathfinder 主界面,单击菜单栏中的" 匚 ▼ " 下拉按钮,可选择"View Room Usage"或"View Door Flow Rates"查看房间的使用情况或门的人员流量。本例选择"View Door Flow Rates"选项,如图 6.71 为"Door01"(办公室 01)的人员随时间变化的流量变化图。

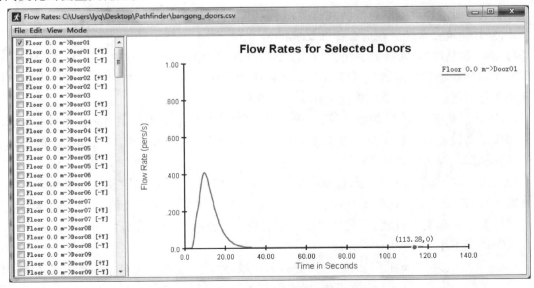

图 6.71　Door01 的人员流量变化图

习 题

1.安全疏散设计的目标是什么？什么是疏散安全分区？设计安全分区的目的是什么？

2.什么是百人宽度指标？如何计算？

3.若某建筑内阶梯形观众厅允许疏散时间为 3 min，单股人流宽度为 0.55 m，试计算其百人所需疏散宽度。

4.一个容纳人数为 2 400 人的阶梯形观众厅设置了 10 个疏散门，其允许疏散时间为 2 min，单股人流宽度为 0.55 m，则其疏散门的应设多宽？

5.某购物中心地下 2 层、地上 4 层。建筑高度 24 m，耐火等级二级，地下二层室内地面与室外出入口地坪高差为 11.5 m。地下每层建筑面积 15 200 m²。地下二层设置汽车库和变配电房、消防水泵房等设备间以及建筑面积 5 820 m² 的建材商场(经营五金、瓷砖、桶装油漆、香蕉水等)，地下一层为家具、灯饰商场，设有多部自动扶梯与建材商场连通。请分别计算购物中心地下一、二层安全出口的最小总净宽度。

6.某建筑，地上三层，耐火等级为一级，一至二层为商场，三层为歌舞厅。每层建筑面积均为 2 000 m²，其中歌舞厅内的疏散走道、卫生间等辅助用房的建筑面积为 180 m²。在忽略内部服务人员和管理人员的前提下，该歌舞厅的疏散走道所需最小总净宽度应为多少？

7.安全出口的设置原则和要求主要有哪些？一个容纳人数为 2 800 人的剧院，至少需要设置多少个疏散门？

8.设置避难层(间)的意义是什么？什么样的建筑需要设置避难层(间)？请简述避难层的设置条件。

9.哪些场所需要设置应急照明和疏散指示标志？设置要求是什么？

10.公共建筑安全疏散距离有什么要求？

11.某建筑高度为 24 m 的宾馆，共 6 层，每层建筑面积为 500 m²，耐火等级为二级，宾馆内按国家工程建设消防技术的最低标准配置了相应的消防设施。该宾馆房间内任一点到房间直通疏散走道的疏散门的直线距离应不大于多少？

12.某建筑高度为 15 m 的教学楼，耐火等级为二级，按国家工程建设消防技术标准要求配置了相应消防设施并设置了自动喷水灭火系统，该建筑位于两个安全出口之间的疏散门到最近敞开楼梯间的最大距离应为多少？

13.某酒店式公寓地上 10 层，建筑高度为 35 m，一级耐火等级，二层及以上层均采用敞开式外廊，疏散楼梯与敞开式外廊直接相连，已按现行有关国家工程建设消防技术标准的规定设置了疏散楼梯和消防设施，则建筑内位于三层袋形走道两侧的客房疏散门至最近安全出口的直线距离应不小于多少？

14.建筑高度为 18 m 的门诊楼，耐火等级为二级，建筑内全部设置自动喷水灭火系统。门诊楼设置了两个安全出口，分别位于建筑的南北两侧，请问该建筑内位于两个安全出口之间的直通敞开式外廊的房间门至最近安全出口的最大直线距离应为多少？

15.疏散楼梯间有哪几种类型？并说明其各自的特点与使用范围。

16.为什么普通楼梯在火灾时不能作为垂直疏散工具使用？

17.简述防烟楼梯间的防排烟方式及其各自的优缺点。

18.什么是消防电梯？其作用是什么？

19.什么是可用安全疏散时间和必需安全疏散时间？安全疏散的标准是什么？

20.简述疏散开始时间的影响因素。

21.什么是危险状态,危险状态的判据是什么？

22.人员安全疏散基本参数有哪些？什么是通道的有效宽度？影响人员安全疏散的因素有哪些？

23.简述疏散模型分类及其特点。简述人员疏散模型中涉及的人员特性及其影响因素。

24.将以下两个建筑平面图按照网络模型计算方法简化成网络计算图。

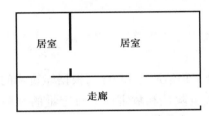 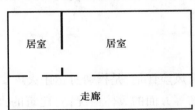

7

火灾风险评估

所谓火灾风险评估,是指通过运用火灾安全工程学原理和方法,根据建筑物的结构、用途和内部可燃物等方面的具体情况,对建筑的火灾危险性和危害性进行定量的预测和评估,从而得出合理的防火设计方案,为建筑物提供可靠的消防保护。

7.1 火灾风险评估的相关概念

7.1.1 相关术语

①火灾风险评估:对目标对象可能面临的火灾危险、被保护对象的脆弱性、控制风险措施的有效性、风险后果的严重度以及上述各因素综合作用下的消防安全性能进行评估的过程。

②可接受风险:在当前技术、经济和社会发展条件下,组织或公众所能接受的风险水平。

③消防安全:发生火灾时,可将对人身安全、财产和环境等可能产生的损害控制在可接受风险以下的状态。

④火灾危险:引发潜在火灾的可能性,针对的是作为客体的火灾危险源引发火灾的状况。

⑤火灾隐患:由违反消防法律法规的行为引起、可能导致火灾发生或发生火灾后会造成人员伤亡、财产损失、环境损害或社会影响的不安全因素。

⑥火灾风险:对潜在火灾的发生概率及火灾事件所产生后果的综合度量。常可用:火灾风险=概率 X 后果表达。其中"X"为数学算子,不同的方法,"X"的表达会有所不同。

⑦火灾危险源:可能导致目标遭受火灾影响的所有来源。

⑧火灾风险源:能够对目标发生火灾的概率及其后果产生影响的所有来源。

⑨火灾危险性:物质发生火灾的可能性及火灾在不受外力影响下所产生后果的严重程度,强调的是物质固有的物理属性。

7.1.2 火灾风险评估的分类

1）按建筑所处状态分类

根据建筑所处的不同状态,可以将火灾风险评估分为预先评估和现状评估。

（1）预先评估

预先评估是在建设工程的开发、设计阶段所进行的风险评估,用于指导建设工程的开发和设计,以在建设工程的基础阶段最大限度地降低建设工程的火灾风险。

（2）现状评估

现状评估是在建筑（区域）建设工程已经竣工,即将投入运行前或已经投入运行时所处的阶段进行的风险评估,用于了解建筑（区域）的现实风险,以采取降低风险的措施。由于在建筑（区域）的运行阶段,评估人对建筑（区域）的风险已有一定了解,因而与预先评估相比,现状评估更接近于现实情况。当前的火灾风险评估大多数属于现状评估。

2）按指标处理方式分类

在建筑（区域）风险评估的指标中,有些指标本身就是定量的,可以用一定的数值来表示;有些指标则具有不确定性,无法用一个数值来准确地度量。因此,根据建筑（区域）风险评估指标的处理方式,可以将风险评估分为定性评估、定量评估和半定量评估。

（1）定性评估

定性评估是依靠人的观察分析能力,借助于经验和判断能力进行评估。在风险评估过程中,无须将不确定性指标转化为确定的数值进行度量,只需进行定性比较。

（2）半定量评估

半定量评估是在风险量化的基础上进行的评估。在评估过程中,需要通过数学方法将不确定的定性指标转化为量化的数值。由于其评估指标可进行一定程度的量化,因而能够比较准确地描述建筑（区域）的风险。

（3）定量评估

定量评估过程中所涉及的参数均已经通过实验、测试、统计等各种方法实现了完全量化,且其量化数值可被业界公认。因其评估指标可完全量化,故评估结果更为精确。

7.1.3 火灾风险评估的作用

火灾风险评估的作用主要体现在以下几个方面:作为社会化消防工作的基础;作为公共消防设施建设的基础;作为重大活动消防安全工作的基础;作为确定火灾保险费率的基础。

7.1.4 火灾风险评估基本流程

火灾风险评估的基本流程有以下几方面:

1）前期准备

前期准备包括:明确火灾风险评估的范围,收集所需的各种资料,重点收集与实际运行状况有关的各种资料与数据。评估机构依据经营单位提供的资料,按照确定的范围进行火灾风险评估。

所需主要资料从以下方面收集:①评估对象的功能;②可燃物;③周边环境情况;④消防设计图纸;⑤消防设备相关资料;⑥火灾应急救援预案;⑦消防安全规章制度;⑧相关的电气检测和消防设施与器材检测报告。

2)火灾危险源的识别

应针对评估对象的特点,采用科学、合理的评估方法,进行火灾危险源识别和危险性分析。

3)定性、定量评估

定性、定量评估是根据评估对象的特点,确定消防评估的模式及采用的评估方法。在系统生命周期内的运行阶段,应尽可能采用定量化的安全评估方法,或定性与定量相结合的综合性评估模式进行分析和评估。

4)消防管理现状评估

消防安全管理水平的评估主要包含以下三个方面:①消防管理制度评估;②火灾应急救援预案评估;③消防演练计划评估。

5)确定对策、措施及建议

根据火灾风险评估结果,提出相应的对策措施及建议,并按照火灾风险程度的高低进行解决方案的排序,列出存在的消防隐患及整改紧迫程度,针对消防隐患提出改进措施及提高火灾风险状态水平的建议。

6)确定评估结论

根据评估结果明确指出生产经营单位当前的火灾风险状态水平,提出火灾风险可接受程度的意见。

7)编制火灾风险评估报告

评估流程完成后,评估机构应根据火灾风险评估的过程编制专门的技术报告。

7.2 危险源辨识理论

7.2.1 基本概念

危险源是危险的根源,是指人类在生产、生活过程中存在的各种危险的根源。安全工程中所谓的危险源是指发生事故造成人员伤亡、生产中断、财产损失或环境污染的因素。因此,安全工程中所谓的危险源是指各种事故发生的根源,即导致事故发生的不安全因素,或称事故致因因素。

事故是人在为实现某种意图而进行的生产、生活活动过程中突然发生的、与人的意志相反的、迫使活动暂时或永久停止的事件。

危险源是导致事故发生的根本原因,为了达到防止事故发生的目的,人们一直在探究引发事故的危险源,以便采取措施消除、控制这些因素。随着科学技术的进步,人们在探究事故发生规律的过程中相继提出了许多阐明事故发生的原因、事故发生过程及如何防止事故发生的理论,称为事故致因理论。

事故理论中的能量意外释放论认为事故是一种不正常或不希望发生的能量释放,通过分析各类能量释放可能造成的伤害,分析事故的发生、发展过程。

危险源辨识是指识别危险源的存在并确定其性质的过程。确定危险源的性质是指确定危险源如何造成损失。

系统是指由若干相互联系、相互作用的要素组成的具有特定功能和明确目的的有机整体。构成一个系统必须有 3 个条件:①要有两个或两个以上的要素,这些要素是构成系统的子系统;②要素之间要有相互联系,相互作用;③要素之间的相互联系与作用必须产生特定的整体功能。

系统的危险性(安全性)一般用风险(风险率)来表示。风险是特定危害性事件发生的可能与后果严重程度的结合,可以表示为系统危害性事件发生的可能性与后果严重程度的函数。事件的发生概率是指单位时间间隔内发生的事故的次数,单位时间可以是年、月、日等。事故后果的严重程度一般可用每次事故造成的损失来表示。事故损失可以用死亡、经济损失或工作日损失表示。风险率是表示单位时间内危害性事件造成损失的大小。

7.2.2 危险源的分类

根据危险源在事故发生、发展中的作用,可把危险源划分为两大类,即第Ⅰ类危险源和第Ⅱ类危险源。

1)第Ⅰ类危险源

根据能量意外释放论,把系统中存在的、可能发生意外释放的能量或危险物质称作第Ⅰ类危险源,它是造成系统危险或系统事故的物理本质,也可称为固有型危险源。

在生产生活中,能量一般被解释为物体做功的能力。这种能力只有在物体做功时才显现出来。因此,实际工作中往往把产生能量的能量源或拥有能量的能量载体看作第Ⅰ类危险源来处理,例如带电的导体、奔驰的车辆、建筑中的可燃物等。

常见的第Ⅰ类危险源包括:

①产生、供给能量的装置、设备;

②使人体或物体具有较高能量的装置、设备、场所;

③能量载体;

④一旦失控可能产生巨大能量的装置、设备、场所;

⑤一旦失控可能发生能量蓄积或突然释放的装置、设备、场所;

⑥危险物质,如各种有毒、有害、可燃烧爆炸的物质等;

⑦生产、加工、储存危险物质的装置、设备、场所;

⑧人体一旦与之接触将导致人体能量意外释放的物体。

2)第Ⅱ类危险源

为了利用能量,让能量按照人们的意图在系统中流动、转换和做功,必须采取措施约束、限制能量,即必须控制第Ⅰ类危险源。约束、限制能量的屏蔽应该可靠地控制能量,防止能量意外地释放。实际上,绝对可靠的控制措施并不存在。导致约束、限制能量措施失效或破坏的各种不安全因素称作第Ⅱ类危险源。第Ⅱ类危险源包括人、物、环境3个方面的问题,它是系统从安全状态向危险状态转化的条件,是使系统能量意外释放,即造成系统事故的触发原因,它的危险性主要由固有危险源的性质确定,也可称为触发型危险源。

在系统安全中涉及人的因素问题时,采用术语"人失误"。人失误是指人的行为的结果偏离了预定的标准。人失误能直接破坏对第Ⅰ类危险源的控制,造成能量或危险物质的意外释放。人的不安全行为也属于人失误。

物的因素问题可以概括为物的故障,物的不安全状态也是一种故障状态。物的故障可能直接破坏对能量或危险物质的约束或限制措施。有时一种物的故障会导致另一种物的故障,最终能造成能量或危险物质的意外释放。

物的故障有时会诱发人的失误,人失误会造成物的故障,人失误和物的故障之间关系比较复杂。

环境因素主要指系统运行的环境,包括温度、湿度、照明、粉尘、通风换气、噪声和振动等物理环境,以及企业和社会等软环境。不良的物理环境会引起物的故障或人失误。

人失误、物的故障等第Ⅱ类危险源是第Ⅰ类危险源失控的原因,但与第Ⅰ类危险源不同,它们是一些随机出现的现象或状态,人们往往很难预测什么样的第Ⅱ类危险源在什么时候、什么地方出现。第Ⅱ类危险源出现得越频繁,发生事故的可能性越高。第Ⅱ类危险源出现情况决定事故发生的可能性。

3)两类危险源与事故

事故的发生是这两类危险源共同作用的结果。第Ⅰ类危险源存在是导致事故发生的前提。在第Ⅰ类危险源存在的前提下,才会出现第Ⅱ类危险源。一方面,第Ⅰ类危险源的存在是事故的根本原因;另一方面,第Ⅱ类危险源是直接促使第Ⅰ类危险源导致事故的必要条件。如果没有第Ⅱ类危险源破坏对第Ⅰ类危险源的控制,能量或危险物质也不会发生意外释放,第Ⅱ类危险源出现的难易程度决定事故发生可能性的大小。

第Ⅰ类危险源确定事故发生后果的严重程度。第Ⅱ类危险源决定事故发生的可能性。事故的发生是因为危险源的存在,但并非存在危险源就会产生事故,只有满足一定条件时,才会引起事故。

根据危险源分类依据,第Ⅰ类危险源是一些物理实体,第Ⅱ类危险源是围绕着第Ⅰ类危险源而出现的一些异常现象或状态。因此,危险源辨识的首要任务是辨识第Ⅰ类危险源,然后再围绕着第Ⅰ类危险源来辨识第Ⅱ类危险源。

7.2.3 火灾中的危险源

火灾是失去控制的燃烧所造成的灾害,它是一种频繁发生的、危害严重的事故。凡是具备燃烧条件的地方,如果用火不当或由于某种事故或其他因素,造成火焰不受限制地向外扩展,就可能形成火灾。

根据危险源分类,火灾中的第Ⅰ类危险源包括可燃物、火灾烟气及燃烧产生的有毒、有害气体成分;第Ⅱ类危险源是人们为了防止火灾发生、减小火灾损失所采取的消防措施中的隐患。

建筑内可燃物的存在是火灾发生的根本原因,可以使用建筑内的火灾荷载密度、建筑物内发生火灾后的热释放速率、可燃物起火后对环境的辐射热流量等指标来评价建筑物内可燃物的危险等级。关于火灾荷载密度、热释放速率等内容详见本书第4章。烟气的毒性效应见本书第5章。

为了防止火灾的发生、减少火灾损失,人们总要采取各种消防对策和消防管理手段控制或改变火灾过程。这些消防对策从本质上来说是采取措施约束、限制火灾中的可燃物、烟气等危险源。理想化的情况是这些措施完全能够约束、限制火灾危险源,采用了这些措施的建筑就不会发生火灾。但是,根据系统安全理论,绝对安全的系统是不存在的,这些消防对策和消防管理手段中总会存在一些隐患,这些隐患导致了建筑发生火灾的可能。这些消防隐患也是建筑发生火灾的危险源之一,属于第Ⅱ类危险源。

在建筑火灾中,各种防治火灾、减少火灾中人员伤亡和财产损失的消防对策的应用应当参照火灾发展过程进行过滤。图7.1给出了火灾发展时间线及所采用的消防对策。

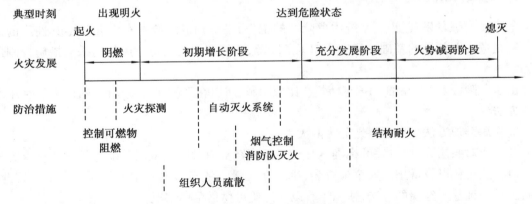

图7.1 火灾发展与消防对策

控制起火是防止或减少火灾损失的第一个关键环节,具体实施手段包括严格控制建筑内的火灾荷载密度;对建筑装修材料的燃烧等级进行严格限定,对容易着火的场所或部位采用难燃材料或不燃材料;控制可燃物与点火源的接触;通过阻燃技术改变某些材料的燃烧性能等。在实施这些措施时,由于相关人员对可燃物的性能了解不够、对可燃物的控制不严格,可能会导致建筑物发生火灾的可能性增大。

火灾自动探测报警系统是防止火灾的另一关键环节。自动探测报警系统可在火灾发生早期探测到火情并迅速报警,为人员安全疏散提供宝贵的信息,且可以通过联动系统启动有关消防设施来扑救或控制火灾。但是自动探测报警系统存在一定的故障率,存在误报的情况;另外,如果自动报警系统安装不合理,会出现报警死角,影响自动报警系统的工作。

自动灭火系统可以在早期及时将火灾扑灭或将火灾的影响控制在限定范围内,并能有效保护室内的某些设施免受破坏。同样,自动灭火系统存在一定的故障率,这对控制火灾的发展和蔓延影响很大。

建筑中存在疏散通道设计不合理的现象,疏散通道上堆放杂物导致疏散通道不通畅,甚至阻塞的现象。另外,很多建筑的使用人员对建筑内的疏散通道不熟悉,一旦发生火灾,将会导致人员安全疏散无法顺利进行,造成群死群伤的恶性后果。

火灾烟气是对人员生命构成威胁的重要危险源,阻止烟气的蔓延是一个重要的问题。挡烟垂壁、储烟仓、机械排烟系统、自然排烟系统等都是人们为了防止烟气蔓延而采取的防排烟措施。在建筑设计中,不合理的建筑结构可能会导致烟气的聚集、排烟不通畅等问题;在排烟系统中,可能会存在一些不合理的地方;为了防止火灾蔓延,常常喷涂防火涂料,这些涂料在受火时具有较高的发烟性和毒性,可能对人员生命构成威胁。

对于较大型火灾,一般需要消防队来扑救。消防队到达火灾现场的时间越快,越有利于控制火灾。影响消防队到达火灾现场展开扑救的因素包括建筑物与最近的消防队的距离,建筑物与消防队之间的路况,建筑物内消防通道的顺畅情况,消防队的训练程度,建筑物内及周围消火栓的情况等。

建筑火灾可以发展到轰燃阶段,火灾常常对建筑结构产生影响。在建筑设计中应考虑建筑构件的耐火性能和相关构件的耐火极限。

7.2.4　危险源辨识

危险源辨识是发现、识别系统中危险源的工作,是识别危险源的存在并确定其性质的过程。它是危险源控制的基础。只有辨识了危险源,才能有的放矢地考虑如何采取措施控制危险源。

由于危险源是"潜在的"不安全因素,比较隐蔽,所以在系统比较复杂的场合,需要利用专门的方法。

危险源辨识方法可以粗略地分为两大类:

其一为对照法,即用有关的标准、规范、规程或经验相对照来辨识危险源的方法。有关的标准、规范、规程以及常用的安全检查表,都是在大量实践经验的基础上编制而成的。因此,对照法是一种基于经验的方法,适用于有以往经验可供借鉴的情况。

其二为系统安全分析法。系统安全分析法是从安全角度进行的系统分析,通过揭示系统中可能导致系统故障或事故的各种因素及其相互关联来辨识系统中的危险源的方法。系统安全分析法经常被用来辨识可能带来严重事故后果的危险源,也可用于辨识没有事故经验的系统的危险源。系统越复杂,越需要利用系统安全分析方法来辨识危险源。

1)第Ⅰ类危险源的辨识方法

第Ⅰ类危险源的辨识方法是考察系统中能量的利用、产生和转换情况,弄清系统中出现的能量或危险物质的类型,研究它们对人或物的危害,在此基础上来辨识危险源。

对于第Ⅰ类危险物质或装置、设备、场所,从实际安全工作角度来看,只有当其危险性超过一定的限度时才算作危险源。这就需要在进行危险源辨识时设定一定的标准,即危险源辨识工作与危险源的危险性评价工作是结合在一起的。

评价第Ⅰ类危险源的危险性时,主要考察以下几个方面的情况:

(1)能量或危险物质的量

第Ⅰ类危险源导致事故的后果的严重程度主要取决于事故时意外释放的能量或危险物质的多少。一般地,第Ⅰ类危险源拥有的能量或危险物质越多,则事故时可能意外释放的量也越多。因此,第Ⅰ类危险源拥有的能量或危险物的量是危险性评价中的重要指标。当然,有时也会有例外的情况,如第Ⅰ类危险源拥有的能量或危险物质只能部分地意外释放。

(2)能量或危险物质释放的强度

能量或危险物质释放的强度是指事故发生时单位时间内释放的量。在意外释放的能量或危险物质的总量相同的情况下,释放强度越大,能量或危险物质对人员或物体的作用越强烈,造成的后果越严重。

(3)能量的种类和危险物质的危险性质

不同种类的能量造成人员伤害、财物破坏的机理不同,其后果也很不相同。

危险物质的危险性主要取决于自身的物理、化学性质。燃烧爆炸物质的物理、化学性质决定其导致火灾、爆炸事故的难易程度及事故后果的严重程度。

(4)意外释放的能量或危险物质的影响范围

事故发生时,意外释放的能量或危险物质影响范围越大,可能遭受其作用的人或物越多,事故造成的损失越大。例如,有毒有害气体泄漏时可能影响到下风处的很大范围;压力罐体爆炸后碎片可能撞击到很远的范围等。

评价第Ⅰ类危险源的危险性的主要方法有后果分析和划分危险等级两种方法。

后果分析通过详细的分析、计算意外释放的能量、危险物质造成的人员伤害和财物损失,定量地评价危险源的危险性。其目的在于定量地描述重大事故后果的严重程度。

划分危险等级是一种相对的评价方法。它通过比较危险源的危险性,人为地划分出一些危险等级来区分不同危险源的危险性,为采取危险源控制措施或进行更详细的危险性评价提供依据。危险等级越高,危险性越高。

2)第Ⅱ类危险源的辨识方法

第Ⅱ类危险源的辨识方法是在辨识第Ⅰ类危险源的基础上,找寻可能使第Ⅰ类危险源控制措施失效的不安全因素,主要通过系统安全分析法来辨识第Ⅱ类危险源。目前常用的系统安全分析方法有:预先危害分析,故障类型和影响分析,危险性和可操作性研究,事件树分析,事故树分析。

(1)预先危害分析

该法主要用于新系统设计、已有系统改造之前的方案设计、选址阶段,在人们还没有掌握其详细资料的时候,用来分析、辨识可能出现或已经存在的危险源,并尽可能在付诸实施之前找出预防、改正、补救措施,消除或控制危险源。进行预先危害分析时,首先利用安全检查表、经验和技术判断的方法查明Ⅰ类危险源存在的部位,然后识别使危险源演变为事故的触发因素和必要条件,即第Ⅱ类危险源,研究事故可能的后果及应该采取的措施。

（2）故障类型和影响分析

该法对系统的各组成部分、元素的故障及其影响进行分析。系统的组成部分或元素在运行过程中会发生故障,并且往往可能发生不同类型的故障。不同类型的故障对系统的影响是不同的。这种分析方法首先找出系统中各组成部分及元素可能发生的故障及其类型,查明各种类型故障对邻近部分及元素的影响以及最终对系统的影响,然后提出减少或避免这些影响的措施。

故障类型和影响分析一般包括:定义对象系统类型和产生原因;研究故障类型的影响;结论和建议。故障类型和影响分析是一种归纳的系统安全分析方法。

（3）危险性和可操作性研究

该法全面地审查生产工艺过程,对各个部分进行系统的提问,发现可能的偏离设计意图的情况,分析其产生原因及其后果,并针对其产生原因采取恰当的控制措施。

（4）事件树分析

事件树分析是一种按事故发生的时间顺序由初始事件开始推论可能的后果,从而进行危险源辨识的方法。

（5）事故树分析

事故树分析是从特定的故障事件(或事故)开始,利用事故树考察该事件发生的各种原因事件及其相互关系的系统安全分析方法。

事故树是表示故障事件发生原因及其逻辑关系的逻辑树图。因其形状像一棵倒置的树,并且其中的事件一般都是故障事件,故而得名。

事件树及事故树分析方法详见本章 7.5.1 节及 7.5.2 节。

7.3 火灾风险分析的基本方法

目前,国内外开发并应用的风险分析方法接近 20 种,可按照多种属性进行分类,见表7.1。

表 7.1 常用风险分析方法的分类

分　类	依　据	基本描述	举　例
定性	是否运用数学方法对危险性进行量化分析	借助于经验和知识对生产工艺、设备、环境、人员配置和管理等方面的安全状况进行分析和判断	安全检查表（Checklist）,预先危险性分析（PHA）,作业条件危险性评价法（LEC）,危险性与可操作性研究（HAZOP）
定量		依据统计数据、检测数据、标准资料、同类或类似的数据资料,运用科学评价方法或建立数学模型进行量化分析	事件树（ETA）,事故树（FTA）,火灾、爆炸指数法（F&EI）,蒙特卡罗法（Monte Carlo）

续表

分　类	依　据	基本描述	举　例
归纳法	逻辑分析方式	从原因推论结果，即从危险因素（故障和失误）出发分析可能导致的事故	事件树（ETA）
演绎法		从结果推论原因的方法，即从事故出发分析、查找导致事故发生的危险因素	事故树（FTA）
经验系统化分析法	结构形式	通过专家经验进行列表检查或打分进行评定	安全检查，预先危险分析
对照规范评价法		以现行"处方式"消防规范为依据，逐项检查消防设计方案是否符合规范要求	建筑防火设计审查和已有建筑防火设施检查
逻辑推导法		运用运筹学原理对火灾的原因和结果进行逻辑分析，能够分析出诱发火灾发生的各个因素之间的逻辑联系，既可进行定量分析，也可进行定性分析，并且可以明确地根据分析导致火灾发生的基本事件，制定相应的防灭火措施	FTA，ETA，原因－后果分析法（CCA）
指数法		根据工厂所用原材料的一般化学性质，结合它们具有的特殊危险性，再加上工艺处理时的一般和特殊危险性，以及量方面的因素，换算成火灾、爆炸指数或评点数，然后按指数或评点数分成危险等级	火灾、爆炸指数法，蒙德法
火灾计算机模拟（模化法）		运用计算机建立模型来模拟火灾的发生、发展过程	FDS，ASET，CFAST
综合评估法		通过系统工程的方法，考虑各系统组成要素的相互作用以及对火灾发生发展的影响，做出对整个系统的消防安全性能评价	层次分析法，模糊综合评估法
系统解剖分析法		将要分析的对象视为一个系统，根据其组成特点加以解剖，研究各个部分的作用及其发生火灾事故时对整个系统的影响	故障类型与影响分析（FMEA）

按复杂性增加的顺序，可将火灾风险评估方法分为：定性法、半定量可能性法、半定量后果法、定量法和成本效益风险法，见表7.2。

表 7.2 火灾风险评估分析方法的种类

种类	定义	结果类型	举例
定性法	定性处理火灾发生的可能性和后果	列表表示各种火灾场景的结果和相对可能性以及各种保护方案对结果和相对可能性的影响	What-If 分析,风险矩阵,风险指数,火灾安全概念树
半定量可能性法	定量处理可能性,定性处理后果	计算不同类型火灾或具有不同类型保护方案的火灾发生频率	保险精算/损失统计分析,独立应用事件树分析
半定量后果法	定量处理后果,定性处理可能性	定性表示可能性的确定性火灾模型计算结果	所选具有挑战性的火灾场景的封闭空间火灾模型
定量法	兼备可能性和后果的定量评估	计算风险损失期望;计算轰燃的可能性;计算建筑其他房间或楼层受灾的可能性;与死亡人数相对应的频率;与损失大小相对应的频率;计算人员死亡、财产损失和运作中断的可能性;计算个体风险(建筑内部人员)和社会风险(全部人员)	确定核工厂由火灾引起反应堆溶解的可能性的火灾风险评估;结合火灾模型的事件树分析
成本-效益风险法	包括计算为限定火灾后果和发生的可能性而采取的可选方案成本	计算实现各种降低风险水平的成本;基于总风险最小或其他风险标准,计算防火保护的最佳水平	集中考虑可能性,后果和成本数据的计算模型

单纯就半定量和定量分析方法而言,其主要特点见表 7.3。

表 7.3 火灾安全评估定量分析方法汇总表

评价方法	性质	特点
NFPA101M 火灾安全评估系统(FSES)	半定量	FSES 相当于 NFPA 101 生命安全规范,主要针对一些公共机构和其他居民区,是一种动态的决策方法
SIA 81 法（Gretener 法）	半定量	以损失作基础、凭经验做出选择为补充,用统计法来确定火灾风险,考虑了保险率和执行规范
火灾风险指数法（Fire Safety Index Method）	半定量	较之 Gretner 法,增加对火灾蔓延路线的评估,且不要求评估人员具备太多火灾安全理论
经验系统方法	半定量	通过分析以往发生事故,总结出系统化经验,并根据这些经验对既定对象进行检查,确定其火灾风险,目前广泛应用的有安全检查表法、预先危险分析法(PHA)和 DOW-MOND 化工危险分析法等
系统解剖分析法	半定量	将要分析对象视为一个系统,根据其组成特点加以解剖,研究各个部分的作用及其发生火灾事故时对整个系统的影响,故障类型与影响分析(FMEA)是此类方法中最具代表性的方法

续表

评价方法	性　质	特　点
事件树方法	半定量	一种时序逻辑的事故分析方法,按照事故发展顺序,将其发展过程分成多个阶段,一步步进行分析
事故树方法	半定量	先从事故开始,逐层向下演绎,将全部出现的事件,用逻辑关系联成整体,将能导致事故的各种因素及相互关系,作出全面、系统、简明和形象的描述
模糊数学方法	半定量	应用模糊数学的计算公式及一些由专家确定的常数来确定火灾的各种影响
防灾性能评价模型	定量	评价因素从火灾案例资料中筛选,范围广泛,因素权值由火灾事件调查资料转换而来,比较客观,且每项因素都有数项指标来衡量,每一指标均有其评定等级的依据
Crisp II 模型	定量	可用来评估住宅人员生命安全,由人员平均伤亡数量给出相对风险
火灾风险与成本评估模型(fire risk evaluation and cost assessment model)	定量	通过分析所有可能发生的火灾场景来评估火灾对建筑内人员造成的预期风险,同时还能评估消防费用(基建及维修)和预期火灾损失;运用统计数据来预测火灾场景发生概率,同时运用数学模型来预测火灾随时间的变化
CESARE-Risk 模型	定量	采用多种火灾场景,考虑了火灾及对火灾反应的概率特性,采用确定性模型预测建筑内火灾环境随时间的变化
FRAME Work	定量	通过建立等量火灾风险分析框架来评估特定场所或产品的火灾风险

对于此类分析方法,引进"量"的概念是进行分析和比较的基础,严格的定量分析应当以基于统计方法的事故概率计算和基于火灾动力学的火灾后果计算为基础。但由于火灾事故数据资料的缺乏以及时间、费用等方面的限制,准确计算火灾事故的概率是困难的,而且在相当多的场合根本无法得到这种概率。因此,长期以来火灾风险评估仍以定性分析方法和半定量分析方法为主。定性分析方法对分析对象的火灾危险状况进行系统、细致地检查,根据检查结果对起火危险性作出大致的评价。半定量分析方法则将对象的危险状况表示为某种形式的分度值,从而区分出不同对象的火灾危险程度。这种分度值可以与某种量的经费加以比较,因而可以进行消防费用效益,火灾风险大小等方面的分析。近年来,随着火灾动力学理论的不断完善以及小样本火灾事件统计方法研究不断深入,定量分析方法中一些关键技术逐步得到解决,定量分析方法已成为当前发展最快的评估方法。

·各种典型风险分析方法的综合对比见表7.4。

表 7.4　典型风险分析方法比较汇总表

方　法	方法特点	程　度	使用范围	人员要求	所需时间	优缺点
安全检查表（Safe Check List）	按事先编制的有标准要求的检查表逐项检查，按规定赋分标准给分，评定安全等级	定性	各类行业	检查人员应具备检查表、规范和必要知识。检查表的编制人员和评价结果的审核人员要有丰富经验	时间短、费用低	简便易于掌握，但编制检查表难度高、工作量大
对照规范评价法	以现行"处方式"消防规范为依据，逐项检查消防设计方案是否符合规范要求	定性	消防监督管理部门	熟悉当前最新消防规范	时间短、费用低	简便易行，对符合现行消防规范的一般建筑尤为适用；新型建筑按照现有规范很难设计，对照规范评价缺乏依据
预先危险分析（PHA）	讨论分析系统存在的危险有害因素、触发条件、事故类型、评定危险性等级	定性	各类行业	熟悉系统和设施，有丰富的知识和实践经验、有工程和安全方法背景的技术人员	时间短、费用低	简单易行，但准确度受分析评价人员主观因素影响
故障类型、影响和危险性分析（FMEA）	列表、分析系统故障类型、原因、故障影响、评定影响程度等级，再由元素故障概率计算系统危险性指数	定性	机械电气系统和局部工艺过程	熟悉系统和设备及其他功能、故障类型和事故的传播，有元素故障概率数据	每个分析者每小时可分析2～4台设备	较复杂、详尽，但准确程度受分析人员主观因素影响
事件树（ETA）	归纳法，由初始事件判断系统事故原因及条件，由条件事故概率计算系统概率	定性或定量	各类工艺过程、设备装置	分析人员应熟悉系统、元素间的因果关系及事件树的分析方法	3天至数周	定性简便易行，定量受资料限制
事故树（FTA）	演绎法，由事故和基本事件概率计算事故概率	定性或定量	宇航、核电、工艺、设备等复杂系统	了解故障类型及其影响，熟悉事故、基本事件间的关系，熟悉事故树分析方法	1天至数周	复杂、工作量大，精确事故树编制易失真

方　法	方法特点	程　度	使用范围	人员要求	所需时间	优缺点
格雷厄姆-金尼法	按规定对系统事故发生可能性、人员暴露情况、危险程度进行赋分,经计算后评定危险性等级	定性	各类行业生产作业条件	分析人员熟悉系统,对安全生产有丰富知识和实践经验	时间短、费用低	简易实用,但准确程度受分析评价人员主观因素影响
道(Dow)化学公司指数法	由物质、工艺危险性计算火灾爆炸指数	定量	生产、储存、处理易燃易爆、有毒物质的工艺过程及其他有关工艺系统	熟悉掌握分析方法,对系统、工艺、设备有较透彻的理解和良好的判断力	每人每周分析2~3个工艺单元	简洁明了,但只能对系统整体作出宏观评价
相对风险指数法	综合考虑事故发生概率、后果及预防后果发生的难易程度等三个方面	相对定量	各类行业	熟悉掌握分析方法,对系统、工艺、设备有较透彻的理解和良好的判断力	时间较短、费用低	较复杂、详尽,但准确程度受分析人员主观因素影响
传统概率分析法	以纯粹的工学计算为基础	定量	各类行业	分析人员熟悉系统,熟悉掌握概率计算知识	时间长、费用高	复杂、详尽,但底事件概率确定较为困难
模糊综合评判分析法	以模糊数学理论为依托	相对定量	各类行业	分析人员熟悉系统,熟练掌握模糊理论	时间较长	较复杂、详尽,但准确程度受分析人员主观因素影响

7.3.1　经验系统化分析法

经验系统化分析法的代表方法有安全检查表法(详见本章7.4.1节)和预先危险性分析法。

预先危险性分析是进行某项工程活动(包括设计、施工、生产、维修等)之前,对系统存在的各种危险因素(类别、分布)出现条件和事故可能造成的后果进行宏观、概率分析的系统安全分析方法,其目的是发现系统的潜在危险,确定系统的危险性等级,提出相应的防范措施,防止这些危险因素发展为事故,避免考虑不周所造成的损失。预先危险性分析的重点应放在具体区域的主要危险源上,并提出控制这些危险源的措施。

7.3.2 系统解剖分析法

系统解剖分析法将要分析的对象视为一个系统,根据其组成特点加以解剖,研究各个部分的作用及其发生火灾事故时对整个系统的影响。故障类型与影响分析(FMEA)是此类方法中最具代表性的方法。此方法将系统分解为若干子系统和单元,逐个分析它们可能发生的事故,重点分析故障类型和对系统的影响,进而提出改进方案。对各个子系统或单元赋予一定的危险度值,并合理确定系统中各个部分的关系,即可用危险度法和模糊判断法确定系统的火灾危险状况。

7.3.3 逻辑推导法

逻辑分析法的代表方法有事件树分析法(详见本章7.5.1节)、事故树分析法(详见本章7.5.2节)和原因-后果分析法。

原因-后果分析也称为因果分析或者因果树分析,是事故树分析与事件树分析结合在一起进行分析的方法。原因-后果分析过程是以某系统的事件树图为基础,再将事件树中处于失败分支的中间环节事件及初始事件作为顶上事件,给出其事故树图,由此得出原因-后果分析图。其中的事故树图部分通常称为原因图,用于分析各个中间环节事件以及初始原因事件的具体原因事件;事件树图部分通常称为后果图或者事件序列图,用于分析系统发生火灾或者爆炸事故的动态发展过程。

7.3.4 综合评估方法

1)综合评价方法分类

综合评价其核心思想就是通过系统工程的方法,考察各系统组成要素的相互作用以及对发生发展的影响,作出对整个系统的消防安全性能评价。具体操作需要建立研究对象发生火灾的影响因素集,并确定它们的影响程度等级和权重,实施计算。此方法综合考虑了各种因素对火灾的影响以及影响的程度,根据大量已有的统计资料并结合实际经验判定建筑物火灾危险性,全面而且实际,类似方法在核工业、化工和矿业等领域都已得到广泛应用。

综合评估面临的通常是复杂系统(如城市地下客运综合交通枢纽、大型船舶机舱等)正确评价难度甚大,在评价方法方面有许多理论问题和实践问题尚待解决。目前,常用的综合评估方法有 SIA81 法(详见本章7.4.2节)、模糊综合评价法(详见本章7.6节)、古斯塔夫法、NFPA101M 火灾安全评估系统等。

随着其他学科的不断发展,不同知识领域出现相互融合和交叉的趋势,近些年来还产生了如系统模拟与仿真评价方法、信息论方法、灰色系统理论与灰色综合评价、物元分析方法与可拓评价、动态综合评价方法等其他综合评价方法。

2)基本评价过程

①确立系统元素的层次关系,建立评价指标体系模型。

②分析各层内系统元素之间的相互关系,确定每个评价指标的权系数。

③处理评价指标,根据评价结构求综合评价值。

④根据综合评价值作出评价结论。

7.4　定性火灾风险评估方法

目前常用的定性风险火灾评估方法有安全检查表法、风险指数法、古斯塔夫法等。下面将详细介绍安全检查表法和风险指数法。

7.4.1　安全检查表法

1)安全检查表的基本概念

在安全系统工程学科中,安全检查表法是最基础、最简单的一种系统安全分析方法。它不仅是为了事先了解与掌握可能引起系统事故发生的所有原因而实施安全检查和诊断的一种工具,也是发现潜在危险因素的有效手段和用于分析事故的一种方法。

系统地对一个生产系统或设备进行科学分析,从中找出各种不安全因素,确定检查项目,预先以表格的形式拟定好用于查明其安全状况的"问题清单",作为实施时的蓝本,这样的表格就称为安全检查表。

2)安全检查表的基本形式

(1)提问式

检查项目内容采用提问方式进行。提问式一般格式见表 7.5 和表 7.6。

表 7.5　×××安全检查表(一)

序　号	检查项目	检查内容(要点)	是"√",否"×"		备　注
检查人		时间		直接负责人	

表 7.6　×××安全检查表(二)

序　号		检查项目	是"√",否"×"	备　注
检查人		时间		直接负责人

(2)对照式

检查项目内容后面附上合格标准,检查时对比合格标准进行作答。对照式一般格式见表 7.7。

表7.7　×××安全检查表(三)

类　别	序　号	检查项目	合格标准	检查结果	备　注
大类分项	编号	检查内容		"合格"打"√" "不合格"打"×"	

3)安全检查表的作用

安全检查表的作用包括如下几个方面:

①根据不同的单位、对象和具体要求编制相应的安全检查表,可以实现安全检查表的标准化和规范化。

②安全检查表使检查人员能够根据预定的目的去实施检查,避免遗漏,以便发现和查明各种问题和隐患。

③依据安全检查表检查是监督各项安全规章制度的实施、制止"三违"(即违章指挥、违章作业和违反劳动纪律)的有效方法。

④有利于安全教育。

⑤安全检查表是主管安全部门和检察人员履行安全职责的凭证,有利于落实安全生产责任制,便于分清责任。

⑥能够带动广大干部职工认真遵守安全纪律,提高安全意识,掌握安全知识,形成"全员管完全"的局面。

4)安全检查表的编制依据

安全检查表的编制依据包含以下几个方面:

①国家和行业的安全规章制度、规程、规范和规定等。通过标准、规程和实际状况,使安全检查表在内容上和实施中符合法规要求。

②在结合本单位的经验及具体情况的基础上进行系统安全分析的科学结论(确定的危险部位以及防范措施)。由管理人员、技术人员、操作人员和安技人员一起,共同总结本单位生产操作的实践经验,系统分析本单位的各种潜在危险因素和外界环境条件,从而编制出贴合实际的检查表。

③国内外、本企业事故案例。编制时,应认真收集以往发生的事故教训及使用中出现的问题,包括同行业及同类产品生产中事故案例和资料,把那些能导致发生工伤或损失的各种不安全状态都一一列举出来。此外还应参照对事故和安全操作规程等的研究分析结果,把有关基本事件列入检查表中。

5)安全检查表的编制方法

安全检查表的编制一般采用经验法和系统安全分析法。

(1)经验法

此法是找熟悉被检查对象的人员和具有实践经验的人员,以"三结合"(工人、工程技术人员和管理人员相结合)的方式组成一个小组,依据人、物、环境的具体情况,根据以往积累的实践经验以及有关统计数据,按照规程、规章制度等文件的要求,编制安全检查表。

（2）系统安全分析法

此法是根据对编制的事故树的分析、评价结果来编制安全检查表。通过事故树进行定性分析,求出事故树的最小割集,按最小割集中最基本事件的多少,找出系统中的薄弱环节,以这些环节作为安全检查的重点对象,编制成安全检查表。

还可以通过对事故树的结构重要度分析、概率重要度分析和临界重要度分析,分别按事故树中基本事件的结构重要度系数、概率重要度系数和零件重要度系数的大小,编制安全检查表。

6) 安全检查表的编制与实施

（1）确定系统

确定系统是指确定出所要检查的对象。检查的对象可大可小,可以是某一工序、某个工作地点、某一具体设备等。

（2）找出危险点

这一部分是制作安全检查表的关键,因为安全检查表内的项目、内容都是针对危险因素而提出的,所以找出系统的危险点至关重要。在找危险点时,可采用系统安全分析法、经验法等方法分析寻找。

（3）确定项目与内容,编制成表

根据找出的危险点,对照有关制度、标准法规、安全要求等分类确定项目,并写出其内容,按安全检查表的格式制成表格形式。

（4）检查应用

在现场实施应用、检查时,要根据要点中所提出的内容,一个一个地进行核对,并作出相应回答。

（5）整改

如果在检查中发现现场操作与检查内容不符时,则说明这一点已经存在着事故隐患,应该马上给予整改。

（6）反馈

由于在安全检查表的制作中可能存在某些考虑不周的地方,所以在检查、应用的过程中,若发现问题,应及时汇报、反馈,进行补充完善。

7.4.2 风险指数法

为进一步减小火灾损失,很多情况下对火灾风险进行量化评估是非常必要的。但是目前,火灾风险评估大都是在数据不充分、不确定的情况下进行的,且不同要素之间关系错综复杂,加上评估成本的限制,直接采用详细的概率风险评估既不经济也不合适。

风险指数法是一种快速而便捷的火灾风险评估方法。该方法由若干分析的过程与危险标示组成,将系统的各种影响因素集合在一起,对影响火灾安全的各种因素进行打分,并根据各因素权重计算出评估对象的火灾风险指数,进而衡量其火灾风险的相对大小。该方法采用对特定变量进行赋值的方法来对变量所赋值进行处理,最终得到一个单一的数值,再将此值与其他的类似评估结果或标准进行比较,得出比较客观的评价结果,从而对复杂的火灾风险进行快速而简捷的评估。

1)火灾风险指数

风险指数是衡量风险大小的一种便利的数字手段。火灾风险指数方法就是对火灾危险进行模拟和打分,并方便快捷地估算出相关风险大小的方法。该方法能够为风险评估提供有价值的信息,是一种有用且有效的分析方法。

图 7.2 表示的是不同风险评估等级对实际风险进行界定时的灵敏度及所需投入。曲线 A、B 和 C 表示的并不是实际的数据点,而是火灾风险概率的连续性趋势。曲线 A 表示的是精确的概率风险分析,此时对危险和暴露危险性采用的是根据统计数据所进

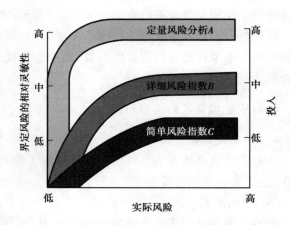

图 7.2 界定实际风险的风险指数系统及相对灵敏度

行的完全定量分析的方法。显然,这种方法是定义风险最精确的方法,特别是当风险较低的时候。然而,要完成这项工作却需要相当大的投入。

曲线 C 是一个简单火灾风险指数,使用该指数能够筛选重大风险,从而确定后续风险分析的方向。对于差别较小的风险,需要使用更简明的筛选系统来区分风险之前的细微差异。

由此可见,越复杂精确的评估模型,越能提高风险分析的总体精确程度,而此种模型就需要耗费更多的时间和资源。

2)Gretener 方法(SIA81 法)

风险分析的目的是便于进行风险管理,风险管理的一个最基本的方法是通过保险来转移风险。对保险公司来说,可接受的风险就是通过精算手段、利用数学原则得出的所保产业的保险费率。

火灾保险费率一般分为普通费率和特定费率。普通费率应用于特定种类的资产,最普遍的例子是住宅或公寓楼。当不能应用普通费率时,可通过设计的图标或公式来测定火灾危险的相对程度,进而决定特定费率,称为表定费率法,这种方法主要用于公共建筑和商业建筑的评估。

表定费率是一个能够衡量任意资产火灾危险的程序表,考虑了各种火灾危险的影响因素,能够衡量火灾的相对风险,帮助确定增加或降低潜在损失的各种因素。

20 世纪 60 年代,瑞士消防协会的 Gretener 开始研究对建筑物火灾风险进行计算评估的可能性,并提出了建筑火灾风险评估的计算方法。Gretener 方法因为是根据以往损失统计数据确定火灾风险的方法,由于下列原因而不再适用:①火灾损失换算方法的缺乏;②确定损失规模奠定影响因素分析不足而导致的统计数据失真;③科学技术的迅速发展使原有经验的可

信度降低;④不同国家和部门对数据统计和分析的标准不同。

　　作为表定费率发展的新结果,Gretener 方法成为瑞士和其他欧洲国家广泛使用的火灾风险指数法。该方法的基本组成因子包括相关的经验数值、火灾发生和蔓延因子以及防火安全措施因子。由危险因素的共同影响所产生的是一个潜在的危险值,而防火保护因素所生成的是一个安全防护参数值,而这两个值的比值被认定为火灾严重程度的度量,即火灾的严重度。

　　Gretener 方法对风险评估最大的贡献是,第一次提出了使用危险概率与危险后果的乘积所表示的预期损失来表示风险的大小,即:

$$R = AB \tag{7.1}$$

式中　　R——火灾风险;

　　　　A——火灾发生概率;

　　　　B——火灾危险或称火灾的可能严重程度。

　　Gretener 方法应用概率理论综合考虑以这两个因素来表示火灾风险,并且使用比值的方式定义计算火灾危险,而不是加和的形式,以火灾危险=潜在危险/保护措施,即:

$$B = \frac{P}{NSF} \tag{7.2}$$

式中　　B——火灾危险;

　　　　P——潜在危险;

　　　　N——标准火灾安全措施;

　　　　S——特殊安全措施;

　　　　F——建筑物的耐火性能。

　　潜在危险 P 是各危险因素综合作用的结果,危险性大小一方面受建筑内物品特性的影响,另一方面受建筑物本身性质的影响。

7.5　定量火灾风险评估方法

　　定量火灾风险评估方法中常用的有事件树火灾风险分析法、事故树火灾风险分析法和基于统计理论的火灾风险分析方法。下面将详细介绍事件树和事故树火灾风险分析法。

7.5.1　事件树火灾风险分析方法

　　事件树分析是从某一起因事件起,顺序分析各环节事件成功或失败的发展变化过程,并预测各种可能结果的分析方法,亦即时序逻辑分析法。其中,起因事件是指可能导致事故后果的最初的起因事件;环节事件是指出现在起因事件之后的一系列其他原因事件;结果事件是从初始事件开始,经一系列环节事件,最后形成的各种可能结果。

　　事件树分析适用于多个环节事件发展变化造成的事故,或具有多重保护系统(措施)的系统危险性分析方法。事件树分析适用范围相当广泛,因为任何一起事故都有其一系列原因,瞬间造成的事故后果往往是由多个环节事件连续失败造成的;而且越是危险的系统,其保护措施越多,只有最后一层保护失败才会有事故结果。

事件树分析理论源于系统工程的决策论,决策论的决策方法之一就是决策树分析。事件树分析最初用于可靠性分析,它是用元件的可靠度表示系统可靠度的系统分析方法之一。系统中的每一个元件都存在具有与不具有某种规定功能的两种可能:元件正常,则说明其具有某种功能;元件失效,则说明其不具有某种功能。人们把元件正常状态称为成功,其状态值为1;把失效状态称为失败,其状态值为0。按照系统的结构情况,顺序分析各元件成功、失败的两种可能。一般将成功作为树形图的上分支,将失败作为下分支,不断延续分析,直至最后一个元件,最终就形成一个水平放置的树形图。所以事件树分析也称为事故过程分析。

例如,某加工车间常使用电加热器加热物料,下班时人可能忘记关闭其电源开关,时间过长可能酿成火灾。为防止此类事件引起火灾事故,这个车间规定下班时切断整个车间总电源,而且还专门设置了定时断电器。这样,下班后就可能有总电源已经切断或未切断两种状态。若总电源切断,电热器是否脱离电源无关紧要,不再延伸分析。总电源未切断,需要继续分析自动断电器的状态。断电器正常工作,系统仍为安全状态;断电器失效,则系统处于危险状态。这样就形成了一个事件树,如图7.3所示。

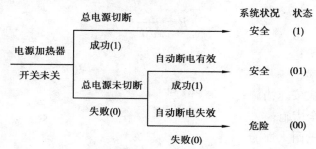

图7.3 某加工车间电加热器事件树

若系统各个单元可靠度是已知的,还可根据单元可靠度求取系统可靠度。假设切断总电源的可靠度 $R_1 = 0.95$,自动断电器的可靠度 $R_2 = 0.98$,则系统的可靠度 R_3 为:

$$R_3 = R_1 + (1 - R_1)R_2$$
$$= 0.95 + (1 - 0.95) \times 0.98$$
$$= 0.95 + 0.05 \times 0.98$$
$$= 0.999$$

而系统的失败概率,即不可靠度为:

$$P_3 = (1 - R_3) = (1 - R_1)(1 - R_2) = 0.001$$

事件树分析是一种由原因到结果的分析方法,适宜用来查找并确认系统中的火险原因,同时指明解决问题的根本途径。

如图7.4为火灾发展模型的事件树,该模型用以描述火灾蔓延和火灾结果。发生火灾后,经历如下事件:探测系统是否成功探测到火灾,应急控制系统如防排烟设施是否正常启动,自动扑救灭火系统是否成功,消防队员扑救是否成功。该事件树可以估计火灾或每年各类火灾的期望损失。

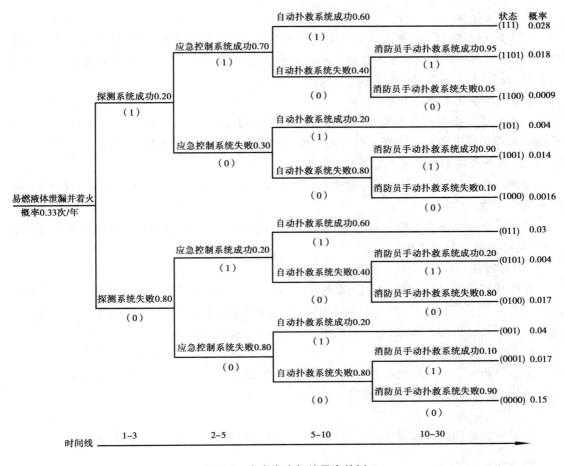

图 7.4 火灾发生与结果事件树

(＊图中的概率是以易燃液体泄漏引发火灾统计数据)

7.5.2 事故树火灾风险分析方法

事故树分析,又称失效树分析、缺陷树分析。事故树分析是安全系统工程重要的系统安全分析方法之一。

1)事故树分析步骤

事故树是一种从结果到原因分析事故的有向逻辑树。事故树分析有以下几个步骤:

(1)确定所分析的系统

确定系统就是确定所分析的系统是什么系统,是新设计的系统,还是现有的系统,以及系统包括的内容、边界范围和环境条件。

(2)熟悉系统

熟悉系统指熟悉系统的基本情况,包括系统性能、运行情况、操作情况及各种重要参数等。

（3）调查事故

对于现有系统,应调查其过去发生过什么事故,根据系统运行情况,还可能发生什么事故,国内外同类系统发生过什么事故。对于新设计的系统,则通过国内外事故信息以及系统工艺过程存在的危险因素,预计系统会发生什么事故。

（4）确定事故树的顶上事件

顶上事件是指所要分析的对象事件,根据事故调查的结果,从中选择对系统安全影响最大的事故作为顶上事件。选择原则一般根据事故发生的频率和该事故的严重后果确定。

（5）调查与顶上事件发生有关的原因事件

原因事件可以从人、物、环境、管理等方面查找,包括人的不安全行为、物的不安全状态和管理失误等原因事件。

以上 5 个步骤属事故树分析的准备阶段,是分析的基础。它决定着事故树分析能否符合实际,其分析结论是否正确。

（6）作图

作图按照演绎分析原则,从顶上事件起,一层一层往下分析各自的直接原因事件,根据彼此间的逻辑关系,用逻辑门连接上下层事件,直至所要求的分析深度,最后就形成了倒置的树形图。作图是分析的关键,只有正确的事故树图,才可能有正确的定性、定量分析。

（7）定性分析

定性分析是事故树分析的核心内容,其目的是总结事故发生规律,明确控制事故发生的方向,以决定要采取的最佳安全措施。

（8）定量分析

定量分析是预测事故发生的可能性,为系统安全评价提供顶上事件发生概率。

2) 事故树符号

事故树符号由事件符号、逻辑门符号组成。

（1）事件符号

事件符号是表示具体事件的,不是表示人的心理状态和思想状态的,这是由定性分析和定量分析要求决定的。事件符号主要有:矩形符号、圆形符号、屋形符号和菱形符号,如图 7.5 所示。

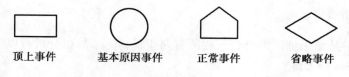

顶上事件　　　　基本原因事件　　　　正常事件　　　　省略事件

图 7.5　事件符号

矩形符号表示顶上事件或中间事件,即需要继续分析的事件。作图时应将事件扼要明确地记入矩形之内。必须注意,顶上事件的定义一定要明确哪个系统发生的哪类事故,不能笼统。

圆形、屋形及菱形表示的事件均称为基本事件或底事件,如人为差错、元件故障失灵、环境的不良因素等。

屋形符号表示正常事件,即系统在正常状态下发生的事件。由于事故树分析是一种严密的逻辑分析,为了保证逻辑分析的严密性,有时必须用正常事件。

菱形符号表示省略事件,即没有必要继续分析的事件或其原因尚不明确的事件,还表示来自系统之外的事件。

事件的含义见表7.8。

表7.8 事件的含义

事 件	含 义
顶上事件	需要往下分析的事件,可将时间挹要记入方框内
基本原因事件	不能再继续往下分析的事件,如人的行为、物的形态和环境因素等
正常事件	系统正常状态下发生的事件,如机器启动、飞机起飞等
省略事件	可以不必进一步分析的事件,也可以是不能进一步分析的事件

(2)逻辑门符号

逻辑门符号起着事件之间逻辑连接的作用。掌握逻辑门的使用对事故树作图起着关键作用。较为常用的基本逻辑门,如图7.6所示。

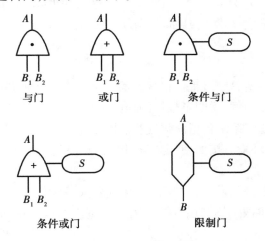

图7.6 基本逻辑门符号

"与门"表示下面的输入事件 B_1、B_2 都发生时输出事件 A 才发生的逻辑连接关系。有若干输入事件时也是如此。表现为逻辑积的关系,即 $A = B_1 \cap B_2$,亦可用 $A = B_1 \cdot B_2$ 表示。

"或门"表示下面的输入事件 B_1、B_2 至少一个发生就可使输出事件发生。有若干输入事件时也是如此。表现为逻辑和的关系,即 $A = B_1 \cup B_2$,亦可用 $A = B_1 + B_2$ 表示。

条件与门表示 B_1、B_2 都发生,且满足条件 S 时,A 才发生的逻辑连接关系。其逻辑关系为 $A = B_1 \cdot B_2 \cdot S$。

例如,"家用液化气着火"事故是由液化气泄漏,室内通风不良和点火源3个直接原因造成的,但能否着火则取决于液化气浓度是否达到着火极限。前三者与结果构成与门关系,后者是结果发生的条件,所以用条件与门连接,如图7.7所示。

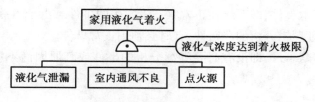

图 7.7 条件与门实例

条件或门表示 B_1、B_2 至少一个发生,且满足条件 S 时,A 才发生的逻辑连接关系。其逻辑关系为 $A = (B_1 + B_2) \cdot S$。

例如,"氧气瓶超压爆炸"的直接原因事件是:氧气瓶在阳光下曝晒,接近热源,与火源接触。三者与结果事件呈或门关系,爆炸的条件是瓶内压力超过钢瓶耐受力,故而用条件或门连接,如图 7.8 所示。

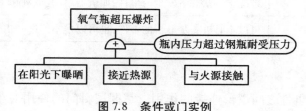

图 7.8 条件或门实例

"排斥或门"表示 B_1、B_2 只有一个发生时,A 就发生,如果 B_1、B_2 同时发生,A 反而不发生。"限制门"表示输入事件 B 发生,且满足条件 S 时,输出事件 A 才发生。

3) 作图

作图是一个严密的逻辑思维过程。根据上面介绍的作图规则和事故树的 3 种符号,以家庭使用的液化气着火事故为例,说明事故树的作图过程。

家庭厨房使用的液化气系统包括液化气瓶、灶具、减压阀及连接皮管,操作使用该系统的人及其所在的厨房设备、环境。按照使用要求,厨房应通风良好,常开门窗,通风换气。排烟系统兼顾了机械通风。

顶上事件为"家用液化气着火"。"家用液化气着火"事故树如图 7.9 所示。第一层顶上事件"家用液化气着火"事故和第二层直接原因事件室内通风不良和点火源的逻辑连接关系见上述条件与门的阐述。

下面以第 2 层事件为结果事件,分别找出它们的直接原因事件,再根据它们之间的逻辑关系,分别用逻辑门连接起来。如此以往,直至基本事件。"液化气泄漏"的直接原因事件是"灶具泄漏"和"使用不当泄漏"。两者至少一个发生就可造成"液化气泄漏",用或门连接。"灶具泄漏"则因"灶具缺陷"又"未及时检修"而发生,两者都发生才造成结果事件,故用与门连接。"灶具缺陷"的直接原因事件是:"气瓶阀门故障""胶管老化连接不牢""灶具转芯门密封不严"和"减压阀连接不当",显然要用或门连接。"使用不当泄漏"一是由于"先开气后点火"漏气,二是由于"火焰被沸水扑灭",三是由于"火小被风吹灭"。三者之一发生就造成了"使用不当泄漏",用或门连接。第 2 层的第 2 个事件是"通风不良",它是指"液化气泄漏"时,未能被及时排出室外。其直接原因事件"自然通风失效"和"机械通风失效"都发生时才会发生"通风不良"的结果,用与门连接。

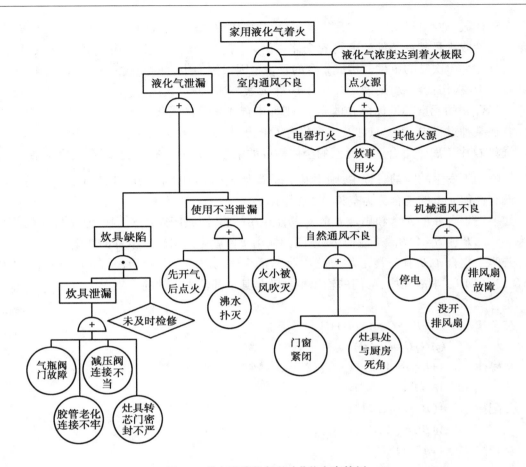

图 7.9 "家用液化气着火"着火事故树

这里要说明两种情况:其一,这里的通风措施是防止液化气"浓度达到着火极限",并非是液化气已大量泄漏的情况。对后者,只能采取自然通风,而禁止采用机械通风。其二,事故树中有很多重保护措施,各措施失效与上面的结果事件必须用与门连接。"自然通风失效"的直接原因事件是"门窗紧闭"与"灶具处于房间死角",二者至少一个发生造成结果事件,用或门连接。"机械通风失效"的原因是"停电""电扇故障"和"电机故障",也是或门连接关系。关于"火源"的分析,当厨房内充满液化气时,应绝对禁止出现任何火源,就是绝对禁止气灶的重新点火,禁止开关任何电器设备,也不允许有其他可能引起液化气着火的其他火源,三者任何一种火源均可造成结果事件,用或门连接。这时只允许打开厨房全部门窗,关闭气瓶阀门。待没有液化气异味时,才允许动火、开风机。完成作图以后再进一步检查该图的完善性,主要检查各结果事件的直接原因事件是否找齐,上下层事件的逻辑连接关系是否正确,从而得到正确的事故树图。

4)事故树的化简

在事故树作图完成之后,需要用布尔代数化简,特别是在事故树的不同位置存在相同基本事件时,必须化简,否则就可能造成定性定量分析错误。

布尔代数,亦称逻辑代数,它是集合代数、开关代数、命题代数的总称。所谓集合,就是具有某种属性或满足某种条件的事物的全体。例如,某企业某年发生的伤亡事故;某工人某月加工某种元件出次品的事件。构成集合的每一个因素称为集合的元或元素。例如,某企业某年共发生 10 次伤亡事故,则该集合共有 10 个元素。

若集合 A 的元素都是集合 B 的元素,则称集合 A 是 B 的子集。

若在某种过程中,永远只涉及某个集合 Ω 的子集,则称 Ω 为全集。

全集 Ω 中不属于集合 A 的元素的全体构成的集合为 A 的补集。例如,在只研究某一元件发生故障和不发生故障的过程中,则不发生故障为发生故障的补集,以 A' 或 $\overline{A}$ 表示。

没有任何元素的集合称为空集,以 $\varnothing$ 表示。

如果把集合 A 的元素和集合 B 的元素合并在一起,构成新集合 S,则 S 为 A 与 B 的并集,记为 $S=A\cup B$ 或 $S=A+B$。事故树中,或门的输出事件就是所有输入事件的并集。

若两个集合 A、B 有公共元素,则公共元素的全体构成的集合 P 为 A 与 B 的交集,记为 $P=A\cap B$ 或 $P=AB$。事故树中,与门的输出事件就是其全部输入事件的交集。

集合运算定律:

结合律　　$(A+B)+C=A+(B+C)$

　　　　　$(AB)C=C(AB)$

交换律　　$A+B=B+A$

　　　　　$AB=BA$

分配律　　$A(B+C)=AB+AC$

　　　　　$A+BC=(A+B)(A+C)$

互补律　　$A+A'=\Omega$

　　　　　$AA'=\varnothing$

对合律　　$(A')'=A$

等幂律　　$A+A=A$

　　　　　$AA=A$

吸收律　　$A(A+B)=A$

　　　　　$A+AB=A$

重叠律　　$A+B=A+A'B$

德摩根律　$(A+B)'=A'B'$

　　　　　$(AB)'=A'+B'$

事故树如图 7.10 所示,其顶上事件为 T,中间事件为 A_1、A_2,基本事件为 x_1、x_2、x_3。按照事故树的逻辑关系,即与门为逻辑积,或门为逻辑和,列出树图的结构函数式:

$$T=A_1A_2=x_1x_2(x_1+x_3)$$

用布尔代数的有关运算定律进行化简:

$$T=x_1x_2(x_1+x_3)=x_1x_2x_1+x_1x_2x_3=x_1x_2+x_1x_2x_3=x_1x_2$$

事故树的化简函数,就是用上述集合运算定律化简事故树的结构函数。

5) 事故树定性分析

事故树定性分析主要是求取其最小割集和最小径集,其目的是掌握事故的发生规律和选取预防和控制事故的方案。

（1）割集

割集,亦称截集,它是导致顶上事件发生的基本事件的集合。也就是说,事故树中有一组基本事件发生就能使顶上事件发生,这一组基本事件构成的集合就是一个割集。

最小割集就是导致顶上事件发生的最起码的基本事件的集合。

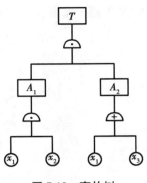

图 7.10　事故树

求取最小割集有若干种方法,其中布尔代数化简法比较简单。布尔代数化简法就是按照事故树的结构,从顶上事件起逐层向下展开,通过布尔代数化简事故树,得到若干交集的并集。而组成每个交集的基本事件的集合,就是一个最小割集。

例如,已知图 7.11 事故树,求其最小割集。

$$T = A_1 + A_2 = x_1 A_3 x_2 + x_4 A_4 = x_1(x_1 + x_3)x_2 + x_4(A_5 + x_6)x_7$$
$$= x_1 x_2 + x_1 x_2 x_3 + x_4(x_4 x_5)x_7 + x_4 x_6 x_7 = x_1 x_2 + x_4 x_5 x_7 + x_4 x_6 x_7$$

所以最小割集为：

$$K_1 = \{x_1, x_2\}$$
$$K_2 = \{x_4, x_5, x_7\}$$
$$K_3 = \{x_4, x_6, x_7\}$$

这就是说,该事故有 3 种发生形式:或者 x_1, x_2 都发生,或者 x_4, x_5, x_7 都发生,或者 x_4, x_6, x_7 都发生。

（2）径集

径集,也称通集或路集。即如果事故树中某一组基本事件不发生,顶上事件就不发生,则这一组基本事件的集合称为径集。

最小径集就是顶上事件不发生所必需的最低限度的径集。

求取最小径集应按下列三个步骤进行：①将事故树中的条件与门、条件或门、限制门

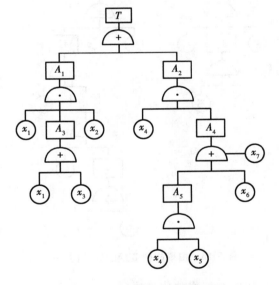

图 7.11　去掉条件门后的事故树

换成与门、或门;②将事故树变成成功树;③求取成功树的最小割集,得到事故树的最小径集。

3 种门的换法如图 7.12 所示。

事故树变成功树,是将事故树中发生的事件换成不发生的事件,将与门变成或门,或门变成与门。在与门连接输入事件和输出事件的情况下,只要有一个输入事件不发生,输出事件就不发生。所以,在成功树中要换成或门连接。对于或门连接输入事件和输出事件的情况,则必须所有输入事件都不发生,输出事件才不发生,所以,在成功树中要换成与门连接。这两

种情况用德·摩根律很好解释：

$$(A \cdot B)' = A' + B'$$

$$(A + B)' = A' \cdot B'$$

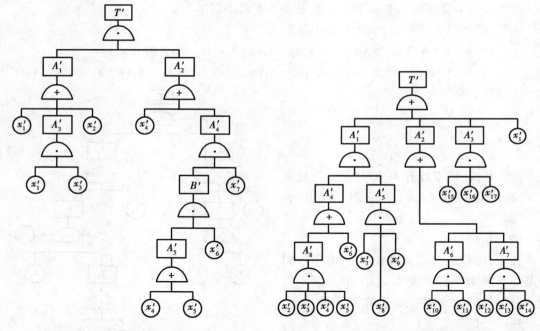

图 7.12　将 3 种门换成与门、或门

图 7.13 为将图 7.11 事故树中的条件与门、条件或门换为或门、与门后的成功树。图 7.14 为图 7.9 的成功树。

图 7.13　由事故树变换的成功树　　　　图 7.14　与"家用液化气着火"事故树对偶的成功树

按照布尔代数化简法：

$$T' = (A_1 + A_2)' = A_1' A_2' = (x_1' + A_3' + x_2')(x_4' + A_4') = (x_1' + x_1' x_3' + x_2')(x_4' + B' x_7')$$

$$= (x_1' + x_2')[x_4' + (A_5' \cdot x_6') x_7'] = (x_1' + x_2')[x_4' + (x_4' + x_5') x_6' x_7']$$

$$= (x_1' + x_2')(x_4' + x_4' x_6' x_7' + x_5' x_6' x_7')$$

$$= (x_1' + x_2')(x_4' + x_5' x_6' x_7')$$

$$= x_1' x_4' + x_2' x_4' + x_1' x_5' x_6' x_7' + x_2' x_5' x_6' x_7'$$

所以,该事故树的最小径集为：

$$P_1 = \{x_1, x_4\}, P_2 = \{x_2, x_4\},$$

$$P_3 = \{x_1, x_5, x_6, x_7\}, P_4 = \{x_2, x_5, x_6, x_7\}$$

根据最小径集的定义,该事故可能有 4 种治理方案。或者使 x_1, x_2 不发生,或者使 x_2, x_4 不发生……或者使 x_2, x_5, x_6, x_7 不发生。无论是哪个最小径集,只要有一个不发生,事故就能够避免,而不管其他最小径集是否发生。

总的来说,最小割集和最小径集在事故树分析中起着非常重要的作用。

①最小割集表示系统的危险性。

求出最小割集就可以掌握该类事故发生的各种可能,了解系统危险性大小,为事故调查和事故预防提供方便。

根据最小割集的定义,每个最小割集都是顶上事件发生的一种可能。它表示哪些原因都存在时,顶上事件就发生,事故树中有几个最小割集就有几种可能。最小割集越多,系统越危险。在调查分析事故中,可以利用最小割集排除非本次事故的原因,确定造成本次事故的割集,从而明确本次事故的原因。同类系统,也可根据最小割集的多少比较系统危险性的高低。

②最小径集表示系统的安全性。

求出最小径集,可以了解顶上事件不发生有几种可能的方案,并掌握系统的安全性,为控制事故提供依据。

根据最小径集的定义,某一个最小径集中的基本事件都不发生,就可以使顶上事件不发生。事故树中最小径集越多,系统越安全。

③从最小割集可直观比较其危险性。

一般,人们称少事件最小割集为危险割集,从而根据各最小割集中包含的基本事件的多少判定哪种事故可能(或哪个最小割集)最危险,哪种次之,哪种可以忽略,以及针对哪个最小割集采取措施,可以使事故发生概率下降幅度较大。

通常,少事件最小割集比多事件的容易发生,若干事件构成的最小割集可以忽略,因此在采取措施时,可以采用冗余设计或针对缺陷事件增加安全保险措施的办法,使少事件最小割集增加基本事件,就可以有效地提高系统安全性,降低事故发生概率。因为随着割集中事件的增多,它们一起发生的可能性大幅度下降。最小割集中事件很多,一起发生的可能几乎为0,因此,可以忽略。

④从最小径集可以选择控制事故的最佳方案。

一般地,从最小径集中选择控制事故的最佳方案的顺序是从少事件最小径集向多事件的位移。因为对于少事件最小径集而言,需要治理的项目少,相对多事件最小径集来说,更经济有效。

6)事故树的定量分析

以系统为研究对象,在预期的应用中或既定的时间内,对可能发生的事故类型、事故的严重程度及事故出现的概率所进行的分析和计算就是定量分析。定量分析实质上就是分析可能发生什么样的事故,以及事故是怎样发生的,即在定量分析基础上进一步探讨事故发生的可能性有多大。

(1)定量分析的目的

①确定顶上事件发生的概率。

②查明系统的薄弱环节及其影响程度。

③为制定和选择最优措施提供依据。

（2）定量分析条件

①事故树中要包括所有主要的故障类型及人的误操作因素；

②各基本事件的精确故障（失效）数据；

③对事故树表示的各种故障以布尔逻辑作正确的记述。

（3）顶上事件发生概率的计算

事故树分析的最大优点是通过分析图可进行定量分析计算出各个事件发生概率或频率的估计值。也就是，如果给出各个初始事件的发生频率（次/年）或误差串的数值，就能够依次应用逻辑运算法则计算出上一行事件的数值，直至求出顶上事件的发生概率。

若事故树各基本事件是相互独立的，利用结构函数的概念：

事件 X_l 是二值函数：

$$X_l = \begin{cases} 1 & 事件发生 \\ 0 & 事件不发生 \end{cases}$$

顶上事件：

$$\phi(X) = \begin{cases} 1 & 顶上事件发生 \\ 0 & 顶上事件不发生 \end{cases}$$

①求顶上事件发生的概率。

对顶上事件状态值 $(X)=1$ 的所有基本事件的状态组合，求各基本事件 $X_l = \begin{cases} 1 \\ 0 \end{cases}$ 的概率之和，也就是求能使顶上事件发生的各基本事件概率积的代数和。

$$P = \sum \phi(X) \prod_{l=1}^{n} P_l^{X_l} (1 - P_l)^{1-X_l} \tag{7.3}$$

式中　P——顶上事件发生的概率；

$\prod_{l=1}^{n}$ ——求 n 个事故的概率积；

P_l——第 l 个基本事件发生的概率。

【例】　设基本事件 X_1、X_2、X_3 均属独立事件，且各事件概率 $P_1 = P_2 = P_3 = 0.1$，求图 7.15 中事故树顶上事件发生的概率。

【解】　作基本事件和顶上事件状态表：

X_1	0	0	0	0	1	1	1	1
X_2	0	0	1	1	0	0	1	1
X_3	0	1	0	1	0	1	0	1
$\Phi(X)$	0	0	0	0	0	1	1	1

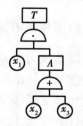

图 7.15　事故树示例

表中左 5 行 $\phi(X)=0$,故只需计算右 3 行。其概率:

$$P = \sum \phi(X) \prod_{l=1}^{n} P_l^{X_l}(1-P_l)^{1-X_l}$$
$$= P_1(1-P_2)P_3 + P_1P_2(1-P_3) + P_1P_2P_3$$
$$= 0.019$$

这种算法,由于有规律性,可用计算机编程计算。但事故树的基本事件增多时,计算量相当大,即使计算机也难以胜任,这是用事故树定量分析的一个障碍。

②利用最小割集计算顶上事件发生概率。

用最小割集画出等效事故树图,其标准图形如图7.16所示。

顶上事件发生概率可按下式计算:

$$P = \sum_{r=1}^{K} \prod_{X_l \in K_r} P_l \tag{7.4}$$

式中　P——顶上事件概率;

P_l——基本事件概率:

r——最小割集的序数;

K_r——最小割集的个数;

$X_l \in K_r$——属于第 r 个最小割集的基本事件;

$\sum$ ——求概率的和;

$\prod$ ——求概率的积。

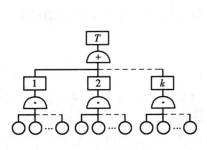

图 7.16　等效事故树图

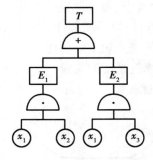

图 7.17　等效事故树图

【例】　以图 7.15 为例,用最小割集求顶上事件 T 发生的概率。

【解】　画出图 7.15 的等效事故树图,如图 7.17 所示。

图 7.17 事故树的最小割集为 $\{X_1,X_3\}$、$\{X_1,X_2\}$,则:

$$P = \sum_{r=1}^{K} \prod_{X_l \in K_r} P_l$$
$$= P_1P_2 + P_1P_3 - P_1P_2P_3$$
$$= 0.1 \times 0.1 + 0.1 \times 0.1 - 0.1 \times 0.1 \times 0.1$$
$$= 0.019$$

③利用最小径集计算顶上事件发生概率。

顶上事件发生概率可按下式计算：

$$P = \prod_{r=1}^{K} \sum_{X_l \in K_r} P_l \tag{7.5}$$

式中　P——顶上事件概率；

　　　　P_l——基本事件概率；

　　　　r——最小径集的序数；

　　　　K——最小径集的个数；

　　　　$X_l \in K_r$——属于第 r 个最小径集的基本事件；

　　　　$\sum$——求和的概率；

　　　　$\prod$——求概率积。

【例】　图 7.15 的最小径集为 $\{X_1\}$、$\{X_2, X_3\}$，试求顶上事件 T 发生的概率。

【解】

$$
\begin{aligned}
P &= \prod_{r=1}^{2} \sum_{X_l \in K_r} P_l \\
&= [1-(1-P_1)][1-(1-P_2)(1-P_3)] \\
&= P_1(P_2 + P_3 - P_2 P_3) \\
&= P_1 P_2 + P_1 P_3 - P_1 P_2 P_3 \\
&= 0.019
\end{aligned}
$$

7) 故障率

在定量分析中，为计算事件的发生概率，必须确定设备或部件的故障率。

故障率 $\lambda(t)$：设备或部件工作 t 时间后，单位时间发生失效或故障的概率。

失效：系统丧失规定的功能。

故障：可修复系统的失效。

（1）失效过程

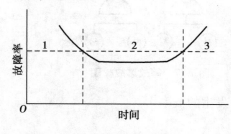

图 7.18　故障率曲线

1—早期故障期；2—偶然故障期；3—损耗故障期

任何设备在使用过程中都会出现各式各样的问题，如随时间的推移，会出现磨损、腐蚀、疲劳、老化等现象。统计结果表明，许多零部件构成的设备其失效过程大致有 3 个阶段：早期故障期、偶然故障期、损耗故障期，如图 7.18 所示。

早期故障期，故障率随时间由较高值迅速下降。这主要由部分元件内部缺陷引起在试验或调试过程中损坏。

偶然故障期，故障率趋于常数。它描述了系统正常工作状况下的多样性。在这个期间内产生的故障是随机的，故障低而且稳定。

损耗故障期，故障率上升，由元件老化、磨损所致。若能预先知道元件开始损耗的时间而予以更换就可降低故障率并延长设备寿命。

失效率的单位一般用时间单位表示。对于可靠性高、失效率很小的元件，所采用时间单位为菲特,1 菲特(Fit)= 10^{-9}/h,定义是在 10^9h 内,出现一次故障。

（2）平均失效间隔时间

平均失效间隔时间(MTBF)是指设备或系统在相邻故障间隔正常工作时的平均时间。如第 1 次工作时间 t_1 后出现故障,第 2 次工作时间 t_2 后出现故障,……,第 n 次工作时间 t_n 后出现故障,则平均失效间隔时间:

$$MTBF = \frac{\sum_{l=1}^{n} t_l}{n} \tag{7.6}$$

（3）平均故障修复时间

平均故障修复时间(MTTR)是指设备出现故障后到恢复正常工作时所需要的时间。如第 1 次故障修复时间为 Δt_1,第 2 次故障修复时间为 Δt_2,第 n 次故障的修复时间为 Δt_n,则:

$$MTTR = \frac{\sum_{l=1}^{n} \Delta t_l}{n} \tag{7.7}$$

（4）可靠度

可靠度 $R(t)$ 是指产品、系统在规定时间和规定条件下完成规定功能的概率。规定的功能通常指对象应具有的技术指标。可靠度还表示故障不易发生的程度。

可靠度系定量指标。

$$0 \leqslant R(t) \leqslant 1$$

（5）故障率和可靠度计算

系统的可靠程度和不可靠程度是从两个侧面反映系统故障发生的可能性。

不可靠度为 $F(t)$,则

$$R(t) + F(t) = 1$$

对 $F(t)$ 用时间微分,则为失效发生的时间比率,称为失效密度函数 $f(t)$:

$$f(t) = \frac{dF(t)}{dt} = \frac{-dR(t)}{dt}$$

失效率的定义可用下式表示:

$$\lambda(t) = \frac{dF(t)}{R(t)dt} = \frac{-dR(t)}{R(t)dt}$$

$\lambda(t)$ 为系统在时刻 t 尚未发生失效而在随后的 dt 时间里可能发生失效的条件概率密度函数。积分上式得:

$$R(t) = e^{-\int_0^t \lambda(t)dt}$$

当 $\lambda(t)$ 是常数,即 $\lambda(t) = \lambda$,则有:

$$R(t) = e^{-\lambda t}$$

可见 $R(t)$ 服从指数分布,如图 7.19 所示。

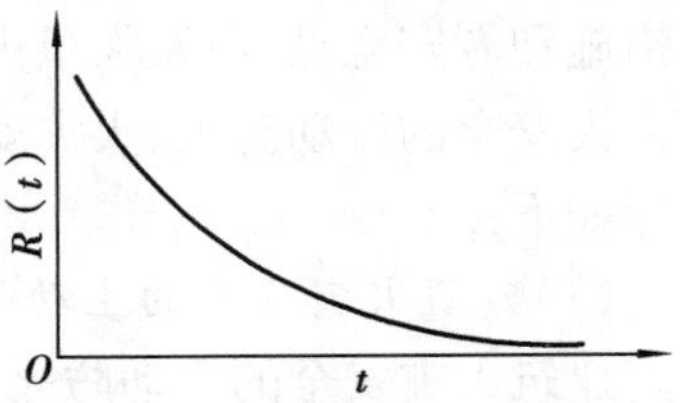

平均故障间隔时间与故障的关系是:

图 7.19　可靠性分布曲线

$$\theta = \int_0^\infty e^{-\int_0^t \lambda(t)dt} dt$$

当 λ 是常数时,有:

$$\theta = \int_0^\infty e^{-\lambda t} dt = \frac{1}{\lambda}$$

则可靠度 $R(t) = e^{-t/\theta}$ (7.8)

不可靠度:

$$F(t) = 1 - R(t) = 1 - e^{-t/\theta}$$ (7.9)

工程上常用故障率代替故障概率计算顶上事件发生概率。

7.6 模糊综合评价法

模糊综合评价作为模糊数学的一种具体应用方法,是一种对不宜定量的多因素事件进行半定量化分析的方法。它可将某种定性描述和人的主观判断用量级形式表达,通过模糊运算用隶属度的方式确定系统的危险等级。模糊处理可在一定程度上检查和减少人的主观影响,从而使分析更科学。近年来,这种方法在许多安全管理部门受到密切注意,也很适用于建筑火灾危险度的分析。

模糊综合判断法需要建立评估对象的影响因素集,并确定这些因素的影响程度等级及权重,进而进行定量计算。其步骤与加权平均法类似,但数值的选取方法有所不同。模糊综合判断法是用评估对象对某一程度等级的隶属度来描述其火灾危险状况的。在分析事物的某些难以给出定量描述的性质时,这是一种较好的方法。

7.6.1 模糊评价法的步骤

1)建立评价指标体系

根据研究系统的具体情况,将被研究的系统分为若干个子系统 $B_1, B_2, \cdots, B_n$,对每个子系统建立影响其安全的因素集:

$$B = (C_1, C_2, C_3, \cdots, C_n)$$ (7.10)

如果系统非常复杂,还可以将子系统细分,可参照以上步骤,建立更多级的模型进行评价。

例如,研究者根据评价指标的选择原则,结合高层建筑防火设计规范、建筑防火对策、防火措施和专家意见,以及大量火灾安全的调查、分析和总结,从建筑火灾安全的主动防火、建筑火灾安全的被动防火、火灾安全管理与建筑属性等方面,确定高层建筑火灾危险主要评价指标如下:

(1)建筑火灾安全的主动防火 B_1

建筑火灾安全的主动防火是直接限制火灾发生和发展的技术,分为消防设备和消防队。消防设备又分为火灾探测系统、自动喷淋系统、报警系统、火警广播引导系统、防排烟系统和消防栓系统。

(2)建筑火灾安全的被动防火 B_2

建筑火灾安全的被动防火是提高或增强建筑构件或材料承受火灾破坏能力的技术,主要有防火间距、建筑结构、楼面火灾荷载、水平防火分区、垂直防火分隔、消防电梯、水平疏散距离和安全出口。

（3）火灾安全管理与建筑属性 B_3

火灾安全管理与建筑属性是建筑火灾安全评价的重要指标，分为建筑内部人员状况、管理水平和建筑占用模式。建筑内部人员状况分为人员密度、年龄状况和防火训练情况；管理水平分为消防管理规定、专职值班和业余消防组织。

评价指标见表7.9。

表 7.9 高层建筑火灾风险评价因素集

目　标	准则层	影响因子		
高层建筑火灾安全	主动防火 B_1	消防设备 C_1		火灾探测系统 D_1
				自动喷淋系统 D_2
				报警系统 D_3
				火警广播引导系统 D_4
				防排烟系统 D_5
				消防栓系统 D_6
		消防队 C_2		
	被动防火 B_2	防火间距 C_3		
		建筑结构 C_4		
		楼面火灾载荷 C_5		
		水平防火分区 C_6		
		垂直防火分隔 C_7		
		消防电梯 C_8		
		水平疏散距离 C_9		
		安全出口 C_{10}		
	火灾安全管理 B_3	建筑物内部人员 C_{11}		人员密度 D_7
				年龄状况 D_8
				防火训练情况 D_9
		管理水平 C_{12}		消防管理规定 D_{10}
				专职值班 D_{11}
				业余消防组织 D_{12}
		建筑占用模式 C_{13}		

2)建立评价集

建立评价集

$$V = \{V_1, V_2, V_3, \cdots, V_m\} \tag{7.11}$$

例如,在建筑火灾安全评价中,取评价集为 $V=\{$很安全,较安全,一般安全,不安全,很不安全$\}$。

3)单级模糊综合评价

对于单级模糊评价,设模糊评价矩阵用 R 表示,特征向量用 A 表示,则综合评价结果 B 为:

$$B = A \circ R(b_1, b_2, \cdots, b_m) \tag{7.12}$$

"。"表示模糊运算符号,运算模型详见7.6.2。

设因素集合为 $U = \{u_1, u_2, u_3, \cdots, u_n\}$,抉择评价集为式(7.11)。对因素集 U 中的单因素 $u_i(i=1,2,\cdots,n)$ 进行单因素评价,从因素 u_i 着眼确定评价事物对抉择等级 $v_j(j=1,2,\cdots,m)$ 的隶属度(可能性程度) r_{ij},这样就得出第 i 个因素的单因素评价集: $r_i = (r_{i1}, r_{i2}, \cdots, r_{in})$。

那么,n 个因素的评价集构造出一个总的评价矩阵 R。

$$R = \begin{bmatrix} r_{11} & r_{12} & \cdots & r_{1m} \\ r_{21} & r_{22} & \cdots & r_{2m} \\ \vdots & \vdots & & \vdots \\ r_{n1} & r_{n2} & \cdots & r_{nm} \end{bmatrix} \tag{7.13}$$

设模糊向量

$$A = (a_1, a_2, \cdots, a_n) \tag{7.14}$$

其中 $a_i \left(0 \leq a_i \leq 1, \text{且} \sum_{i=1}^{n} a_i = 1(0 \leq i \leq n)\right)$ 为 u_i 对 A 的隶属度。它是单因素 u_i 在总评价中的影响程度大小的度量,在一定程度上也代表根据单因素 u_i 评定等级的能力。a_i 可能是一种调整系数或者限制系数,也可能是普通权系数。A 称为 U 因素重要程度模糊子集, a_i 称为因素 u_i 的重要程度系数。

式(7.12)可以表示为:

$$(b_1, b_2, \cdots, b_m) = (a_1, a_2, \cdots, a_n) \circ \begin{bmatrix} r_{11} & r_{12} & \cdots & r_{1m} \\ r_{21} & r_{22} & \cdots & r_{2m} \\ \vdots & \vdots & & \vdots \\ r_{n1} & r_{n2} & \cdots & r_{nm} \end{bmatrix} \tag{7.15}$$

其中,b_j 是在广义模糊合成运算下得出的运算结果,计算式为:

$$b_j = (a_1 \mathbin{\dot{*}} r_{1j}) \mathbin{\overset{+}{*}} (a_2 \mathbin{\dot{*}} r_{2j}) \mathbin{\overset{+}{*}} \cdots \mathbin{\overset{+}{*}} (a_n \mathbin{\dot{*}} r_{nj}), (j = 1, 2, \cdots, m) \tag{7.16}$$

简记为模型 $M(\mathbin{\dot{*}}, \mathbin{\overset{+}{*}})$。其中 $\mathbin{\dot{*}}$ 为广义模糊"与"运算,$\mathbin{\overset{+}{*}}$ 为广义模糊"或"运算。

模糊评价矩阵 R 的评价值可以采用综合分析法(专家组)确定。例如,就主动防火而言,有20位专家进行评估,若有3人认为很安全,6人认为较安全,8人认为一般安全,3人认为不安全,没有人认为很不安全,则该因素的评价值为{0.15,0.3, 0.4,0.15,0}其他各因素也采用同样方法。

模糊评价过程可用图 7.20 所示框图表示。也就是说每输入一个模糊向量 A,就可输出一个相应的综合评价结果 B。

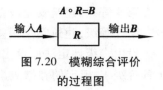

图 7.20　模糊综合评价的过程图

4)多级模糊综合评价

建筑火灾多级综合评价从最低一级开始,逐级计算,每级利用公式(7.15)和公式(7.16)计算得到上级的判断矩阵,最终得出最上一级即建筑火灾安全等级的评价向量。图 7.21 表示表 7.9 中的建筑火灾的综合评价过程。

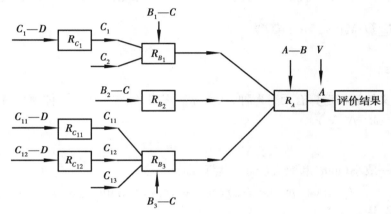

图 7.21　建筑火灾模糊综合评价示意图

C_1—D——消防设备(C_1)中各因素(D_1,D_2,D_3,D_4,D_5,D_6)的权重集;

B_2—C——被动防火(B_2)中各因素($C_3,C_4,C_5,C_6,C_7,C_8,C_9,C_{10}$)的权重集;

B_1—C——主动防火(B_1)中各因素(C_1,C_2)的权重集;

C_{11}—D——建筑内部人员状况(C_{11})中各因素(D_7,D_8,D_9)的权重集;

C_{12}—D——管理水平(C_{12})中各因素(D_{10},D_{11},D_{12})的权重集;

B_3—C——人为因素与建筑属性(B_3)中各因素(C_{11},C_{12},C_{13})的权重集;

A—B——建筑火灾安全(A)中各因素(B_1,B_2,B_3)的权重集。

5)等级参数评价计算

多层次综合评价法所得到的评判结果是一个等级模糊子集 $B=(b_1,b_2,\cdots,b_m)$,对 B 是按照"最大隶属度原则"选择其最大的 b_j 所对应的等级 V_j 作为评判结果的。此时,我们只利用了 $b_j(j=1,2,\cdots,m)$ 中的最大,没有充分利用等级模糊子集 B 所带来的信息。

在实际应用中,往往要给各种等级规定某些情况借以作为评级标准。在建筑火灾安全评价中,将火灾安全分为 5 个等级:

第 1 等级,建筑很安全。评分区间:[90,100]。

第 2 等级,建筑比较安全。评分区间:[70,90)。

第 3 等级,建筑安全一般。评分区间:[50,70)。

第 4 等级,建筑安全较差。评分区间:$[30,50)$。

第 5 等级,建筑安全很差。评分区间:$[10,30)$。

设由多级评定法所得出的评判结果是等级模糊子集,即 $\boldsymbol{B}=\boldsymbol{A}\circ\boldsymbol{R}(b_1,b_2,\cdots,b_m)$。设相对于各等级 V_j 规定的参数列向量为:$\boldsymbol{C}=(c_1,c_2,\cdots,c_m)^{\mathrm{T}}$ 则得出等级参数评判结果为:$\boldsymbol{B}\cdot\boldsymbol{C}=$

$$(b_1,b_2,\cdots,b_m)\cdot\begin{bmatrix}c_1\\c_2\\\vdots\\c_m\end{bmatrix}=\sum_{j=1}^m b_j\cdot c_j=P$$

式中,P 是一个实数。等级参数向量可以取评分区间最小值,即 $Y=\{90,70,50,30,10\}$。

7.6.2　模糊运算 $M(\overset{\cdot}{*},\overset{+}{*})$ 模型

1)模型分类

理论上广义的模糊运算有无穷多种,在实际应用中,经常采用的具体模型有以下 5 种。

(1)模型 1:$M(\wedge,\vee)$

$$b_j=\overset{n}{\underset{i=1}{\vee}}(a_i\wedge r_{ij}),\ j=1,2,\cdots,m \tag{7.17}$$

式中,$\wedge$,$\vee$——取小(min)和取大(max)运算,即:

$$b_j=\max[\min(a_1,r_{1j}),\min(a_2,r_{2j}),\cdots,\min(a_n,r_{nj})]$$

(2)模型 2:$M(\cdot,\vee)$

这里"·"是普通乘法,"$\vee$"是取大运算,于是

$$b_j=\overset{n}{\underset{i=1}{\vee}}(a_i\cdot r_{ij}),\ j=1,2,\cdots,m \tag{7.18}$$

即　　　　　　　$b_j=\max[(a_1\cdot r_{1j}),(a_2\cdot r_{2j}),\cdots,(a_n\cdot r_{nj})]$

(3)模型 3:$M(\wedge,\oplus)$

$$b_j=\oplus\sum_{i=1}^n a_i\wedge r_{ij},\ j=1,2,\cdots,m \tag{7.19}$$

这里"$\wedge$"是取小运算,"$\oplus$"表示上限 1 求和,$x\oplus y=\min(1,x+y)$。于是

$$b_j=\min\left[1,\sum_{i=1}^n\min(a_i,r_{ij})\right]$$

(4)模型 4:$M(\cdot,\oplus)$

$$b_j=\oplus\sum_{i=1}^n a_i\cdot r_{ij},\ j=1,2,\cdots,m \tag{7.20}$$

这里"·"是普通乘法,于是

$$b_j=\min\left[1,\sum_{i=1}^n a_i\cdot r_{ij}\right]$$

(5)模型 4′:$M(\cdot,+)$

这里"+""·"分别是普通加法与乘法运算,于是

$$b_j=\sum_{i=1}^n a_i\cdot r_{ij},j=1,2,\cdots,m \tag{7.21}$$

2)模型的适用范围

①模型 1：$M(\wedge,\vee)$ 为主因素决定型的综合评定，其评定结果只取决于在总评价中起主要作用的那个因素，其余因素均不影响评定结果。此模型比较适用于单项评定最优就能算作综合评定最优的情况。模型可用于"单因素最优，整体就最优"的控制型评定中，而不宜用于因素太多或太少的情况。

②模型 2、3：$M(\cdot,\vee)$ 和 $M(\wedge,\oplus)$ 为主因素突出型综合评定。它们与模型 $M(\wedge,\vee)$ 比较接近，但这两模型中的运算已经比模型 1 中的运算精细。一般说来，它们的评定结果比模型 $M(\wedge,\vee)$ 要"细腻"，因为它们不仅突出了主要因素，也兼顾了其他因素。这两种模型适用于模型 $M(\wedge,\vee)$ 失效（不可区别），需要"加细"的情况。

③模型 4、4′：$M(\cdot,\oplus)$ 和 $M(\cdot,+)$ 为加权平均型的综合评定，依权重的大小它们对所有因素均衡兼顾，比较适用于要求总和最大的情形。

在实际应用中，到底选用哪个模型为好，要根据具体问题的需要和可能而定。

7.6.3 因素重要程度系数的确定方法

因素重要程度系数 a_i 的确定是综合评判最关键的环节之一。因素模糊子集 A 确定的恰当与否，直接影响综合评判结果的好坏。A 值的确定方法有多种，在实际应用中，常用的方法有：德尔斐法、专家调查法和判断矩阵分析法。

设因素集合为：$U=\{u_1,u_2,u_3,\cdots,u_n\}$；$U$ 的因素重要程度模糊子集为 $A=(a_1,a,\cdots,a_n)$。下面分别介绍确定因素重要程度系数 $a_i(i=l,2,\cdots,n)$ 的常用 3 种方法及计算步骤。

1)德尔斐法

德尔斐法，也称为专家评议法，它是利用专家集体智慧来确定各因素在评判问题或者决策问题中的重要程度系数的有效方法之一。求因素重要程度系数 a_i 的工作，必须由专家来进行，要求专家不但要有渊博的专业知识，而且要熟悉和掌握所研究问题的全部具体情况。

（1）确定各因素 u_i 的重要性序列值

参加评价的专家们凭本人的经验和见解，划定各因素 u_i 的重要性序列值 F_i。F_i 值是 1，2，$\cdots$，m 这 m 个数中间的某个数，即 $F_i \in \{1,2,\cdots,m\}$，$m \leq n$。最重要的因素，其 F_i 值为 n；最次要的因素，其 F_i 值为 m。将第 k 个专家就因素 u_i 所给定的因素重要性序列值记为 F_{i-k}。每一位专家提供一份各因素 u_i 的 F_i 值评定表，见表 7.10。

表 7.10　第 k 个专家的 F_i 值评定表

因素序号	u_1	u_2	$\cdots$	u_n
重要性序列值 F_i	F_{1-k}	F_{2-k}	$\cdots$	F_{n-k}

（2）编制优先得分表

按专家们所提供的因素重要性序列值 F_i 进行如下统计。

当 $\dfrac{F_{j-k}}{F_{i-k}} \leqslant 1$ 时，记 $A_{ij-k} = 1$；当 $\dfrac{F_{j-k}}{F_{i-k}} > 1$ 时，记 $A_{ij-k} = 0$。（$i \neq j$）

设参加评议的专家共有 m 位。将所有参加评议的专家的 A_{ij-k} 值累加起来，即

$$A_{ij} = \sum_{k=1}^{m} A_{ij-k}, i = 1, 2, \cdots, n, j = 1, 2, \cdots, n \tag{7.22}$$

这样 $n \times n$ 个 A_{ij} 统计值组成下列优先得分表，见表 7.11。由于因素自己无法比较重要性，故 A_{ii} 不存在，可将 A_{ii} 记为 $*$（$i = 1, 2, \cdots, n$）。

表 7.11　优先得分统计（A_{ij} 值）表

因素序号	u_1	u_2	$\cdots$	u_n	$\sum A_i$	a_i
u_1	$A_{11}(*)$	A_{12}	$\cdots$	A_{1n}	$\sum A_1$	a_1
u_2	A_{21}	$A_{22}(*)$	$\cdots$	A_{2n}	$\sum A_2$	a_2
$\vdots$	$\vdots$	$\vdots$	$\vdots$	$\vdots$	$\vdots$	$\vdots$
u_n	A_{n1}	A_{n2}	$\cdots$	$A_{nn}(*)$	$\sum A_n$	a_n

（3）求 $\sum A_i$ 值

将上表中各行的值累加起来，得到

$$\sum A_i = \sum_{j=1}^{n} A_{ij}, i = 1, 2, \cdots, n \quad i \neq j \tag{7.23}$$

$\sum A_i$ 表示第 i 行的 A_{ij} 的累加值，令

$$\sum A_{max} = \max\left\{ \sum A_1, \sum A_2, \cdots, \sum A_n \right\} \tag{7.24}$$

$$\sum A_{min} = \min\left\{ \sum A_1, \sum A_2, \cdots, \sum A_n \right\} \tag{7.25}$$

显然，与 $\sum A_{max}$ 相对应的因素的重要程度最高，而与 $\sum A_{min}$ 相对应的因素的重要程度同其他诸因素相比是最低的。

（4）计算级差 d

令 $a_{max} = 1, a_{min} = 0.1$（$a_{max}, a_{min}$ 可在 $[0, 1]$ 中任意取定），则

$$d = \frac{\sum A_{max} - \sum A_{min}}{a_{max} - a_{min}} \tag{7.26}$$

（5）计算因素重要程度系数

因素重要程度系数 a_i 的计算公式为：

$$a_i = \frac{\sum A_i - \sum A_{min}}{d} + a_{min}, (i = 1, 2, \cdots, n) \tag{7.27}$$

或

$$a_i = a_{max} - \frac{\sum A_{max} - \sum A_i}{d}, (i = 1, 2, \cdots, n) \tag{7.28}$$

于是,得出所要确定的因素重要程度模糊子集 $A = (a_1, a, \cdots, a_n)$。

2)专家调查法

专家调查法,是把在评定问题中或决策问题中所要考虑的各个因素,由调查人事先测定出表格,然后根据研究问题的具体内容,在本专业内聘请阅历高、专业知识丰富并且有实际工作经验的专家就各因素的重要程度发表意见,填入调查表。最后,由调查人汇总,计算出因素重要程度系数。此方法易于掌握,能广泛用于火灾安全评价,其具体步骤如下:

(1)制定调查表格

因素重要程度系数 a_i 的调查表见表 7.12。

表 7.12　因素重要程度系数调查表

因素 u_i	u_1	u_2	…	u_n	合计
重要程度系数 a_{ij}					

表中的 a_{ij} 表示第 j 位专家对因素 u_i 给定的重要程度系数值,且要求满足 $\sum_{i=1}^{n} a_{ij} = 1$。

调查时,要事先考虑聘请足够数量的专家,一般认为专家人数越多越好。在填调查表时,要求每个专家独立完成,不能互相讨论或交换意见。

(2)编制调查的汇总表

由调查人把所有专家的调查表进行汇总,设 m 位专家填写了调查表,因素重要程度系数调查汇总表的格式见表 7.13。如果第一次调查的数据出入较大,还可以反复进行直到满意为止。

表 7.13　因素重要程度系数(a_{ij}值)调查汇总表

	u_1	u_2	…	u_n	合计
专家 1	a_{11}	a_{21}	…	a_{n1}	$\sum_{i=1}^{n} a_{i1}$
专家 2	a_{12}	a_{22}	…	a_{n2}	$\sum_{i=1}^{n} a_{i2}$
⋮	⋮	⋮		⋮	⋮
专家 m	a_{1m}	a_{2m}	…	a_{nm}	$\sum_{i=1}^{n} a_{im}$

(3)计算因素的重要程度系数 a_i

因素 u_i 的重要程度系数计算公式为:

$$a_i = \frac{\sum_{j=1}^{m} a_{ij}}{\sum_{j=1}^{m} \left(\sum_{i=1}^{n} a_{ij} \right)}, i = 1, 2, \cdots, n \tag{7.29}$$

由此,得出因素模糊子集 $A = (a_1, a_2, \cdots, a_n)$。

3)判断矩阵分析法

判断矩阵分析法,是把 n 个评价因素排成一个 n 阶判断矩阵,专家通过对因素两两比较,根据各因素的重要程度来确定矩阵中元素值的大小,然后,计算判断矩阵的最大特征根及其对应的特征向量。这个特征向量就是所要求的因素重要程度系数 a_{ij} 值。该方法有以下 3 步:

(1)确定两两因素相比的判断值 $f_{u_j}(u_i)$

设因素集合为: $U = \{u_1, u_2, u_3, \cdots, u_n\}$; U 的因素重要程度模糊子集为 $A = (a_1, a, \cdots, a_n)$ 。在 U 中任意取出一对因素 u_i, u_j ,对 u_i 和 u_j 的重要程度进行比较,设 $f_{u_j}(u_i)$ 表示因素 u_i 相对于因素 u_j 而言的"重要程度"的判断值, $f_{u_i}(u_j)$ 表示因素 u_j 相对于因素 u_i 而言的"重要程度"的判断值。

$f_{u_j}(u_i)$, $f_{u_i}(u_j)$ 的确定方法,见表 7.14。

表 7.14 因素重要程度的判断值表

因素 u_i, u_j 相比较的重要程度等级	$f_{u_j}(u_i)$	$f_{u_i}(u_j)$	备 注
u_i 与 u_j "同等重要"	1	1	
u_i 比 u_j "稍微重要"	3	1	
u_i 比 u_j "明显重要"	5	1	
u_i 比 u_j "强烈重要"	7	1	
u_i 比 u_j "绝对重要"	9	1	
u_i 比 u_j 的重要程度介于各等级之间	2,4,6,8 之一	1	两个等级判断值的中值

例如,我们断定因素 u_i 比 u_j 明显重要,则 $f_{u_j}(u_i) = 5$, $f_{u_i}(u_j) = 1$ 。

(2)构造判断矩阵

通过因素的两两比较,得到 $f_{u_j}(u_i)$, $f_{u_i}(u_j)$, $i, j = 1, 2, \cdots, n$

令 $b_j = \dfrac{f_{u_j}(u_i)}{f_{u_i}(u_j)}$, $i, j = 1, 2, \cdots, n$ (7.30)

由 $m \times m$ 个 b_{ij} 可构造判断矩阵为:

$$\boldsymbol{B} = \begin{bmatrix} b_{11} & b_{12} & \cdots & b_{1n} \\ b_{21} & b_{22} & \cdots & b_{2n} \\ \vdots & \vdots & & \vdots \\ b_{n1} & b_{n2} & \cdots & b_{nn} \end{bmatrix} \tag{7.31}$$

显然, $b_{ii} = 1$, $b_{ij} = 1/b_{ji}$ 。

(3)确定因素重要程度系数 a_i

根据判断矩阵 $\boldsymbol{B}$,计算它的最大特征根 $\lambda_{\max}$,即求使其 λ 满足如下条件

$$\begin{vmatrix} b_{11} - \lambda & b_{12} & \cdots & b_{1n} \\ b_{21} & b_{22} - \lambda & \cdots & b_{2n} \\ \vdots & \vdots & & \vdots \\ b_{n1} & b_{n2} & \cdots & b_{nn} - \lambda \end{vmatrix} = 0 \tag{7.32}$$

的最大者 λ_{max}。

将求出的最大特征根 λ_{max} 带入齐次方程组

$$\begin{cases} (b_{11} - \lambda)x_1 + b_{12}x_2 + \cdots + b_{1n}x_n = 0 \\ b_{21}x_1 + (b_{22} - \lambda)x_2 + \cdots + b_{2n}x_n = 0 \\ \cdots\cdots \\ b_{n1}x_1 + b_{n2}x_2 + \cdots + (b_{nn} - \lambda)x_n = 0 \end{cases} \tag{7.33}$$

解出 $x_1, x_2, \cdots, x_n$,于是得到最大特征根 λ_{max} 的特征向量:

$$\boldsymbol{\xi} = (x_1, x_2, \cdots, x_n) \tag{7.34}$$

取 x_i 作为因素 u_i 的重要程度系数 a_i。必要时再对特征向量 $\boldsymbol{\xi} = (x_1, x_2, \cdots, x_n)$ 归一化:

$$\boldsymbol{\xi} = \left(\frac{x_1}{\sum\limits_{i=1}^{n} x_i}, \frac{x_2}{\sum\limits_{i=1}^{n} x_i}, \cdots, \frac{x_n}{\sum\limits_{i=1}^{n} x_i} \right) \tag{7.35}$$

作为因素重要程度模糊子集,有 $A = (a_1, a_2, \cdots, a_n)$。

当因素集 U 中的因素个数 n 较大时,计算判断矩阵 B 的最大特征根 λ_{max} 及其特征向量 $\boldsymbol{\xi}$ 是一件很麻烦的工作。为了简化计算,可取:

$$a_i' = \sqrt[n]{\prod_{j=1}^{n} b_{ij}} \qquad (i = 1, 2, \cdots, n) \tag{7.36}$$

作为因素 u_i 的重要程度系数 a_i,必要时将 $A = (a_1', a_2', \cdots, a_n')$ 归一化:

$$A = \left(\frac{a_1'}{\sum\limits_{i=1}^{n} a_i'}, \frac{a_2'}{\sum\limits_{i=1}^{n} a_i'}, \cdots, \frac{a_n'}{\sum\limits_{i=1}^{n} a_i'} \right) \tag{7.37}$$

可采用专家评分后再取平均值,最后作归一化处理。

7.6.4 建筑火灾风险评价因素体系的确定

建筑火灾风险评价是一项系统的工程,而指标体系是其中关键的一步。国内已有一些高校和研究院所进行了相关研究,确定了较为合理的评价指标体系。

1)评价指标的选取原则

建立准确、全面、有效的高层建筑火灾风险评价因素体系,是火灾风险评估的关键,因此选择评价指标时应注意以下原则:

①主导性原则:评价指标数应适当,能够反映出各因素之间的差异,以降低评价的负担。

②可操作性原则:有关参评指标的数据应易于获取和计算,并有较明确的评价标准。

③独立性原则:所选择的各指标应能说明被评价对象某一方面的特征,指标之间应尽量不相互联系。

2)评价指标的选取

建筑火灾危险评价是一个多因素、多层次的评价。评价指标体系根据评价目标而确定。

7.7 结构熵权法

在系统评价指标体系中,由于每个评价指标与同一类别中的其他指标相比,其作用、地位和影响力不尽相同,需要根据每个指标的重要性程度赋予不同的权重。权重反映了各个指标在"指标集"中的重要性程度,指标的权重直接关系到这一指标对总体的"贡献性"大小。

目前,根据计算权重时原始数据的不同来源,确定指标体系权重的方法一般可分为主观赋值法和客观赋值法两大类。客观赋值法,即计算权重的原始数据由各测评指标在被测评过程中的实际数据得到,如均方差法、主成分分析法、熵值法、代表计算法等。主观赋值法,即计算权重的原始数据主要由评估者根据经验主观判断得到,如主观加权法、专家调查法、层次分析法、比较加权法、多元分析法、模糊统计法等。这两类方法各有优缺点。主观赋值法客观性较差,但解释性强;客观赋值法确定的权重在大多数情况下精度较高,但有时会与实际情况相悖,对所得到的结果难以给出明确的解释。

本小节介绍属于主观赋值法与客观赋值法相结合的"结构熵权法"。结构熵权法的基本思想是通过分析系统指标及其相互关系,并将这些指标分解为若干个独立的层次结构;然后将采集专家意见的德尔斐专家调查法与模糊分析法相结合,对指标的重要性形成"典型排序";最后用熵理论对"典型排序"结构的不确定性进行定量分析,计算熵值和"盲度"分析,对可能产生潜在的偏差数据统计处理得出同一层次各指标的相对重要性排序,确定每一层次同类指标重要程度的数值,即指标的权重。

7.7.1 采集专家意见

按照"德尔斐法"规定的程序和要求,对若干个专家进行问卷调查。专家组成员的选取应满足具有鲜明的代表性、权威性和公正性的条件。表 7.15 为指标权重专家调查表,若专家认为在指标这一项中 A 指标最重要,即为"首先选择",就在第 1 列对应处打√。允许几个(两个或更多)指标认为是同样重要的,此时,依次在对应处打√。

表 7.15 指标权重专家调查表(指标重要性排序调查表)

指 标	评估人序号	第 1 选择	第 2 选择	第 3 选择	第 4 选择
	1	√			
A	2		√		
	3	√			
	1		√		
B	2	√			
	3			√	

续表

指　标	评估人序号	第1选择	第2选择	第3选择	第4选择
C	1			√	
	2			√	
	3		√		
D	1				√
	2				√
	3				√

说明:按照专家对以上指标在某项中的重要性,给出其比较合理的排序。若认为在"指标类别"中,指标"2"应当最重要,即为"首先选择",就在对应处打"√",其他意义同。允许几个两个或更多指标认为同样重要,在对应处打"√"。)

7.7.2　专家排序

设有 k 个专家参与咨询调查,得到咨询表 k 张,每张表对应一个指标集,记为 $U=(U_1,U_2,\cdots,U_n)$。U_i 对应的专家排序数组记为 $(a_{i1},a_{i2},\cdots,a_{in})$,由 k 张表获得指标的排序矩阵记为 $A(A=(a_{ij})_{k\times n},i=1,2,\cdots,k,j=1,2,\cdots,n)$,称为指标的典型排列矩阵。

$$A=\begin{bmatrix} a_{11} & a_{12} & \cdots & a_{1n} \\ a_{21} & a_{22} & \cdots & a_{2n} \\ \vdots & \vdots & a_{ij} & \vdots \\ a_{k1} & a_{k2} & \cdots & a_{kn} \end{bmatrix} \tag{7.38}$$

其中,a_{ij} 表示第 i 个专家对第 j 个指标 U_j 的评价。$(a_{i1},a_{i2},\cdots,a_{in})$ 取 $\{1,2,\cdots,n\}$ 自然数中的任意一个数,比如,需要对 4 个指标排序,则指标的专家排序数组 $(a_{i1},a_{i2},\cdots,a_{in})$ 中的 $n=4$,$(a_{i1},a_{i2},\cdots,a_{in})$ 可以取 $\{1,2,3,4\}$ 中的任意一个数。

7.7.3　盲度分析

1)隶属度的计算和隶属矩阵

典型排序形成以后,为了消除专家在排序过程中产生的"不确定性",需要对上述定性排序进行定量转化,定性排序转化的隶属函数为:

$$\chi(I)=-\lambda p_n(I)\ln p_n(I) \tag{7.39}$$

其中 $p_n(I)=\dfrac{m-I}{m-1}$,$\lambda=\dfrac{1}{\ln(m-1)}$,将其代入公式(7.39)得:

$$\chi(I)=-\frac{1}{\ln(m-1)}\frac{m-I}{m-1}\ln\frac{m-I}{m-1}$$

又令:

$$1 - \frac{\chi(I)}{\dfrac{(m-I)}{(m-1)}} = \mu(I)$$

则：

$$\mu(I) = 1 + \frac{\dfrac{1}{\ln(m-1)} \dfrac{m-I}{m-1} \ln \dfrac{m-I}{m-1}}{\dfrac{(m-I)}{(m-1)}} = \frac{\ln(m-I)}{\ln(m-1)}$$

即，

$$\mu(I) = \frac{\ln(m-I)}{\ln(m-1)} \tag{7.40}$$

上式中，I 为专家对某个指标＝1 给出的定性排序数，若给出的排序数为 1，则 I 取 1，若排序数为 2，则 I 取 2，以此类推。式中 m 为转化参数量，且 $m=j+2$，j 为参与排序指标的个数。

I 为专家按照"典型排序"的格式对某个指标评议后给出的定性排序数，如表 7.15 所示，若认为 A、B、C、D 四个指标中 A 选择处于"第一选择"，则取值为 1；如果认为是"第二选择"，取值则为 2；其他以此类推。其中，μ 是定义在 $[0,1]$ 上的变量，$\mu(I)$ 为 I 对应的隶属函数值，$I=1,2,\cdots,J,J+1$，J 为实际最大顺序号，比如，当 $J=4$ 时，表示 4 个指标参加排序，则最大顺序号取值为 4，m 为转化参数量，取 $m=J+2$，即 $m=6$。

当 $I=1$ 时，$p_n(1) = \dfrac{m-1}{m-1} = 1$；

当 $I=j+l$ 取最大序号时，$p_n(j+1) = \dfrac{(j+2)-(j+1)}{(j+2)-1} = \dfrac{1}{j+1} > 0$. 将排序数 $I=a_{ij}$ 代入式（7.40）中，可得定量转化值 $b_{ij}(\mu(a_{ij})=b_{ij})$，$b_{ij}$ 称为排序数 I 的隶属度，矩阵 $\boldsymbol{B}=(b_{ij})_{k\times n}$ 称为隶属度矩阵，记为：

$$\boldsymbol{B} = \begin{bmatrix} b_{11} & b_{12} & \cdots & b_{1n} \\ b_{21} & b_{22} & \cdots & b_{2n} \\ \vdots & \vdots & b_{ij} & \vdots \\ b_{k1} & b_{k2} & \cdots & b_{kn} \end{bmatrix} \tag{7.41}$$

2）平均认识度与认识盲度

设 k 个专家对指标 U_j 话语权相同，即计算 k 个专家对 U_j 的"一致看法"，称为平均认识度，记为 b_j，计算式如下：

$$b_j = \frac{(b_{1j} + b_{2j} + \cdots + b_{rj})}{k} \tag{7.42}$$

定义专家对指标 U_j 认知产生的不确定性，称为"认识盲度"，记作 σ_j，计算式如下：

$$\sigma_j = \left| \{ [\max(b_{1j}, b_{2j}, \cdots, b_{kj}) - b_j] + [b_j - \min(b_{1j}, b_{2j}, \cdots, b_{kj})] \} \right| / 2 | \tag{7.43}$$

对于每一个因素 U_j，定义 k 个专家关于 U_j 的总体认识度为 x_j，其计算式如下：

$$x_j = b_j(1 - \sigma_j) \tag{7.44}$$

则所有指标的总体评价向量为：

$$X = (x_1, x_2, \cdots, x_n) \tag{7.45}$$

3) 归一化处理

$$\omega_j = \frac{x_j}{\sum_{j=1}^{k} x_j} \tag{7.46}$$

最终,权重向量可以确定为:

$$\omega = (\omega_1, \omega_2, \cdots, \omega_k) \tag{7.47}$$

7.7.4 案例分析

大型商业建筑的消防安全取决于以下五个因素:致灾因素、被动防火系统、主动防火系统、消防管理、消防救援措施($A1$-$A5$)等。

四组专家,采集到的专家排序见表7.16。

表 7.16 专家排序表

专家＼指标	指标 $A1$	指标 $A2$	指标 $A3$	指标 $A4$	指标 $A5$
第一组专家	2	1	1	3	4
第二组专家	3	4	1	4	5
第三组专家	1	2	2	3	4
第四组专家	3	2	1	4	5

排序矩阵如下:

$$A = \begin{pmatrix} 2 & 1 & 1 & 3 & 4 \\ 3 & 4 & 1 & 4 & 5 \\ 1 & 2 & 2 & 3 & 4 \\ 3 & 2 & 1 & 4 & 5 \end{pmatrix} \tag{7.48}$$

隶属矩阵 B(m 取 7):

$$B = \begin{pmatrix} 0.898\,2 & 1 & 1 & 0.773\,7 & 0.613\,1 \\ 0.773\,7 & 0.613\,1 & 1 & 0.613\,1 & 0.386\,9 \\ 1 & 0.898\,2 & 0.898\,2 & 0.773\,7 & 0.613\,1 \\ 0.773\,7 & 0.898\,2 & 1 & 0.613\,1 & 0.386\,9 \end{pmatrix} \tag{7.49}$$

4.计算各个专家对特定维度的平均认识度,记为:

$$b_j = \frac{b_{1j} + b_{2j} + b_{3j} + b_{4j}}{4} = (0.861\,4, 0.852\,4, 0.974\,6, 0.693\,4, 0.500\,0) \tag{7.50}$$

5.综合前四步的计算结果,由公式(7.42)和公式(7.43),得到专家对指标安全风险的认识盲度 σ_j。再将认识盲度 σ_j 代入公式(7.44)得到总体认识度 x_j,代入公式(7.45)得到评价向量 X。最后归一化处理得到个指标权重。计算过程如表7.17所示:一级指标权重分配。

表 7.17　一级指标权重分配

专家＼指标	指标 A1	指标 A2	指标 A3	指标 A4	指标 A5
第一组专家	2	1	1	3	4
第二组专家	3	2	1	4	5
第三组专家	1	2	2	3	4
第四组专家	3	2	1	4	5
平均认识度 b_j	0.861 4	0.852 4	0.974 6	0.693 4	0.500 0
最大值	1	1	1	0.773 7	0.613 8
最大值－b_j	0.138 6	0.147 6	0.025 4	0.080 3	0.113 8
最小值	0.773 7	0.613 8	0.898 2	0.613 8	0.386 9
b_j－最小值	0.087 7	0.238 6	0.076 4	0.079 6	0.113 1
σ_j	0.113 2	0.193 1	0.050 9	0.080 0	0.113 5
$1-\sigma_j$	0.886 9	0.806 9	0.949 1	0.920 1	0.886 6
X_j	0.763 933	0.687 802	0.924 993	0.637 963	0.443 275
权重	0.220 9	0.198 9	0.267 5	0.184 5	0.128 2

习　题

1.什么是火灾风险评估？它的作用是什么？简述火灾风险评估的分类。

2.什么是危险源与危险源辨识？

3.火灾中的危险源是什么？举例说明两类危险源。

4.简述消防安全评估的方法。

5.建立一个防排烟系统的专项检查表。

6.事件树分析的理论基础是什么？其基本程序主要包括哪些步骤？

7.简述事故树火灾风险分析方法的步骤。

8.事故树与事件树分析的异同点是什么？

9.简述最小割集和最小径集在事故树分析中的作用。

10.什么是结构熵权法？它的基本思想是什么？

11.简述模糊综合评价中评价指标体系的选取原则。

12.表 7.18 是评价建筑物消防设备各评价因素重要程度系数的调查结果,试计算各因素

的重要程度系数 a_i。

表 7.18　因素重要程度系数(a_{ij}值)的调查汇总表

专家序号	火灾探测系统 u_1	自动喷淋系统 u_2	报警系统 u_3	事故广播诱导系统 u_4	防排烟系统 u_5	消防栓系统 u_6
1	0.21	0.19	0.19	0.12	0.17	0.12
2	0.22	0.20	0.17	0.14	0.17	0.10
3	0.21	0.19	0.20	0.14	0.16	0.10
4	0.18	0.20	0.19	0.16	0.14	0.13
5	0.22	0.17	0.18	0.16	0.17	0.10
6	0.23	0.18	0.15	0.17	0.18	0.09
7	0.23	0.20	0.17	0.15	0.15	0.10
8	0.20	0.19	0.18	0.13	0.16	0.14

13.已知评价矩阵 $R = \begin{bmatrix} 0 & 0.13 & 0.34 & 0.46 & 0.07 \\ 0.07 & 0.20 & 0.40 & 0.33 & 0 \\ 0.20 & 0.40 & 0.20 & 0.20 & 0 \\ 0.10 & 0.13 & 0.34 & 0.34 & 0.09 \\ 0.12 & 0.32 & 0.33 & 0.20 & 0.03 \end{bmatrix}$ 因素重要程度模糊子集为 $A = (0.22, 0.10, 0.30, 0.20, 0.18)$,按第 5 种模糊矩阵运算模型($M(\cdot, +)$)计算评价结果。

14.设基本事件 X_1、X_2、X_3、X_4 均属独立事件,且各事件概率 $P_1 = P_2 = P_3 = P_4 = 0.15$,求事故树顶上事件发生的概率。

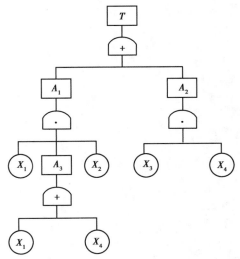

15.采用模糊综合评价方法评价建筑物消防设备性能时,各因素重要程度系数的调查结果如表 7.19 所示,试计算各因素的重要程度系数 α_i 和相应的模糊子集 A。

表 7.19　因素重要程度系数调查结果表

序号	火灾探测系统 u_1	自动喷淋系统 u_2	报警系统 u_3	事故广播诱导系统 u_4	防排烟系统 u_5	消防栓系统 u_6
1	0.21	0.19	0.19	0.12	0.17	0.12
2	0.22	0.20	0.17	0.14	0.17	0.10
3	0.21	0.19	0.20	0.14	0.16	0.10
4	0.18	0.20	0.19	0.16	0.14	0.13
5	0.22	0.17	0.18	0.16	0.14	0.13
6	0.23	0.18	0.15	0.17	0.18	0.09

16. 已知思考题 15 中该问题可认为是单级模糊评价问题,根据各因素的评价集构造出的

$$模糊评价矩阵 \, \boldsymbol{R} = \begin{bmatrix} 0 & 0.13 & 0.34 & 0.46 & 0.07 \\ 0.07 & 0.20 & 0.40 & 0.33 & 0 \\ 0.20 & 0.40 & 0.20 & 0.20 & 0 \\ 0.10 & 0.13 & 0.34 & 0.34 & 0.09 \\ 0.12 & 0.32 & 0.33 & 0.20 & 0.03 \\ 0.15 & 0.22 & 0.41 & 0.18 & 0.04 \end{bmatrix},$$ 按模糊矩阵预算模型 $M(\wedge\vee)$ 计算评价

结果。

参考文献

［1］范维澄，王清安，张人杰，等. 火灾科学导论［M］.武汉：湖北科学技术出版社，1993.

［2］霍然，胡源，李元洲. 建筑火灾安全工程导论［M］.合肥：中国科学技术大学出版社，2009.

［3］霍然，袁宏永. 性能化建筑防火分析与设计［M］.合肥：安徽科学技术出版社，2003.

［4］李引擎. 建筑防火工程［M］.北京：化学工业出版社，2004.

［5］张树平，李增华. 建筑防火设计［M］.北京：中国建筑工业出版社，2009.

［6］程远平. 消防工程学［M］.徐州：中国矿业大学出版社，2002.

［7］范维澄，孙金华，陆守香. 火灾风险评估方法学［M］.北京：科学出版社，2004.

［8］余明高，郑立刚. 火灾风险评估［M］.北京：机械工业出版社，2013.

［9］李炎锋，李俊梅. 建筑火灾安全技术［M］.北京：中国建筑工业出版社，2009.

［10］方正. 建筑消防理论与应用［M］.武汉：武汉大学出版社，2016.

［11］NFPA1, Fire Prevention Code 2000 Edition. National Fire Protection Association, Quincy, Ma, 2000

［12］NFPA 92B Standard for Smoke Management Systems in Malls, Atria, and Large Spaces 2009 Edition. Quincy, Mass, National Fire Protection Association, 2009.

［13］SFPE Handbook of Fire Protection Engineering 4th Edition, National Fire Protection Association, Quincy, MA, USA, 2008.

［14］Hansell G. Smoke Control in the 21st Century fire Engineering 1996, 56(3):25.

［15］Klote JH. An Overview of Smoke Control Research. ASHRAE Transaction, 1995, 101(1): 979-990.

［16］G. Shavit, S .Egesdal. Fire and Smoke Control Systems During the past 100 year. ASHRAE Transaction, 1995, 101(1): 991-994.

［17］Webb W A. Development of Smoke Management Systems. ASHRAE Transaction, 1995, 101 (1): 995-999.

［18］建筑设计防火规范.GB 50016—2014. 中华人民共和国公安部，2018.

［19］火灾自动报警系统设计规范.GB 50116—2013. 中华人民共和国公安部，2014.

［20］自动喷水灭火设计规范.GB 50084—2017. 中华人民共和国公安部，2018.

［21］建筑内部装修设计防火规范.GB 50222—2017 中华人民共和国公安部，2018.

［22］地铁设计防火标准.GB 51298—2018. 中华人民共和国公安部，2018.

［23］建筑钢结构防火技术规范.GB 51249—2017. 中华人民共和国公安部，2018.

［24］汽车库、修车库、停车场设计防火规范.GB 50067—2014. 中华人民共和国公安部，2018.

［25］建筑防烟排烟系统技术标准.GB 51251—2017. 中华人民共和国公安部，2018.

［26］人民防空工程设计防火规范.GB 50098—2009. 中华人民共和国公安部，2009.

［27］地铁设计规范.GB 50157—2013.北京市规划委员会，2014.

［28］汽车库、修车库、停车场设计防火规范.GB 50067—2014.中华人民共和国公安部，2015.

［29］建筑内部装修设计防火规范.GB 50222—2017.中华人民共和国公安部，2018.